"十三五"江苏省高等学校重点教材（编号：2019-1-016）
国家职业教育专业教学资源库建设成果
高等职业教育教学改革系列精品教材

# 机械制造基础
## （第2版）

朱秀琳　主　编

于磊磊　王道林　吴元徽　副主编

孙庆鸿　主　审

电子工业出版社

Publishing House of Electronics Industry

北京·BEIJING

## 内 容 简 介

本书是根据高职高专人才培养目标的基本要求及课程的教学大纲组织编写的。编写总原则：从高职高专教育培养应用型人才的总目标出发，遵循"以应用为目的，以必需、够用为度"的原则，将传统的机械制造类课程以能力为中心进行了重新整合，大幅度删减了理论性阐述内容及重复内容；以"掌握概念、强化应用、培养技能"为重点，将书中知识与工程实际紧密结合，将课程内容的组织与实际技能的训练有机融合，培养学生建立工程概念，掌握机械制造的基本知识及分析工程问题的基本方法和机械制造中的基本操作技能，为学生学习后续课程和今后从事机械制造、数控技术等相关岗位的工作奠定必要的基础。

全书内容包括互换性与测量技术、工程材料与热处理、毛坯成形方法三个模块共 10 个项目。每个项目内容的组织都由工程实例引入，每个模块还配有相应的实验及相应操作工种的训练介绍，在"学后测评"中设置了较多应用性题目，让本书真正做到"项目引领""工学结合"。

本书可作为高职高专机械类、机电类相关专业的教材，也可作为有关技术人员、技师、操作工、管理人员的培训教材和参考书。

未经许可，不得以任何方式复制或抄袭本书之部分或全部内容。
版权所有，侵权必究。

**图书在版编目（CIP）数据**

机械制造基础 / 朱秀琳主编. —2 版. —北京：电子工业出版社，2021.1（2025.8 重印）
ISBN 978-7-121-40373-6

Ⅰ. ①机… Ⅱ. ①朱… Ⅲ. ①机械制造－高等职业教育－教材 Ⅳ. ①TH

中国版本图书馆 CIP 数据核字（2021）第 006396 号

责任编辑：王艳萍　　文字编辑：张思辰
印　　刷：固安县铭成印刷有限公司
装　　订：固安县铭成印刷有限公司
出版发行：电子工业出版社
　　　　　北京市海淀区万寿路 173 信箱　邮编 100036
开　　本：787×1 092　1/16　印张：19　字数：486.4 千字
版　　次：2017 年 1 月第 1 版
　　　　　2021 年 1 月第 2 版
印　　次：2025 年 8 月第 4 次印刷
定　　价：55.00 元

凡所购买电子工业出版社图书有缺损问题，请向购买书店调换。若书店售缺，请与本社发行部联系，联系及邮购电话：（010）88254888，88258888。
质量投诉请发邮件至 zlts@phei.com.cn，盗版侵权举报请发邮件至 dbqq@phei.com.cn。
本书咨询联系方式：（010）88254574，wangyp@phei.com.cn。

# 第 2 版前言

本书自 2017 年出版以来，已经重印数次并得到了相关读者的广泛认可。本书于 2019 年立项成为"十三五"江苏省高等学校重点教材，根据其建设要求，结合近几年学院立项的"机电一体化""机械制造与自动化"、国家职业教育专业教学资源库建设、"机械制造与自动化"江苏省高水平骨干专业建设、《机械制造基础》江苏省在线开放课程建设的成果，作者对本书的全部内容、结构做了重新审视与梳理，并做了进一步的完善，由此产生了第 2 版。

全书内容分为互换性与测量技术、工程材料与热处理、毛坯成形方法三个模块。互换性与测量技术模块主要包含计量检验工应掌握的基本知识和操作技能，工程材料与热处理模块主要包含热处理工应掌握的基本知识和操作技能，毛坯成形方法模块主要包含热加工工种应掌握的基本知识和操作技能。

本书在编写之初，就从高职高专教育培养应用型人才的总目标出发，以强化应用、培养技能为重点，将知识与工程实际紧密结合。本次改版将继续保持以上特色并进行进一步强化。

本书的编写与改版内容体现了以下特点：

◆ 根据技术领域和职业岗位（群）的任职要求，参照相关的职业资格标准，以能力为本位构建模块化、弹性化的教材体系，所有内容围绕计量检验工、热处理工、铸工、锻工、焊工的职业岗位任职要求编写，并结合大量职业能力实训内容。

◆ 各项目后均附有"学后测评"，以加强学生对知识的理解，培养学生分析和解决问题的能力。还配有相应的实训项目及相应操作工种的训练介绍，努力使本书做到工学结合。

◆ 全面贯彻使用最新国家标准，如材料、名词术语、符号及单位等的标准。

◆ 增加了计量检验工、铸锻焊工等工种的实际工程案例。

本书可作为高职高专机械类、机电类相关专业的教材，也可作为有关技术人员、技师、操作工、管理人员的培训教材和参考书。

本书由南京工业职业技术学院朱秀琳老师担任主编，由南京交通职业技师学院于磊磊老师、南京工业职业技术学院王道林老师和吴元徽老师担任副主编，参与编写修订的还有南京工业装备制造有限公司的丁翔高工，南京交通职业技术学院侯子平老师和南京工业职业技术学院高梅老师。其中绪论和项目 1、2、3 由朱秀琳编写并修订，项目 4 中的任务 1 和 2、项目 10 由于磊磊编写并修订，项目 4 中的任务 3、4 由丁翔编写并修订，项目 5 由高梅编写并修订，项目 6、7 由吴元徽编写并修订，项目 8 由王道林编写并修订，项目 9 由侯子平编写并修订。全书由东南大学博士生导师孙庆鸿教授担任主审。

本书配有大量的微课资源，读者可扫描书中二维码进行观看。

在本书修订过程中，我们参考了大量资料和文献，在此对原作者一并表示诚挚的谢意！

由于编者水平所限，书中不妥之处在所难免，敬请广大读者批评指正。

编 者
2020 年 10 月

# 目　　录

绪论 …………………………………………………………………………………………… (1)
　　学后测评 …………………………………………………………………………………… (3)

## 模块一　互换性与测量技术

### 项目1　尺寸极限与配合 …………………………………………………………………… (5)
　　任务1　认识标准及标准化 ………………………………………………………………… (5)
　　　　1.1.1　标准及标准化定义 …………………………………………………………… (5)
　　　　1.1.2　标准化发展史 …………………………………………………………………… (6)
　　　　1.1.3　优先数和优先数系 ……………………………………………………………… (7)
　　任务2　掌握尺寸极限与配合的基本术语和定义 ……………………………………… (8)
　　　　1.2.1　孔和轴 …………………………………………………………………………… (9)
　　　　1.2.2　尺寸 ……………………………………………………………………………… (9)
　　　　1.2.3　尺寸偏差、公差及公差带 ……………………………………………………… (11)
　　　　1.2.4　配合 ……………………………………………………………………………… (12)
　　　　1.2.5　基准制 …………………………………………………………………………… (14)
　　任务3　熟悉极限与配合的国家标准 …………………………………………………… (16)
　　　　1.3.1　标准公差系列 …………………………………………………………………… (16)
　　　　1.3.2　基本偏差系列 …………………………………………………………………… (18)
　　任务4　掌握优先和常用配合 …………………………………………………………… (26)
　　　　1.4.1　优先、常用和一般用途的孔、轴公差带 ……………………………………… (26)
　　　　1.4.2　孔、轴的优先和常用配合 ……………………………………………………… (27)
　　任务5　正确选择尺寸公差与配合 ……………………………………………………… (29)
　　　　1.5.1　选择基准制 ……………………………………………………………………… (29)
　　　　1.5.2　选择公差等级 …………………………………………………………………… (30)
　　　　1.5.3　配合的选用 ……………………………………………………………………… (32)
　　学后测评 …………………………………………………………………………………… (35)

### 项目2　几何公差 …………………………………………………………………………… (37)
　　任务1　熟悉几何公差的基本术语、特征符号 ………………………………………… (37)
　　　　2.1.1　几何误差对零件性能的影响 …………………………………………………… (37)
　　　　2.1.2　几何公差的基本术语、特征符号 ……………………………………………… (38)
　　　　2.1.3　几何公差的标注 ………………………………………………………………… (39)
　　任务2　熟悉几何公差与几何误差 ……………………………………………………… (40)
　　　　2.2.1　形状公差与形状误差 …………………………………………………………… (41)
　　　　2.2.2　方向公差与方向误差 …………………………………………………………… (48)

·Ⅴ·

2.2.3　位置公差与位置误差 (54)
　　　2.2.4　跳动公差与跳动误差 (59)
　　　2.2.5　方向、位置、跳动误差及其评定 (60)
　任务3　正确选用几何公差 (63)
　　　2.3.1　术语及定义 (63)
　　　2.3.2　公差原则 (64)
　　　2.3.3　几何公差的选择 (69)
　学后测评 (75)

项目3　表面粗糙度 (79)
　任务1　了解表面粗糙度主要术语及评定参数 (79)
　　　3.1.1　表面粗糙度的主要术语 (79)
　　　3.1.2　表面粗糙度的评定参数 (81)
　任务2　识读表面粗糙度的符号、代号及标注 (83)
　任务3　正确选用表面粗糙度 (86)
　　　3.3.1　表面粗糙度对零件功能的影响 (87)
　　　3.3.2　表面粗糙度参数的选用 (87)
　　　3.3.3　表面粗糙度参数值的选用 (88)
　学后测评 (90)

项目4　质量检测 (91)
　任务1　几何量检测 (91)
　　　4.1.1　相关知识概述 (91)
　　　4.1.2　常用计量器具简介 (95)
　　　4.1.3　检测形位误差 (99)
　　　4.1.4　检测表面粗糙度 (104)
　任务2　认识三坐标测量机 (106)
　　　4.2.1　三坐标测量机概述 (107)
　　　4.2.2　三坐标测量机的主机 (109)
　　　4.2.3　三坐标测量机的测量系统 (111)
　　　4.2.4　三坐标测量机的控制系统 (113)
　　　4.2.5　三坐标测量机的软件系统 (114)
　　　4.2.6　海克斯康 GLOBAL S 型三坐标测量机简介 (115)
　　　4.2.7　典型零件——矫正机导辊的检测 (116)
　任务3　检验组织性能 (118)
　　　4.3.1　致密性检验 (118)
　　　4.3.2　放射性检验 (118)
　　　4.3.3　超声波检验 (119)
　　　4.3.4　磁粉检验 (122)
　　　4.3.5　渗透检验 (124)
　任务4　认识计量检验工 (125)

  4.4.1 计量检验概述 ····································································· (125)
  4.4.2 计量检验工工作内容 ························································· (126)
  4.4.3 计量检验工工作注意事项 ····················································· (127)
 实验 1 尺寸误差检测 ········································································ (129)
 实验 2 位置误差检测 ········································································ (130)
 实验 3 表面粗糙度检测 ····································································· (130)
 实验 4 超声波检测 ············································································ (130)
 学后测评 ························································································ (131)

# 模块二 工程材料与热处理

## 项目 5 金属材料的性能 ································································· (132)
 任务 1 熟悉金属材料的力学性能 ······················································· (132)
  5.1.1 强度 ············································································· (133)
  5.1.2 塑性 ············································································· (135)
  5.1.3 硬度 ············································································· (136)
  5.1.4 韧性 ············································································· (138)
  5.1.5 疲劳强度 ······································································· (140)
 任务 2 了解金属材料的工艺性能 ······················································· (140)
  5.2.1 铸造性能 ······································································· (141)
  5.2.2 压力加工性能 ································································ (141)
  5.2.3 焊接性能 ······································································· (141)
  5.2.4 切削加工性能 ································································ (141)
  5.2.5 热处理性能 ···································································· (141)
 实验 5 金属材料强度和塑性的测定 ···················································· (142)
 实验 6 金属材料硬度的测定 ······························································ (142)
 实验 7 金属材料冲击韧性的测定 ························································ (143)
 学后测评 ························································································ (143)

## 项目 6 铁碳合金 ················································································ (145)
 任务 1 了解金属的结构与结晶 ··························································· (145)
  6.1.1 纯金属的晶体结构 ·························································· (145)
  6.1.2 金属的实际晶体结构 ······················································· (147)
  6.1.3 合金的晶体结构 ····························································· (151)
  6.1.4 纯金属的结晶过程及铁的同素异构现象 ······························ (152)
 任务 2 了解金属的塑性变形和再结晶 ················································ (155)
  6.2.1 金属的塑性变形 ····························································· (155)
  6.2.2 冷塑性变形对金属性能与组织的影响 ································· (158)
  6.2.3 回复与再结晶 ································································ (160)
  6.2.4 金属的热塑性变形 ·························································· (161)
 任务 3 掌握铁碳合金相图 ································································ (161)

    6.3.1 铁碳合金的基本组织……………………………………………………（162）
    6.3.2 Fe-Fe3C 相图的运用………………………………………………（163）
  任务 4 掌握碳素钢的常用牌号及应用………………………………………（168）
    6.4.1 碳钢中常存元素对其性能的影响……………………………………（168）
    6.4.2 碳素钢的分类…………………………………………………………（169）
    6.4.3 碳素钢的牌号及用途…………………………………………………（170）
  任务 5 熟悉铸铁及其热处理…………………………………………………（173）
    6.5.1 铸铁的分类及石墨化…………………………………………………（174）
    6.5.2 灰铸铁…………………………………………………………………（175）
    6.5.3 可锻铸铁………………………………………………………………（176）
    6.5.4 球墨铸铁………………………………………………………………（177）
  实验 8 铁碳合金的组织观察…………………………………………………（178）
  学后测评…………………………………………………………………………（178）
项目 7 钢的热处理………………………………………………………………（181）
  任务 1 认识钢的组织转变……………………………………………………（181）
    7.1.1 钢在加热时的组织转变………………………………………………（181）
    7.1.2 钢在冷却时的组织转变………………………………………………（185）
    7.1.3 过冷奥氏体的组织转变类型…………………………………………（188）
  任务 2 掌握钢的常规热处理方法……………………………………………（191）
    7.2.1 退火……………………………………………………………………（191）
    7.2.2 正火……………………………………………………………………（193）
    7.2.3 淬火……………………………………………………………………（194）
    7.2.4 回火……………………………………………………………………（198）
  任务 3 熟悉钢的表面热处理方法……………………………………………（201）
    7.3.1 钢的表面淬火…………………………………………………………（201）
    7.3.2 钢的化学热处理………………………………………………………（205）
  任务 4 了解热处理新技术……………………………………………………（209）
    7.4.1 真空热处理……………………………………………………………（209）
    7.4.2 激光热处理……………………………………………………………（210）
    7.4.3 形变热处理……………………………………………………………（210）
    7.4.4 气相沉积技术…………………………………………………………（211）
  任务 5 熟悉热处理工…………………………………………………………（211）
    7.5.1 热处理工职业概况……………………………………………………（211）
    7.5.2 热处理工基本要求……………………………………………………（212）
  实验 9 常规热处理实验………………………………………………………（215）
  学后测评…………………………………………………………………………（216）
项目 8 其他常用工程材料………………………………………………………（218）
  任务 1 熟悉合金钢……………………………………………………………（218）
    8.1.1 合金元素在钢中的作用………………………………………………（218）

  8.1.2 合金钢的分类及牌号 ……………………………………………………… (220)
  8.1.3 合金结构钢 ………………………………………………………………… (221)
  8.1.4 合金工具钢 ………………………………………………………………… (224)
  8.1.5 特殊性能钢 ………………………………………………………………… (226)
 任务2 熟悉非铁金属及其合金 ……………………………………………………… (227)
  8.2.1 铝及铝合金 ………………………………………………………………… (227)
  8.2.2 铜及铜合金 ………………………………………………………………… (229)
  8.2.3 滑动轴承合金简介 ………………………………………………………… (231)
  8.2.4 粉末冶金材料简介 ………………………………………………………… (232)
 任务3 了解非金属材料 ……………………………………………………………… (233)
  8.3.1 高分子材料 ………………………………………………………………… (233)
  8.3.2 陶瓷 ………………………………………………………………………… (235)
  8.3.3 复合材料 …………………………………………………………………… (236)
 学后测评 …………………………………………………………………………………… (236)

## 项目9 工程材料的选用及热处理工艺设计 ……………………………………………… (238)
 任务1 认识零件的失效 ……………………………………………………………… (238)
  9.1.1 零件的失效分类 …………………………………………………………… (238)
  9.1.2 零件失效的主要因素 ……………………………………………………… (239)
  9.1.3 失效分析及其重要性 ……………………………………………………… (239)
 任务2 掌握机械零件选材的原则 …………………………………………………… (240)
  9.2.1 满足使用性能和工艺性能原则 …………………………………………… (240)
  9.2.2 防止出现失效事故原则 …………………………………………………… (241)
  9.2.3 经济性原则 ………………………………………………………………… (241)
 任务3 掌握热处理工艺设计方法 …………………………………………………… (242)
  9.3.1 热处理工艺与机械零件设计的关系 ……………………………………… (242)
  9.3.2 热处理工艺与冷加工的关系 ……………………………………………… (243)
  9.3.3 热处理工艺设计的原则和步骤 …………………………………………… (244)
 任务4 典型零件的选材及热处理工艺分析 ………………………………………… (245)
  9.4.1 齿轮 ………………………………………………………………………… (245)
  9.4.2 轴类零件 …………………………………………………………………… (247)
 学后测评 …………………………………………………………………………………… (248)

# 模块三 毛坯成形方法

## 项目10 毛坯成形技术及毛坯的选择 ……………………………………………………… (249)
 任务1 熟悉铸造及铸工 ……………………………………………………………… (249)
  10.1.1 铸造工艺基础 …………………………………………………………… (250)
  10.1.2 其他铸造方法简介 ……………………………………………………… (257)
  10.1.3 典型零件的铸造 ………………………………………………………… (260)
  10.1.4 铸工训练基础 …………………………………………………………… (262)

  任务 2 熟悉锻压及锻工 ……………………………………………………………………（263）
    10.2.1 锻压工艺基础 ……………………………………………………………（263）
    10.2.2 锻压方法简介 ……………………………………………………………（265）
    10.2.3 典型零件的自由锻 ………………………………………………………（271）
    10.2.4 锻工训练基础 ……………………………………………………………（272）
  任务 3 熟悉焊接及焊工 ……………………………………………………………………（273）
    10.3.1 焊接工艺基础 ……………………………………………………………（273）
    10.3.2 其他焊接方法简介 ………………………………………………………（279）
    10.3.3 典型零件的焊接 …………………………………………………………（282）
    10.3.4 焊工训练基础 ……………………………………………………………（283）
  任务 4 了解粉末冶金 ………………………………………………………………………（285）
    10.4.1 粉末冶金工艺基础 ………………………………………………………（286）
    10.4.2 钛基粉末冶金致密化工艺 ………………………………………………（287）
  任务 5 正确选择毛坯 ………………………………………………………………………（289）
    10.5.1 毛坯生产方法的选择原则 ………………………………………………（289）
    10.5.2 典型零件的毛坯选择 ……………………………………………………（290）
  学后测评 ………………………………………………………………………………………（290）
**参考文献** ……………………………………………………………………………………………（292）

# 绪　　论

## 1. 典型机械的构成

任何机械，大至航空母舰、万吨货轮、大型工程设备、飞机、汽车，小至仪器、仪表、微型机器人，都是由许多零部件组成的。以在现代制造企业中拥有量越来越多的数控机床为例，一般数控机床是由控制介质（加工程序）、数控装置、伺服系统和机床主机组成的，而直接承担加工任务的机床主机就是由许多零部件组装而成的，通常有主轴箱、刀架、床身、底座、工作台等部件。如图0-1所示为XKA5750数控立式铣床结构简图。

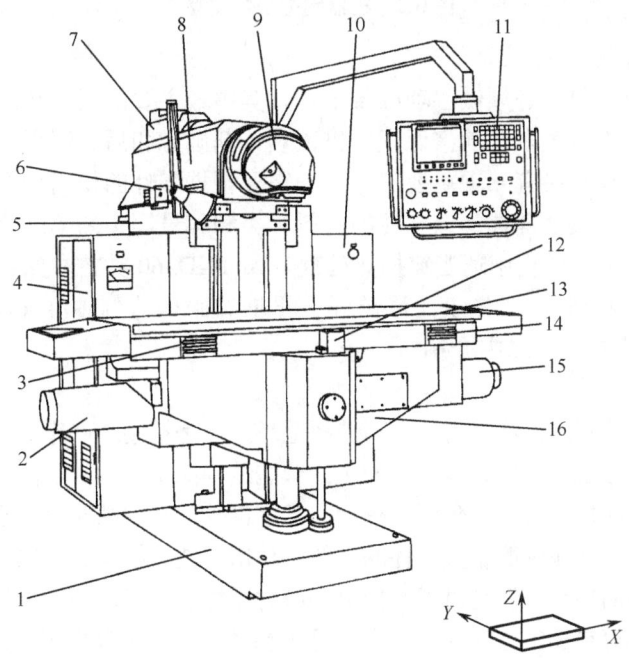

1—底座；2、15—伺服电动机；3、14—行程限位挡铁；4—强电柜；5—床身；6—横向限位开关；7—后壳体；
8—滑枕；9—万能铣头；10—数控柜；11—数控操作面板；12—纵向限位开关；13—工作台；16—升降滑座

图0-1　XKA5750数控立式铣床结构简图

数控机床按结构可分为普通数控机床（如图0-1所示）和加工中心。加工中心额外拥有刀库和换刀机械手，它们也是由许多零部件构成的。因为有各自不同的使用功能要求，所以这些零部件必须选用不同的材料：如底座、床身、主轴箱体通常采用铸铁；主轴则采用中碳钢或合金钢；齿轮因为传动精度要求高也常采用合金钢；各种加工刀具多采用高速钢、硬质合金等。考虑到各种零件的材料、结构、精度、功能等的不同，还必须选择不同的毛坯形式和加工方法，并且可能要配合多次热处理。这样才能达到每个零件的各项设计要求，由这些合格零件组装而成的机器才能获得相应的功能。

## 2. 机械制造过程简介

机械制造是机器制造工艺过程的总称，它包括将原材料转变为成品的各种劳动。例如，数控机床制造就是将所需的橡胶、塑料、各种金属等原材料经过一定的工艺方法加工成合格零部件，再装配成成品机床的整个过程。机器制造工艺过程大致可分为生产准备、毛坯制造、零件加工、质量检验和装配调试等阶段，如图 0-2 所示。

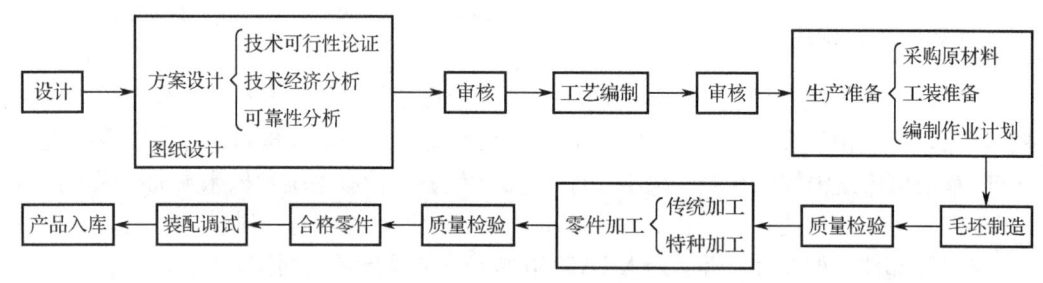

图 0-2　机器制造工艺过程

（1）生产准备过程

在生产某种机器之前，必须做各项准备工作，其中最主要的工作有图纸设计、工艺编制和生产准备等。这些内容大多在前修课程"机械设计基础"和后续课程"机械制造技术"中介绍。其中，方案设计阶段有一项重要工作，即需要根据零件的使用功能要求正确规定其各部分相应的精度等级以及合理选择该零件的材料种类和牌号。工艺编制阶段也有一项重要工作，即需要在零件的加工过程中适当穿插热处理，如 TND360 数控车床主轴上的传动齿轮采用低碳合金钢（16MnCr5），要先表面渗碳淬火再低温回火达到硬度 60HRC。有关生产准备过程的内容将在模块一、二中介绍。

（2）毛坯制造过程

毛坯可通过不同的制造方法获得。合理选择毛坯可显著提高生产率并降低成本。常用的毛坯制造方法有铸造、锻压、焊接、型材和冲压。一些结构简单、力学性能要求不高的零件可以选用型材毛坯，如圆棒料、板料、角钢、槽钢、工字钢等，其中圆棒料的应用最广，可用作螺钉、销钉、小型盘状零件和一般轴类零件的坯料，使用方便。板料、角钢、槽钢、工字钢等则普遍用作金属结构件的坯料。但是对于结构复杂或力学性能要求较高的零件，其毛坯则经常采用铸造、锻压和焊接等热加工方法获得。有关毛坯制造过程的内容将在模块三中介绍。

（3）零件加工过程和装配调试过程

金属切削加工是目前加工零件的主要方法。通用的加工设备有车床、铣床、镗床、刨床和磨床等，此外还有各种专用机床和特种加工机床。而随着现代科学技术的发展和制造业水平的提高，数控机床正得到越来越广泛的应用。若想正确选择零件的加工方法和加工机床、刀具、夹具、辅具等，操作者需要广泛的专业知识。

零件的装配是机械制造、实现产品功能的关键环节。装配过程必须严格遵守技术条件规定，从零件清洗、装配顺序、装配方法、工具使用、接合面修磨、润滑剂施加、运转跑合到油漆色泽和包装，都不可掉以轻心，只有这样才能生产出合格产品。

有关零件加工过程和装配调试过程的内容是后续课程"机械制造技术"介绍的重点。

（4）产品检验过程

由若干个零件组成的机器，在其制造和装配过程中，各项精度及其他质量指标是否达到设计要求,必须通过检验来判断。检验包括几何量(尺寸精度、形位误差和表面粗糙度)测量和组织性能检验。采用何种检验方法、如何检验、如何选择量具等问题,必须全面考虑、合理安排。

现代化的工业生产处处离不开测量。随着科学技术的发展,测量技术日新月异,测量是精细加工和生产过程自动化的基础,没有测量就没有现代化的制造业。在产品设计和生产过程中,为了检查、监督、控制生产过程和产品质量,必须对在生产过程中的各道工序和产品的各项参数进行测量,以便进行在线实时监控。生产水平越发达,测量的规模就越大,需要的技术与测量仪器也越先进。有关产品检验过程的内容将在模块一中介绍。

### 3. 课程性质、内容、学习目标

"机械制造基础"是一门实践性很强的综合性技术基础课。通过学习本课程,学生可获得常用机械工程材料、热处理、毛坯生产和零件质量检测的基础知识,为学习其他有关课程和将来从事生产技术工作及企业管理工作奠定必要的基础。本课程教学以金工实习为基础,教学内容与生产实际紧密结合,强调工艺实践和工程意识训练。因此,"机械制造基础"是培养学生综合工程素质和技术应用能力的十分重要的工程教育必修课。

学习本课程应达到的基本要求:

(1)掌握工程材料和热处理的基本知识,了解工程材料常用的表面处理方法,具有合理选用常用机械工程材料和热处理方法的基本能力。

(2)掌握热加工工艺的基本知识,具有选用毛坯种类、零件成形方法的基本能力。

(3)掌握互换性与测量的基本知识,具有质量检测的基本能力。

(4)具有综合运用工艺知识,分析毛坯结构工艺性的基本能力,建立质量和经济观念。

(5)了解与本课程有关的新材料、新工艺、新技术及其发展概况。

## 学后测评

0-1 机器制造过程大致分为几个阶段?以某一典型机器为例进行说明。

0-2 本课程的性质、内容和学习目标分别是什么?

材料的分类

炼钢的生产过程

炼钢炼铁

# 模块一　互换性与测量技术

当数控立式铣床上的轴承、行程开关等零件损坏后，换上相同规格的新零件，仍能正常使用，这是因为这些零件具有互换性。互换性是指相同规格的零部件具有可互相替换使用的特性。互换性有广义互换性和狭义互换性 2 种，广义互换性包括几何参数、机械性能（强度、硬度等）、物理性能（磁性等）和化学性能等多方面的功能互换；狭义互换性仅包含几何参数的互换，本模块介绍的就是狭义互换性。

所谓几何参数是指尺寸大小、几何形状和相互位置关系，以及表面粗糙度等，如图 1-1 所示的某机床齿轮泵中齿轮轴零件图中的 $\phi16k6$、$\boxed{\angle\ 0.05}$、$\boxed{\perp\ 0.015\ A—B}$、$\sqrt{Ra\ 1.6}$ 等。为满足互换性的要求，虽不可能使同规格零部件的几何参数完全一致，但可以做到合理地控制几何参数的加工误差，使其不超出一定范围。加工误差是指实际几何参数相对其理想设计值的偏离程度，公差则是允许零件几何参数的变动量。可见，公差是用来控制误差的，而实现互换性也必须要用公差来保证。

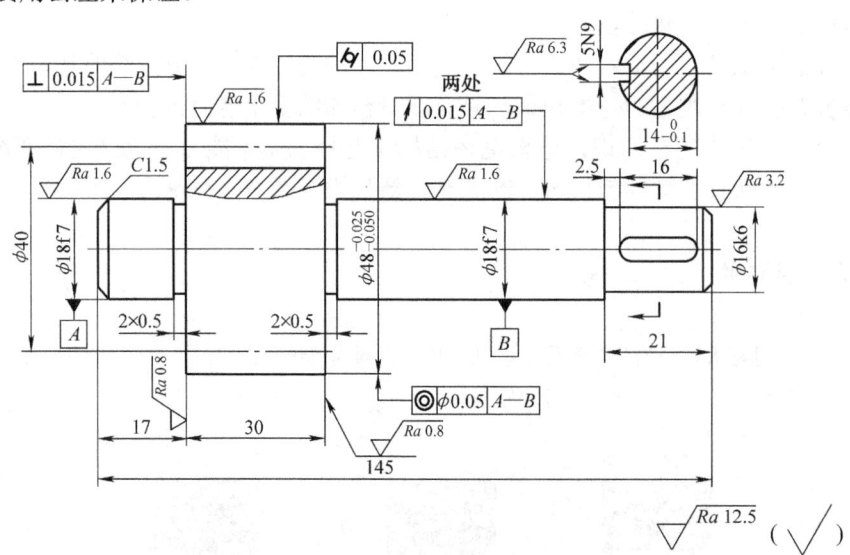

图 1-1　某机床齿轮泵中齿轮轴零件图

现代机械产品除少数单件生产外，大多要求零部件具有互换性，即从一批相同规格的零部件中任取其一，不需要修配就能安装到所属的部件或机器中，并能满足技术要求和保证良好的使用性能。

零件或部件具有互换性能够缩短机器的加工和装配周期、提高产品质量、降低生产成本，同时会给机器的维修带来极大的方便。在机械工业中，互换性是产品设计最基本的原则。

互换性生产是建立在先进技术、严密分工和广泛协作基础上的社会化生产，其不仅能显著提高劳动生产率，而且能有效保证产品质量并降低成本。它要求各部门及许多生产环节之间密切配合、协调一致，要实现这种互换性生产，就必须遵循互换性原则。

项目1 尺寸极限与配合

保证互换性生产的前提是标准化。标准化是对研究的对象进行简化、优选和统一的科学管理过程。如本模块讨论的尺寸极限与配合（项目1）、几何公差（项目2）、表面粗糙度（项目3）等标准都属于基础标准。

零件加工完成后是否符合公差或标准化要求，必须使用合适的工具进行检验或测量才能得知，而只有检测合格的零部件才具有互换性，因此检测非常重要。不仅如此，检测还有另一个重要作用，就是根据检测的结果，分析产生加工质量异常的原因，以便采取相应措施减少废品数量或防止废品出现。关于质量检测的方法、手段和注意事项等将在项目4中详述。

# 项目1　尺寸极限与配合

## 学习目标

1. 了解标准及标准化、优先数和优先数系的概念。
2. 掌握孔、轴、尺寸及尺寸偏差、公差及公差带、配合、基准制等概念。
3. 掌握基本偏差系列并能查表确定基本偏差值。
4. 掌握常用及优先配合，了解一般配合。
5. 能根据使用功能（极限间隙或过盈）正确选用尺寸极限与配合。

## 任务1　认识标准及标准化

### 任务引入

现代制造业发展的趋势是大规模、专业化生产，分工越来越细，零部件往往会由多家企业协作制造，最后由某一企业总装成品。为了使各部门、各企业在生产中协调一致，使各生产环节良好衔接，必须要有一种手段使分散的、局部的生产部门和生产环节保持统一，成为一个有机整体。制定标准从而使相关工作标准化就是实现这种目标的主要途径和手段。

### 1.1.1　标准及标准化定义

**1. 标准**

国际标准化组织（ISO）理事会于1985年7月25日发布的第2号指南修正草案（ISO/STACO144）中对"标准"这一术语给出了如下定义："基于一致并由公认团体批准的标准化成果的文件。为获得最佳秩序，对重复使用的问题给出答案的文件，它在一致同意的基础上，由公认团体批准。"

1997年ISO/IEC导则第3部分（第3版）对"标准"这一术语又给出了新的定义："在一定的范围内获得最佳秩序，对活动或其结果规定共同的和重复使用的规则、导则或特性的文件。该文件经协商一致制定并经一个公认机构批准。标准应以科学、技术和经验的综合成果为基础，以促进最佳社会效益为目的。"

不难看出，在机械制造领域，标准是规范技术要求的准则，由国家和相关部门以文字形式颁发。例如：GB/T 1804—2000《一般公差、未注公差的线性和角度尺寸的公差》就是极限与配合国家标准中的一项。

标准对于缩短产品设计周期、规范简化产品制造过程、改进生产质量、发展经济和对外贸易等诸多方面均有着十分重要的意义。

**2. 标准化**

发展互换性生产必须实行标准化，也就是将设备、加工工具、量具量仪、材料、产品、零部件以及质量指标、检测方法等统一和简化，制定相互协调的标准，并按照统一的术语、符号、计量单位，将它们的几何和性能参数以及公差数值标注在图纸上，在生产过程中加以贯彻。

标准化是将具有重复性特征的物质和信息（如程序、方法、图形、符号等）制定标准，以便多次重复应用。其内容非常广泛，就机械产品而言，主要包括形式质量标准化、品种规格系列化和零部件通用化三方面。

标准化是研究在社会化生产过程中技术协调的规律和方法，是组织现代化大工业生产的重要基础，是科学管理的基本手段。标准化对于改进产品、防止贸易壁垒、促进技术合作等方面具有很重要的意义。

### 1.1.2 标准化发展史

**1. 国际标准化发展史**

1798年，美国的E.惠特尼首创了生产分工专业化、产品零部件标准化的生产方式，成为"标准化之父"。

1841年，英国的J.B.惠特沃思设计了"惠氏螺纹"，在此基础上产生了统一的螺钉和螺母，为互换性的实现创造了条件。

1901年，英国工程标准委员会成立，这是世界上第一个国家标准化组织。同年，美国成立了国家标准局，1918年成立了美国工程标准委员会，其他工业国家德国、法国、瑞士、荷兰、日本、奥地利等也都纷纷成立了国家标准化机构。

1902年英国伦敦的Newall公司（主要生产剪羊毛机）编制了纽瓦尔标准《极限表》，实现了零件加工装配的可互换性，可以说是最早的极限与配合标准。

1906年英国颁布了国家公差标准BS27，从此开创了零件标准化和可严格控制加工质量、用机器大量生产机器的时代。人类制造机器工具的效率达到了史无前例的高度。

20世纪30年代左右，各工业国相继颁发了公差与配合标准。德国DIN标准最早采用了基孔制与基轴制，并提出公差单位的概念，将精度等级与配合区分开。

1926年国际标准化协会ISA成立，1935年颁布了国际公差制草案。二战后于1947年重建国际标准化组织ISO，1962年颁布了ISO/R 286—1962《极限和配合制》，1969年ISO理事会决定10月14日为"世界标准日"。目前，ISO是世界最大的国际标准化组织。

**2. 我国标准化发展史**

我国的标准化工作是在1949年后开始发展的，吸收了先进国家的成功经验。

1949～1955 年，着手建立了企业标准和部门标准。1956 年成立国家科学技术委员会时设立了标准局，进一步加强了标准化工作。

1959 年，颁布了第一套公差与配合国家标准 GB 159～174—59。

1963 年，召开了全国第一次标准化工作会议，1978 年恢复成为 ISO 成员国，承担 ISO 技术委员会秘书处工作和标准草案起草工作。

1979 年，国务院颁布了《中华人民共和国标准化管理条例》，并在同年成立了国家标准总局，这是对标准化工作的又一次强化。同年颁布第二套公差与配合标准 GB 1800～1804—79。

1988 年 7 月，颁布了《中华人民共和国标准化法》，将标准化工作正式纳入了法制轨道，同时对老标准进行了修订。

1997 年颁布了第三套极限与配合国家标准及其他新国标。

随着我国制造业水平的提高和国际化进程的发展，我国的国家标准体系已经逐步完善，达到技术先进、适合国情、与国际标准水平相当，适应我国建设的形势需要。

## 1.1.3 优先数和优先数系

在工业生产中，为了满足用户的不同需求，同一品种的同一个参数要从大到小取不同的值，从而形成不同规格的产品系列，参数的取值必须合理有序，否则会使得产品的系列杂乱无章。优先数和优先数系是一种科学的数值制度，它适用于各种数值的分级，是国际上统一的数值分级制度。目前我国数值分级的国家标准《优先数和优先数系》GB/T 321—2005 也采用这种制度，它与国际标准《优先数和优先数系》ISO 3：1973 基本一致。

采用优先数系能使工业产品以较少的品种和规格经济合理地满足用户各种各样的需求。优先数系由一系列十进制等比数列构成，其代号为 Rr（R 是优先数系创始人 Renard 名字的首字母）。其项值包含了数字 10 的所有整数幂，如 0.001、0.01、0.1、1、10、100、1000、…可以向两边无限延伸。将这些数按 0.01～0.1、0.1～1、1～10、10～100、…划分的区间称为十进区间。每个十进区间有 $r$ 个优先数，相应的公比代号为 $q_r$。

设每个十进段内，每进 $r$ 项就使项值增大 10 倍。则公比 $q_r$ 应满足：$q_r = \sqrt[r]{10}$，相应的理论数列为（$a$ 为起始项值）

$$a, a(\sqrt[r]{10}), a(\sqrt[r]{10})^2, \cdots, a(\sqrt[r]{10})^{r-1}, 10a$$

国标 GB 321—2005 与国际标准 ISO 3：1973 采用的优先数系相同，规定的 $r$ 值有 5，10，20，40，80 五种，它们是各个十进段内项值的分级数。分别用符号 R5、R10、R20、R40、R80 表示，称为 R5 系列、R10 系列、…、R80 系列。各系列公比如下：

R5 系列：$q_5 = \sqrt[5]{10} \approx 1.5849 \approx 1.60$；

R10 系列：$q_{10} = \sqrt[10]{10} \approx 1.2585 \approx 1.25$；

R20 系列：$q_{20} = \sqrt[20]{10} \approx 1.1220 \approx 1.12$；

R40 系列：$q_{40} = \sqrt[40]{10} \approx 1.0593 \approx 1.06$；

R80 系列：$q_{80} = \sqrt[80]{10} \approx 1.0292 \approx 1.03$。

R5、R10、R20 和 R40 四个系列是优先数系中的常用系列，称为基本系列。R80 系列称为补充系列，它的分级很细，一般不常用。优先数的理论值多数是无理数，在使用时需要加以圆整，如表 1-1 所示。

表 1-1 优先数的基本系列（摘自 GB/T 321—2005）

| R5 | R10 | R20 | R40 | R5 | R10 | R20 | R40 | R5 | R10 | R20 | R40 |
|---|---|---|---|---|---|---|---|---|---|---|---|
| 1.00 | 1.00 | 1.00 | 1.00 | | | 2.24 | 2.24 | | 5.00 | 5.00 | 5.00 |
| | | | 1.06 | | | | 2.36 | | | | 5.30 |
| | | 1.12 | 1.12 | 2.50 | 2.50 | 2.50 | 2.50 | | | 5.60 | 5.60 |
| | | | 1.18 | | | | 2.65 | | | | 6.00 |
| | 1.25 | 1.25 | 1.25 | | | 2.80 | 2.80 | 6.30 | 6.30 | 6.30 | 6.30 |
| | | | 1.32 | | | | 3.00 | | | | 6.70 |
| | | 1.40 | 1.40 | | | 3.15 | 3.15 | | | 7.10 | 7.10 |
| | | | 1.50 | | | | 3.35 | | | | 7.50 |
| 1.60 | 1.60 | 1.60 | 1.60 | | | 3.55 | 3.55 | | 8.00 | 8.00 | 8.00 |
| | | | 1.70 | | | | 3.75 | | | | 8.50 |
| | | 1.80 | 1.80 | 4.00 | 4.00 | 4.00 | 4.00 | | | 9.00 | 9.00 |
| | | | 1.90 | | | | 4.25 | | | | 9.50 |
| | 2.00 | 2.00 | 2.00 | | | 4.50 | 4.50 | 10.00 | 10.00 | 10.00 | 10.00 |
| | | | 2.12 | | | | 4.75 | | | | |

从表 1-1 可以看出：R5 系列的项值包含在 R10 系列之中，R10 系列的项值包含在 R20 系列之中，R20 系列的项值包含在 R40 系列之中。这样便于中间插值，满足或密或疏的分级要求。

优先数系的系列种类除基本系列和补充系列外，还有派生系列、化整值系列和复合系列等。

派生系列是从基本系列或补充系列 Rr 中，按一定项差 p 取值导出的系列，以 Rr/p 表示。例如，若在 R10 中按项差 p=3 取值，则构成 R10/3 系列：1、2、4、8、…其公比 $q_{10/3}=(\sqrt[10]{10})^3=2$，即 R10/3 是公比为 2 的倍数系列。

优先数系应用于各种标准中，例如在 >500～3150mm 尺寸段的公差标准尺寸分段中就采用了 $q_{10}$ 数系，它们是 500、630、1000、…又如表面粗糙度的取样长度采用了 R10/5 数系，它们的项值分别为 0.08、0.25、0.8、2.5、8.0 和 25。

# 任务 2　掌握尺寸极限与配合的基本术语和定义

## 任务引入

如图 1-2 所示为某机床润滑系统的齿轮油泵装配图。其中标注了若干尺寸，如 40±0.02 为主动齿轮轴 2 与从动轴 3 之间中心距的距离尺寸要求，40mm 为公称尺寸，+0.02mm 为上极限偏差，-0.02mm 为下极限偏差，公差是 0.04mm。此外还标注了若干配合要求，如 $\phi 18\dfrac{H7}{r6}$ 反映从动轴颈与泵体内孔的装配要求，即基本配合尺寸为 $\phi$18mm，采用基孔制，H7 是一种优先选用的孔公差带，r6 是一种常用的轴公差带，$\dfrac{H7}{r6}$ H7/r6 为过盈配合。这些尺寸、公差与配合的选择都是根据油泵的使用功能确定的,为了掌握极限与配合的国家标准与选择方法,必须先熟知相关的基本术语和定义。

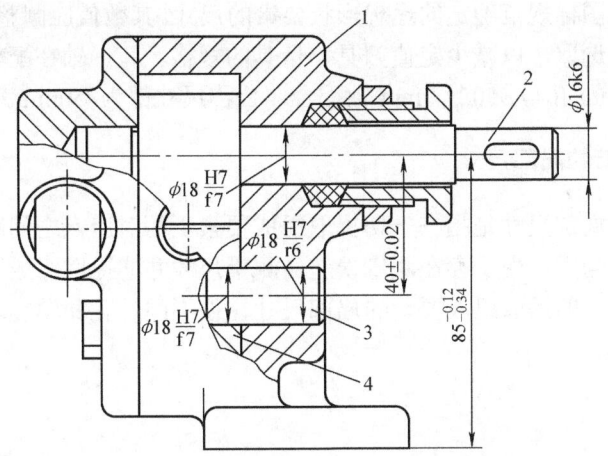

1—泵体;2—主动齿轮轴;3—从动轴;4—从动轮

图 1-2　某机床润滑系统的齿轮油泵装配图

## 1.2.1　孔和轴

### 1. 孔

孔主要指圆柱形内表面,也包括在其他内表面中由单一尺寸确定的部分。

### 2. 轴

轴主要指圆柱形外表面,也包括在其他外表面中由单一尺寸确定的部分。

如图 1-3 所示,$d_1$、$d_2$、$d_3$、$d_4$ 为轴尺寸,槽宽 $D_1$、$D_2$、$D_3$、$D_4$ 为孔尺寸。孔和轴的特征是包容面为孔,被包容面为轴;在切削加工时孔的尺寸越来越大,而轴的尺寸越来越小。

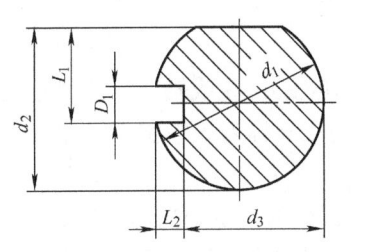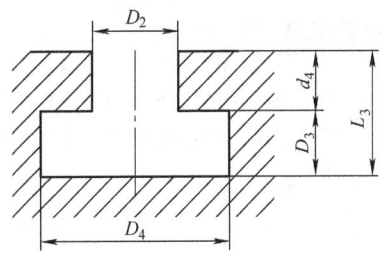

图 1-3　孔和轴

## 1.2.2　尺寸

### 1. 尺寸的概念

尺寸是指用特定单位表示线性尺寸的数值(在国标规定的尺寸标注中,以 mm 为通用单位。在机械制图中,如以此为单位,可省略单位的标注,仅标注数值)。

## 2. 公称尺寸

公称尺寸是指由图样规范确定的理想形状要素的尺寸。其数值应圆整后按国家标准的《标准尺寸》的基本系列选取,以减少定值刀具、量具的规格。孔、轴在配合时的公称尺寸应相同。例如,$\phi 50_{0}^{+0.025}$ mm 孔与 $\phi 50_{-0.025}^{-0.009}$ mm 轴配合,公称尺寸都为 $\phi 50$mm。

## 3. 提取组成要素的局部尺寸

提取组成要素的局部尺寸是指在一切提取组成要素上两对应点之间距离的统称。该尺寸可以通过测量得到。当然,由于存在测量误差,测量尺寸并非提取组成要素的局部尺寸的真值。同一表面不同部位的提取组成要素的局部尺寸往往不同。孔和轴提取组成要素的局部尺寸分别用 $D_a$、$d_a$ 表示。

## 4. 极限尺寸

极限尺寸是指允许尺寸变化的两个界限值。其中,较大的一个界限值称为上极限尺寸(前例中 $D_{max} = 50.025$mm,$d_{max} = 49.991$mm);较小的一个界限值称为下极限尺寸(前例中 $D_{min} = 50$mm,$d_{min} = 49.975$mm),如图 1-4 所示。

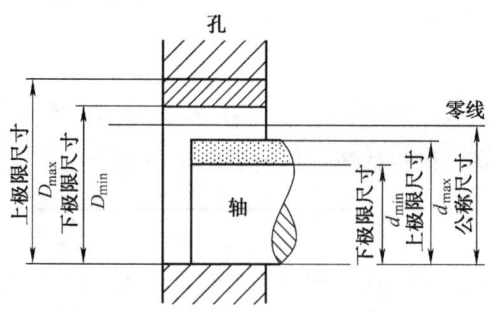

图 1-4 公称尺寸、极限尺寸

## 5. 实体状态和实体尺寸

(1)最大实体状态(MMC)和最大实体尺寸(MMS):孔或轴在尺寸公差范围内具有材料量最多时的状态称为最大实体状态。在此状态下的尺寸称为最大实体尺寸。因此最大实体尺寸就是指 $D_{min}$ 和 $d_{max}$。

(2)最小实体状态(LMC)和最小实体尺寸(LMS):孔或轴在尺寸公差范围内具有材料量最少时的状态称为最小实体状态。在此状态下的尺寸称为最小实体尺寸。因此最小实体尺寸就是指 $D_{max}$ 和 $d_{min}$。

## 6. 作用尺寸

在配合面全长上,与实际孔内接的最大理想轴的尺寸称为孔的作用尺寸 $D_m$;与实际轴外接的最小理想孔的尺寸称为轴的作用尺寸 $d_m$,如图 1-5 所示。作用尺寸是实际尺寸和形状误差的综合结果。在配合时,孔的作用尺寸小于其实际尺寸,而轴的作用尺寸大于其实际尺寸。因此,孔、轴的实际配合效果不仅取决于孔、轴的实际尺寸,还与孔、轴的作用尺寸有关。

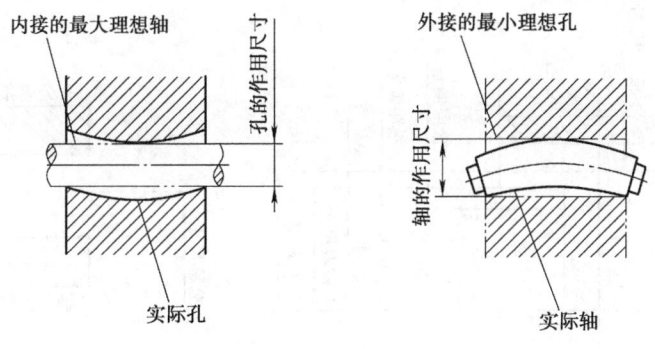

图 1-5　孔和轴的作用尺寸

#### 7. 极限尺寸判断原则（泰勒原则）

国家标准对如何根据极限尺寸来判断孔、轴是否合格的判断原则（也叫泰勒原则）定义如下：孔或轴的作用尺寸不允许超过最大实体尺寸。即对于孔，其作用尺寸应不小于下极限尺寸，对于轴，其作用尺寸应不大于上极限尺寸。任何位置的实际尺寸不允许超过最小实体尺寸。对于孔，其实际尺寸应不大于上极限尺寸，对于轴，其实际尺寸应不小于下极限尺寸。

由此可见，孔或轴的最大实体尺寸主要是控制其作用尺寸，孔或轴的最小实体尺寸主要是控制其实际尺寸。无论孔或轴，只有当其实际尺寸和作用尺寸均不超过其最大、最小实体尺寸时才算合格。

【例 1-1】某设计尺寸为 $\phi 50^{+0.050}_{+0.025}$ mm 的孔，制造后测得其实际尺寸为 $\phi(50.038 \sim 50.049)$ mm，其作用尺寸为 $\phi 50.032$ mm，试按泰勒原则判断孔是否合格。

解：LMS $=D_{max}=$ 50.050mm

MMS$=D_{min}=$50.025mm

$D_m=$50.032mm$>D_{min}$，$D_a=$50.038～50.049mm$<D_{max}$

根据泰勒原则可知该孔满足制造要求，为合格品。

### 1.2.3　尺寸偏差、公差及公差带

#### 1. 尺寸偏差（简称偏差）

尺寸偏差是指某一尺寸减其公称尺寸所得的代数差。偏差分为极限偏差和实际偏差，而极限偏差又分为上极限偏差和下极限偏差，如图 1-6 所示。上极限偏差是上极限尺寸减公称尺寸所得的代数差，孔、轴上极限偏差分别用代号 ES 和 es 表示；下极限偏差是下极限尺寸减公称尺寸所得的代数差，孔、轴下极限偏差分别用代号 EI 和 ei 表示。在例 1-1 中，$\phi 50^{+0.025}_{0}$ mm 的孔 ES=+0.025mm，EI=0；$\phi 50^{-0.009}_{-0.025}$ mm 的轴 es=−0.009mm，ei=−0.025mm。实际偏差是实际尺寸减公称尺寸所得的代数差。偏差可以为正、负或零值。合格零件的实际偏差应在规定的极限偏差范围内。

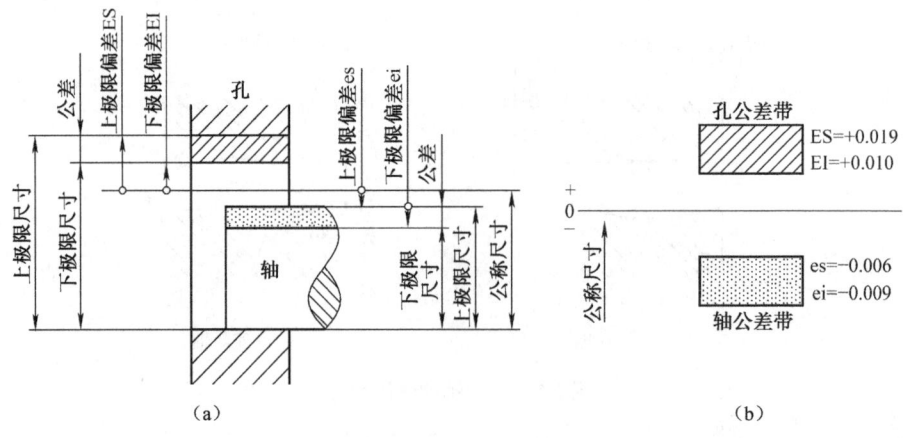

图 1-6 极限与配合示意图

### 2. 尺寸公差（简称公差）

尺寸公差是指尺寸允许的变动量。公差等于上极限尺寸与下极限尺寸之差，也等于上极限偏差与下极限偏差之差，即

孔公差：$T_D = |D_{max} - D_{min}| = |ES - EI|$

轴公差：$T_d = |d_{max} - d_{min}| = |es - ei|$

### 3. 尺寸公差带（简称公差带）

公差、偏差的数值与公称尺寸相比要小得多，不便用同一比例表示。因此，在实际中一般使用公差带图，如图 1-6 所示。其中，确定偏差的一条基准直线称为零偏差线（零线）。通常用零线表示公称尺寸，正偏差位于零线之上，负偏差位于零线之下。代表上、下极限偏差的两条直线所限定的一个区域称为公差带。

### 4. 基本偏差

用来确定公差带相对零线位置的上极限偏差或下极限偏差称为基本偏差。基本偏差一般指靠近零线的那个偏差，如图 1-6 所示。当公差带位于零线上方时，其基本偏差为下极限偏差；当公差带位于零线下方时，其基本偏差为上极限偏差；当公差带对称于零线时，其基本偏差可以为上极限偏差也可以为下极限偏差。

## 1.2.4 配合

### 1. 配合的概念

配合是指公称尺寸相同、相互结合的孔和轴公差带之间的关系。由于配合是指一批孔、轴的装配关系，而不是指单个孔与轴的装配关系，所以用公差带关系来反映配合会比较确切。

### 2. 间隙配合

孔的尺寸减去与其相配合的轴的尺寸所得的代数差为正时是间隙，为负时则是过盈。具有间隙（包括最小间隙等于零）的配合为间隙配合，如图 1-7 所示。此时，孔的公差带在轴的公差带之上,其极限值为最大间隙 $X_{max}$ 和最小间隙 $X_{min}$。间隙配合主要用于孔、轴间的活动连接。间隙的作用在于储藏润滑油,补偿温度引起的变化,补偿弹性变形及制造与安装误差等。间隙的大小影响孔、轴相对运动的灵活程度。在例 1-1 中,$\phi 50_0^{+0.025}$ mm 孔与 $\phi 50_{-0.025}^{-0.009}$ mm 轴配合就是间隙配合,其极限间隙为

$$X_{max} = D_{max} - d_{min} = ES - ei = 0.025 - (-0.025) = 0.050 \text{mm}$$
$$X_{min} = D_{min} - d_{max} = EI - es = 0 - (-0.009) = 0.009 \text{mm}$$

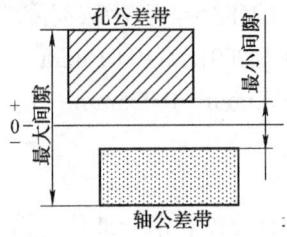 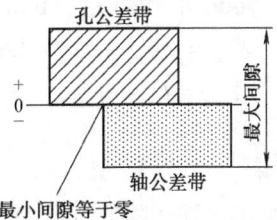

图 1-7　间隙配合

#### 3. 过盈配合

具有过盈(包括最小过盈等于零)的配合为过盈配合,如图 1-8 所示。此时,孔的公差带在轴的公差带之下,其极限值为最大过盈 $Y_{max}$ 和最小过盈 $Y_{min}$。过盈配合用于孔、轴间的固定连接,不允许两者有相对运动。

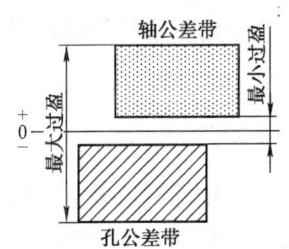 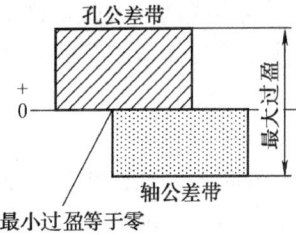

图 1-8　过盈配合

例如,$\phi 50_0^{+0.025}$ mm 孔与 $\phi 50_{+0.034}^{+0.050}$ mm 轴配合就是过盈配合,其极限过盈为

$$Y_{max} = D_{min} - d_{max} = EI - es = 0 - 0.050 = -0.050 \text{mm}$$
$$Y_{min} = D_{max} - d_{min} = ES - ei = 0.025 - 0.034 = -0.009 \text{mm}$$

#### 4. 过渡配合

可能具有间隙或过盈的配合为过渡配合。此时,孔的公差带与轴的公差带相互交叠,其极限值为最大间隙和最大过盈,如图 1-9 所示。过渡配合主要用于孔、轴的定位连接。在标准中规定的过渡配合的间隙或过盈一般较小,因此可以保证结合零件具有很好的同轴度,并且便于拆卸和装配。

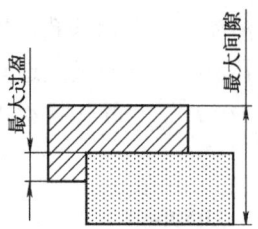
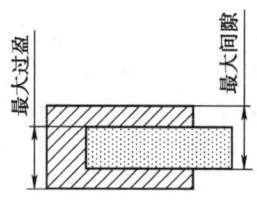
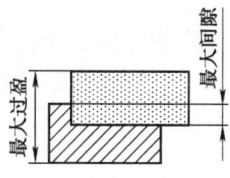

图 1-9 过渡配合

例如，$\phi 50^{+0.025}_{0}$ mm 孔与 $\phi 50^{+0.025}_{+0.009}$ mm 轴配合就是过渡配合，其极限间隙或过盈为

$$X_{max} = D_{max} - d_{min} = ES - ei = (0.025-0.009)\text{mm} = 0.016\text{mm}$$

$$Y_{max} = D_{min} - d_{max} = EI - es = (0-0.025)\text{mm} = -0.025\text{mm}$$

### 5. 配合公差 $T_F$

配合公差 $T_F$ 是指允许间隙或过盈的变动量。当配合公差表示一批孔、轴的配合时，能够表示各对孔、轴配合松紧不一致的程度。

对于间隙配合：$T_F = |X_{max} - X_{min}| = T_D + T_d$

对于过盈配合：$T_F = |Y_{max} - Y_{min}| = T_D + T_d$

对于过渡配合：$T_F = |X_{max} - Y_{max}| = T_D + T_d$

当公称尺寸一定时，配合公差 $T_F$ 表示配合的精确程度，反映了设计使用要求；而孔公差 $T_D$ 和轴公差 $T_d$ 则分别表示孔、轴加工的精确程度，反映了制造工艺要求，即加工的难易程度。由以上关系式可见，若使用要求或设计要求提高，即 $T_F$ 减小，则 $T_D + T_d$ 也要减小，因此加工将更加困难，成本也将提高。因此，这个关系式说明了公差的实质：反映机器使用要求与制造要求的矛盾，或反映设计与工艺的矛盾。

## 1.2.5 基准制

所谓基准制，即以两个相配零件中的一个为基准件并选定标准公差带，按使用要求的最小间隙或最小过盈确定非基准件公差带位置，从而形成各种配合的一种制度。

### 1. 基孔制

基孔制是指基本偏差为一定的孔公差带，与不同基本偏差的轴公差带形成各种配合的一种制度，如图 1-10（a）所示。在基孔制中配合的孔称为基准孔，它是配合的基准件。国家标准规定，基准孔的基本偏差（下极限偏差）为零，即 EI=0；上极限偏差为正值，即公差带在零线上侧。

在基孔制中配合的轴为非基准件。当轴的基本偏差为上极限偏差且为负值或零时，为间隙配合；当基本偏差为下极限偏差时，若孔与轴公差带相交叠为过渡配合，相错开为过盈配合。另外，在图 1-10（a）中，轴的另一极限偏差没有画出，这表示其位置由公差带的大小来确定。

### 2. 基轴制

基轴制是指基本偏差为一定的轴公差带，与不同基本偏差的孔形成各种配合的一种制度，如图 1-10（b）所示。

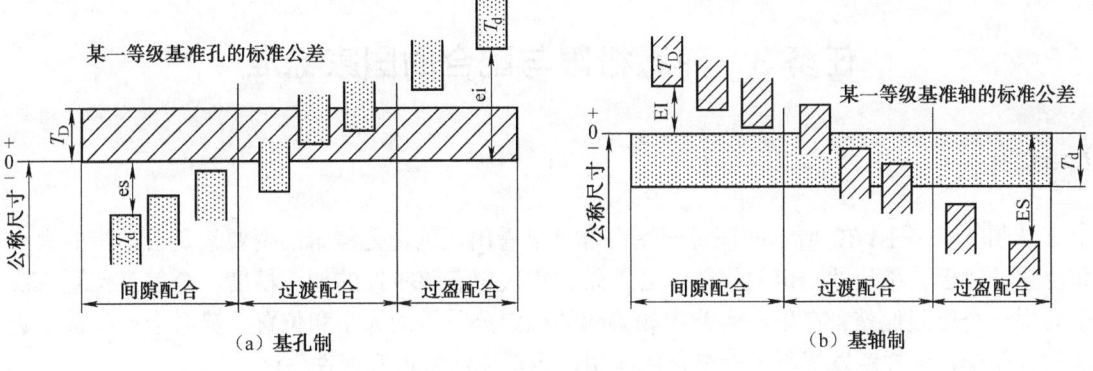

图 1-10 基孔制与基轴制

在基轴制中配合的轴为基准轴,是配合的基准件。国家标准规定,基准轴的基本偏差(上极限偏差)为零,即 es=0,而下极限偏差为负值,即公差带在零线下侧。基轴制的配合孔为非基准件,与基孔制相似,根据基准轴与相配孔公差带之间相互关系的不同,可形成不同松紧程度的间隙配合、过渡配合和过盈配合。

【例 1-2】 画出 $\phi 50_{0}^{+0.039}$ mm 孔与 $\phi 50_{-0.050}^{-0.025}$ mm 轴、$\phi 50_{0}^{+0.025}$ mm 孔与 $\phi 50_{+0.043}^{+0.059}$ mm 轴、$\phi 50_{0}^{+0.025}$ mm 孔与 $\phi 50_{+0.002}^{+0.018}$ mm 轴的极限配合公差带图,并判断基准制及配合性质。

解:$\phi 50_{0}^{+0.039}$ mm 孔与 $\phi 50_{-0.050}^{-0.025}$ mm 轴为基孔制间隙配合、$\phi 50_{0}^{+0.025}$ mm 孔与 $\phi 50_{+0.043}^{+0.059}$ mm 轴为基孔制过盈配合,它们的极限配合公差带图如图 1-11(a)、(b)所示,计算过程略。

$\phi 50_{0}^{+0.025}$ mm 孔与 $\phi 50_{+0.002}^{+0.018}$ mm 轴为基孔制过渡配合,其极限配合公差带图如图 1-12 所示,计算过程略。

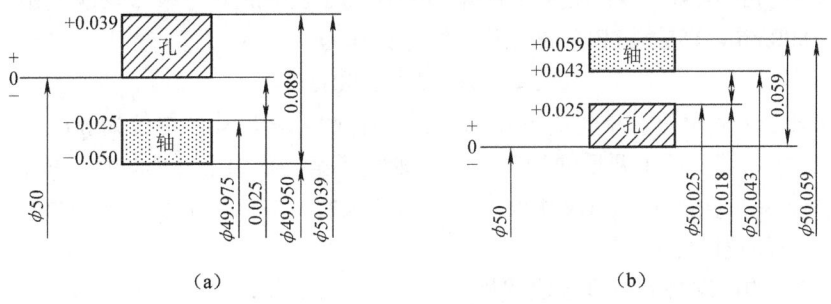

图 1-11 基孔制间隙、过盈配合公差带图

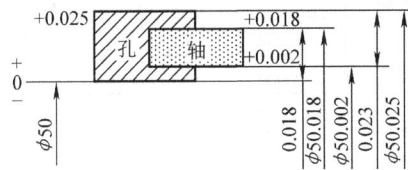

图 1-12 基孔制过渡配合公差带图

## 任务3 熟悉极限与配合的国家标准

## 任务引入

从图1-6～图1-12所示的任意一图中都可以看出,确定公差带的两要素是公差带的大小和位置。对于公称尺寸一定的零件,公差带大小决定着该零件的加工精度,公差带位置取决于其中一个极限偏差。在生产实践中如果随便确定公差带的大小和位置,势必会产生数量繁多的公差带,这样就发挥不了标准化的作用,也就无法实现互换性生产。

为了实现互换性和满足各种使用要求,极限与配合国家标准对不同的公称尺寸规定了一系列的标准公差(公差带大小)和基本偏差(公差带位置),组合构成各种公差带,由不同的孔、轴公差带形成各种配合。

### 1.3.1 标准公差系列

标准公差是国标规定的用来确定公差带大小的任一公差值。标准公差由公差单位及公差等级系数组成。标准公差系列是由不同公差等级和不同公称尺寸的标准公差构成的。

#### 1. 公差单位

机械零件的加工误差不仅与加工方法有关,还与零件的公称尺寸有关。因此,为了评定零件的精度等级,合理地规定公差数值,需要建立公差单位。

公差单位是计算公差的基本单位,是制定标准公差系列表的基础。生产实践以及专门的科学试验和统计分析说明,零件的加工误差与公称尺寸之间成立方根抛物线关系。

对尺寸≤500mm,IT5至IT18的公差单位计算式为

$$i = 0.45\sqrt[3]{D} + 0.001D \quad (1-1)$$

式中,$i$表示公差单位,单位为μm;$D$表示零件的公称尺寸,单位为mm。

式(1-1)中的第一项主要反映加工误差的影响;第二项用于补偿与直径成正比的误差,与直径成直线关系。实际上,当尺寸很小时,第二项所占的比例很小;但当直径很大时,公差单位随直径增加较快。

IT01至IT1的标准公差与直径成线性关系,如表1-2所示。主要考虑测量误差,因为高精度零件的加工误差很小,误差主要取决于测量水平。

表1-2 公称尺寸≤500mm的标准公差的计算公式　　　　　　　单位:μm

| 公差等级 | 公 式 | 公差等级 | 公 式 | 公差等级 | 公 式 |
|---|---|---|---|---|---|
| IT01 | 0.3+0.008$D$ | IT6 | 10$i$ | IT13 | 250$i$ |
| IT0 | 0.5+0.012$D$ | IT7 | 16$i$ | IT14 | 400$i$ |
| IT1 | 0.8+0.020$D$ | IT8 | 25$i$ | IT15 | 640$i$ |
| IT2 | (IT1)(IT5/IT1)$^{1/4}$ | IT9 | 40$i$ | IT16 | 1000$i$ |
| IT3 | (IT1)(IT5/IT1)$^{2/4}$ | IT10 | 64$i$ | IT17 | 1600$i$ |
| IT4 | (IT1)(IT5/IT1)$^{3/4}$ | IT11 | 100$i$ | IT18 | 2500$i$ |
| IT5 | 7$i$ | IT12 | 160$i$ | | |

## 2. 公差等级

确定尺寸精确程度的等级称为公差等级。规定和划分公差等级的目的是简化和统一公差的规格，使较少的公差等级既能满足广泛的使用要求，又能大致代表各种加工方法的精度。这样做既能简化设计，也有利于制造。

在国标中，标准公差 $T$ 是用公差等级系数 $a$ 与公差单位 $i$ 的乘积来表示的，即

$$T = ai \tag{1-2}$$

对于公称尺寸相同的零件，公差等级系数 $a$ 是决定标准公差大小的唯一参数。它不随配合改变，而且对孔、轴都一样。$a$ 的大小在一定程度上反映了加工的难易程度。

根据公差等级系数不同，国标将标准公差分为 20 个等级，即 IT01、IT0、IT1、…、IT18，其中 IT（ISO Tolerance）表示标准公差，数字表示公差等级，IT01 最高，IT18 最低，等级依次降低，公差值依次增大。

在公称尺寸≤500mm 的常用尺寸段范围内，各级标准公差的计算公式如表 1-2 所示。不难看出，国标各级公差之间分布的规律性较强，便于向高、低两端延伸，如果当现有的 20 个公差等级不够用时，还可以根据计算公式自行延伸，满足更广泛和特殊的需要。

## 3. 公称尺寸分段

按照标准公差的计算公式，在同一公差等级中每对应一个公称尺寸就会有一个公差值。这样一来，规格繁多，既不实用也无必要。为了减少标准公差数目、统一公差值、简化公差表格便于生产实际应用，国标对公称尺寸进行了尺寸分段：将 3150mm 以下的公称尺寸分成 21 个主段落，尺寸分段后，对同一尺寸段内的所有公称尺寸，在相同公差等级的情况下，规定了相同的标准公差，如表 1-3 所示（只节选公称尺寸≤500mm 的内容）。

表 1-3 标准公差数值（摘自 GB/T 1800.1—2020）

| 公称尺寸 /mm | 标准公差等级 | | | | | | | | | | | | | | | | | |
|---|---|---|---|---|---|---|---|---|---|---|---|---|---|---|---|---|---|---|
| | IT1 | IT2 | IT3 | IT4 | IT5 | IT6 | IT7 | IT8 | IT9 | IT10 | IT11 | IT12 | IT13 | IT14 | IT15 | IT16 | IT17 | IT18 |
| | μm | | | | | | | | | | | mm | | | | | | |
| ≤3 | 0.8 | 1.2 | 2 | 3 | 4 | 6 | 10 | 14 | 25 | 40 | 60 | 0.10 | 0.14 | 0.25 | 0.40 | 0.60 | 1.0 | 1.4 |
| >3～6 | 1.0 | 1.5 | 2.5 | 4 | 5 | 8 | 12 | 18 | 30 | 48 | 75 | 0.12 | 0.18 | 0.30 | 0.48 | 0.75 | 1.2 | 1.8 |
| >6～10 | 1.0 | 1.5 | 2.5 | 4 | 6 | 9 | 15 | 22 | 36 | 58 | 90 | 0.15 | 0.22 | 0.36 | 0.58 | 0.90 | 1.5 | 2.2 |
| >10～18 | 1.2 | 2 | 3 | 5 | 8 | 11 | 18 | 27 | 43 | 70 | 110 | 0.18 | 0.27 | 0.43 | 0.70 | 1.10 | 1.8 | 2.7 |
| >18～30 | 1.5 | 2.5 | 4 | 6 | 9 | 13 | 21 | 33 | 52 | 84 | 130 | 0.20 | 0.33 | 0.52 | 0.84 | 1.30 | 2.1 | 3.3 |
| >30～50 | 1.5 | 2.5 | 4 | 7 | 11 | 16 | 25 | 39 | 62 | 100 | 160 | 0.25 | 0.39 | 0.62 | 1.00 | 1.60 | 2.5 | 3.9 |
| >50～80 | 2 | 3 | 5 | 8 | 13 | 19 | 30 | 46 | 74 | 120 | 190 | 0.30 | 0.46 | 0.74 | 1.20 | 1.90 | 3.0 | 4.6 |
| >80～120 | 2.5 | 4 | 6 | 10 | 15 | 22 | 35 | 54 | 87 | 140 | 220 | 0.35 | 0.54 | 0.87 | 1.40 | 2.20 | 3.5 | 5.4 |
| >120～180 | 3.5 | 5 | 8 | 12 | 18 | 25 | 40 | 63 | 100 | 160 | 250 | 0.40 | 0.63 | 1.00 | 1.60 | 2.50 | 4.0 | 6.3 |
| >180～250 | 4.5 | 7 | 10 | 14 | 20 | 29 | 46 | 72 | 115 | 185 | 290 | 0.46 | 0.72 | 1.15 | 1.85 | 2.90 | 4.6 | 7.2 |
| >250～315 | 6 | 8 | 12 | 16 | 23 | 32 | 52 | 81 | 130 | 210 | 320 | 0.52 | 0.81 | 1.30 | 2.10 | 3.20 | 5.2 | 8.1 |
| >315～400 | 7 | 9 | 13 | 18 | 25 | 36 | 57 | 89 | 140 | 230 | 360 | 0.54 | 0.89 | 1.40 | 2.30 | 3.60 | 5.7 | 8.9 |
| >400～500 | 8 | 10 | 15 | 20 | 27 | 40 | 63 | 97 | 155 | 250 | 400 | 0.63 | 0.97 | 1.55 | 2.50 | 4.00 | 6.3 | 9.7 |

注：当公称尺寸≤1mm 时，无 IT4 至 IT18。

在标准公差计算公式中，同一段内所有公称尺寸的 $D$ 都以所属尺寸段内首、尾两个尺寸

的几何平均值进行计算。例如，30～50mm 公称尺寸分段的 $D=\sqrt{30\times50}\approx38.73$mm，这样做的结果虽然不够精确，但经过生产实践证明，这一误差对生产影响不大，对于公差值的标准化却非常有利。标准公差数值如表 1-3 所示。

从表 1-3 中可以看出：标准公差数值由标准公差等级和公称尺寸确定。同一公称尺寸，公差等级不同则对应的公差数值就不同；而同一公差等级，若公称尺寸不在同一尺寸段内，则对应的公差数值也不同。国标规定，只有公差等级相同（而不是公差数值相同）才表示有相同的精度，即相同的加工难度。

【例 1-3】 已知公称尺寸为 $\phi$20mm，计算 IT6、IT7、IT8 的标准公差。

解：20mm 在 >18～30mm 的尺寸段内，所以 $D=\sqrt{18\times30}\approx23.24$mm。

$$i=0.45\sqrt[3]{D}+0.001D=0.45\sqrt[3]{23.24}+0.001\times23.24\approx1.31\mu m$$

查表 1-2 得：

$$IT6=10i=13.1\mu m\approx13\mu m$$
$$IT7=16i=16\times1.31\mu m=20.96\mu m\approx21\mu m$$
$$IT8=25i=25\times1.31\mu m=32.75\mu m\approx33\mu m$$

## 1.3.2 基本偏差系列

### 1. 基本偏差代号

孔的基本偏差数值表

轴的基本偏差数值表

如前所述，基本偏差是用来确定公差带相对于零线位置的上极限偏差或下极限偏差的，均指除 J 和 j 以外的、靠近零线的、偏差绝对值较小的那个极限偏差。

基本偏差系列如图 1-13 所示，基本偏差的代号用拉丁字母表示，大写字母代表孔，小写字母代表轴。在 26 个字母中，除去易与其他含义混淆的 I、L、O、Q、W（i、l、o、q、w）5 个字母，采用剩余的 21 个字母，再加上双字母 CD、EF、FG、ZA、ZB、ZC、JS（cd、ef、fg、za、zb、zc、js）7 个，即孔和轴各有 28 个基本偏差。

由图 1-13 可知，基本偏差的主要特点如下。

（1）轴的基本偏差：a～h 为上极限偏差 es（为负值或零）代号，k～zc 为下极限偏差 ei（为正值）代号。孔的基本偏差：A～H 为下极限偏差 EI（为正值或零）代号，K～ZC 为上极限偏差 ES（为负值）代号。

（2）H 和 h 的基本偏差均为零。H 和 h 分别为基准孔和基准轴的基本偏差代号。

（3）以 JS 和 js 为基本偏差组成的公差带完全对称于零线，其基本偏差可为上极限偏差（+IT/2），也可为下极限偏差（-IT/2）。以 J 和 j 为基本偏差组成的公差带跨在零线上，呈不对称分布，它们的基本偏差不一定是靠近零线的那个偏差。JS 和 js 逐渐取代近似对称的偏差 J 和 j，故在国家标准中，孔仅保留了 J6、J7、J8，轴仅保留了 j5、j6、j7 和 j8 等几种。因此，在基本偏差系列中将 J 和 j 放在了 JS 和 js 的位置上。

（4）K、M、N 的基本偏差为上极限偏差，k、m、n 的基本偏差为下极限偏差。但当精度等级不同时，K、M、N、k 的基本偏差数值不同，所以同一代号在基本偏差系列中有两个位置。

（5）在基本偏差系列图中，仅绘出了公差带的一端而未绘出公差带的另一端，因为它取决于公差等级和这个基本偏差的组合。

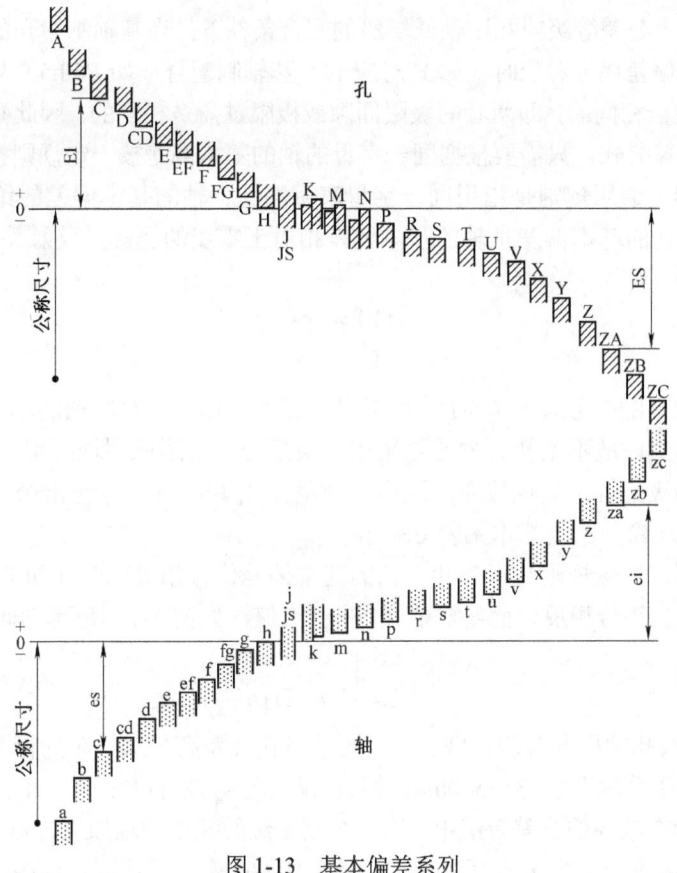

图 1-13　基本偏差系列

### 2. 轴的基本偏差系列

基本偏差的大小决定着孔与轴配合的性质，它由使用要求决定。轴的各种基本偏差是在基孔制的基础上根据生产实践经验和科学试验制定的。

a～h 用于间隙配合，其中 a、b、c 用于大间隙或热动配合；d、e、f 主要用于旋转运动，可以保证良好的液体摩擦；g 主要用于滑动和半液体摩擦或用于定位配合，这时要求间隙要小；cd、ef、fg 用于小尺寸的旋转运动件，如钟表行业用得较多；h 与 H 是最小间隙为零的间隙配合，常用于定位配合。

j～n 主要用于过渡配合，其间隙或过盈量均不大，定心精度较高，拆卸也不困难。

p～zc 主要用于过盈配合，这时孔、轴连接强度高，能传递较大转矩。

孔、轴公差带如图 1-14 所示。

当轴的基本偏差确定后，根据公差等级便可以确定轴的另一个极限偏差。即

$$\text{对于 a～h：} ei = es - IT \tag{1-3}$$

$$\text{对于 j～zc：} es = ei + IT \tag{1-4}$$

将轴的基本偏差和公差等级代号组合起来即可构成轴的公差带代号。例如，轴的公差带代号 h7、f8、m6、r6 等。

### 3. 孔的基本偏差系列

孔的基本偏差是由轴的基本偏差换算得到的。基轴制与基孔制是两种平行等效的配合制

度:在孔、轴为同一公差等级或孔比轴低一级的配合条件下,当基轴制中孔的基本偏差代号和基孔制中轴的基本偏差代号对应时(如 F 对应 f),基轴制配合(如 F6/h5)与基孔制配合(如 H6/f5)的性质是完全相同的,即两者的极限间隙或极限过盈是相同的。因此孔的基本偏差不需要另外制定一套计算公式,只需要根据同一字母的轴的基本偏差按一定规则换算即可得到。

(1)通用规则。通用规则是指用同一字母表示的孔、轴的基本偏差的绝对值相同,符号相反。也就是说,孔的基本偏差是轴的基本偏差相对于零线的倒影(反射关系)。因此这一规则也叫作倒影规则,即

$$\begin{cases} EI = -es \\ ES = -ei \end{cases} \quad (1\text{-}5)$$

通用规则适用范围:①对于 A~H,因其基本偏差(EI)和对应轴的基本偏差(es)的绝对值都等于最小间隙,故不论孔、轴是否采用同级配合,通用原则均适用;②对于 K~ZC,一般孔、轴采用同级配合,故也按通用原则,使用公式 ES=-ei;③标准公差大于 IT8、公称尺寸大于 3mm 的 N 除外,其基本偏差 ES=0。

(2)特殊规则。特殊规则是指当孔、轴的基本偏差代号相对应时(如 P 和 p),孔、轴的基本偏差(ES、ei)符号相反,而绝对值相差一个Δ值,如图 1-14 所示。即

$$\begin{cases} ES = -ei + \Delta \\ \Delta = ITn - IT(n-1) \end{cases} \quad (1\text{-}6)$$

在式中,$ITn$ 为某级孔的标准公差,$IT(n-1)$ 为比某级孔公差高一级的轴的标准公差。

特殊规则适用于公称尺寸>3~500mm 并且标准公差≤IT8 的 K、M、N 孔和标准公差≤IT7 的 P~ZC 孔。因为在较高的公差等级中,同一公差等级的孔比轴难加工,为了与工艺匹配,常将轴与低一级的孔相配合,并要求两种基准制所形成的配合性质相同。由图 1-14 可知:

基孔制的最小过盈:$Y_{\min}$=ES-ei=$ITn$-ei

基轴制的最小过盈:$Y_{\min}$=ES-ei=ES-(-IT($n$-1))

因为最小过盈必须相等,所以 $ITn$-ei=ES+IT($n$-1)。

由此得出孔的基本偏差公式 1-6。

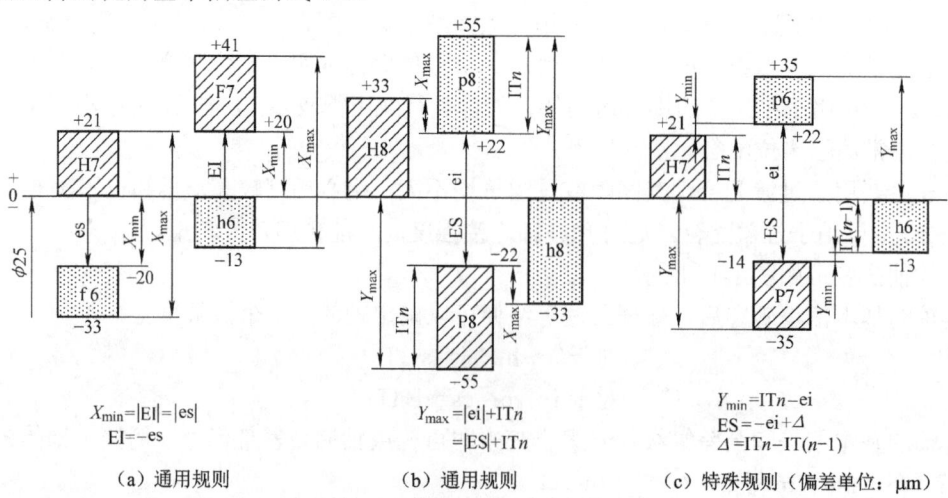

图 1-14 孔、轴公差带

如表 1-4 所示为轴的基本偏差数值，如表 1-5 所示为孔的基本偏差数值。在实际应用中，孔、轴的基本偏差值可直接从表中查出，不必另行计算。

标准公差和基本偏差可以组成各种孔、轴配合。注有公差的尺寸可以表示为 $\phi 50^{+0.039}_{0}$ 或 $\phi 50H8\ (^{+0.039}_{0})$。相互配合的一对孔、轴用分数形式表示，分子表示孔、分母表示轴，如 $\phi 50\dfrac{H8}{f7}$ 或 $\phi 50H8/f7$。

### 4. 应用举例

【例 1-4】 用查表法确定 $\phi 20H7/p6$ 和 $\phi 20P7/h6$ 孔与轴的极限偏差，画出公差带图，计算两种配合的极限过盈。

解：

（1）查表、计算极限偏差

由表 1-3 查得 IT6=13μm，IT7=21μm。

由表 1-4 查得 p 的基本偏差 ei=22μm，则 p6 的 es=22+13=35μm。

由表 1-5 查得 H 的基本偏差 EI=0μm，则 H7 的 ES=0+21=21μm。则有 $\phi 20H7\ (^{+0.021}_{0})$，$\phi 20p6\ (^{+0.035}_{+0.022})$。

由表 1-4 查得 h 的基本偏差 es=0，则 h6 的 ei=0-13=-13μm。

由表 1-5 查得 P 的基本偏差 ES=-22μm+Δ，而 Δ=IT7-IT6=21-13=8μm，所以 ES=-14μm，则 P7 的 EI=-14-21=-35μm；则有 $\phi 20P7\ (^{-0.014}_{-0.035})$，$\phi 20h6\ (^{0}_{-0.013})$。

（2）计算两种配合的极限过盈

$\phi 20H7/p6$：  $Y_{\max}$=EI-es=0-0.035=-0.035mm

$Y_{\min}$=ES-ei=0.021-0.022=-0.001mm

$\phi 20P7/h6$：  $Y_{\max}$=EI-es=-0.035-0=-0.035mm

$Y_{\min}$=ES-ei=-0.014-(-0.013)=-0.001mm

可见，$\phi 20H7/p6$ 和 $\phi 20P7/h6$ 两对配合的最大过盈与最小过盈均相等，即配合性质相同。孔轴公差带可以表示为图 1-15。

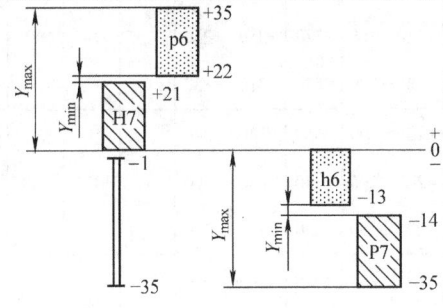

图 1-15 孔轴公差带（偏差单位为μm）

### 5. 一般公差

一般公差也称未注公差。零件图上的尺寸原则上都有公差要求，但为了简化制图，对非配合尺寸以及最基本加工方法就能达到要求的尺寸可以不注公差。例如，图 1-1 齿轮轴零件图中的长度尺寸 145、键槽长度尺寸 16 和倒角尺寸 C1.5 等在图样上只标注了公称尺寸。

GB/T 1804—2000《一般公差 未注公差的线程和角度尺寸的公差》对一般公差规定了 4 种等级：精密 f、中等 m、粗糙 c、最粗 v。其极限偏差值全部采用对称偏差，如表 1-6、表 1-7 所示。

一般公差在标注时由一般公差标准号和公差等级符号组合而成。例如，在选择精密级时表示为 GB/T 1804—f。

表 1-4 轴的基本偏差数值

| 公称尺寸 /mm | 基本偏差 | | | | | | | | | | | | | | | |
|---|---|---|---|---|---|---|---|---|---|---|---|---|---|---|---|---|
| | 上极限偏差 es | | | | | | | | | | | 下极限偏差 ei | | | | |
| | a | b | c | cd | d | e | ef | f | fg | g | h | js | j | | | k |
| | 所有公差等级 | | | | | | | | | | | | 5~6 | 7 | 8 | 4~7 | ≤3 >7 |
| ≤3 | -270 | -140 | -60 | -34 | -20 | -14 | -10 | -6 | -4 | -2 | 0 | | -2 | -4 | -6 | 0 | 0 |
| >3~6 | -270 | -140 | -70 | -46 | -30 | -20 | -14 | -10 | -6 | -4 | 0 | | -2 | -4 | — | +1 | 0 |
| >6~10 | -280 | -150 | -80 | -56 | -40 | -25 | -18 | -13 | -8 | -5 | 0 | | -2 | -5 | — | +1 | 0 |
| >10~14 | -290 | -150 | -95 | — | -50 | -32 | — | -16 | — | -6 | 0 | | -3 | -6 | — | +1 | 0 |
| >14~18 | | | | | | | | | | | | | | | | | |
| >18~24 | -300 | -160 | -110 | — | -65 | -40 | — | -20 | — | -7 | 0 | 偏差等于 $\pm\dfrac{ITn}{2}$ | -4 | -8 | — | +2 | 0 |
| >24~30 | | | | | | | | | | | | | | | | | |
| >30~40 | -310 | -170 | -120 | — | -80 | -50 | — | -25 | — | -9 | 0 | | -5 | -10 | — | +2 | 0 |
| >40~50 | -320 | -180 | -130 | | | | | | | | | | | | | | |
| >50~65 | -340 | -190 | -140 | — | -100 | -60 | — | -30 | — | -10 | 0 | | -7 | -12 | — | +2 | 0 |
| >65~80 | -360 | -200 | -150 | | | | | | | | | | | | | | |
| >80~100 | -380 | -220 | -170 | — | -120 | -72 | — | -36 | — | -12 | 0 | | -9 | -15 | — | +3 | 0 |
| >100~120 | -410 | -240 | -180 | | | | | | | | | | | | | | |
| >120~140 | -460 | -260 | -200 | — | -145 | -85 | — | -43 | — | -14 | 0 | | -11 | -18 | — | +3 | 0 |
| >140~160 | -520 | -280 | -210 | | | | | | | | | | | | | | |
| >160~180 | -580 | -310 | -230 | | | | | | | | | | | | | | |
| >180~200 | -660 | -340 | -240 | — | -170 | -100 | — | -50 | — | -15 | 0 | | -13 | -21 | — | +4 | 0 |
| >200~225 | -740 | -380 | -260 | | | | | | | | | | | | | | |
| >225~250 | -820 | -420 | -280 | | | | | | | | | | | | | | |
| >250~280 | -920 | -480 | -300 | — | -190 | -110 | — | -56 | — | -17 | 0 | | -16 | -26 | — | +4 | 0 |
| >280~315 | -1050 | -540 | -330 | | | | | | | | | | | | | | |
| >315~355 | -1200 | -600 | -360 | — | -210 | -125 | — | -62 | — | -18 | 0 | | -18 | -28 | — | +4 | 0 |
| >355~400 | -1350 | -680 | -400 | | | | | | | | | | | | | | |
| >400~450 | -1500 | -760 | -440 | — | -230 | -135 | — | -68 | — | -20 | 0 | | -20 | -32 | — | +5 | 0 |
| >450~500 | -1650 | -840 | -480 | | | | | | | | | | | | | | |

注：① 当基本尺寸小于 1mm 时，各级的 a 和 b 均不采用；
② js 的数值：对 IT7～IT11，若 IT 的数值（μm）为奇数，则取 js=±（IT(n-1)）/2。

(摘自 GB/T 1800.1—2009)  单位：μm

| 公称尺寸 /mm | 基本偏差 下极限偏差 ei 所有公差等级 | | | | | | | | | | | |
|---|---|---|---|---|---|---|---|---|---|---|---|---|
| | m | n | p | r | s | t | u | v | x | y | z | za | zb | zc |
| ≤3 | +2 | +4 | +6 | +10 | +14 | — | +18 | — | +20 | — | +26 | +32 | +40 | +60 |
| >3～6 | +4 | +8 | +12 | +15 | +19 | — | +23 | — | +28 | — | +35 | +42 | +50 | +80 |
| >6～10 | +6 | +10 | +15 | +19 | +23 | — | +28 | — | +34 | — | +42 | +52 | +67 | +97 |
| >10～14 | +7 | +12 | +18 | +23 | +28 | — | +33 | — | +40 | — | +50 | +64 | +90 | +130 |
| >14～18 | | | | | | | | +39 | +45 | | +60 | +77 | +108 | +150 |
| >18～24 | +8 | +15 | +22 | +28 | +35 | — | +41 | +47 | +54 | +63 | +73 | +98 | +136 | +188 |
| >24～30 | | | | | | +41 | +48 | +55 | +64 | +75 | +88 | +118 | +160 | +218 |
| >30～40 | +9 | +17 | +26 | +34 | +43 | +48 | +60 | +68 | +80 | +94 | +112 | +148 | +220 | +274 |
| >40～50 | | | | | | +54 | +70 | +81 | +97 | +114 | +136 | +180 | +242 | +325 |
| >50～65 | +11 | +20 | +32 | +41 | +53 | +66 | +87 | +102 | +122 | +144 | +172 | +226 | +300 | +405 |
| >65～80 | | | | +43 | +59 | +75 | +102 | +120 | +146 | +174 | +210 | +274 | +360 | +480 |
| >80～100 | +13 | +23 | +37 | +51 | +71 | +91 | +124 | +146 | +178 | +214 | +258 | +335 | +445 | +585 |
| >100～120 | | | | +54 | +79 | +104 | +144 | +172 | +210 | +256 | +310 | +400 | +525 | +690 |
| >120～140 | +15 | +27 | +43 | +63 | +92 | +122 | +170 | +202 | +248 | +300 | +365 | +470 | +620 | +800 |
| >140～160 | | | | +65 | +100 | +134 | +190 | +228 | +280 | +340 | +415 | +535 | +700 | +900 |
| >160～180 | | | | +68 | +108 | +146 | +210 | +252 | +310 | +380 | +465 | +600 | +780 | +1000 |
| >180～200 | +17 | +31 | +50 | +77 | +122 | +166 | +236 | +284 | +350 | +425 | +520 | +670 | +880 | +1150 |
| >200～225 | | | | +80 | +130 | +180 | +258 | +310 | +385 | +470 | +575 | +740 | +960 | +1250 |
| >225～250 | | | | +84 | +140 | +196 | +284 | +340 | +425 | +520 | +640 | +820 | +1050 | +1350 |
| >250～280 | +20 | +34 | +56 | +94 | +158 | +218 | +315 | +385 | +475 | +580 | +710 | +920 | +1200 | +1550 |
| >280～315 | | | | +98 | +170 | +240 | +350 | +425 | +525 | +650 | +790 | +1000 | +1300 | +1700 |
| >315～355 | +21 | +37 | +62 | +108 | +190 | +268 | +390 | +475 | +590 | +730 | +900 | +1150 | +1500 | +1900 |
| >355～400 | | | | +114 | +208 | +294 | +435 | +530 | +660 | +820 | +1000 | +1300 | +1650 | +2100 |
| >400～450 | +23 | +40 | +68 | +126 | +232 | +330 | +490 | +595 | +740 | +920 | +1100 | +1450 | +1850 | +2400 |
| >450～500 | | | | +132 | +252 | +360 | +540 | +660 | +820 | +1000 | +1250 | +1600 | +2100 | +2600 |

表 1-5 孔的基本偏差数值

| 公称尺寸 /mm | 基本偏差 | | | | | | | | | | | | | | | | |
|---|---|---|---|---|---|---|---|---|---|---|---|---|---|---|---|---|---|
| | 下极限偏差 EI | | | | | | | | | | | 上极限偏差 ES | | | | | |
| | A | B | C | CD | D | E | EF | F | FG | G | H | JS | J | | | K | M |
| | 所有的公差等级 | | | | | | | | | | | | 6 | 7 | 8 | ≤8 >8 | ≤8 >8 |
| ≤3 | +270 | +140 | +60 | +34 | +20 | +14 | +10 | +6 | +4 | +2 | 0 | | +2 | +4 | +6 | 0   0 | -2   -2 |
| >3~6 | +270 | +140 | +70 | +36 | +30 | +20 | +14 | +10 | +6 | +4 | 0 | | +5 | +6 | +10 | -1+Δ   — | -4+Δ   -4 |
| >6~10 | +280 | +150 | +80 | +56 | +40 | +25 | +18 | +13 | +8 | +5 | 0 | | +5 | +8 | +12 | -1+Δ   — | -6+Δ   -6 |
| >10~14 | +290 | +150 | +95 | — | +50 | +32 | — | +16 | — | +6 | 0 | | +6 | +10 | +15 | -1+Δ   — | -7+Δ   -7 |
| >14~18 | +290 | +150 | +95 | — | +50 | +32 | — | +16 | — | +6 | 0 | | +6 | +10 | +15 | -1+Δ   — | -7+Δ   -7 |
| >18~24 | +300 | +160 | +110 | — | +65 | +40 | — | +20 | — | +7 | 0 | | +8 | +12 | +20 | -2+Δ   — | -8+Δ   -8 |
| >24~30 | +300 | +160 | +110 | — | +65 | +40 | — | +20 | — | +7 | 0 | | +8 | +12 | +20 | -2+Δ   — | -8+Δ   -8 |
| >30~40 | +310 | +170 | +120 | — | +80 | +50 | — | +25 | — | +9 | 0 | 偏差等于 ±IT/2 | +10 | +14 | +24 | -2+Δ   — | -9+Δ   -9 |
| >40~50 | +320 | +180 | +130 | — | +80 | +50 | — | +25 | — | +9 | 0 | | +10 | +14 | +24 | -2+Δ   — | -9+Δ   -9 |
| >50~65 | +340 | +190 | +140 | — | +100 | +60 | — | +30 | — | +10 | 0 | | +13 | +18 | +28 | -2+Δ   — | -11+Δ   -11 |
| >65~80 | +360 | +200 | +150 | — | +100 | +60 | — | +30 | — | +10 | 0 | | +13 | +18 | +28 | -2+Δ   — | -11+Δ   -11 |
| >80~100 | +380 | +220 | +170 | — | +120 | +72 | — | +36 | — | +12 | 0 | | +16 | +22 | +34 | -3+Δ   — | -13+Δ   -13 |
| >100~120 | +410 | +240 | +180 | — | +120 | +72 | — | +36 | — | +12 | 0 | | +16 | +22 | +34 | -3+Δ   — | -13+Δ   -13 |
| >120~140 | +440 | +260 | +200 | — | +145 | +85 | — | +43 | — | +14 | 0 | | +18 | +26 | +41 | -3+Δ   — | -15+Δ   -15 |
| >140~160 | +520 | +280 | +210 | — | +145 | +85 | — | +43 | — | +14 | 0 | | +18 | +26 | +41 | -3+Δ   — | -15+Δ   -15 |
| >160~180 | +580 | +310 | +230 | — | +145 | +85 | — | +43 | — | +14 | 0 | | +18 | +26 | +41 | -3+Δ   — | -15+Δ   -15 |
| >180~200 | +660 | +340 | +240 | — | +170 | +100 | — | +50 | — | +15 | 0 | | +22 | +30 | +47 | -4+Δ   — | -17+Δ   -17 |
| >200~225 | +740 | +380 | +260 | — | +170 | +100 | — | +50 | — | +15 | 0 | | +22 | +30 | +47 | -4+Δ   — | -17+Δ   -17 |
| >225~250 | +820 | +420 | +280 | — | +170 | +100 | — | +50 | — | +15 | 0 | | +22 | +30 | +47 | -4+Δ   — | -17+Δ   -17 |
| >250~280 | +920 | +480 | +300 | — | +190 | +110 | — | +56 | — | +17 | 0 | | +25 | +36 | +55 | -4+Δ   — | -20+Δ   -20 |
| >280~315 | +1050 | +540 | +330 | — | +190 | +110 | — | +56 | — | +17 | 0 | | +25 | +36 | +55 | -4+Δ   — | -20+Δ   -20 |
| >315~355 | +1200 | +600 | +360 | — | +210 | +125 | — | +62 | — | +18 | 0 | | +29 | +39 | +60 | -4+Δ   — | -21+Δ   -21 |
| >355~400 | +1350 | +680 | +400 | — | +210 | +125 | — | +62 | — | +18 | 0 | | +29 | +39 | +60 | -4+Δ   — | -21+Δ   -21 |
| >400~450 | +1500 | +760 | +440 | — | +230 | +135 | — | +68 | — | +20 | 0 | | +33 | +43 | +66 | -5+Δ   — | -23+Δ   -23 |
| >450~500 | +1650 | +840 | +480 | — | +230 | +135 | — | +68 | — | +20 | 0 | | +33 | +43 | +66 | -5+Δ   — | -23+Δ   -23 |

注：① 当公称尺寸小于 1mm 时，各级的 A 和 B 及大于 8 级的 N 均不采用；
② JS 的数值：对 IT7~IT11，若 IT 的数值（μm）为奇数，则取 JS=±（IT(n-1)）/2；
③ 特殊情况：当公称尺寸大于 250mm~315mm 时，M6 的 ES 等于 -9μm（不等于 -11μm）。

（摘自 GB/T 1800.1—2009）  单位：μm

| 公称尺寸 /mm | 基本偏差 上极限偏差 ES | | | | | | | | | | | | | Δ/μm | | | | |
|---|---|---|---|---|---|---|---|---|---|---|---|---|---|---|---|---|---|---|
| | N | | P~ZC | P | R | S | T | U | V | X | Y | Z | ZA | ZB | ZC | | | | | |
| | ≤8 | >8 | ≤7 | | | | >7 | | | | | | | | 3 | 4 | 5 | 6 | 7 | 8 |
| ≤3 | -4 | -4 | | -6 | -10 | -14 | — | -18 | — | -20 | — | -26 | -32 | -40 | -60 | 0 | | | | |
| >3~6 | -8+Δ | 0 | | -12 | -15 | -19 | — | -23 | — | -28 | — | -35 | -42 | -50 | -80 | 1 | 1.5 | 1 | 3 | 4 | 6 |
| >6~10 | -10+Δ | 0 | | -15 | -19 | -23 | — | -28 | — | -34 | — | -42 | -52 | -67 | -97 | 1 | 1.5 | 2 | 3 | 6 | 7 |
| >10~14 | -12+Δ | 0 | | -18 | -23 | -28 | — | -33 | — | -40 | — | -50 | -64 | -90 | -130 | 1 | 2 | 3 | 3 | 7 | 9 |
| >14~18 | | | | | | | | | -39 | -45 | | -60 | -77 | -108 | -150 | | | | | | |
| >18~24 | -15+Δ | 0 | | -22 | -28 | -35 | — | -41 | -47 | -54 | -63 | -73 | -98 | -136 | -188 | 1.5 | 2 | 3 | 4 | 8 | 12 |
| >24~30 | | | | | | | -41 | -48 | -55 | -64 | -75 | -88 | -118 | -160 | -218 | | | | | | |
| >30~40 | -17+Δ | 0 | 在大于7级的相应数值上增加一个Δ值 | -26 | -34 | -43 | -48 | -60 | -68 | -80 | -94 | -112 | -148 | -200 | -274 | 1.5 | 3 | 4 | 5 | 9 | 14 |
| >40~50 | | | | | | | -54 | -70 | -81 | -95 | -114 | -136 | -180 | -242 | -325 | | | | | | |
| >50~65 | -20+Δ | 0 | | -32 | -41 | -53 | -66 | -87 | -102 | -122 | -144 | -172 | -226 | -300 | -400 | 2 | 3 | 5 | 6 | 11 | 16 |
| >65~80 | | | | | -43 | -59 | -75 | -102 | -120 | -146 | -174 | -210 | -274 | -360 | -480 | | | | | | |
| >80~100 | -23+Δ | 0 | | -37 | -51 | -71 | -92 | -124 | -146 | -178 | -214 | -258 | -335 | -445 | -585 | 2 | 4 | 5 | 7 | 13 | 19 |
| >100~120 | | | | | -54 | -79 | -104 | -144 | -172 | -210 | -254 | -310 | -400 | -525 | -690 | | | | | | |
| >120~140 | -27+Δ | 0 | | -43 | -63 | -92 | -122 | -170 | -202 | -248 | -300 | -365 | -470 | -620 | -800 | 3 | 4 | 6 | 7 | 15 | 23 |
| >140~160 | | | | | -65 | -100 | -134 | -190 | -228 | -280 | -340 | -415 | -535 | -700 | -900 | | | | | | |
| >160~180 | | | | | -68 | -108 | -146 | -210 | -252 | -310 | -380 | -465 | -600 | -780 | -1000 | | | | | | |
| >180~200 | -31+Δ | 0 | | -50 | -77 | -122 | -166 | -236 | -284 | -350 | -425 | -520 | -670 | -880 | -1150 | 3 | 4 | 6 | 9 | 17 | 26 |
| >200~225 | | | | | -80 | -130 | -180 | -258 | -310 | -385 | -470 | -575 | -740 | -960 | -1250 | | | | | | |
| >225~250 | | | | | -84 | -140 | -196 | -284 | -340 | -425 | -520 | -640 | -820 | -1050 | -1350 | | | | | | |
| >250~280 | -34+Δ | 0 | | -56 | -94 | -158 | -218 | -315 | -385 | -475 | -580 | -710 | -920 | -1200 | -1500 | 4 | 4 | 7 | 9 | 20 | 29 |
| >280~315 | | | | | -98 | -170 | -240 | -350 | -425 | -525 | -650 | -790 | -1000 | -1300 | -1700 | | | | | | |
| >315~355 | -37+Δ | 0 | | -62 | -108 | -190 | -268 | -390 | -475 | -590 | -730 | -900 | -1150 | -1500 | -1900 | 4 | 5 | 7 | 11 | 21 | 32 |
| >355~400 | | | | | -114 | -208 | -294 | -435 | -530 | -660 | -820 | -1000 | -1300 | -1650 | -2100 | | | | | | |
| >400~450 | -40+Δ | 0 | | -68 | -126 | -232 | -330 | -490 | -595 | -740 | -920 | -1100 | -1450 | -1850 | -2400 | 5 | 5 | 7 | 13 | 23 | 34 |
| >450~500 | | | | | -132 | -252 | -360 | -540 | -660 | -820 | -1000 | -1250 | -1600 | -2100 | -2600 | | | | | | |

表 1-6　线性尺寸一般公差的极限偏差值　　　　　　　　　　　　　　　　单位：mm

| 公差等级 | 公称尺寸分段 | | | | | | | |
|---|---|---|---|---|---|---|---|---|
| | 0.5～3 | >3～6 | >6～30 | >30～120 | >120～400 | >400～1000 | >1000～2000 | >2000～4000 |
| 精密 f | ±0.05 | ±0.05 | ±0.1 | ±0.15 | ±0.2 | ±0.3 | ±0.5 | — |
| 中等 m | ±0.1 | ±0.1 | ±0.2 | ±0.3 | ±0.5 | ±0.8 | ±1.2 | ±2 |
| 粗糙 c | ±0.2 | ±0.3 | ±0.5 | ±0.8 | ±1.2 | ±2 | ±3 | ±4 |
| 最粗 v | — | ±0.5 | ±1 | ±1.5 | ±2.5 | ±4 | ±6 | ±8 |

表 1-7　倒圆半径与倒角高度尺寸一般公差的极限偏差值　　　　　　　　　单位：mm

| 公差等级 | 公称尺寸分段 | | | |
|---|---|---|---|---|
| | 0.5～3 | >3～6 | >6～30 | >30 |
| 精密 f、中等 m | ±0.2 | ±0.5 | ±1 | ±2 |
| 粗糙 c、最粗 v | ±0.4 | ±1 | ±2 | ±4 |

# 任务 4　掌握优先和常用配合

## 任务引入

将标准公差系列和基本偏差系列中任一标准公差与任一基本偏差组合，可得到很多个大小与位置不同的孔、轴公差带。在≤500mm 的尺寸范围内，孔有 543 种，轴有 544 种。如果将如此多的公差与配合全都投入使用，显然是不经济的，它会使定值刀具、量具和工艺装备的品种和规格过于繁杂，不利于生产。因此在考虑我国生产实际需要及今后发展的前提下，参考了国际标准和其他国家标准，国家标准对公差带与配合的选择进行了限制。规定了尺寸≤500mm 的一般用途的轴公差带 119 种和孔公差带 105 种，并从中选出常用的轴公差带 59 种和孔公差带 44 种，又进一步确定优先的孔、轴公差带各 13 种，并推荐了优先和常用配合。

### 1.4.1　优先、常用和一般用途的孔、轴公差带

如图 1-16、图 1-17 所示为国标规定的一般、常用和优先选用的孔、轴公差带。带圆圈的是优先选用的公差带，线框内的为常用的公差带。

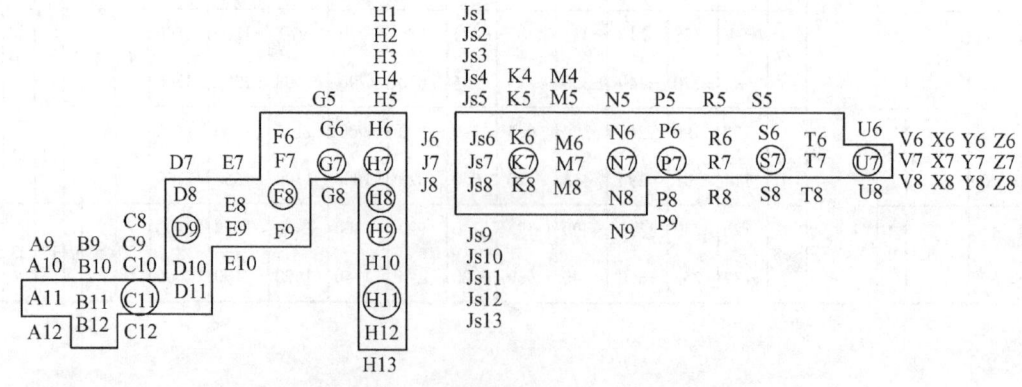

图 1-16　国标规定的一般、常用和优先选用的孔、轴公差带

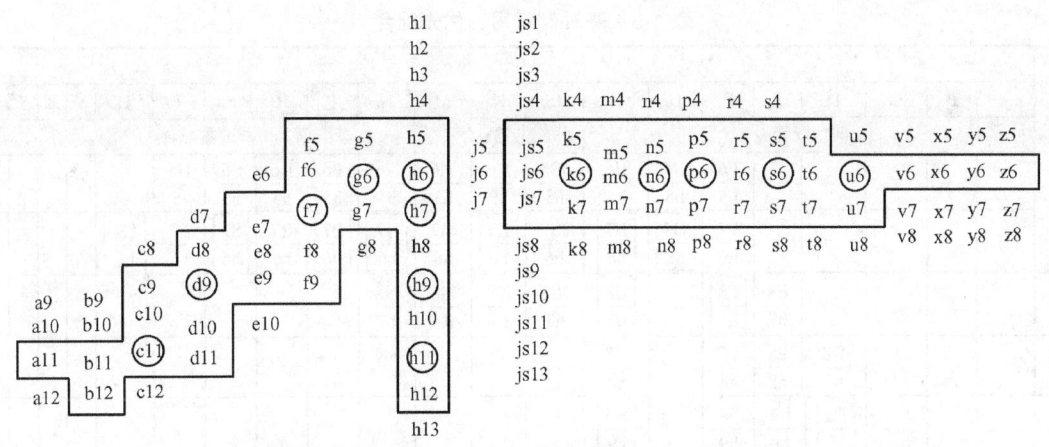

图 1-17 国标规定的一般、常用和优先选用的轴公差带

## 1.4.2 孔、轴的优先和常用配合

国标在规定孔、轴公差带选用的基础上还规定了孔、轴公差带的组合。如表 1-8 所示为基孔制常用（59 种）、优先（13 种）配合，如表 1-9 所示为基轴制常用（47 种）、优先（13 种）配合。

表 1-8 基孔制常用、优先配合

| 基准孔 | 轴 | | | | | | | | | | | | | | | | | | | |
|---|---|---|---|---|---|---|---|---|---|---|---|---|---|---|---|---|---|---|---|---|
| | a | b | c | d | e | f | g | h | js | k | m | N | p | r | s | t | u | v | x | y | z |
| | 间隙配合 | | | | | | | | 过渡配合 | | | | 过盈配合 | | | | | | | | |
| H6 | | | | | | $\frac{H6}{f5}$ | $\frac{H6}{g5}$ | $\frac{H6}{h5}$ | $\frac{H6}{js5}$ | $\frac{H6}{k5}$ | $\frac{H6}{m5}$ | $\frac{H6}{n5}$ | $\frac{H6}{p5}$ | $\frac{H6}{r5}$ | $\frac{H6}{s5}$ | $\frac{H6}{t5}$ | | | | | |
| H7 | | | | | | $\frac{H7}{f6}$ | $\frac{H7}{g6}$ | $\frac{H7}{h6}$ | $\frac{H7}{js6}$ | $\frac{H7}{k6}$ | $\frac{H7}{m6}$ | $\frac{H7}{n6}$ | $\frac{H7}{p6}$ | $\frac{H7}{r6}$ | $\frac{H7}{s6}$ | $\frac{H7}{t6}$ | $\frac{H7}{u6}$ | $\frac{H7}{v6}$ | $\frac{H7}{x6}$ | $\frac{H7}{y6}$ | $\frac{H7}{z6}$ |
| H8 | | | | | $\frac{H8}{e7}$ | $\frac{H8}{f7}$ | $\frac{H8}{g7}$ | $\frac{H8}{h7}$ | $\frac{H8}{js7}$ | $\frac{H8}{k7}$ | $\frac{H8}{m7}$ | $\frac{H8}{n7}$ | $\frac{H8}{p7}$ | $\frac{H8}{r7}$ | $\frac{H8}{s7}$ | $\frac{H8}{t7}$ | $\frac{H8}{u7}$ | | | | |
| | | | | $\frac{H8}{d8}$ | $\frac{H8}{e8}$ | $\frac{H8}{f8}$ | | $\frac{H8}{h8}$ | | | | | | | | | | | | | |
| H9 | | | $\frac{H9}{c9}$ | $\frac{H9}{d9}$ | $\frac{H9}{e9}$ | $\frac{H9}{f9}$ | | $\frac{H9}{h9}$ | | | | | | | | | | | | | |
| H10 | | | $\frac{H10}{c10}$ | $\frac{H10}{d10}$ | | | | $\frac{H10}{h10}$ | | | | | | | | | | | | | |
| H11 | $\frac{H11}{a11}$ | $\frac{H11}{b11}$ | $\frac{H11}{c11}$ | $\frac{H11}{d11}$ | | | | $\frac{H11}{h11}$ | | | | | | | | | | | | | |
| H12 | | $\frac{H12}{b12}$ | | | | | | $\frac{H12}{h12}$ | | | | | | | | | | | | | |

注：① $\frac{H6}{n5}$、$\frac{H7}{p6}$ 在公称尺寸≤3mm 和 $\frac{H8}{r7}$ 在公称尺寸≤100mm 时，为过渡配合；

② 带方框的为优先配合。

表 1-9 基轴制常用、优先配合

| 基准轴 | 孔 | | | | | | | | | | | | | | | | | | | |
|---|---|---|---|---|---|---|---|---|---|---|---|---|---|---|---|---|---|---|---|---|
| | A | B | C | D | E | F | G | H | JS | K | M | N | P | R | S | T | U | V | X | Y | Z |
| | 间隙配合 | | | | | | | | 过渡配合 | | | 过盈配合 | | | | | | | | |
| h5 | | | | | | F6/h5 | G6/h5 | H6/h5 | JS6/h5 | K6/h5 | M6/h5 | N6/h5 | P6/h5 | R6/h5 | S6/h5 | H6/t5 | | | | |
| h6 | | | | | | F7/h6 | G7/h6 | H7/h6 | JS7/h6 | K7/h6 | M7/h6 | N7/h6 | P7/h6 | R7/h6 | S7/h6 | T7/h6 | U7/h6 | | | |
| h7 | | | | | E8/h7 | F8/h7 | | H8/h7 | JS8/h7 | K8/h7 | M8/h7 | N8/h7 | | | | | | | | |
| h8 | | | | D8/h8 | E8/h8 | F8/h8 | | H8/h8 | | | | | | | | | | | | |
| h9 | | | | D9/h9 | E9/h9 | F9/h9 | | H9/h9 | | | | | | | | | | | | |
| h10 | | | | D10/h10 | | | | H10/h10 | | | | | | | | | | | | |
| h11 | A11/h11 | B11/h11 | C11/h11 | D11/h11 | | | | H11/h11 | | | | | | | | | | | | |
| H12 | | B12/h12 | | | | | | H12/h12 | | | | | | | | | | | | |

注：带方框的为优先配合。

从两表中不难看出：为了匹配工艺，当轴的公差等级高于或等于 7 级时，与比轴低一级的基准孔配合，其余同级配合；当孔的公差等级高于 8 级时，与比孔高一级的基准轴配合，其余同级配合。

需要注意的是，国标规定的孔、轴公差带和配合均属推荐性质，如果情况允许，在生产中尽量在此范围内选取。当有特殊需要时，也可以根据生产实际需求自行选用公差带并组成配合。

如图 1-18 所示为基孔制、基轴制优先配合公差带。

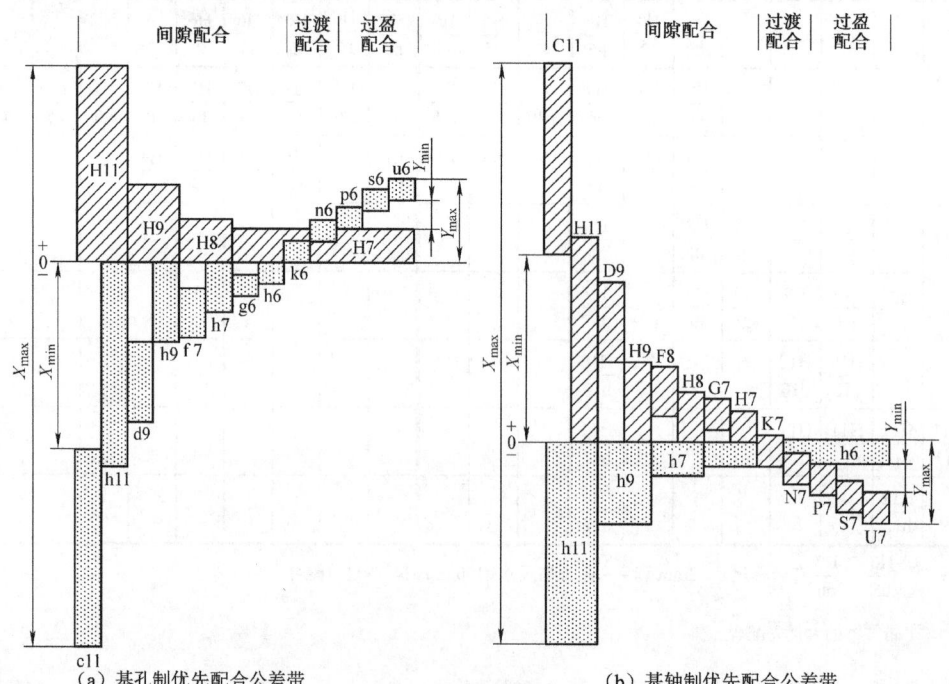

(a) 基孔制优先配合公差带     (b) 基轴制优先配合公差带

图 1-18 基孔制、基轴制优先配合公差带

## 任务5  正确选择尺寸公差与配合

## 任务引入

如图 1-19（a）所示为汽车发动机的活塞连杆机构装配图。其中 $\dfrac{M6}{h5}$、$\dfrac{H6}{h5}$ 分别反映活塞销与活塞、活塞销与连杆的装配关系，主要包括基准制、公差等级与配合种类三方面内容。如何正确合理地选用，这是机械设计中的重要工作之一，它对产品质量、互换性和经济效益都有重要影响。选择的原则主要是根据机械产品的使用功能要求，保证其性能优良，具有合理寿命，同时也要兼顾制造的可行性和经济性。下面分别介绍其选择方法。

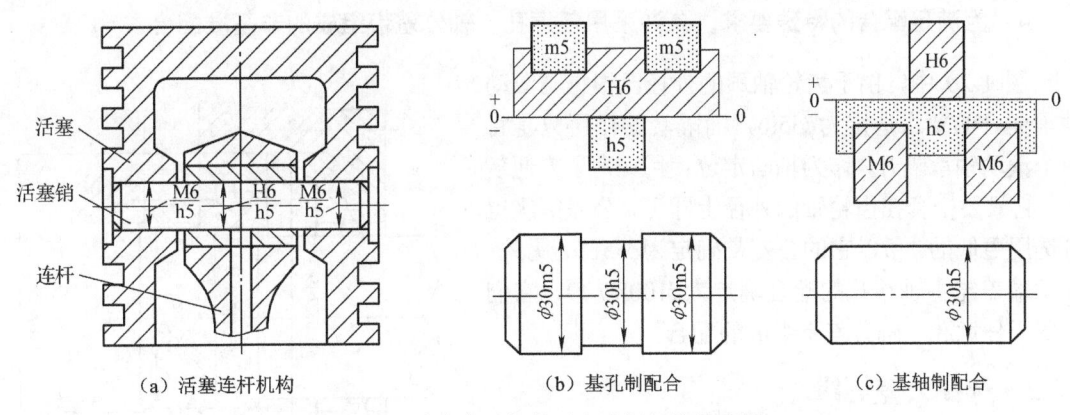

图 1-19  汽车发动机的活塞连杆机构装配图

### 1.5.1  选择基准制

基准制包括基孔制和基轴制两种。一般来说相同代号的基孔制与基轴制配合的性质相同。如 $\phi30H7/f6$ 与 $\phi30F7/h6$ 有同样的最大、最小间隙。因此，基准制的选择与使用要求无关，主要应从结构、工艺以及经济等各方面进行考虑。

#### 1. 优先选用基孔制

一般孔加工比较困难，并且通常使用定尺寸刀具（如钻头、铰刀等）加工和定尺寸量具（如塞规）测量。例如，如果某机器有 $\phi30H7/f6$、$\phi30H7/k6$ 及 $\phi30H7/t6$ 三种配合，因为孔的公差带相同，所以只需要一种规格的刀、量具；若采用基轴制，则相应变成 $\phi30F7/h6$、$\phi30K7/h6$ 及 $\phi30T7/h6$ 配合，这时孔加工需要三种规格的刀、量具。因此，优先采用基孔制有利于刀、量具的标准化、系列化，能达到经济合理、使用方便的目的，并减少企业的工装储备量。

#### 2. 特殊需要可选基轴制

（1）在农业机械和纺织机械中，有时直接采用 IT9～IT11 的冷拉圆钢做轴（不经切削加工），此时采用基轴制可避免冷拉圆钢的尺寸规格过多的问题。

（2）加工尺寸小于 1mm 的精密轴比同级孔要困难，因此在仪器制造、钟表生产、无线电工程中常使用经过光轧成形的钢丝直接做轴，这时采用基轴制比较经济。

（3）当同一轴与公称尺寸相同的几个孔相配合，且配合性质不同时，应考虑采用基轴制。

如图1-19（a）所示为汽车发动机的活塞销与活塞及连杆的配合。根据使用要求，活塞销和活塞应为过渡配合，活塞销与连杆小头间有相对运动，应为间隙配合。如果采用基孔制，三个孔的公差带一样，活塞销要制成小的阶梯形，给加工、装配带来困难，如图1-19（b）所示。如采用基轴制，活塞销为一种公差带，可制成一根光轴，如图1-19（c）所示，克服了由于采用基孔制带来的不便。

### 3. 若与标准件配合，应以标准件为基准件

如图1-20所示为某主轴组件装配图。其中滚动轴承为标准件，其内圈与齿轮轴颈的配合应采用基孔制，外圈与主轴箱孔的配合应采用基轴制。因此齿轮轴颈应选择$\phi$55j6，主轴箱孔应选择$\phi$100K7。

### 4. 为满足配合的特殊要求，允许采用任意孔、轴公差带组成的非基准配合

图1-20中，由于齿轮轴颈的外径已根据与滚动轴承配合的要求选定为$\phi$55j6，而隔套的作用只是将两个滚动轴承隔开，作为轴向定位使用，为了方便装拆，它只要松套在齿轮轴的外径上即可，公差等级也可选用更低的，所以它的公差带确定为$\phi$55F9。另外，轴承端盖与主轴箱孔的配合确定为$\phi$100K7/f9，它们都属于任意孔、轴公差带组成的配合。

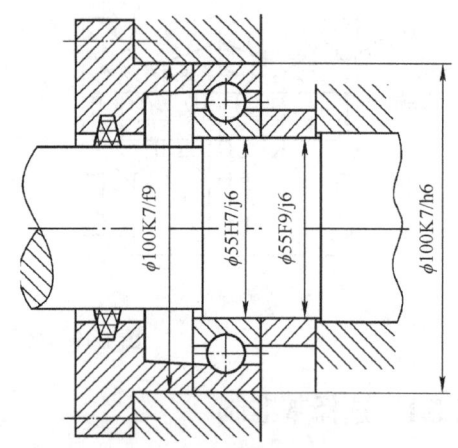

图1-20 某主轴组件装配图

## 1.5.2 选择公差等级

合理地选择公差等级是为了更好地协调机器零部件使用要求与制造工艺及成本之间的矛盾。因为公差等级过低，产品质量得不到保证；公差等级过高，会增加制造成本。因此，必须综合考虑这两方面因素。

选用公差等级的原则为，在充分满足使用要求的前提下，考虑工艺的可能性，尽量选用精度较低的公差等级。对于公称尺寸≤500mm的较高等级的配合，由于孔比同级的轴加工困难，当标准公差≤IT8时，国标推荐孔比轴低一级相配合。但当标准公差>IT8或公称尺寸>500mm时，由于孔的测量精度比轴容易保证，推荐采用同级孔、轴配合。

在选用公差等级时，应根据工艺、配合及有关零件、部件或机构等的特点，并参考已被实践证明合理的实例进行考虑。如表1-10所示为20个公差等级的应用范围。

表1-10 公差等级的应用

| 应用 | 公差等级（IT） | | | | | | | | | | | | | | | | | | | |
|---|---|---|---|---|---|---|---|---|---|---|---|---|---|---|---|---|---|---|---|---|
| | 01 | 0 | 1 | 2 | 3 | 4 | 5 | 6 | 7 | 8 | 9 | 10 | 11 | 12 | 13 | 14 | 15 | 16 | 17 | 18 |
| 块规 | — | — | | | | | | | | | | | | | | | | | | |
| 量规 | | | — | — | — | — | — | — | — | | | | | | | | | | | |
| 配合尺寸 | | | | | | — | — | — | — | — | — | — | — | | | | | | | |
| 特别精密零件 | | | — | — | — | — | — | | | | | | | | | | | | | |
| 非配合尺寸 | | | | | | | | | | | | | — | — | — | — | — | — | — | — |
| 原材料 | | | | | | | | | — | — | — | — | — | — | — | — | | | | |

如表 1-11 所示为各种加工方法能达到的公差等级范围，可供参考，如表 1-12 所示为常用配合尺寸的公差等级应用，应熟悉和掌握。

表 1-11　各种加工方法可能达到的公差等级

| 加工方法 | 公差等级 | | | | | | | | | | | | | | | | | | | |
| --- | --- | --- | --- | --- | --- | --- | --- | --- | --- | --- | --- | --- | --- | --- | --- | --- | --- | --- | --- | --- |
| | IT01 | IT0 | IT1 | IT2 | IT3 | IT4 | IT5 | IT6 | IT7 | IT8 | IT9 | IT10 | IT11 | IT12 | IT13 | IT14 | IT15 | IT16 | IT17 | IT18 |
| 研磨 | — | — | — | — | — | — | — | | | | | | | | | | | | | |
| 珩磨 | | | | | | — | — | — | — | | | | | | | | | | | |
| 圆周磨 | | | | | | | — | — | — | — | | | | | | | | | | |
| 平面磨 | | | | | | | — | — | — | — | | | | | | | | | | |
| 金刚石车 | | | | | | | — | — | — | | | | | | | | | | | |
| 金刚石镗 | | | | | | | — | — | — | | | | | | | | | | | |
| 拉削 | | | | | | | — | — | — | — | | | | | | | | | | |
| 铰孔 | | | | | | | | — | — | — | — | — | | | | | | | | |
| 车 | | | | | | | | | — | — | — | — | — | | | | | | | |
| 镗 | | | | | | | | | — | — | — | — | — | | | | | | | |
| 铣 | | | | | | | | | | — | — | — | — | | | | | | | |
| 刨、插 | | | | | | | | | | | | — | — | | | | | | | |
| 钻 | | | | | | | | | | | | — | — | — | — | | | | | |
| 滚压、挤压 | | | | | | | | | | | | — | — | | | | | | | |
| 冲压 | | | | | | | | | | | | — | — | — | — | — | | | | |
| 压铸 | | | | | | | | | | | | | — | — | — | — | | | | |
| 粉末冶金成形 | | | | | | | | — | — | — | | | | | | | | | | |
| 粉末冶金烧结 | | | | | | | | | — | — | — | — | | | | | | | | |
| 砂型铸造 | | | | | | | | | | | | | | | | | | — | — | — |
| 锻造 | | | | | | | | | | | | | | | | | — | — | — | |

表 1-12　常用配合尺寸的公差等级应用范围

| 公差等级 | 应　用 |
| --- | --- |
| IT5 | 配合性质稳定，主要用在要求配合精度、形状精度很高处。如在机床中与 P5 级滚动轴承配合的箱体孔，与 P6 级滚动轴承配合的机床主轴，机床尾座与套筒，精密丝杆轴颈等；在精密机械（如仪表）、高速机械（如发动机）中的轴颈等 |
| IT6 | 配合性质能达到较高的均匀性，用于要求精密配合处。如与 P6 级滚动轴承相配合的孔、轴颈；与齿轮、蜗轮、带轮、凸轮等连接的轴颈；机床丝杆轴颈、摇臂钻立柱、6 级精度齿轮的基准孔等 |
| IT7 | 应用条件与 6 级基本相似，但精度稍低。在一般机械制造中应用广泛。如联轴器、带轮、凸轮的孔径；7、8 级齿轮基准孔，9、10 级齿轮基准轴等 |
| IT8 | 用于中等精度要求的配合。例如，9 至 12 级齿轮基准孔，11、12 级齿轮基准轴等 |
| IT9~IT10 | 用于一般要求的配合。例如，轴套外径与孔配合，操纵件与轴配合，空转皮带轮与轴，光学仪器的一般配合，发动机机油泵体内孔，键宽与键槽宽的配合，在纺织机械中的一般配合零件 |
| IT11~T12 | 配合精度很低，适用于不重要的配合。例如，机床的法兰盘止口与孔，滑块与滑移齿轮凹槽，在钟表中不重要的工件，在手表制造中所用的工具及设备的未注公差尺寸，纺织机械的低精度间隙配合 |

当某些配合有可能根据使用要求确定其间隙或过盈的允许变化范围时，可利用计算公式和标准公差数值表确定其公差等级。

### 1.5.3 配合的选用

选择配合是为了正确确定机器的零件在工作时的相互关系,以保证机器的各零部件协调动作,实现预定的功能。正确地选择配合可以提高机器的性能、质量和延长使用寿命,并使加工更加经济合理。

在设计时应根据使用要求选择配合,首先考虑选用标准规定的优先配合,其次考虑选用标准规定的常用配合。如果优先或常用配合不能满足要求,则可选用标准推荐的一般用途的孔、轴公差带组成所需的配合。若仍不能满足使用要求,还可从国标提供的 544 种轴公差带和 543 种孔公差带中任选合适的公差带组成配合。

在确定了基准制以后,选择配合就是根据使用要求——配合公差(间隙或过盈)的大小,确定与基准件相配的孔、轴的基本偏差代号,同时确定基准件及配合件的公差等级。

对于间隙配合,由于基本偏差的绝对值等于最小间隙,可以按最小间隙确定基本偏差代号。对于过盈配合,在确定基准件的公差等级后,可直接按最小过盈选定配合件的基本偏差代号,并根据配合公差的要求确定孔、轴公差等级。

【例 1-5】 有一对公称尺寸为 $\phi 50\mathrm{mm}$ 的孔、轴配合,要求间隙在 $(+25 \sim +90)\mu m$ 范围内,试确定合适的公差等级与配合。

解:(1)选择基准制。因无特殊要求,故选用基孔制。

(2)确定公差等级。

因为 $T_F = X_{max} - X_{min} = 90 - 25 = 65 \mu m$

查表 1-3 选择公差等级,初步确定孔为 IT8=39μm,轴为 IT7=25μm。则

$T_F = T_D + T_d = 39 + 25 = 64 < 65 \mu m$

故此,公差等级合适。

(3)确定配合种类。

因为已选定基孔制,故孔的公差带为 H8,其 EI=0,ES=IT8=+39μm。

因为 $X_{min} = EI - es$

所以 $es = EI - X_{min} = 0 - 25 = -25 \mu m$

由表 1-4 查得 $\phi 50\mathrm{mm}$ 的轴 f 的基本偏差 es=-25μm,故选择轴的公差带为 f7,则

$ei = es - IT7 = -25 - 25 = -50 \mu m$

(4)检验。

$X_{min} = EI - es = 0 - (-25) = +25 \mu m$

$X_{max} = ES - ei = 39 - (-50) = +89 \mu m < +90 \mu m$

故 $\phi 50 H8/f7$ 满足使用要求。

配合的选择一般有以下三种方法:

(1)计算法。根据理论分析所建立的公式计算配合所需的间隙或过盈。对于间隙配合的滑动轴承,其理论基础是流体力学,计算出保证液体摩擦应有的间隙;对于过盈配合,可按弹塑变形理论,计算出所需的最小过盈,根据计算所得的间隙或过盈,选择合适的配合。

由于计算法比较复杂,同时在实际应用中影响配合间隙和过盈的因素较多,而且这些理论计算得到的也是近似值,在应用时还要根据实际工作条件进行必要的修正。因此,除特别重要的配合做验证分析外,一般不采用此方法。

（2）试验法。根据多次试验结果找出最合理的间隙或过盈，以此为依据确定配合。按试验法确定的配合最为可靠，但因为需要做大量试验，成本高，时间长，所以只用于对产品质量有较大影响的重要配合。

（3）类比法。根据机器的使用要求与工作条件，参考经过生产验证的同类机械选用的配合，分析对比并进行选择。这种方法就是凭经验，在生产实践中广泛应用。

类比法的要点：

（1）深入分析零件在机器中所起的作用和使用要求，从而确定配合的类别，可参照表1-13来确定。

（2）掌握各类配合（各种基本偏差）的特性及应用场合。

a～h（或A～H）共11种基本偏差与基准孔（或基准轴）形成间隙配合，主要用于有相对运动的配合，或用于常拆卸而定心精度要求不高的定位配合。其中由a（或A）形成的间隙最大，后面依次减小，由h（或H）形成的间隙最小，其配合的最小间隙为零。

表1-13 配合类别的选择

| | | 要精确同轴 | 永久结合 | 过盈配合 |
|---|---|---|---|---|
| 无相对运动 | 要传递扭矩 | | 可拆卸结合 | 过渡配合或基本偏差为H（h）的间隙配合加紧固件 |
| | | 不要精确同轴 | | 间隙配合加紧固件 |
| | 不需要传递扭矩 | | | 过渡配合或轻的过盈配合 |
| 有相对运动 | 只有移动 | | | 基本偏差为H（h）、G（g）等的间隙配合 |
| | 转动或转动与移动复合运动 | | | 基本偏差为A～F（a～f）等的间隙配合 |

js～n（或JS～N）共5种基本偏差与基准孔（或基准轴）形成过渡配合，主要用于定心精度要求较高并需要拆装的配合，公差等级多用于IT6～IT8范围。

p～zc（或P～ZC）共12种基本偏差与基准孔（或基准轴）形成过盈配合，主要用于没有相对运动的配合，使孔、轴结合为整体传递转矩，公差等级多用于≤IT7范围。其中，由p（或P）形成的过盈最小，当公差等级较低时，如H8/p7，则形成过渡配合，此后过盈依次增大，至zc（或ZC）形成的过盈最大。

如表1-14所示为基孔制轴的基本偏差选用说明，如表1-15所示为13种优先配合的选用说明，以供参考。

表1-14 基孔制轴的基本偏差选用说明

| 配合种类 | 基本偏差 | 特性及应用 |
|---|---|---|
| 间隙配合 | a，b | 可得到特别大的间隙，应用很少 |
| | c | 可得到很大的间隙，一般用于缓慢、松弛的间隙配合。用于工作条件较差（农业机械）、受力变形，或为了便于装配而必须有较大的间隙时。推荐配合为H11/c11。其较高等级的配合，如H8/c7，适用于轴在高温工作的紧密配合，例如，内燃机排气阀和导管 |
| | d | 一般用于IT7～IT11，适用于松的转动配合，例如，密封盖、滑轮、空转带轮等与轴的配合。也适用于大直径滑动轴承配合，例如，透平机、球磨机、轧辊成形和重开弯曲机，以及在其他重型机械中的一些滑动轴承配合 |

续表

| 配合种类 | 基本偏差 | 特性及应用 |
|---|---|---|
| 间隙配合 | e | 多用于 IT7～IT9，通常用于要求有明显间隙、易于转动的支承配合，如大跨距支承、多支点支承等配合。在高等级时基本偏差 e 适用于大的、高速、重载支承，例如，涡轮发电机、电动机的支承及内燃机主要轴承、凸轮轴支承、摇臂支承等的配合 |
| | f | 多用于 IT6～IT8 的一般转动配合。当温度影响不大时，广泛用于普通润滑油（或润滑脂）润滑的支承，例如，齿轮箱、小电动机、泵等的转轴与滑动支承的配合 |
| | g | 配合间隙很小，制造成本高，除很轻负荷的装置外，不推荐用于转动配合。多用于 IT5～IT7，最适合于不回转的精密滑动配合，也用于插销等定位配合，例如，精密连杆轴承、活塞及滑阀、连杆销等 |
| | h | 多用于 IT4～IT11。广泛用于无相对转动的零件，作为一般的定位配合。若没有温度、变形影响，也用于精密滑动配合 |
| 过渡配合 | js | 为完全对称偏差（±IT/2），平均起来稍有间隙的配合。适用于 IT4～IT7，要求间隙比 h 小，并允许略有过盈的定位配合，例如，联轴节。可用手或木槌装配 |
| | k | 平均起来没有间隙的配合，适用于 IT4～IT7。推荐用于稍有过盈的定位配合。例如，用于消除振动的定位配合。一般用木槌装配 |
| | m | 平均起来具有不大过盈的过渡配合。适用于 IT4～IT7，一般可用木槌装配，但在最大过盈时，要求有相当的压入力 |
| | n | 平均过盈比 m 稍大，很少得到间隙，适用于 IT4～IT7，用锤或压力机装配，通常推荐用于紧密的组件配合。在 H6/n5 配合时为过盈配合 |
| 过盈配合 | p | 在与 H6 或 H7 孔配合时是过渡配合，在与 H8 孔配合时则为过渡配合。对非铁类零件，为较轻的压入配合，易于拆卸。对钢、铸铁或铜、钢组件装配是标准压入配合 |
| | r | 对铁类零件为中等打入配合，对非铁类零件为轻打入配合。可拆卸。与 H8 孔配合，当直径在 100mm 以上时为过盈配合，当直径小时为过渡配合 |
| | s | 用于钢或铁制零件永久性和半永久性装配，可产生相当大的结合力。当用弹性材料（如轻合金）时，配合性质与铁类零件的 p 相当。例如，套环压装在轴上、阀座等的配合。当尺寸较大时，为了避免损伤配合表面，需要用热胀或冷缩法装配 |
| | t | 是过盈较大的配合，对于钢和铸铁件适于做永久性结合，不用键可传递力矩，需用热胀或冷缩法装配，例如，联轴器与轴的配合 |
| | u | 是过盈较大的配合，一般应验算在最大过盈时工件材料是否会损坏。要用热胀或冷缩法装配，例如，火车轮毂和轴的配合 |
| | v, x, y, z | 是过盈较大的配合，目前使用的经验和资料较少，需经试验后应用。一般不推荐 |

表 1-15  13 种优先配合的选用说明

| 优先配合 | | 说　明 |
|---|---|---|
| 基孔制 | 基轴制 | |
| $\dfrac{H11}{c11}$ | $\dfrac{C11}{h11}$ | 是间隙非常大，用于很松的、转动很慢的配合，要求大公差与大间隙的外露组件，以及要求装配方便的很松的配合 |
| $\dfrac{H9}{d9}$ | $\dfrac{D9}{h9}$ | 是间隙非常大，用于精度非主要要求时，或有大的温度变化、高转速或大的轴颈压力时的配合 |

续表

| 优先配合 | | 说　明 |
|---|---|---|
| 基孔制 | 基轴制 | |
| $\dfrac{H8}{f7}$ | $\dfrac{F8}{h7}$ | 是间隙不大的配合，用于中等转速与中等轴颈压力的精确转动 |
| $\dfrac{H7}{g6}$ | $\dfrac{G7}{h6}$ | 是间隙很小的配合，用于不希望自由转动，但可摆动或滑动的配合，或用于精密定位 |
| $\dfrac{H7}{h6}$ | $\dfrac{H7}{h6}$ | 均为间隙配合，零件可自由装拆，但在工作时一般相对静止。在最大实体条件下的间隙为0，在最小实体条件下的间隙由公差等级决定 |
| $\dfrac{H8}{h7}$ | $\dfrac{H8}{h7}$ | |
| $\dfrac{H9}{h9}$ | $\dfrac{H9}{h9}$ | |
| $\dfrac{H11}{h11}$ | $\dfrac{H11}{h11}$ | |
| $\dfrac{H7}{k6}$ | $\dfrac{K7}{h6}$ | 是过渡配合，用于精密定位 |
| $\dfrac{H7}{n6}$ | $\dfrac{N7}{h6}$ | 是过渡配合，允许有较大过盈的精密定位 |
| $\dfrac{H7}{p6}$ | $\dfrac{P7}{h6}$ | 是过盈配合，即小过盈配合，用于定位精度特别重要时，能以最好的定位精度达到部件的刚性及对中的性能要求，而对内孔承受压力无特殊要求，不依靠配合的紧固件传递摩擦负荷 |
| $\dfrac{H7}{s6}$ | $\dfrac{S7}{h6}$ | 是中等过盈配合，适用于薄壁件用冷缩法获得的配合，用于铸铁件可得到最紧的配合 |
| $\dfrac{H7}{u6}$ | $\dfrac{U7}{h6}$ | 是大的过盈配合，适用于可以承受高压力的零件或不宜承受大压力而用冷缩法获得的配合 |

（3）用类比法选择配合还必须考虑载荷情况、温度影响、拆装情况和生产批量等因素，从而进行适当修正，按具体情况修正间隙或过盈量，如表1-16所示。

表1-16　按具体情况修正间隙或过盈量

| 具体情况 | 过盈量 | 间隙量 | 具体情况 | 过盈量 | 间隙量 |
|---|---|---|---|---|---|
| 材料许用应力小 | 减 | | 在装配时可能歪斜 | 减 | 增 |
| 经常拆卸 | 减 | | 旋转速度较大 | 增 | 增 |
| 有冲击负荷 | 增 | 减 | 有轴向运动 | | 增 |
| 在工作时孔温高于轴温 | 增 | 减 | 润滑油黏度大 | | 增 |
| 在工作时轴温高于孔温 | 减 | 增 | 表面粗糙 | 增 | 减 |
| 配合长度较长 | 减 | 增 | 装配精度高 | 减 | 减 |
| 形位误差大 | 减 | 增 | | | |

## 学后测评

1-1　在日常生活中互换性的例子随处可见，请列举一二。

1-2　试写出R10优先数系从0.1到120的全部优先数。

1-3　判断正误。

（1）具有互换性的零件，其几何参数必须绝对精确。

（2）基孔制配合要求孔的精度高，基轴制配合要求轴的精度高。

（3）图样标注 $\phi 20_{-0.021}^{0}$ 的轴，加工得越靠近公称尺寸就越精确。

（4）同一公差等级的孔和轴的标准公差数值一定相等。

（5）实际尺寸较大的孔与实际尺寸较小的轴相装配，会形成间隙配合。

（6）尺寸公差大的一定比尺寸公差小的公差等级低。

（7）最大实体尺寸是孔和轴的最大极限尺寸的总称。

（8）偏差可为正、负或零值，而公差一定为正值。

（9）一光滑轴与多孔配合，当其配合性质不同时，应当选用基孔制配合。

（10）标准公差的数值与公差等级有关，而与基本偏差无关。

1-4 公称尺寸、实际尺寸、极限尺寸、作用尺寸、最大实体尺寸和最小实体尺寸的区别是什么？

1-5 检查下列标注，如有错误请改正。

孔 $\phi 50_{+0.025}^{+0}$，孔 $\phi 10_{-0.025}^{0.034}$，孔 $\phi 50^{+0.039}$，轴 $\phi 50^{-0.039}$，$\phi 60_{-0.023}^{0.023}$

1-6 加工一批孔类零件，孔设计要求为 $\phi 30G7$。加工后测得其中最大孔为 $\phi 30.040 mm$，最小孔为 $\phi 30.022 mm$。试问这批孔的公差是多少？其实际尺寸的误差为多少？这批孔是否合格？实际偏大还是偏小？

1-7 计算并补全表 1-17。

表 1-17 尺寸、偏差及公差的互算　　　　　　　　　　单位：mm

| 公称尺寸 | 上极限尺寸 | 下极限尺寸 | 上极限偏差 | 下极限偏差 | 公差 | 尺寸标注 |
|---|---|---|---|---|---|---|
| 孔$\phi 10$ | 10.015 | 10 | | | | |
| 孔$\phi 40$ | | | | | | $\phi 40_{+0.025}^{+0.050}$ |
| 孔$\phi 120$ | | | +0.022 | | 0.035 | |
| 轴$\phi 20$ | | | -0.020 | -0.033 | | |
| 轴$\phi 60$ | 60 | | | | 0.019 | |
| 轴$\phi 100$ | | 100.037 | | | 0.022 | |

1-8 将下列每组工件尺寸中的公差等级和加工难易程度进行排序。

（1）$\phi 50_{0}^{+0.016}$，$\phi 50_{-0.016}^{0}$，$\phi 50_{+0.035}^{+0.060}$，$\phi 50 \pm 0.031$

（2）$\phi 50_{0}^{-0.039}$，$\phi 10_{-0.022}^{0}$，$\phi 250_{0}^{+0.046}$，$\phi 6 \pm 0.015$

（3）$\phi 50js7$，$\phi 40H8$，$\phi 50f9$，$\phi 10G6$

1-9 加工一批轴，设计要求为 $\phi 60p6$。加工后测得其中最大的为 $\phi 60.030 mm$，最小的为 $\phi 60.012 mm$。试问这批轴的公差是多少？其实际尺寸的误差为多少？这批轴是否合格？

1-10 查表确定下列配合中的孔、轴极限偏差值，计算极限间隙或过盈，并画出公差带图，说明该配合的基准制及配合性质。

（1）$\phi 50H8/f7$　（2）$\phi 60K7/h6$　（3）$\phi 180H7/u6$　（4）$\phi 45T7/h6$

1-11 已知下列孔、轴配合的极限间隙或过盈，试分别确定孔、轴尺寸的公差等级及配合代号。

（1）公称尺寸 $\phi 45mm$，$X_{max}=+0.050mm$，$X_{min}=+0.009mm$。

（2）公称尺寸 $\phi 35mm$，$X_{max}=+0.023mm$，$Y_{max}=-0.018mm$。

（3）公称尺寸 $\phi 65mm$，$Y_{max}=-0.087mm$，$Y_{min}=-0.034mm$。

# 项目2 几何公差

## 学习目标

1. 了解构成零件特征的几何要素及其分类,熟悉几何公差特征符号。
2. 熟悉形状公差与公差带、方向公差与公差带、位置公差与公差带、跳动公差与公差带,掌握几何误差的评定方法。
3. 熟悉公差原则,掌握几何公差的选用方法。

## 任务1 熟悉几何公差的基本术语、特征符号

## 任务引入

在图样上所给出的零件都是没有误差的理想几何体,它们通常是通过机械加工制作而成的。由于机床、夹具、刀具和工件所组成的工艺系统本身具有一定的误差,以及在加工过程中出现受力变形、振动、磨损等各种干扰,加工后零件的实际几何体和理想几何体之间会存在差异。这种差异表现在零件的几何体线、面形状及相互位置上,即为形状误差和位置误差,简称几何误差。如图 2-1 所示为在机床变速箱中的齿轮轴,$\phi d_1$、$\phi d_2$ 安装在变速箱的轴承孔中,$\phi d$ 处要安装齿轮;给三个圆柱体标注尺寸公差并不能控制它们彼此轴线的相对位置的误差,如图 2-1(a)所示。为保证零件的使用功能,还要标注几何公差,以控制三个圆柱体轴线的相对位置,如图 2-1(b)所示。下面分别介绍几何公差的基本术语、特征符号及一些相关的基本概念。

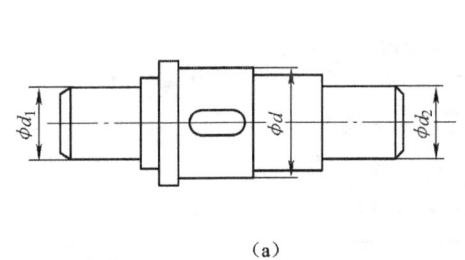

(a)

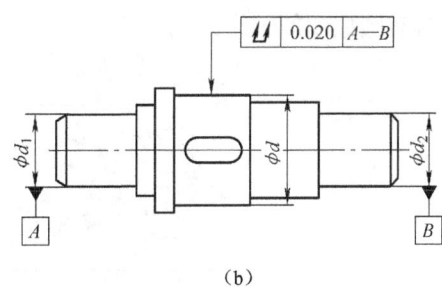

(b)

图 2-1 在机床变速箱中的齿轮轴

形位误差产生的原因

### 2.1.1 几何误差对零件性能的影响

几何误差对零件性能的影响可归纳为以下三方面:

(1)影响零件的功能要求。例如,机床导轨表面的直线度、平面度误差影响机床刀架的运动精度;汽车变速器齿轮箱上各轴承孔的位置误差影响齿轮齿面的接触均匀性和齿侧间隙。

（2）影响零件的配合性质。当结合的孔、轴有几何误差时，对于间隙配合，会使间隙分布不均，从而加剧磨损，降低结合的使用寿命，并且降低回转精度；对于过盈配合，会使过盈在整个结合面上大小不一，从而降低其连接强度；对于过渡配合，会降低其位置精度。

（3）影响零件的自由装配性。例如，若轴承盖上各个螺钉孔的位置不正确，在装配时可能难以自由装配。

对于精密机械以及经常在高速、高压、高温和重载条件下工作的机器，几何误差的影响会更为严重。所以几何误差的大小是衡量机械产品质量的一项重要指标。

### 2.1.2 几何公差的基本术语、特征符号

单一要素和关联要素　　理想要素和实际要素

#### 1. 几何要素及其分类

构成零件几何特征的点、线、面称为几何要素，简称要素，它是几何公差研究的对象。如图2-2所示零件的要素包括：点——锥顶、球心；线——圆柱和圆锥的素线、轴线；面——端平面、球面、圆锥面及圆柱面等。要素可以从不同的角度进行分类：

（1）理想要素：指具有几何学意义的要素，是设计图样上给出的理论上的要素。

（2）实际要素：指零件上实际存在的要素，通过测量由测量要素来代替（由于测量误差总是客观存在的，因此，测量要素并非要素的真实状态）。

（3）被测要素：指在图样上给出了形状和（或）位置要求的要素，也就是需要研究和测量的要素。

（4）基准要素：指用来确定被测要素方向和（或）位置的要素。理想基准要素简称基准。

（5）单一要素：指仅对其本身给出形状公差要求的要素。

（6）关联要素：指与基准要素具有功能关系并给出位置公差要求的要素。

（7）组成要素：指构成零件外形特征的点、线、面。如图2-2所示的圆柱和圆锥、轴线、端平面、球面、圆锥面及圆柱面的素线等。

（8）导出要素：指与轮廓要素有对称关系的点、线、面。如图2-2所示的球心、轴线等。导出要素是假想的，它依赖于相应而实际存在的组成要素。显然，如果没有圆柱面的存在，也就没有圆柱面的轴线。

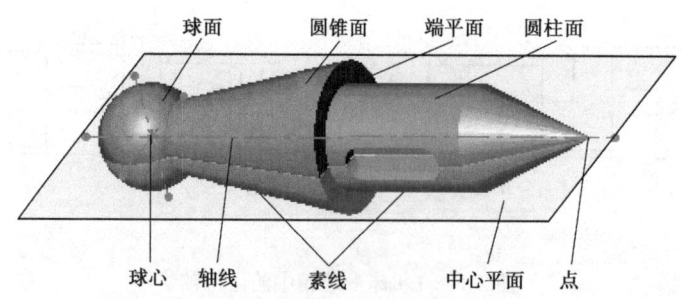

图2-2 零件的几何要素

#### 2. 几何公差特征符号

为限制机械零件的几何误差，提高机械产品的精度，增加寿命，保证互换性生产，我国制定了《产品几何技术规范（GPS）　几何公差形状、方向、位置和跳动公差标注》国家标准，代号

为 GB/T 1182—2018。在标准中规定了 19 种几何公差特征项目，其中形状公差 6 种，方向公差 5 种，位置公差 6 种，跳动公差 2 种。各几何公差特征项目的名称及其符号如表 2-1 所示。

表 2-1 各几何公差特征项目的名称及其符号

| 公差类型 | 几何特征 | 符号 | 基准要求 |
| --- | --- | --- | --- |
| 形状公差 | 直线度 | ─ | 无 |
| | 平面度 | ▱ | 无 |
| | 圆度 | ○ | 无 |
| | 圆柱度 | ⌭ | 无 |
| | 线轮廓度 | ⌒ | 无 |
| | 面轮廓度 | ⌓ | 无 |
| 方向公差 | 平行度 | ∥ | 有 |
| | 垂直度 | ⊥ | 有 |
| | 倾斜度 | ∠ | 有 |
| | 线轮廓度 | ⌒ | 有 |
| | 面轮廓度 | ⌓ | 有 |
| 位置公差 | 位置度 | ⌖ | 有或无 |
| | 同心度（用于中心点） | ◎ | 有 |
| | 同轴度（用于轴线） | ◎ | 有 |
| | 对称度 | ═ | 有 |
| | 线轮廓度 | ⌒ | 有 |
| | 面轮廓度 | ⌓ | 有 |
| 跳动公差 | 圆跳动 | ↗ | 有 |
| | 全跳动 | ⌰ | 有 |

## 2.1.3 几何公差的标注

国家标准规定，几何公差采用框格代号标注。当用框格代号表达不清或过于复杂时，允许在技术要求中用文字说明。

公差配合标注方法　　公差的标注方法

**1. 被测要素的标注**

几何公差要求用矩形框格（用细实线绘制）表达，框格水平或垂直放置。如图 2-3 所示，第一格为几何公差符号；第二格为几何公差值 $t$（或 $\phi t$，$S\phi t$）及其他有关符号，当公差带形状为圆形或圆柱形时公差值标注 $\phi t$、为球形时标注 $S\phi t$；第三格及以后各格为按顺序排列的表示基准的字母及其有关符号。在有需要时可在框格上方或下方附加数字或文字说明。

用带箭头的指引线连接公差框格与被测要素，箭头应指向公差带的宽度或直径方向。当被测要素为组成要素时，箭头应指向被测要素的轮廓线或其延长线上，并与尺寸线明显错开，如图 2-3（a）所示；当被测要素为导出要素时，指引线箭头应与该被测要素的尺寸线对齐，如图 2-3（b）所示的同轴度。

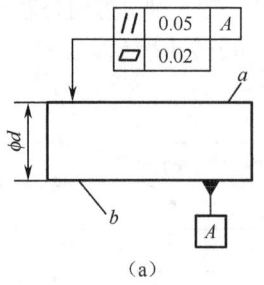 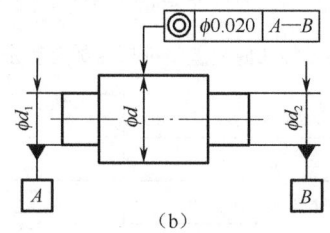 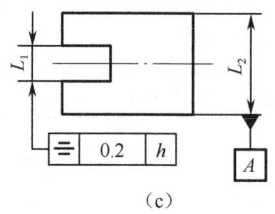

图 2-3　几何公差的标注

### 2. 基准要素的标注

基准用大写字母表示，字母永远呈水平状态，与一个涂黑的或空白的三角形（两者含义相同）相连，如图 2-4 所示。当基准为组成要素时，细实线应指向要素的轮廓线或其延长线，并与尺寸线明显错开；当基准为导出要素时，指引线箭头应与该要素的尺寸线对齐，如图 2-3（b）、图 2-3（c）所示。对于由两个要素组成的公共基准，用短粗实线连接两个基准字母，如图 2-3（b）所示。任选基准的标注如图 2-3（a）所示，表示两个平面可以任选一个作为基准。

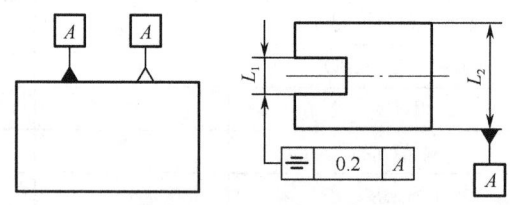

图 2-4　几何公差的标注

## 任务 2　熟悉几何公差与几何误差

# 任务引入

如图 2-5 所示为铣床的工作台，工作台表面的平整性对被加工零件的装夹定位起着重要的作用。用形状公差控制工作台的表面形状是保证工作台使用功能的要求之一。形状公差包括直线度、平面度、圆度、圆柱度；在无基准的情况下，线（面）轮廓度也属于形状公差。零件的表面形状是否满足使用功能的要求，必须对其进行测量和相应的数据分析、判断来评定。

如图 2-6 所示为数控镗铣床的主轴，外圆锥面、圆柱面、花键处要安装轴承、齿轮；左端的圆锥孔要安装加工刀具。这些几何体的相对方向、位置必须保持一定的关系才能保证主轴的旋转精度。方向、位置、跳动公差是指关联实际要素的方向、位置、跳动对基准所允许的变动全量。方向、位置、跳动公差用来控制其相应的误差，用公差带表示，它是限制关联实际要素的变动区域。关联实际要素位于该区域内为合格，区域的大小由公差值决定。

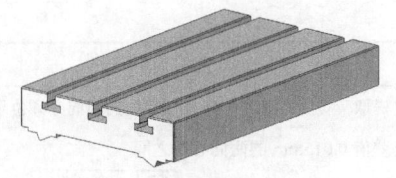

图 2-5 铣床工作台

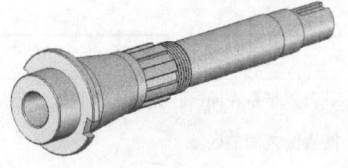

图 2-6 数控镗铣床的主轴

## 2.2.1 形状公差与形状误差

### 1. 形状公差与公差带

平面度公差　　形状公差　　圆度公差

形状公差是单一被测实际要素的形状对其理想要素所允许的变动全量。形状公差用形状公差带表示。形状公差带是限制单一实际要素变动的区域，零件实际要素在该区域内为合格。形状公差带的大小用公差带的宽度或直径来表示，由形状公差值决定。典型的形状公差带如表 2-2 所示。

表 2-2 典型的形状公差带

| 特征 | 公差带定义 | 标注和解释 |
|---|---|---|
| 直线度 | 在给定平面内，公差带是距离为公差值 $t$ 的两平行直线之间的区域 | 提取（实际）圆柱面与任一轴向截面的交线（平面线）必须位于该平面内距离为公差值 0.03mm 的两平行直线内 |
| | 在给定方向上，公差带是距离为公差值 $t$ 的两平行平面之间的区域 | 提取（实际）表面的素线必须位于距离为公差值 0.05mm 的两平行平面内 |
| | 若在公差值前加注 $\phi$ 则公差带是直径为 $t$ 的圆柱面内的区域 | 提取（实际）圆柱体的轴线必须位于直径为公差值 $\phi$0.06mm 的圆柱面内 |
| 平面度 | 公差带是距离为公差值 $t$ 的两平行平面之间的区域 | 提取（实际）表面必须位于距离为公差值 0.08mm 的两平行平面内 |

续表

| 特征 | 公差带定义 | 标注和解释 |
|---|---|---|
| 圆度 | 公差带是在同一正截面上半径差为公差值 $t$ 的两同心圆之间的区域 | 提取（实际）圆柱面任一正截面的圆周必须位于半径差为公差值 0.015mm 的两同心圆之间<br><br>提取（实际）圆锥面任一正截面的圆周必须位于半径差为公差值 0.012mm 的两同心圆之间 |
| 圆柱度 | 公差带是半径差为公差值 $t$ 的两同轴圆柱之间的区域 | 提取（实际）圆柱面必须位于半径差为公差值 0.025mm 的两同心圆柱面之间 |

形状公差带具有如下特点：

（1）由表 2-2 可见，形状公差带的形状有多种形式，例如，两条平行直线、两个平行平面、圆柱、两个同心圆柱限定的区域等。公差带形状取决于被测要素的特征和功能要求。

（2）直线度、平面度、圆度和圆柱度不涉及基准，其公差带不受方向或位置的约束，可以根据被测实际要素不同的状态而浮动。

**2. 轮廓度公差与公差带**

轮廓度公差特征有线轮廓度和面轮廓度两类。当轮廓度无基准要求时为形状公差，有基准要求时为位置公差。轮廓度公差带如表 2-3 所示。

面轮廓度公差　　线轮廓度公差

表 2-3　轮廓度公差带

| 特征 | | 公差带定义 | 标注和解释 |
|---|---|---|---|
| 线轮廓度 | 无基准 | 公差带是包络一系列直径为公差值 $t$ 的圆的两包络线之间的区域，各圆的圆心位于具有理论正确几何形状的线上 | 在平行于图样所示投影面的任一截面上，提取（实际）轮廓线必须位于包络一系列直径为公差值 0.05mm，且圆心位于具有理论正确几何形状的线上的两包络线之间 |

续表

| 特征 | | 公差带定义 | 标注和解释 |
|---|---|---|---|
| 线轮廓度 | 有基准 | 公差带为直径等于公差值 t、圆心位于由基准平面 A 和 B 确定的被测要素理论正确几何形状上的一系列圆的两包络线所限定的区域 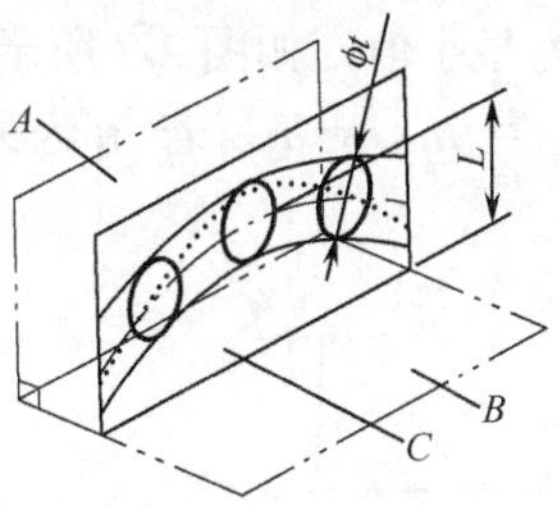 | 在平行于图示投影平面的截面内，提取（实际）轮廓线应限定在直径等于公差值 0.04mm、圆心位于由基准平面 A 和 B 确定的被测要素理论正确几何形状上的一系列圆的两等距包络线之间 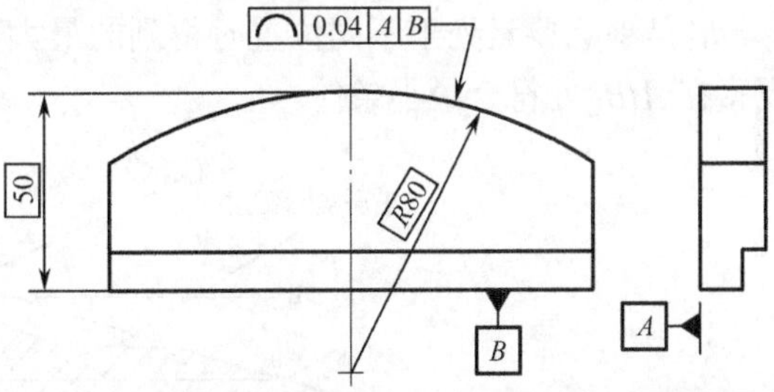 |
| 面轮廓度 | 无基准 | 公差带是包络一系列直径为公差值 t 的球的两包络面之间的区域，各球的球心位于具有理论正确几何形状的面上 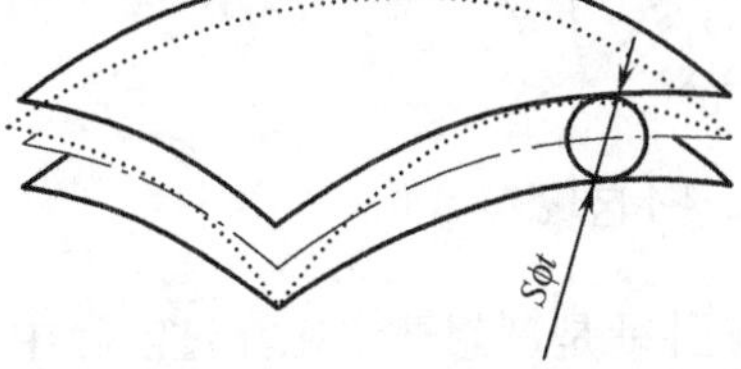 | 提取（实际）轮廓面必须位于包络一系列球的两包络面之间，各球的直径为公差值 0.02mm，且球心位于具有理论正确几何形状的面上 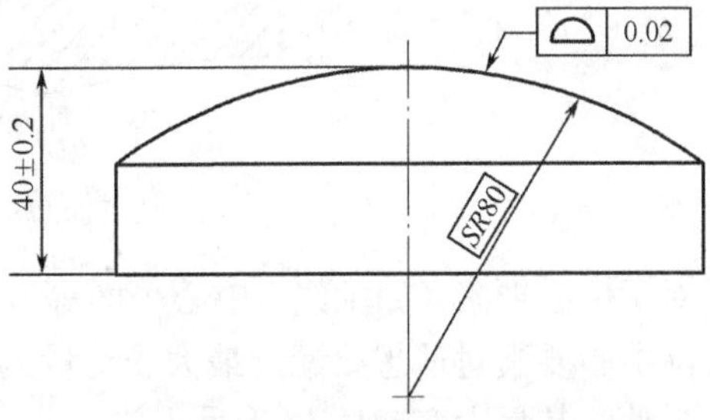 |
| 面轮廓度 | 有基准 | 公差带是包络一系列直径为公差值 t 的球的两包络面之间的区域，各球的球心位于由基准平面 A 确定位置、具有理论正确几何形状的面上 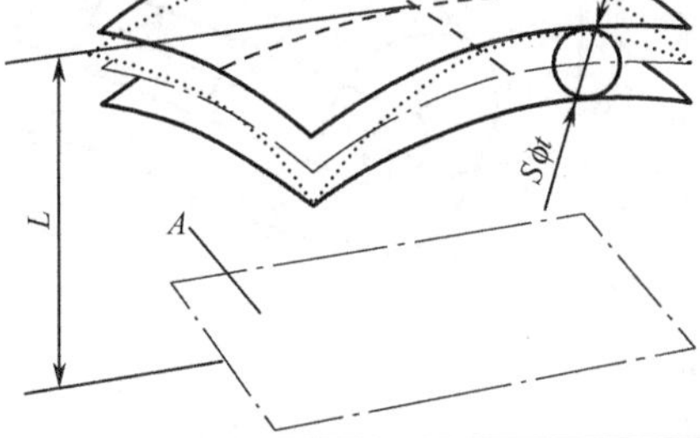 | 提取（实际）轮廓面应位于包络一系列球的两包络面之间，各球的直径为公差值 0.02mm，且球心位于距离基准平面 A 为 40mm、具有理论正确几何形状的面上 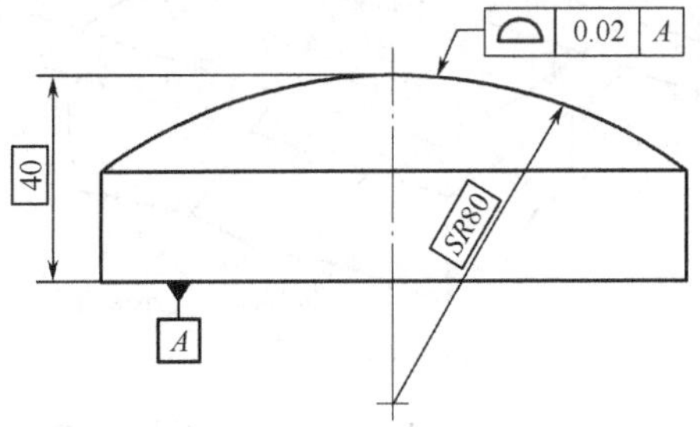 |

线轮廓度和面轮廓度的公差带具有如下特点：
（1）无基准要求的轮廓度，其公差带的形状只由理论正确尺寸决定。
（2）有基准要求的轮廓度，其公差带的位置需由理论正确尺寸和基准决定。

### 3. 形状误差及判断准则

形状误差是指单一被测实际要素对其理想要素的变动量。形状误差的误差值小于或等于相应的形状公差值为合格。

形状误差的判断准则

1)形状误差的评定

当将被测实际要素与理想要素进行比较以确定其变动量时,由于理想要素所处位置不同,得到的被测实际要素的最大变动量也会不同。因此,在评定实际要素的形状误差时,理想要素相对于实际要素的位置需要有一个统一的评定准则,这个准则就是最小条件。

(1)最小条件。对于轮廓要素(线、面轮廓度除外),最小条件就是理想要素应位于实体之外与实际要素相接触,并使被测要素的最大变动量为最小值,如图 2-7 所示。在图中,$h_1$、$h_2$、$h_3$ 是理想要素处于不同位置时得到的最大变动量,且 $h_1<h_2<h_3$,若 $h_1$ 为最小值,则理想要素在 $A_1B_1$ 处符合最小条件。

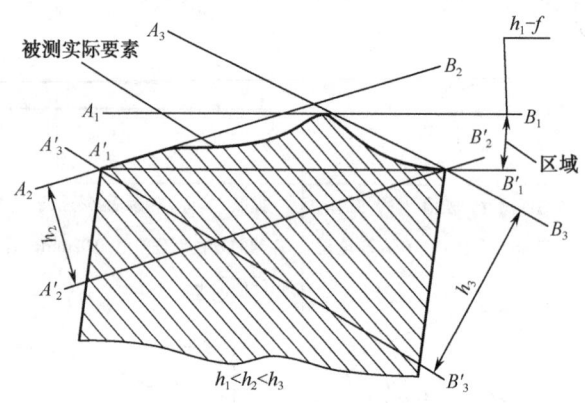

图 2-7 最小条件和最小区域

对于中心要素(如轴线、中心平面等),最小条件就是理想要素应穿过实际中心要素,并使实际中心要素对理想要素的最大变动量为最小值,如图 2-8 所示。在图中,理想轴线符合最小条件,其最大变动量 $\phi f$ 为最小值。

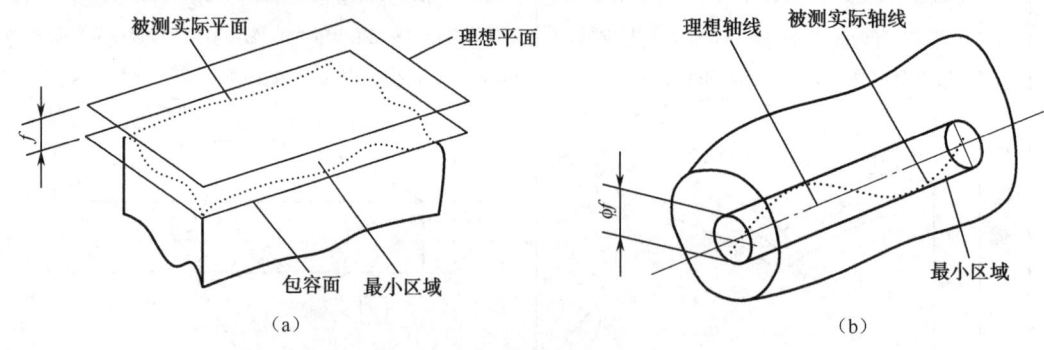

图 2-8 最小区域

(2)最小包容区域。国标规定,在评定形状误差时,形状误差值用最小包容区域的宽度或直径表示。所谓最小包容区域,是指包容被测实际要素的理想要素具有的最小宽度或最小直径的区域,如图 2-7 和图 2-8 所示。最小包容区域的形状与形状公差带相同,按最小包容区域评定形状误差的方法称为最小区域法。

按最小区域法(或称最小条件法)评定的形状误差值为最小且唯一的稳定数值,用这个方法评定形状误差可最大限度地通过合格件。一般生产中可用其他近似方法代替最小区域法,但在仲裁时必须使用最小区域法。

2）形状误差的判断准则

最小区域根据被测实际要素与包容区域的接触状态来判断，也就是说，被测实际要素是否已被最小区域所包容，需要根据接触状态来判断。

（1）直线度误差判断法

① 在给定平面内，两平行直线与实际线的接触呈高低相间的接触状态，如图 2-9 所示。即高—低—高或低—高—低，至少有三点相接触。此理想要素为符合最小条件的理想要素，此方法称为最小条件法。

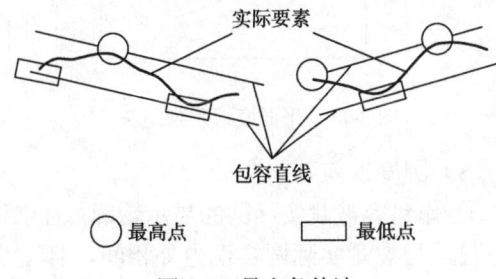

图 2-9 最小条件法

② 以测得的误差曲线首尾两点连线为理想要素，作平行于该连线的两平行直线将被测的实际要素包容，此两平行直线间的坐标距离即为直线度误差 $f'$，如图 2-10（a）所示。显然有 $f' > f$，只有两端点连线在误差曲线图形一侧时，$f' = f$（此时两端点连线符合最小条件），如图 2-10（b）、（c）所示，此方法称为二端点连线法。

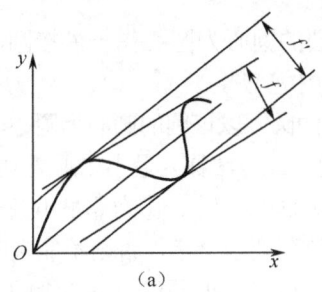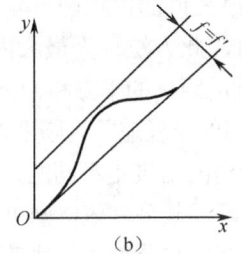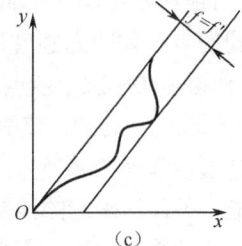

图 2-10 二端点连线法

③ 当限制一条直线在任意方向变动的要求时，用一个理想的圆柱体去包容被测实际实线，在包容时应实现高低相间，至少有三点相接触，且此三点在同一轴剖面上，当首尾两点在同一条素线上时（如表 2-2 在任意方向上的直线度所示），则包容该实际实线的圆柱面区域即为最小区域。

（2）平面度误差判别法

在评定平面度误差时，由两个理想平行平面包容被测实际平面，使其至少有三点或四点与理想包容平面相接触，并实现下列三种形式之一者，则该包容区域为最小包容区域。

① 一个高点（或低点）在另一个包容平面上的投影位于三个低点（或高点）所形成的三角形上，如图 2-11（a）所示，称为三角形准则。

② 两个高点的连线与两个低点的连线在包容平面上的投影相交，如图 2-11（b）所示，称为交叉准则。

③ 一个高点（或低点）在另一个包容平面上的投影位于两个低点（或高点）的连线上，

如图2-11（c）所示，称为二直线准则。

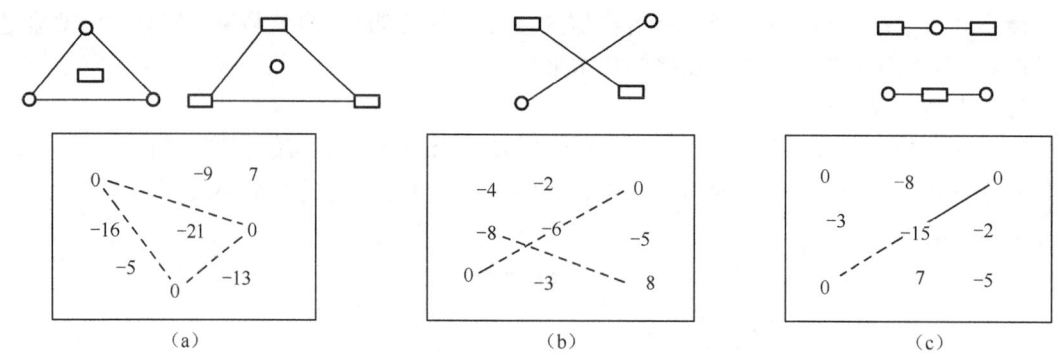

图 2-11　平面度误差判别法

（3）圆度误差判别法

① 作包容被测实际圆的显示轮廓，且半径差为最小值的两个理想同心圆，与被测实际圆实现内外相间，且至少有四点相接触，则为最小包容区域，两同心圆的半径差即为圆度误差值，如图2-12所示，此处称为最小条件法。此处被测实际圆的显示轮廓是指经仪器显示得出的轮廓，如用圆度仪测出的轨迹图形、示波器显示的图像等。

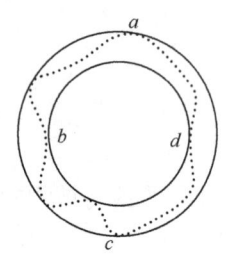

图 2-12　圆度误差最小条件判定准则

② 对被测实际圆作一直径为最小值的外接圆，再以此圆的圆心为圆心作一内接圆，则此两同心圆的半径差即为圆度误差值，此方法称为最小外接圆中心法。

③ 对被测实际圆作一直径为最大值的内接圆，再以此圆的圆心为圆心作一外接圆，则此两同心圆的半径差即为圆度误差值，此方法称为最大内接圆中心法。

④ 作被测实际圆上各点至该圆的距离的平方和为最小值的圆。以该圆的圆心为圆心，作两个包容实际圆的同心圆，该两同心圆的半径差即为圆度误差值，此方法称为最小二乘圆中心法。

上述圆度误差的判断方法判断出的结果是不同的，其中方法②、③、④为非最小条件法，若按非最小条件法确定的误差值不超过其公差值，则可认为该项要求合格，否则不能判断其合格与否。将最小条件法所得圆度误差值与公差值相比较可直接得出该项要求合格与否的结论。

在生产实际中，除使用最小区域法评定形状误差外，也允许采用近似的评定方法，如直线度误差可用二端点连线法；圆度误差可用最小外接圆中心法、最大内接圆中心法和最小二乘圆中心法等。这些近似评定方法一般使用较为简便，但当误差值较大、存在争议时，应以最小区域法所得误差为准。

【例2-1】用水平仪测量导轨的直线度误差，依次测得各点读数（单位为μm）分别为+20、-10、+40、-20、-10、-10、+20、+20，试确定其直线度误差。

解：水平仪测得值为在测量长度上各等距两点的相对差值，需要计算出各点相对零点的高度差值，即各点的累积值，计算结果列入表2-4中。

表2-4　例2-1计算结果

| 测量点 | 0 | 1 | 2 | 3 | 4 | 5 | 6 | 7 | 8 |
|---|---|---|---|---|---|---|---|---|---|
| 读数值/μm | 0 | +20 | -10 | +40 | -20 | -10 | -10 | +20 | +20 |
| 累积值/μm | 0 | +20 | +10 | +50 | +30 | +20 | +10 | +30 | +50 |

直线度误差曲线如图 2-13 所示。二端点连线法：将 0 点和 8 点的纵坐标连线 $0A$，作包容且平行于 $0A$ 的两平行直线 $I$，从坐标图上得到直线度误差 $f'=58.75\mu m$。最小条件法：按最小条件判断准则，作两平行直线 $II$，从坐标图上得到直线度误差 $f=45\mu m$。由上述结果可知，二端点连线法所得直线度误差值较大。

图 2-13　直线度误差曲线

【**例 2-2**】 用打表法测量矩形平面表面，在测量时分别按行、列等间距等分 9 个点，测得 9 个点的读数（单位为 $\mu m$），如图 2-14（a）所示，求该表面的平面度误差 $f$。

**解**：图 2-14（a）中的读数是在同一测量基面上测得的。如果将基面进行转换，例如使基面转到平行于测点 $A_3$ 和 $C_1$ 的连线上，即选取转轴 $I—I$，使 $A_3$ 点偏差值与 $C_1$ 点偏差值相等，可得单位旋转量 $q$ 为

$$q = \frac{C_1\text{点偏差值} - A_3\text{点偏差值}}{\text{行距数}} = \frac{-10-(-4)}{2} = -3\mu m$$

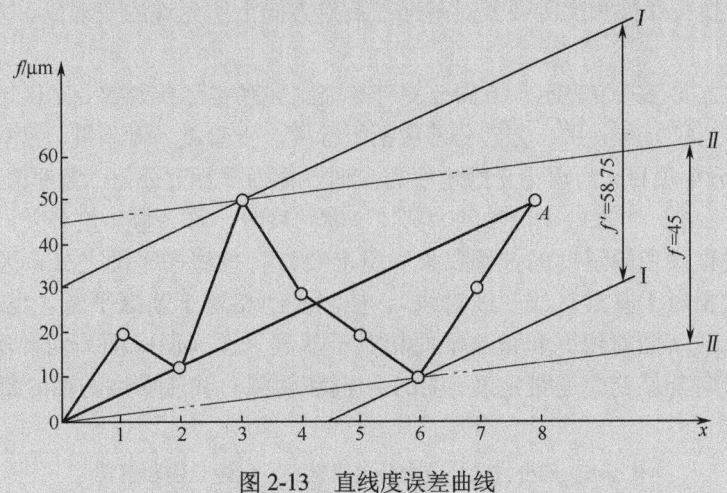

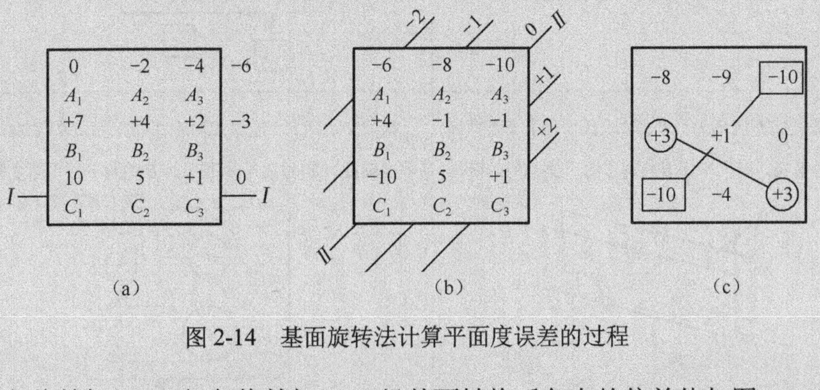

图 2-14　基面旋转法计算平面度误差的过程

将 $B$ 行各偏差加 $q$，$A$ 行各偏差加 $2q$，经基面转换后各点的偏差值如图 2-14（b）所示。同理，选择轴 $II—II$ 进行基面转换，可得如图 2-14（c）所示的各点偏差值。从图 2-14（c）中可看出符合平面度误差评定的交叉准则，故该表面的平面度误差 $f$ 为偏差的最大值减去最小值，即

$$f = +3-(-10) = 13\mu m$$

## 2.2.2 方向公差与方向误差

**1. 方向公差与公差带**

方向公差是指关联被测实际要素对基准在规定方向上所允许的变动量。方向公差用来控制方向误差。

方向公差用方向公差带表示。方向公差带是限制关联实际要素的变动区域。

按要素间的几何方向关系，方向公差包括平行度、垂直度、倾斜度、线轮廓度和面轮廓度（有基准时）五个项目，当理论正确角度为0°时，称为平行度公差；当理论正确角度为90°时，称为垂直度公差；当理论正确角度为其他任意角度时，称为倾斜度公差。

平行度、垂直度和倾斜度的被测要素和基准要素有直线和平面之分，因此，这三项公差都有被测直线相对于基准直线（线对线）、被测直线相对于基准平面（线对面）、被测平面相对于基准直线（面对线）和被测平面相对于基准平面（面对面）四种形式。在表 2-5 中列出了部分方向公差的公差带定义、标注示例和解释。线轮廓度与面轮廓度的方向公差定义见表 2-3。

表 2-5 部分方向公差的公差带定义、标注示例和解释

| 特征 | | 公差带定义 | 标注和解释 |
|---|---|---|---|
| 平行度 | 线对基准体系 | 公差带是距离为公差值 *t*，且平行于基准轴线 *A* 和基准平面 *B* 的两平行平面所限定的区域 | 提取（实际）中心线应限定在间距为公差值 0.1mm，且平行于基准轴线 *A* 和基准平面 *B* 的两平行平面之间 |
| | | 公差带是距离为公差值 *t*，且平行于基准轴线 *A* 且垂直于基准平面 *B* 的两平行平面之间的区域 | 提取（实际）中心线应限定在间距为公差值 0.1mm，且平行于基准轴线 *A* 和垂直于基准平面 *B* 的两平行平面之间 |

面对面、线对面的平行度

面对线、线对线的平行度

线对基准体系的平行度

续表

| 特征 | | 公差带定义 | 标注和解释 |
|---|---|---|---|
| 平行度 | 线对基准体系 | 公差带为平行于基准轴线 $A$ 和平行或垂直于基准平面 $B$，间距分别等于公差值 $t_1$ 和 $t_2$，且互相垂直的两组平行平面所限定的区域 | 提取（实际）中心线应限定在平行于基准轴线和平行或垂直于基准平面，间距分别等于公差值 0.1mm 和 0.2mm，且互相垂直的两组平行平面之间 |
| | 线对基准线 | 如在公差值前加注 $\phi$，则公差带是直径为公差值 $\phi t$，且平行于基准线 $A$ 的圆柱面所限定的区域 | 提取（实际）中心线应限定在平行于基准轴线 $A$，直径为公差值 $\phi 0.03$mm 的圆柱面内 |
| | 线对基准面 | 公差带是距离为公差值 $t$，且平行于基准平面 $A$ 的两平行平面之间的区域 | 提取（实际）中心线必须位于间距为公差值 0.01mm，且平行于基准平面 $A$ 的两平行平面之间 |
| | 面对基准体系 | 公差带在距离为公差值 $t$ 的两平行直线之间，为两平行直线平行于基准平面 $A$ 并处于平行于基准平面 $B$ 的平面内的区域 | 提取（实际）线应限定在间距为公差值 0.02mm 的两平行直线之间，两平行直线平行于基准平面 $A$ 且处于平行于基准平面 $B$ 的平面内 |

续表

| 特征 | | 公差带定义 | 标注和解释 |
|---|---|---|---|
| 平行度 | 面对基准线 | 公差带为间距等于公差值 $t$、平行于基准轴线 $A$ 的两平行平面所限定的区域 | 提取（实际）表面应限定在间距为公差值 0.1mm，且平行于基准轴线 $C$ 的两平行平面之间 |
| | 面对基准面 | 公差带为间距等于公差值 $t$，且平行于基准平面 $A$ 的两平行平面所限定的区域 | 提取（实际）表面应限定在间距为公差值 0.01mm，且平行于基准平面 $D$ 的两平行平面之间 |
| 垂直度 | 线对基准线 | 公差带是距离为公差值 $t$，且垂直于基准轴线 $A$ 的两平行平面之间的区域 | 提取（实际）中心线应限定在间距为公差值 0.06mm，且垂直于基准轴线 $A$ 的两平行平面之间 |
| | 线对基准体系 | 公差带是距离为公差值 $t$，且垂直于基准平面 $A$ 和平行于基准平面 $B$ 的两平行平面之间的区域 | 提取（实际）中心线必须位于间距为公差值 0.1mm，且垂直于基准平面 $A$ 和平行于基准平面 $B$ 的两平行平面之间 |

续表

| 特征 | | 公差带定义 | 标注和解释 |
|---|---|---|---|
| 垂直度 | 线对基准体系 | 公差带为间距分别等于公差值 $t_1$ 和 $t_2$，且互相垂直的两组平行平面所限定的区域。该两组平行平面都垂直于基准平面 $A$，其中一组平行平面平行于基准平面 $B$，另一组平行平面垂直于基准平面 $B$ | 圆柱的提取（实际）中心线应限定在间距分别等于公差值 0.2mm 和 0.1mm，且互相垂直的两组平行平面内。该两组平行平面垂直于基准平面 $A$，其中一组平行平面平行于基准平面 $B$，另一组平行平面垂直于基准平面 $B$ |
| | 线对基准面 | 若公差值前加注符号 $\phi$，则公差带为直径等于公差值 $\phi t$ 且轴线垂直于基准平面 $A$ 的圆柱面所限定的区域 | 圆柱面的提取（实际）中心线应限定在直径等于公差值 $\phi 0.01$mm，且垂直于基准平面 $A$ 的圆柱面内 |
| | 面对基准线 | 公差带为间距等于公差值 $t$ 且垂直于基准轴线 $A$ 的两平行平面所限定的区域 | 提取（实际）表面应限定在间距等于公差值 0.08mm 的两平行平面之间。两平行平面垂直于基准轴线 $A$ |

续表

| 特征 | | 公差带定义 | 标注和解释 |
|---|---|---|---|
| 垂直度 | 面对基准面 | 公差带为间距等于公差值 t，且垂直于基准平面 A 的两平行平面所限定的区域 | 提取（实际）表面应限定在间距等于公差值 0.08mm，且垂直于基准平面 A 的两平行平面之间 |
| 倾斜度 | 线对基准线 | （a）被测线与基准线在同一平面上<br>公差带是间距为公差值 t，且与基准轴线成一给定角度 α 的两平行平面之间的区域 | 提取（实际）中心线应限定在间距等于公差值 0.08mm，且与基准轴线 A—B 成理论正确角度 60° 的两平行平面之间 |
| | | （b）被测线与基准线不在同一平面上<br>公差带是间距为公差值 t，且与基准轴线 A 成一给定角度 α 的两平行平面之间的区域 | 提取（实际）中心线应限定在间距等于公差值 0.08mm，且与基准轴线 A—B 成理论正确角度 60° 的两平行平面之间 |
| | 线对基准面 | 公差带是间距为公差值 t，且与基准平面成一给定角度 α 的两平行平面之间的区域 | 提取（实际）中心线应限定在间距等于公差值 0.08mm，且与基准平面 A 成理论正确角度 60° 的两平行平面之间 |

续表

| 特征 | | 公差带定义 | 标注和解释 |
|---|---|---|---|
| 倾斜度 | 线对基准面 | 公差值前加注符号φ，则公差带为公差值φt所限定的区域。该公差带的轴线按给定角度倾斜于基准平面A且平行于基准平面B 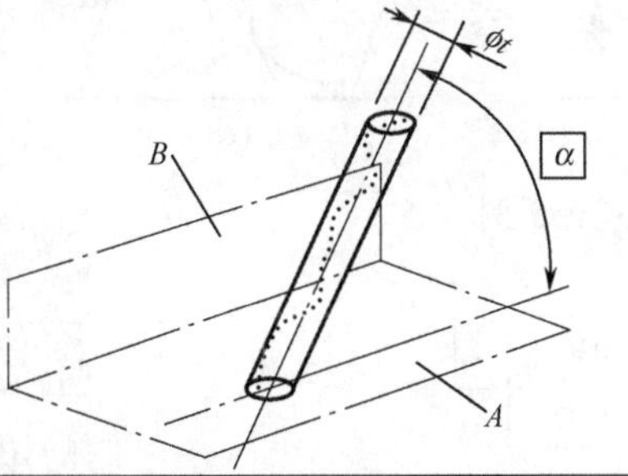 | 提取（实际）中心线应限定在直径等于公差值φ0.1mm的圆柱面内。该圆柱面的中心线按理论正确角度60°倾斜于基准平面A且平行于基准平面B 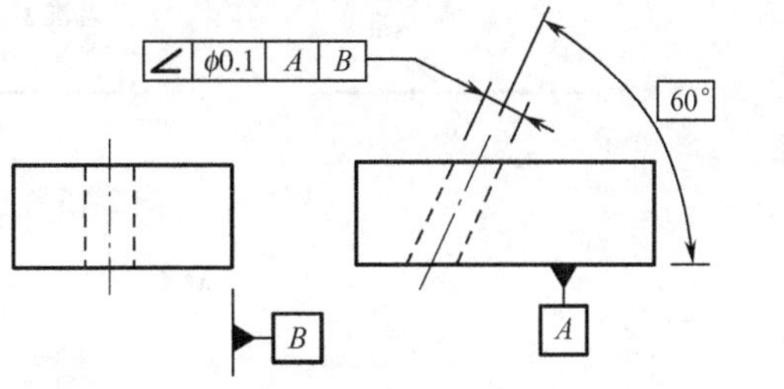 |
| | 面对基准线 | 公差带是间距为公差值t，且与基准轴线A成一给定角度α的两平行平面之间的区域 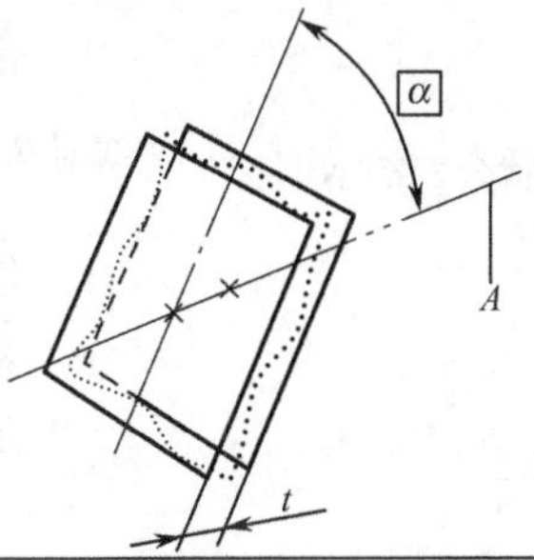 | 提取（实际）表面应限定在间距等于公差值0.1mm，且与基准轴线A成理论正确角度75°的两平行平面之间 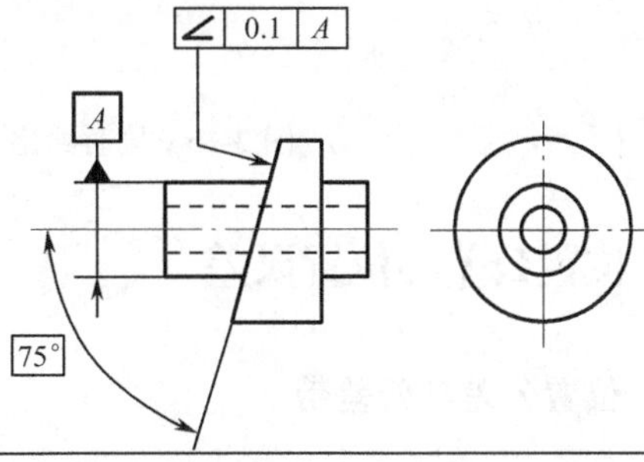 |
| | 面对基准面 | 公差带是间距为公差值t，且与基准平面A成一给定角度α的两平行平面之间的区域 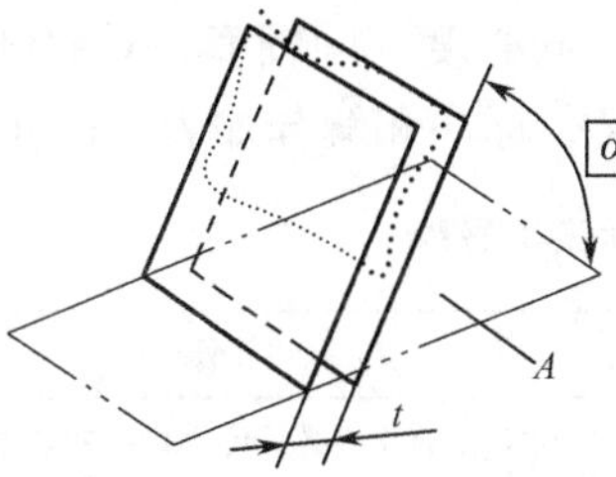 | 提取（实际）表面应限定在间距等于公差值0.08mm，且与基准平面成理论正确角度40°的两平行平面之间 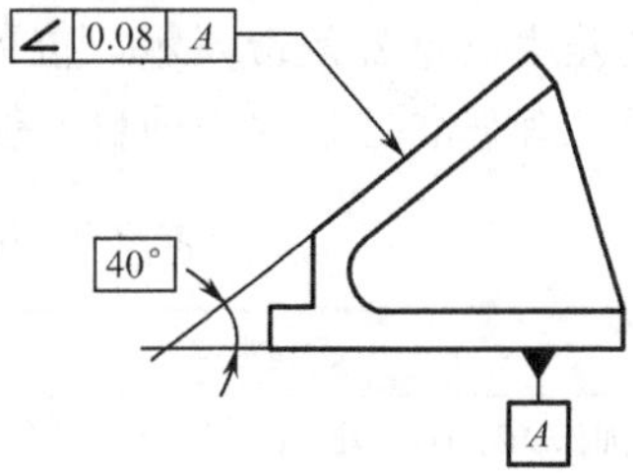 |

### 2. 方向公差带的特点

（1）方向公差带相对于基准有确定的方向。平行度、垂直度和倾斜度公差带分别相对于基准保持平行、垂直和倾斜的理论正确角度关系，如图2-15所示。并且，在相对于基准保持方向的条件下，公差带的位置可以浮动。

（2）方向公差带具有综合控制被测要素的方向和形状的功能。如图2-15所示，方向公差带一经确定，被测要素的方向和形状的误差也就受到约束。因此，在保证功能要求的前提下，当对某一被测要素给出方向公差后，通常不再对该被测要素给出形状公差。如果在功能上需要对形状精度有进一步要求，则可同时给出形状公差。但是，给出的形状公差值应小于已给定的方向公差值。例如，如图2-16所示已给出了平面对平面的平行度公差值0.05mm，因对被测表面有进一步的平面度要求，所以又给出了平面度公差值0.02mm。

图 2-15　方向公差带示例

图 2-16　同时给出方向公差和形状公差的示例

倾斜度公差

线对基准体系的倾斜度

对称度

## 2.2.3　位置公差与位置误差

**1. 位置公差与公差带**

位置公差是指关联被测实际要素对基准在位置上允许的变动全量。位置公差用来控制位置误差。

位置公差用位置公差带表示。位置公差有位置度、同心度、同轴度、对称度、线轮廓度和面轮廓度（有基准时）六个项目。位置公差带的定义、标注和解释如表 2-6 所示。

表 2-6　位置公差带定义、标注和解释

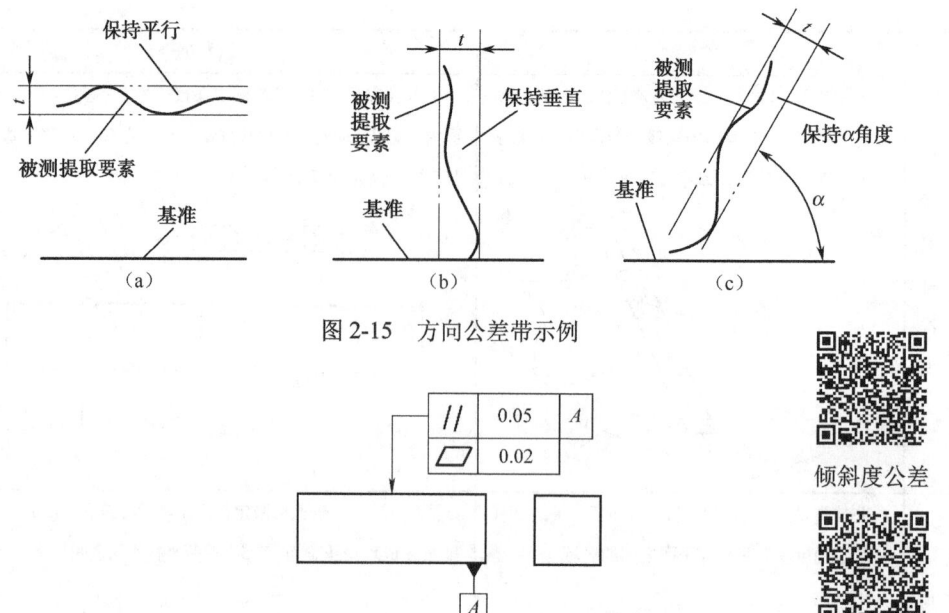

| 特征 | | 公差带定义 | 标注和解释 |
|---|---|---|---|
| 位置度 | 点的位置度 | 如在公差值前加注 $S\phi$，公差带是直径为公差值 $t$ 的球内的区域，球公差带的中心点的位置由相对于基准平面 $A$、$B$ 和 $C$ 的理论正确尺寸确定 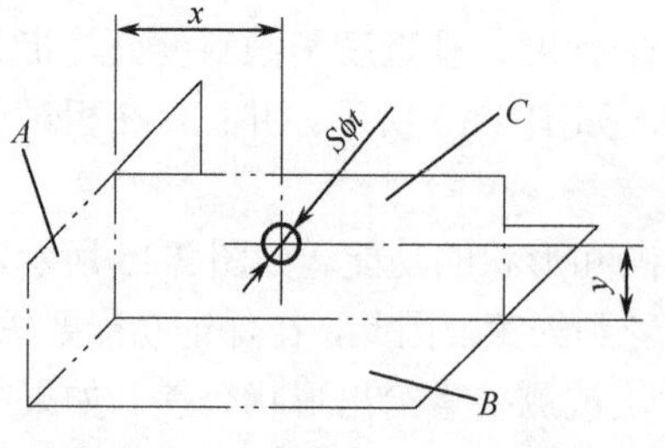 | 提取（实际）球的球心必须位于直径为公差值 $S\phi0.3$mm 的球内，该球的球心由相对基准 $A$、$B$、$C$ 和理论正确尺寸 30mm 及 25mm 确定 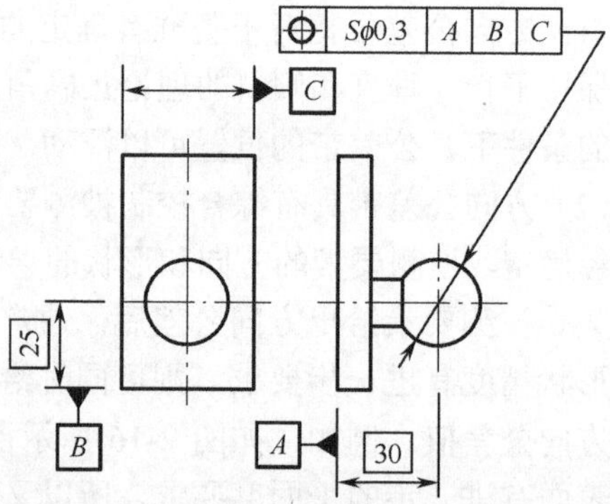 |

续表

| 特征 | | 公差带定义 | 标注和解释 |
|---|---|---|---|
| 位置度 | 线的位置度 | 当给定一个方向的公差时，公差带为间距等于公差值 $t$ 且对称于线的理论正确位置的两平行平面所限定的区域。线的理论正确位置由基准平面 $A$、$B$ 和理论正确尺寸确定。公差只在一个方向上给定 | 各条刻线的提取（实际）中心线应限定在间距等于公差值 0.1mm 且对称于基准平面 $A$、$B$ 和理论正确尺寸 25mm、10mm 确定的理论正确位置的两平行平面之间 |
| | | 当给定两个方向的公差时，公差带为间距分别等于公差值 $t_1$ 和 $t_2$ 且对称于线的理论正确（理想）位置的两互相垂直的平行平面所限定的区域。线的理论正确位置由基准平面 $A$、$B$、$C$ 和理论正确尺寸确定。该公差在基准体系的两个方向上给定 | 各孔的测得（实际）中心线在给定方向上应各自限定在间距分别等于公差值 0.1mm 和 0.2mm 且互相垂直的两对平行平面内。每对平行平面对称于由基准平面 $A$、$B$、$C$ 和理论正确尺寸 20mm、15mm、30mm 确定的各孔轴线的理论正确位置 |

续表

| 特征 | 公差带定义 | 标注和解释 |
|---|---|---|
| 位置度 轮廓平面或中心平面的位置度 | 公差值前加注符号$\phi$，则公差带为直径等于公差值$\phi t$的圆柱面所确定的区域。该圆柱面的轴线的位置由基准平面C、A、B和理论正确尺寸确定 | 提取（实际）中心线应限定在直径等于公差值$\phi 0.08$mm的圆柱面内。该圆柱轴线的正确位置由基准平面C、A、B和理论正确尺寸100mm、68mm确定<br><br>各提取（实际）中心线应各自限定在直径等于公差值$\phi 0.1$mm的圆柱面内。各圆柱轴线的正确位置由基准平面C、A、B和理论正确尺寸20mm、15mm、30mm分别确定 |
| | 公差带为间距等于公差值t，且对称于被测面理论正确位置的两平行平面所限定的区域。面的理论正确位置由基准平面、基准轴线和理论正确尺寸确定 | 提取（实际）表面应限定在间距等于公差值0.05mm，且对称于被测面的理论正确位置的两平行平面之间。该两平行平面对称于由基准平面A、基准轴线B和理论正确尺寸15mm、105°确定的被测面的理论正确位置上<br><br>提取（实际）中心面应限定在间距等于公差值0.05mm的两平行平面之间。两平行平面对称于由基准轴线A和理论正确角度45°确定的各被测面的理论正确位置 |

续表

| 特征 | | 公差带定义 | 标注和解释 |
|---|---|---|---|
| 同心度 | 点的同心度 | 在公差值前标注符号$\phi$，则公差带为直径等于公差值$\phi t$的圆周所限定的区域。该圆周的圆心与基准点A重合 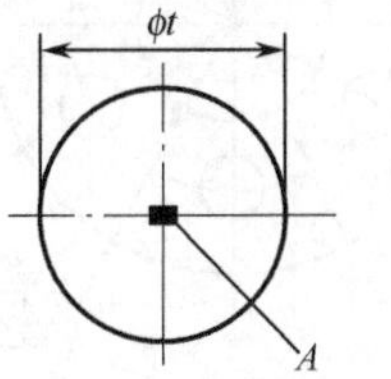 | 在任意横截面内，内圆的提取（实际）中心应限定在直径等于公差值$\phi 0.1$mm，以基准点A为圆心的圆周内 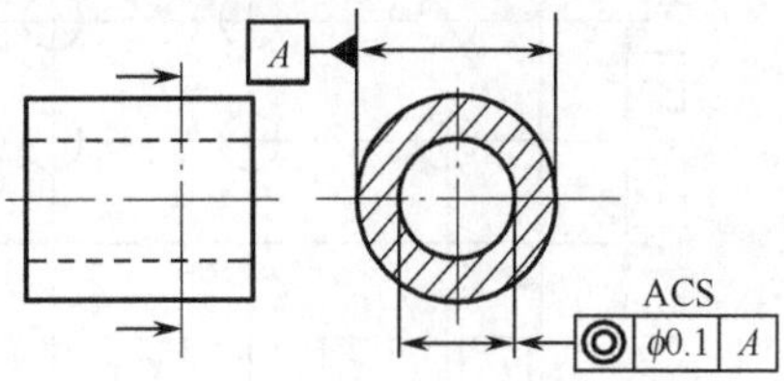 |
| 同轴度 | 轴线的同轴度 | 公差带是直径为公差值$\phi t$的圆柱面内区域，该圆柱面的轴线与基准轴线A—B同轴 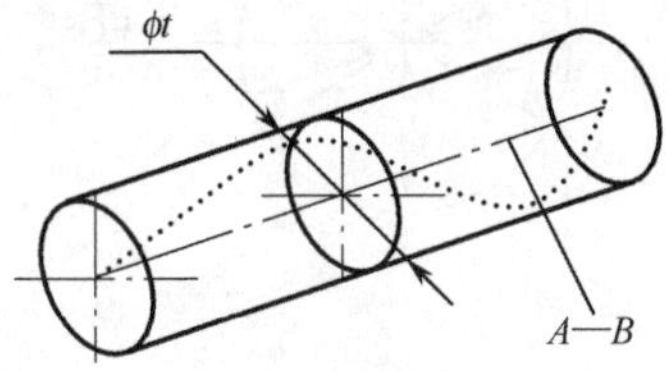 | 大圆的轴线必须位于直径为公差值$\phi 0.020$mm，且与公共基准轴线A—B同轴的圆柱面内 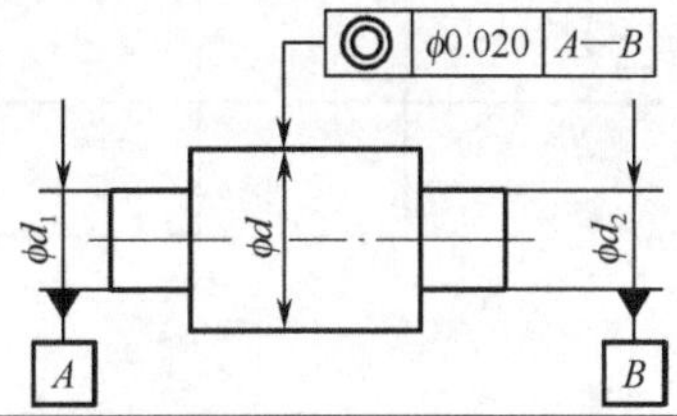 |
| 对称度 | 中心平面的对称度 | 公差带是距离为公差值$t$，且相对基准的中心平面对称配置的两平行平面之间的区域 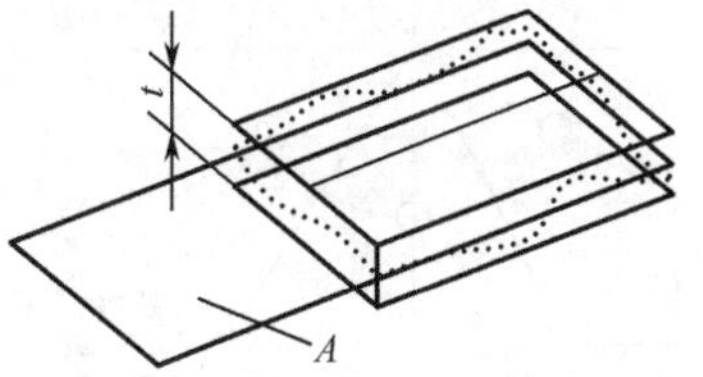 | 被测中心平面必须位于距离为公差值0.2mm，且相对基准中心平面A对称配置的两平行平面之间 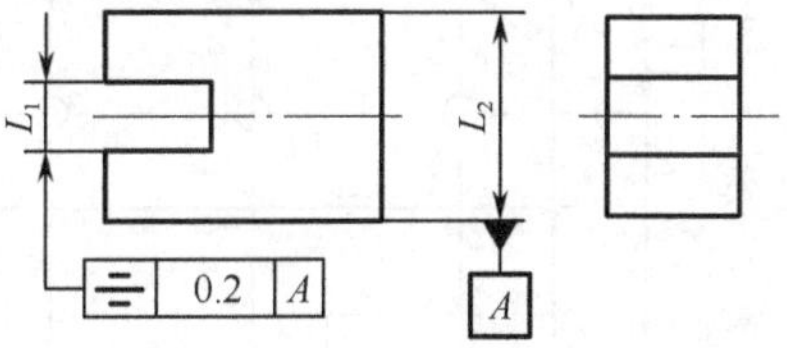 |

在位置公差项目中的位置度涉及的要素包括点、线、面，理想要素的位置由基准及理论正确尺寸（长度或角度）确定。当理论正确尺寸为零，且基准要素和被测要素均为轴线时，称为同轴度公差（当基准要素和被测要素的轴线足够短，或均为中心点时，称为同心度公差）；当理论正确尺寸为零，基准要素或（和）被测要素为其他中心要素（中心平面）时，称为对称度公差；在其他情况下均称为位置度公差。

**2. 位置公差带的特点**

（1）位置公差带具有确定的位置，相对于基准的尺寸为理论正确尺寸。如图2-17所示为矩形布置和圆周布置六孔组的两个零件。矩形布置的六个孔间相对位置关系由理论正确尺寸$X_1$、$X_2$、$y$确定；圆周布置的六个孔间相对位置关系是均布在直径为$\phi L$的圆周上的。由上述理论正确尺寸将成组的被测要素联系在一起，构成一个几何图框。所谓几何图框，是指确定一组理想要素（如理想轴线）之间和（或）它们与基准之间正确几何关系的图形。成组要素的位置问题也就是几何图框的位置问题。矩形布置的几何图框相对于基准A、B的位置分别由理论正确尺寸$L_1$、$L_2$确定；圆周布置的几何图框的中心与基准A重合，位置的理论正确尺寸等于零。几何图框的位置问题也就是成组要素公差带的位置问题。

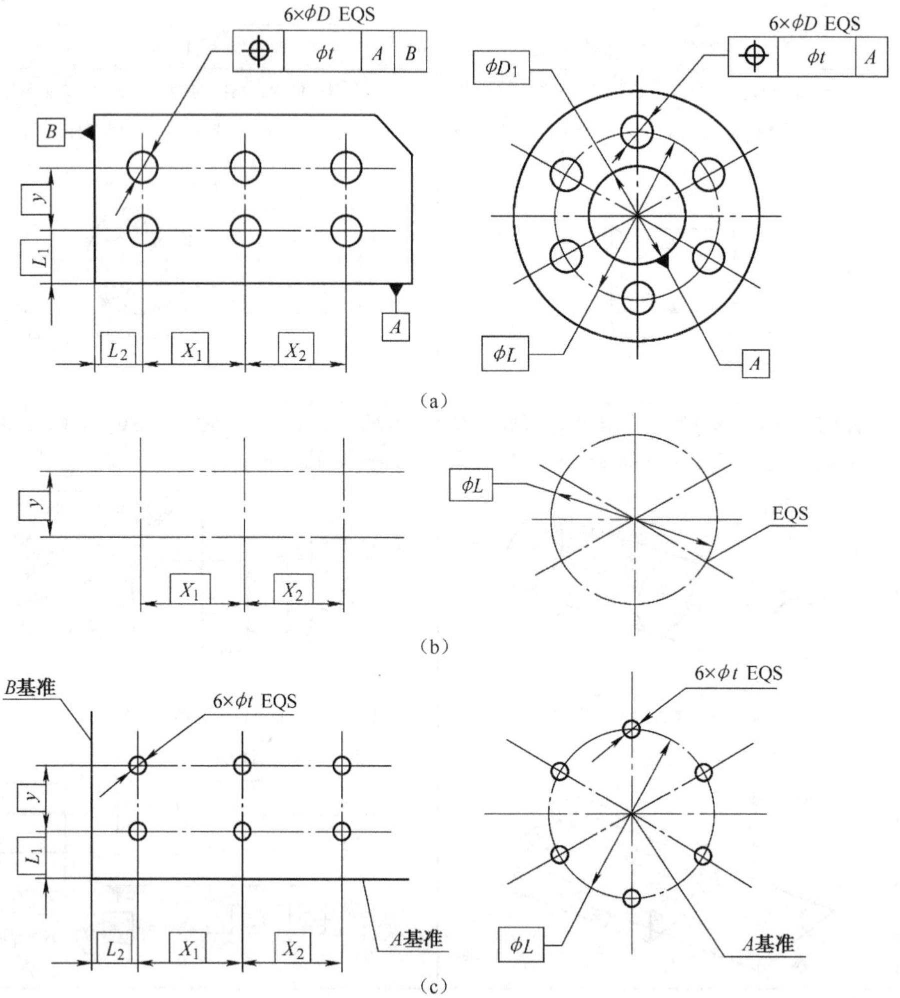

图 2-17 成组要素位置公差带示例

同轴度和对称度公差带的特点是被测要素应与基准重合。公差带相对于基准位置的理论正确尺寸为零。

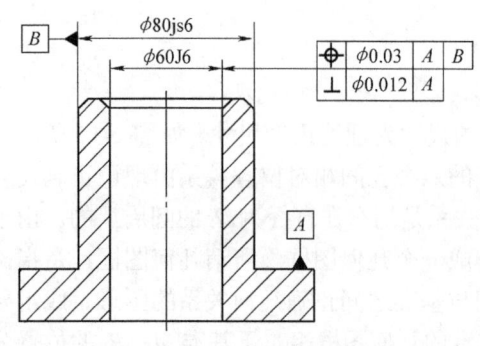

图 2-18 位置公差和方向公差同时标注示例

(2)位置公差带具有综合控制被测要素位置、方向和形状的功能。由于给出了位置公差的被测要素总是同时存在位置、方向和形状误差,因此被测要素的位置、方向和形状误差总是同时受到位置公差带的约束。在保证功能要求的前提下,对被测要素给定了位置公差,通常对该被测要素不再给出方向和形状公差。如果对方向和形状有进一步的精度要求,则另行给出方向或形状公差,或者同时给出方向和形状公差。例如,在图 2-18 中,$\phi$60J6 的轴线相对于基准 $A$ 和 $B$ 已经给出了位置度公差值 $\phi$0.03 mm,但该轴线对基准 $A$ 的垂直度有进一步的要求,因此又给出了垂直度公差

值 $\phi0.012$ mm。这是位置与方向公差同时给出的一个例子,因方向公差是进一步的要求,所以垂直度公差值小于位置度公差值,否则就没有意义了。

## 2.2.4 跳动公差与跳动误差

跳动公差

斜向圆跳动公差带

### 1. 跳动公差与公差带

跳动公差是关联被测实际要素在绕基准轴线回转一周或连续回转时所允许的最大跳动量。按测量方向及公差带相对基准轴线的不同,跳动分为圆跳动(径向圆跳动、端面圆跳动及斜向圆跳动)和全跳动(径向全跳动、端面全跳动)几种形式。跳动公差带的定义、标注和解释如表 2-7 所示。

表 2-7 跳动公差带定义、标注和解释

| 特征 | | 公差带定义 | 标注和解释 |
|---|---|---|---|
| 圆跳动 | 径向圆跳动 | 公差带是在垂直于基准轴线的任一测量平面上半径差为公差值 $t$,且圆心在基准轴线上的两个同心圆之间的区域 | 当被测要素围绕基准轴线 $A$ 做无轴向移动旋转一周时,在任一测量平面上的径向圆跳动量均不大于公差值 0.040mm |
| | 端面圆跳动 | 公差带是在与基准同轴的任一半径位置的测量圆柱面上距离为 $t$ 的圆柱面区域<br>$A$—基准轴线;<br>$B$—公差带;<br>$C$—任意直径 | 被测面绕基准轴线 $A$ 做无轴向移动旋转一周时,在任一测量圆柱面上的轴向跳动量均不得大于公差值 0.050mm |
| | 斜向圆跳动 | 公差带是在与基准轴线同轴的任一测量圆锥面上距离为 $t$ 的两圆之间的区域,除另有规定,其测量方向应与被测面垂直 | 当被测面绕基准线 $A$(基准轴线)做无轴向移动旋转一周时,在任一测量圆锥面上的跳动量均不得大于公差值 0.05mm |

续表

| 特征 | | 公差带定义 | 标注和解释 |
|---|---|---|---|
| 全跳动 | 径向全跳动 | 公差带是半径差为公差值 t，且与基准同轴的两圆柱面之间的区域 | 被测要素围绕基准线 A—B 做若干次无轴向移动旋转，测量仪器相对工件做轴向移动，此时在被测要素上各点间的示值均不得大于公差值 0.040mm，测量仪器必须沿着基准轴线方向并相对于公共基准轴线 A—B 移动 |
| | 轴向全跳动 | 公差带是距离为公差值 t，且与基准垂直的两平行平面之间的区域 | 被测要素绕基准轴线 A 做若干次无轴向移动旋转，测量仪器相对工件间做径向移动，此时，在被测要素上各点间的示值差不得大于公差值 0.1mm，测量仪器必须沿着轮廓具有理想正确形状的线和相对于基准轴线 A 的正确方向移动 |

**2. 跳动公差带的特点**

（1）跳动公差带相对于基准轴线有确定的位置。例如，在某一横截面内，径向圆跳动公差带的圆心在基准轴线上，径向全跳动公差带的轴线与基准轴线同轴。端面全跳动的公差带（两平行平面所围成的区域）垂直于基准轴线。

（2）跳动公差带可以综合控制被测要素的位置、方向和形状。例如，端面全跳动公差带控制端面对基准轴线的垂直度也控制端面的平面度误差。径向圆跳动公差带控制横截面的轮廓中心相对于基准轴线的偏离以及圆度误差。端面圆跳动公差带控制测量圆周上轮廓对基准轴线的垂直度和形状误差。当综合控制被测要素不能满足要求时，可进一步给出有关的公差。如图 2-19 所示，对 $\phi$100h6 的圆柱面已经给出了径向圆跳动公差值 0.015mm，但对该圆柱面的圆度有进一步的要求，所以又给出了圆度公差值 0.004mm。对被测要素给出跳动公差后，若再对该被测要素给出其他项目的几何公差，则其公差值必须小于跳动公差值。

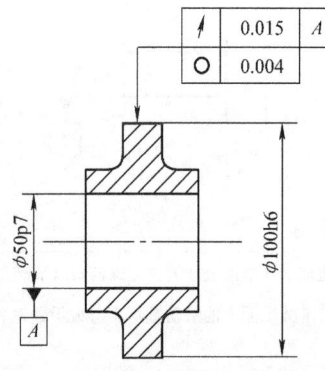

图 2-19　同时给出径向圆跳动公差和圆度公差的示例

## 2.2.5　方向、位置、跳动误差及其评定

方向、位置、跳动误差是被测实际要素对具有确定方向或位置的理想要素的变动量，理

想要素的方向或位置由基准或基准和理论正确尺寸确定。

**1. 基准的种类**

在设计时，在图样上标出的基准通常分为以下三种：

（1）单一基准。由一个要素建立的基准称为单一基准。

例如，如图2-19所示的内孔中心线$A$为由一个内圆柱面建立的基准，该基准就是单一基准。

（2）组合基准（公共基准）。由两个或两个以上的要素建立的独立的基准称为组合基准或公共基准。

例如，如表2-7所示的径向全跳动要求，由两段轴线$A$、$B$建立起公共基准轴线$A-B$。在公差框格中标注时，将各个基准字母用短横线相连在同一格内，表示作为一个基准使用。

（3）基准体系（三基面体系）。确定某些被测要素的方向或位置，从功能要求出发，常常需要超过一个基准。

为了与空间直角坐标系相一致，规定以三个互相垂直的平面构成一个基准体系——三基面体系，如图2-20所示。这三个互相垂直的平面都是基准平面（$A$为第一基准平面；$B$为第二基准平面，垂直于$A$；$C$为第三基准平面，垂直于$A$，且垂直于$B$）。每两个基准平面的交线构成基准轴线，三轴线的交点构成基准点。由此可见，上面提到的单一基准平面是三基面体系中的一个基准平面，基准轴线是三基面体系中两个基准平面的交线。

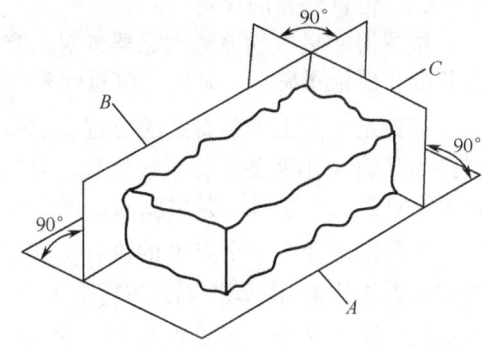

图2-20 三基面体系

在应用三基面体系时，在图样上标注基准应特别注意基准的顺序。即按第一基准平面为$A$，第二基准平面为$B$，第三基准平面为$C$的顺序标注，如表2-7中的径向圆跳动所示。

**2. 方向、位置、跳动误差的评定**

方向、位置、跳动误差是指被测实际要素对基准要素的变动量。

图样上标出的基准要素都是理想基准要素，它是评定方向、位置、跳动误差的依据。然而，加工后所获得的基准要素均为基准实际要素，总是或多或少存在着形状误差。若以基准实际要素直接作为基准，就会将基准实际要素的形状误差反映到位置误差中去从而使测得的位置误差不准确，且不是唯一的数值。为了获得唯一、正确的方向、位置、跳动误差值，就应该排除基准实际要素形状误差的影响。如上所述，可用理想基准代替基准实际要素并使基准相对于基准实际要素的位置符合最小条件，这就是在评定方向、位置、跳动误差时应遵守的基本原则。

（1）方向误差的评定

方向误差是指关联被测实际要素对基准要素具有确定方向的变动量。理想要素的方向由基准确定。在评定方向误差时，理想要素相对于基准保持图样上所要求的方向关系。方向误差值用方向最小包容区域（简称方向最小区域）的宽度或直径表示。方向最小区域是指当按理想要素的方向来包容被测实际要素时具有最小宽度$f$或直径$\phi f$的包容区域，如图2-21所示。各误差项目方向最小区域的形状和各自的公差带形状一致,但宽度(或直径)由被测实际要素本身决定。

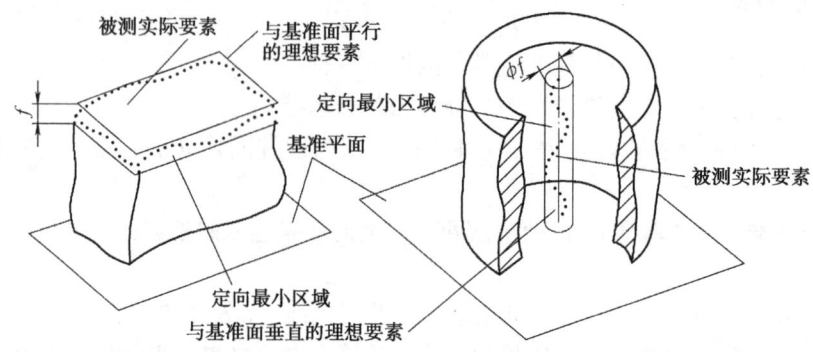

图 2-21 方向最小包容区域

(2) 位置误差的评定

位置误差是关联被测实际要素对具有确定的位置的理想要素的变动量。理想要素的位置由基准和理论正确尺寸确定,位置误差值用位置最小包容区域的宽度 $f$ 或直径 $\phi f$ 表示。

在评定平面上一条直线的位置度误差时,理想直线的位置由理论正确尺寸 $\boxed{L}$ 决定,位置最小区域 $S$ 由两条平行直线构成,且与理想直线呈对称布置,实际线上至少有一点与这两条平行直线之一接触,其宽度为位置误差 $f$,如图 2-22(a)所示。

在评定平面上一个点 $P$ 的位置度误差时,位置最小区域 $S$ 由一个圆构成。该圆的圆心(被测点的理想位置)由基准 $A$、$B$ 和理论正确尺寸 $\boxed{L_x}$、$\boxed{L_y}$ 确定;直径 $\phi f$ 由 $OP$ 确定,$\phi f = 2OP$,即点的位置度误差,如图 2-22(b)所示。

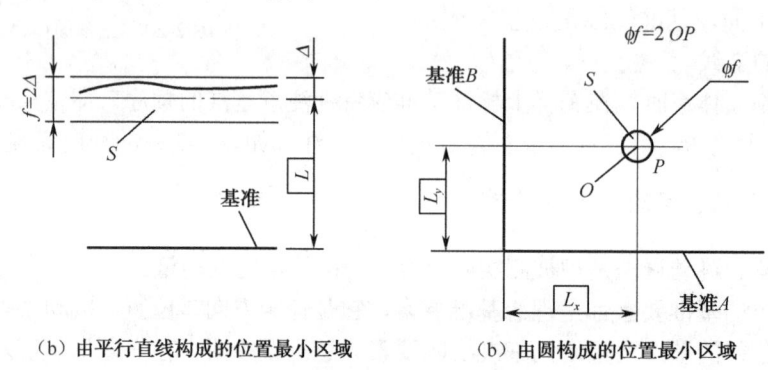

(b) 由平行直线构成的位置最小区域　　(b) 由圆构成的位置最小区域

图 2-22 位置最小区域

(3) 跳动误差的评定

圆跳动是当被测实际要素绕基准轴线做无轴向移动回转一周时,由位置固定的指示器在给定方向上测得的最大与最小读数之差。所谓给定方向,对圆柱面是指径向,对圆锥面是指法线方向,对端面是指轴向。因此圆跳动又能相应地分为径向圆跳动、斜向圆跳动和端面圆跳动。

全跳动是被测实际要素绕基准轴线做无轴向移动回转,同时指示器沿基准轴线平行或垂直地连续移动(或被测实际要素每回转一周,指示器沿基准轴线平行或垂直地做间断移动),全跳动误差是由指示器在给定方向上测得的最大与最小读数之差。所谓给定方向,对圆柱面是指径向,对端面是指轴向(端面)。因此,全跳动又分为径向全跳动和端面全跳动。

## 任务3 正确选用几何公差

## 任务引入

在设计零件时,对同一被测要素,除给定尺寸公差外,有时还要给定几何公差,如图1-1所示的齿轮轴,轴颈有$\phi$18f7的尺寸要求,跳动公差要求0.015mm。此外,其他处还有垂直度、同轴度、圆柱度等要求。为满足零件的使用要求,保证机器的工作性能和获得较好的经济效益,必须正确合理地规定零件的尺寸公差和几何公差要求,以及尺寸公差与几何公差之间的关系。确定这种相互关系所遵循的原则称为公差原则。

几何公差的选用包括规定适当的公差特征项目、确定采用的公差原则、给出公差数值以及选择基准要素等内容。

### 2.3.1 术语及定义

(1)局部实际尺寸:指在实际要素的任意正截面上,两对应点之间测得的距离。各处实际尺寸不同,外表面的局部实际尺寸和内表面的局部实际尺寸分别用$d_a$和$D_a$表示。

(2)体外作用尺寸:指在被测要素的给定长度上,与实际内表面体外相接的最大理想面或与实际外表面体外相接的最小理想面的直径或宽度,如图2-23所示。对于关联要素,该理想面的轴线或中心平面必须与基准保持图样给定的几何关系,如图2-24所示。外表面的体外作用尺寸和内表面的体外作用尺寸分别用$d_{fe}$和$D_{fe}$表示。

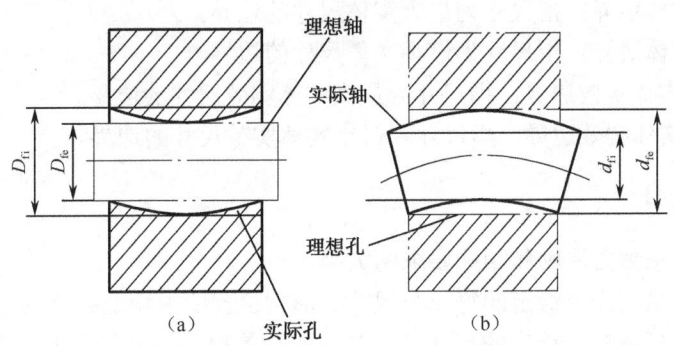

图2-23 单一要素的作用尺寸

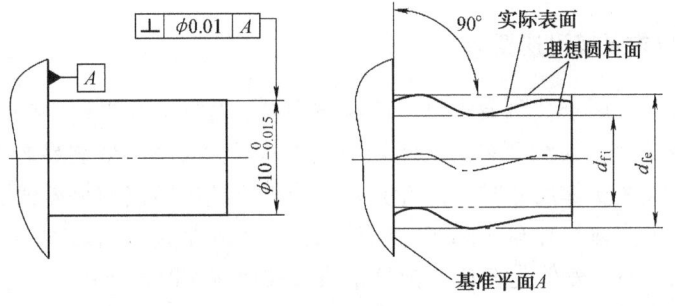

图2-24 关联要素的作用尺寸

（3）体内作用尺寸：指在被测要素的给定长度上，与实际内表面体内相接的最小理想面或与实际外表面体内相接的最大理想面的直径或宽度。对于关联要素，该理想面的轴线或中心平面必须与基准保持图样给定的几何关系。外表面的体内作用尺寸和内表面的体内作用尺寸分别用 $d_{fi}$ 和 $D_{fi}$ 表示。

（4）最大实体尺寸：指实际要素在最大实体状态下的极限尺寸。最大实体状态是指实际要素在给定长度上处处位于极限尺寸内并具有最大实体时的状态。对于外表面为最大极限尺寸，对于内表面为最小极限尺寸。外表面的最大实体尺寸和内表面的最大实体尺寸分别用 $d_{max}$ 和 $D_{min}$ 表示。

（5）最小实体尺寸：指实际要素在最小实体状态下的极限尺寸。最小实体状态是指实际要素在给定长度上处处位于极限尺寸内并具有最小实体时的状态。对于外表面为最小极限尺寸，对于内表面为最大极限尺寸。外表面的最小实体尺寸和内表面的最小实体尺寸分别用 $d_{min}$ 和 $D_{max}$ 表示。

（6）最大实体实效尺寸：指在最大实体实效状态下的体外作用尺寸。最大实体实效状态是指在给定长度上实际要素处于最大实体状态且中心要素的形状或位置误差等于给出公差值时的综合极限状态。外表面的最大实体实效尺寸和内表面的最大实体实效尺寸分别用 $d_{MV}$ 和 $D_{MV}$ 表示。

（7）最小实体实效尺寸：指在最小实体实效状态下的体内作用尺寸。最小实体实效状态是指在给定长度上实际要素处于最小实体状态且中心要素的形状或位置误差等于给出公差值时的综合极限状态。外表面的最小实体实效尺寸和内表面的最小实体实效尺寸分别用 $d_{LV}$ 和 $D_{LV}$ 表示。

（8）最大实体边界：指尺寸为最大实体尺寸的边界。

（9）最小实体边界：指尺寸为最小实体尺寸的边界。

（10）最大实体实效边界：指尺寸为最大实体实效尺寸的边界。

（11）最小实体实效边界：指尺寸为最小实体实效尺寸的边界。

### 2.3.2 公差原则

公差原则包括独立原则和相关要求两大类。

独立原则是指图样上给定的每一个尺寸和形状位置要求均是独立的，应分别满足要求。

相关要求是指图样上给定的尺寸公差与几何公差相关的公差要求。相关要求包括最大实体要求（包括可逆要求应用于最大实体要求）、最小实体要求（包括可逆要求应用于最小实体要求）和包容要求三类。

#### 1. 最大实体要求及其可逆要求

当最大实体要求应用于被测要素时，应在被测要素几何公差框格中的公差值后标注符号 Ⓜ。最大实体要求是控制被测要素的实际轮廓处于其最大实体实效边界之内的一种要求，即当其实际尺寸偏离最大实体尺寸时，允许其几何误差值超出给出的公差值而得到补偿的一种原则。补偿值为最大实体尺寸与实际尺寸的偏离值，也就是说，当最大实体要求用于被测要素时，被测要素的几何公差值是在该要素处于最大实体状态时给定的。

当最大实体要求用于被测要素时，被测要素应遵守最大实体实效边界，即要素的体外作用尺寸 $d_{fe}$（$D_{fe}$）不得超越最大实体实效尺寸 $d_{MV}$（$D_{MV}$），且局部实际尺寸 $d_a$（$D_a$）在最

大实体尺寸 $d_{\max}$（$D_{\min}$）与最小实体尺寸 $d_{\min}$（$D_{\max}$）之间，对外表面为

$$d_{fe} = d_a + f \leq d_{MV} = d_{\max} + t, \quad d_{\max} \geq d_a \geq d_{\min}$$

对内表面为

$$D_{fe} = D_a - f \geq D_{MV} = D_{\min} - t, \quad D_{\max} \geq D_a \geq D_{\min}$$

图 2-25（a）表示轴 $\phi 20_{-0.3}^{0}$ 的轴线直线度公差采用最大实体要求。当被测要素处于最大实体状态时，其轴线直线度公差为 $\phi 0.1\text{mm}$，如图 2-25（b）所示。如图 2-25（c）所示给出了表达上述关系的动态公差带图。

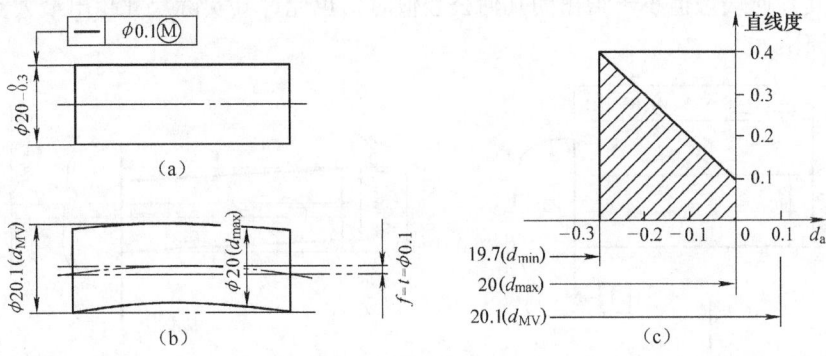

图 2-25 最大实体原则应用于单一要素

当该轴处于最小实体状态时，其轴线直线度误差允许达到最大值，即等于图样给出的直线度公差值（$\phi 0.1\text{mm}$）与轴的尺寸公差（0.3mm）之和 $\phi 0.4\text{mm}$。

图 2-26（a）表示孔 $\phi 45_{0}^{+0.11}$ 的轴线对基准 $A$ 的垂直度公差采用最大实体要求。当被测要素处于最大实体状态时，其轴线对基准 $A$ 的垂直度公差为 $\phi 0.05\text{mm}$，如图 2-26（b）所示。如图 2-26（c）所示给出了表达上述关系的动态公差带图。

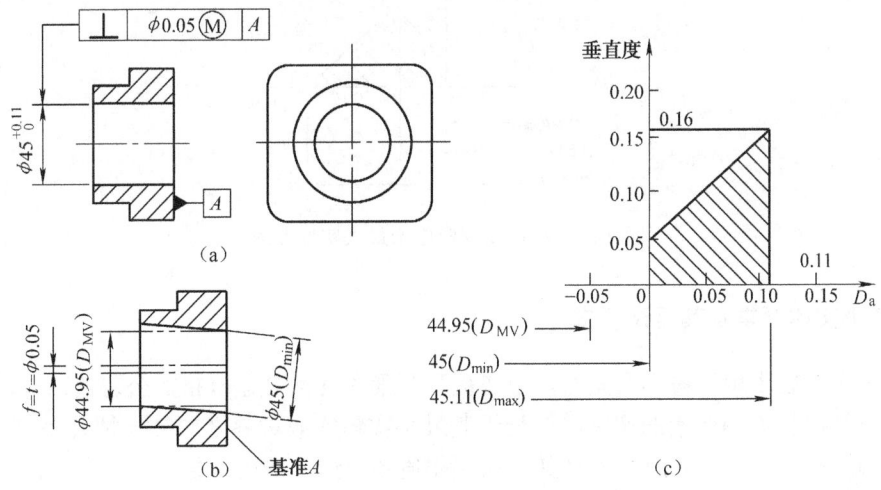

图 2-26 最大实体原则应用于关联要素

该孔应满足下列要求：

（1）实际尺寸范围为 $\phi 45.00 \sim \phi 45.11$（mm）；

（2）$D_{fe} \geq D_{MV} = D_{\min} - t = 45 - 0.05 = \phi 44.95$（mm）。

当该孔处于最小实体状态时，其轴线对基准 $A$ 的垂直度误差允许达到最大值，即等于图

样给出的垂直度公差（$\phi0.05$mm）与孔的尺寸公差（0.11mm）之和$\phi0.16$mm。

在图样上的几何公差框格中，在被测要素几何公差值后的符号Ⓜ后标注Ⓡ时，表示被测要素在遵守最大实体要求的同时遵守可逆要求。

所谓可逆要求，是指当中心要素的几何误差值小于给出的几何公差时，允许在满足零件功能要求的前提下扩大尺寸公差。

可逆要求应用于最大实体要求，是指被测要素的实际轮廓应遵守其最大实体实效边界，当其实际尺寸偏离最大实体尺寸时，允许其几何误差值超出在最大实体状态下给出的几何公差值。且当其几何误差值小于给出的几何公差值时，也允许其实际尺寸超出最大实体尺寸，如图2-27所示。

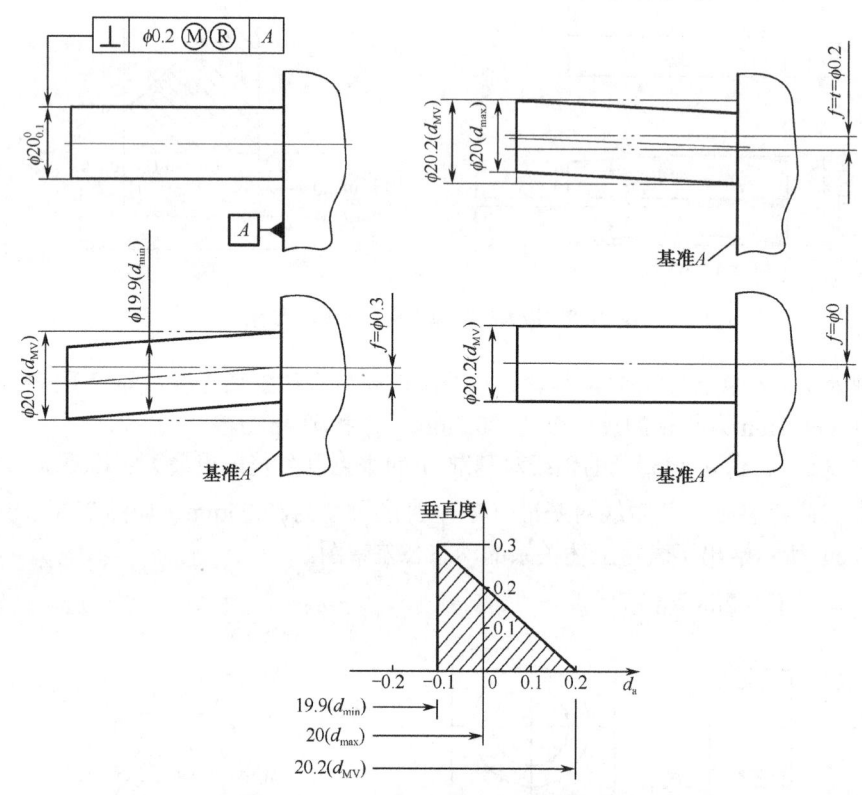

图2-27 可逆要求应用于最大实体要求

## 2. 最小实体要求及其可逆要求

当最小实体要求用于被测要素时，应在被测要素的几何公差框格的公差值后标注Ⓛ。最小实体要求是控制被测要素的实际轮廓处于其最小实体实效边界之内的一种公差要求。当其实际尺寸偏离最小实体尺寸时，允许其几何误差值超出给出的公差值。

当最小实体要求用于被测要素时，被测要素应遵守最小实体实效边界，即被测要素的实际轮廓在给定长度上处处不得超出其最小实体实效边界，也就是其体内作用尺寸不应超出最小实体实效尺寸 $d_{LV}$（$D_{LV}$），且局部实际尺寸 $d_a$（$D_a$）在最大实体尺寸 $d_{max}$（$D_{min}$）与最小实体尺寸 $d_{min}$（$D_{max}$）之间，对外表面为

$$d_{fi} = d_a - f \geq d_{LV} = d_{min} - t, \quad d_{max} \geq d_a \geq d_{min}$$

对内表面为
$$D_{fi} = D_a + f \leq D_{LV} = D_{max} + t, \quad D_{max} \geq D_a \geq D_{min}$$

如图 2-28（a）所示表示孔 $\phi 8_0^{+0.3}$ 的轴线位置度公差采用最小实体要求。当被测要素处于最小实体状态时，其轴线对基准 $A$ 的位置度公差为 $\phi 0.2$mm，如图 2-28（b）所示。如图 2-28（c）所示给出了表达上述关系的动态公差带图。

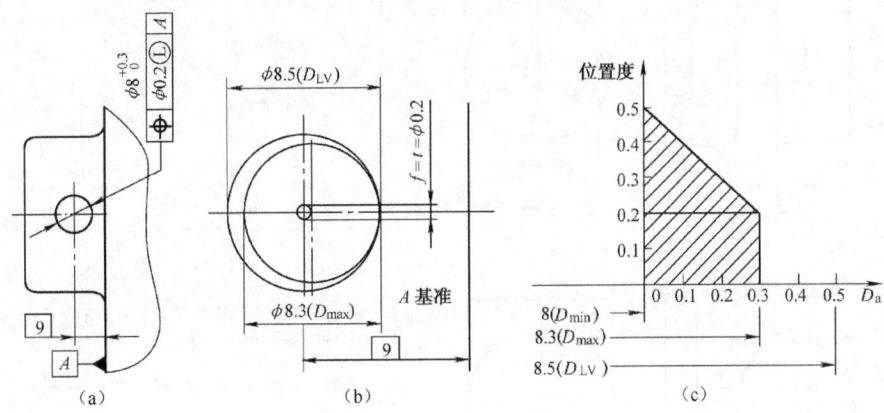

图 2-28 最小实体要求

该孔应满足下列要求：
（1）实际尺寸为 $\phi 8.0 \sim \phi 8.3$（mm）；
（2）$D_{LV} = D_{max} + t = 8.3 + 0.2 = \phi 8.5$（mm）；
（3）当孔为 $\phi 8$mm 时，位置度公差为 $0.2 + 0.3 = \phi 0.5$（mm）。

图样上在几何公差框格内公差数值后的符号Ⓛ后加注Ⓡ时，表示被测要素在遵守最小实体要求的同时遵守可逆要求。

可逆要求应用于最小实体要求，是指被测要素的实际轮廓应遵守其最小实体实效边界，当其实际尺寸偏离最小实体尺寸时，允许其几何误差值超出在最小实体状态下给出的几何公差值。且当其几何误差值小于给出的几何公差值时，也允许其实际尺寸超出最小实体尺寸，如图 2-29 所示。

### 3. 包容要求

包容要求表示实际要素应遵守其最大实体边界，是指当实际尺寸处处为最大实体尺寸时，其几何公差为零。当实际尺寸偏离最大实体尺寸时，允许的几何公差可相应增加，增加量为实际尺寸与最大实体尺寸之差（绝对值）。

包容要求适用于单一要素，如圆柱表面或两平行表面。图样上在单一要素的尺寸公差后标注符号Ⓔ，如图 2-30 所示。当包容要求用于关联要素时，在标注的几何公差框格第二栏内用Ⓜ表示，如图 2-31 所示。

当采用包容要求时，被测要素应遵守最大实体边界，即要素的体外作用尺寸 $d_{fe}$（$D_{fe}$）不得超越其最大实体尺寸 $d_{max}$（$D_{min}$），且局部实际尺寸不得超越其最小实体尺寸 $d_{min}$（$D_{max}$），对外表面为
$$d_{fe} \leq d_{max}, \quad d_a \geq d_{min}$$

对内表面为

$$D_{fe} \geq D_{min}, \quad D_a \leq D_{max}$$

由此可见，包容要求是将尺寸和几何误差同时控制在尺寸公差范围内的一种公差要求，主要用于必须保证配合性质的要素，用最大实体边界保证必要的最小间隙或最大过盈，用最小实体尺寸防止间隙过大或过盈过小。

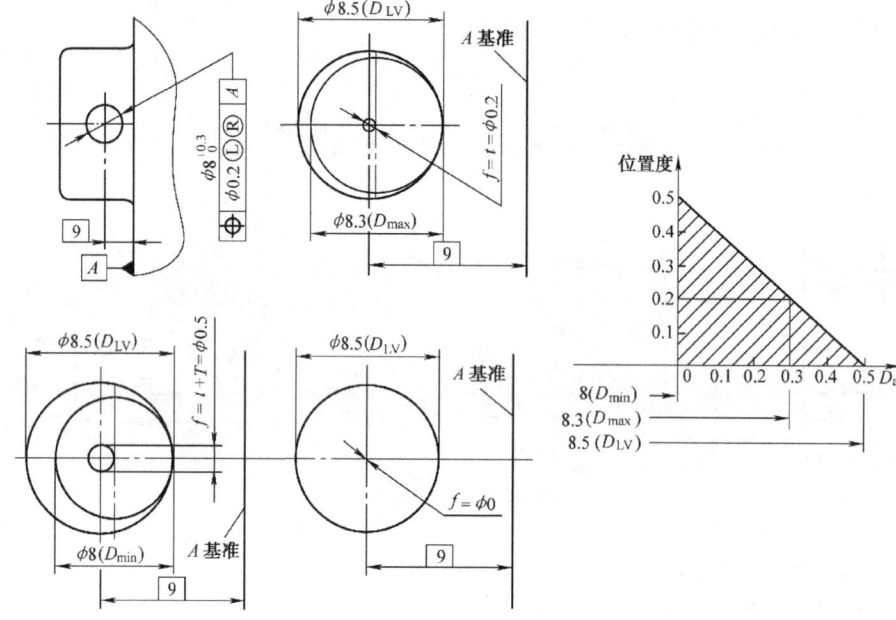

图 2-29 可逆要求应用于最小实体要求

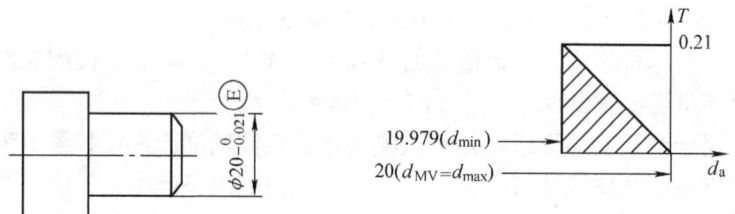

图 2-30 包容要求应用于单一要素

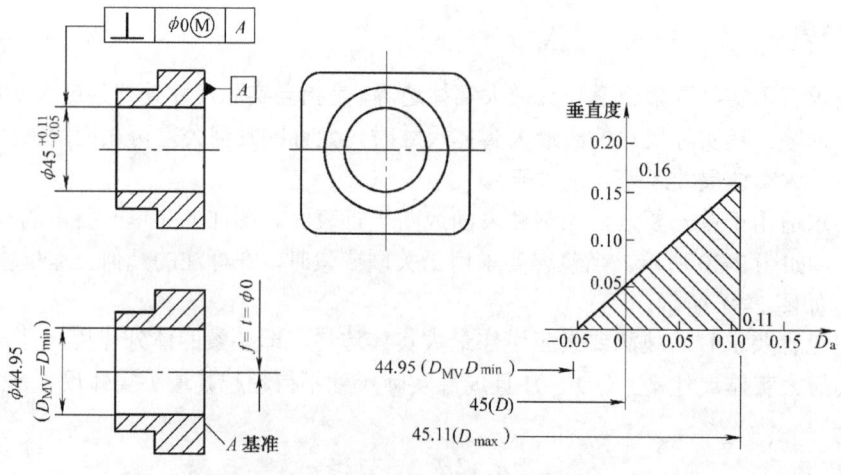

图 2-31 包容要求应用于关联要素

## 2.3.3 几何公差的选择

在对零件规定几何公差时,要主要考虑:规定适当的公差特征项目、确定采用何种公差原则、给出公差数值、对位置公差还应给定测量基准等,这些要求最后都应该按照国家标准的规定正确地标注在图样上。

**1. 几何公差特征项目的选择**

几何公差特征项目的选择可从以下几个方面考虑:

(1)零件的几何特征。零件不同的几何特征会产生不同的几何误差。如圆柱形零件可选择圆度、圆柱度、轴线直线度及素线直线度等;平面零件可选择平面度;窄长平面零件可选择直线度;槽类零件可选择对称度;阶梯轴、孔零件可选择同轴度等。

(2)零件的功能要求。根据零件不同的功能要求,给出不同的几何公差项目。如圆柱形零件,当仅需要顺利装配时,可选轴线的直线度;如果孔、轴之间有相对运动,应均匀接触,或为保证密封性,应标注圆柱度公差以综合控制圆度、素线直线度和轴线直线度(如柱塞与柱塞套、阀芯及阀体等)。又如为保证机床工作台或刀架运动轨迹的精度,需要对导轨提出直线度要求;对安装齿轮轴的箱体孔,为保证齿轮的正确啮合,需要提出孔轴线的平行度要求;为使箱体、端盖等零件上的螺栓孔能顺利装配,应规定孔组的位置度公差等。

(3)检测的方便性。当确定几何公差特征项目时,要考虑到检测的方便性与经济性。如对轴类零件,可用径向全跳动综合控制圆柱度、同轴度;用端面全跳动代替端面对轴线的垂直度。因为跳动误差检测方便,又能较好地控制相应的几何误差。

总之,在满足功能要求的前提下,尽量减少项目,以获得较好的经济效益。设计者只有在充分明确所设计的零件的精度要求,熟悉零件的加工工艺和有一定的检测经验的情况下,才能对零件提出合理、恰当的几何公差项目要求。

**2. 公差原则、公差要求的确定**

对同一零件上的同一要素,当既有尺寸公差要求又有几何公差要求时,要确定它们之间的关系,即确定选用何种公差原则或公差要求,应进行以下判断。当对零件有特殊功能要求时,采用独立原则。例如,对测量用的平板要求其工作面平面度要好,因此提出平面度公差。对检验直线度误差用的刀口直尺,要求其刃口直线度要好,因此提出直线度公差。独立原则是处理几何公差和尺寸公差关系的基本原则,应用较为普遍。为了严格保证零件的配合性质,即保证相配合件的极限间隙或极限过盈满足设计要求,对重要的配合常采用包容要求。如齿轮的内孔与轴的配合,当需严格地保证其配合性质时,则齿轮内孔与轴颈都应采用包容要求。当采用包容要求时,几何误差由尺寸公差来控制,当用尺寸公差控制几何误差仍满足不了要求时,可以在采用包容要求的前提下,对几何公差提出更严格的要求,当然,此时的几何公差值只能占尺寸公差值的一部分。当为了便于零件的加工制造时,仅需保证零件的可装配性可以采用最大实体要求和可逆要求等。例如,法兰盘上或箱体盖上孔的位置度公差采用最大实体要求,螺钉孔与螺钉之间的间隙可以给孔间位置度公差以补偿值,从而降低了加工成本,利于装配。而应用最小实体要求的目的是保证零件的最小壁厚和设计强度,保证其相应的配合性质。

### 3. 基准的选择

确定被测要素的方向、位置的理想要素叫作基准。零件上的要素都可以作为基准。在选择基准时，主要应根据零件的功能和设计要求，并兼顾基准统一原则和零件结构特征，通常可以从以下几方面来考虑。

（1）从设计方面考虑，应根据零件形体的功能要求及要素间的几何关系来选择基准。例如，对于旋转的轴类零件，常选用与轴承配合的轴颈表面或轴两端的中心孔做基准。

（2）从加工工艺方面考虑，应选择零件在加工时在夹具中位置的相应要素做基准。

（3）从测量方面考虑，应选择零件在测量、检验时在计量器具中位置的相应要素做基准。

（4）从装配关系方面考虑，应选择零件相互配合、相互接触的表面做基准，以保证零件的正确装配。

比较理想的基准是设计、加工、测量和装配基准是同一要素，也就是遵守基准统一的原则。

### 4. 几何公差等级和公差值的选择原则

几何公差等级的选择原则与尺寸公差等级的选择原则相同，即在满足零件使用要求的前提下，尽可能选用低的公差等级。确定公差等级的方法有类比法和计算法两种，一般采用类比法。

几何公差值应根据零件的功能要求并考虑加工的经济性和零件的结构、刚性等情况进行选择。

在确定要素的公差值时，应考虑下列情况：

（1）在同一要素上给出的形状公差值应小于位置公差值。如要求平行的两个表面其平面度公差值小于平行度公差值。

（2）圆柱形零件的形状公差值（轴线的直线度除外）在一般情况下应小于其尺寸公差值。

（3）平行度公差值应小于其相应的距离公差值。

（4）对于某些情况，考虑到加工的难易程度和除主参数外其他参数的影响，在满足零件功能的要求下，可适当降低1到2级进行选用。如孔相对于轴、细长的轴或孔、距离较大的轴或孔、宽度较大（一般大于 1/2 长度）的零件表面、线对线和线对面相对于面对面的平行度、线对线和线对面相对于面对面的垂直度等。

（5）凡有关标准已对几何公差做出规定的，都应按相应标准确定。例如，与滚动轴承相配合的轴颈及箱孔的圆柱度、肩台端面跳动，齿轮箱平行孔轴线的平行度，机床导轨的直线度等。

如表 2-8~表 2-11 所示，举例说明了各项几何公差等级的应用。

表 2-8  直线度、平面度公差等级应用

| 公差等级 | 应用举例 |
| --- | --- |
| 5级 | 1级平板，2级宽平尺，平面磨床纵、垂直、立柱导轨和平面磨床工作台，液压龙门刨床导轨面，转塔车床床身导轨面，柴油机进气、排气阀门导杆 |
| 6级 | 普通机床导轨面，如卧式车床、龙门刨床、滚齿机、自动车床的床身等的床身导轨、立柱导轨，柴油机壳体 |
| 7级 | 2级平板，机床主轴箱、摇臂钻床底座和工作台，镗床工作台，液压泵盖、减速器壳体结合面 |

续表

| 公差等级 | 应用举例 |
|---|---|
| 8级 | 用于传动箱体、挂轮箱体、车床溜板箱体、柴油机汽缸体、连杆分离面、缸盖结合面、汽车发动机缸盖、曲轴箱结合面，液压管件和法兰连接面 |
| 9级 | 3级平板，自动车床床身底面、摩托车曲轴箱体、汽车变速箱壳体、手动机械的支承面 |

表2-9 圆度、圆柱度公差等级应用

| 公差等级 | 应用举例 |
|---|---|
| 5级 | 一般的计量仪器主轴、测杆外圆柱面，陀螺仪轴颈，一般车床轴颈及主轴轴承孔，柴油机、汽油机活塞和活塞销，与E级滚动轴承配合的轴颈 |
| 6级 | 仪器端盖外圆柱面，一般车床主轴及前轴承孔，泵、压缩机的活塞、汽缸，汽油发动机凸轮轴，纺机锭子，减速器转轴轴颈，高速船用柴油机，拖拉机曲轴主轴颈，与E级滚动轴承配合的外壳孔，千斤顶或压力油缸活塞、机车 |
| 7级 | 大功率低速柴油机曲轴轴颈活塞和活塞销、连杆、汽缸，高速柴油机箱体轴承孔，千斤顶或压力油缸活塞，机车传动轴，水泵及通用减速器转轴轴颈，与G级轴承配合的外壳孔 |
| 8级 | 大功率低速发动机曲柄轴颈，压气机连杆盖、连杆体，拖拉机汽缸、活塞、炼胶机冷铸轴辊、印刷机传墨辊，内燃机曲轴轴颈，柴油机曲轴轴颈，柴油机凸轮轴轴承孔、凸轮轴，拖拉机，小型船用柴油机汽缸套 |
| 9级 | 空气压缩机缸体，液压传动筒，通用机械杠杆与拉杆用套销子，拖拉机活塞环、套筒孔 |

表2-10 平行度、垂直度、倾斜度公差等级应用

| 公差等级 | 应用举例 |
|---|---|
| 4、5级 | 卧式车床导轨，重要支承面，机床主轴孔对基准的平行度，精密机床重要零件，计量仪器、量具、模具的基准面和工作面，床头箱体重要孔，通用机械减速器壳体孔，齿轮泵的油孔端面，发动机轴和离合器的凸缘，汽缸支承端面，安装精密滚动轴承的壳体孔的凸肩 |
| 6、7、8级 | 一般机床的基面和工作面，压力机和锻锤的工作面，中等精度钻模的工作面，机床一般轴承孔对基准面的平行度，变速器箱体孔，主轴花键对定心部位轴线的平行度，重型机械轴承盖端面，卷扬机、手动传动装置中的传动轴，一般导轨，主轴箱体孔、刀架、砂轮架、汽缸配合面对基准轴线，活塞销孔对活塞中心线的垂直度，滚动轴承内、外圈端面对轴承的垂直度 |
| 9、10级 | 低精度零件，重型机械滚动轴承端盖，柴油机、煤气发动机箱体曲孔、曲轴颈，花键轴和轴肩端面，皮带运输机法兰盘等端面对轴线的垂直度，手动卷扬机及传动装置中的轴承端面，减速器壳体平面 |

表2-11 同轴度、对称度、跳动公差等级应用

| 公差等级 | 应用举例 |
|---|---|
| 5、6、7级 | 这是应用范围较广的公差等级。用于几何精度要求较高、尺寸公差等级为IT8及高于IT8的零件。5级常用于机床轴颈、计量仪器的测量杆、汽轮机主轴、柱塞油泵转子、高精度滚动轴承外圈、一般精度滚动轴承内圈、回转工作台端面跳动等。7级常用于内燃机曲轴、凸轮轴、齿轮轴、水泵轴、汽车后轮输出轴、电动机转子、印刷机传墨辊的轴颈、键槽等 |
| 8、9级 | 常用于几何精度要求一般、尺寸公差等级IT9~IT11的零件。8级用于拖拉机发动机分配轴轴颈和9级精度以下齿轮相配的轴、水泵叶轮、离心泵体、棉花精梳机的前后滚子、键槽等。9级用于内燃机汽缸套配合面、自行车中轴等 |

如表2-12~表2-16所示为几何公差各项目的公差值或数系表。

表2-12 直线度、平面度公差值（摘自 GB/T 1184—1996）　　　　　单位：$\mu m$

| 主参数 $L$/mm | 公差等级 | | | | | | | | | | | |
|---|---|---|---|---|---|---|---|---|---|---|---|---|
| | 1 | 2 | 3 | 4 | 5 | 6 | 7 | 8 | 9 | 10 | 11 | 12 |
| ≤10 | 0.2 | 0.4 | 0.8 | 1.2 | 2 | 3 | 5 | 8 | 12 | 20 | 30 | 60 |
| >10～16 | 0.25 | 0.5 | 1 | 1.5 | 2.5 | 4 | 6 | 10 | 15 | 25 | 40 | 80 |
| >16～25 | 0.3 | 0.6 | 1.2 | 2 | 3 | 5 | 8 | 12 | 20 | 30 | 50 | 100 |
| >25～40 | 0.4 | 0.8 | 1.5 | 2.5 | 4 | 6 | 10 | 15 | 25 | 40 | 60 | 120 |
| >40～63 | 0.5 | 1 | 2 | 3 | 5 | 8 | 12 | 20 | 30 | 50 | 80 | 150 |
| >63～100 | 0.6 | 1.2 | 2.5 | 4 | 6 | 10 | 15 | 25 | 40 | 60 | 100 | 200 |
| >100～160 | 0.8 | 1.5 | 3 | 5 | 8 | 12 | 20 | 30 | 50 | 80 | 120 | 250 |
| >160～250 | 1 | 2 | 4 | 6 | 10 | 15 | 25 | 40 | 60 | 100 | 150 | 300 |
| >250～400 | 1.2 | 2.5 | 5 | 8 | 12 | 20 | 30 | 50 | 80 | 120 | 200 | 400 |
| >400～630 | 1.5 | 3 | 6 | 10 | 15 | 25 | 40 | 60 | 100 | 150 | 250 | 500 |

注：主参数 $L$ 为轴、直线、平面的长度。

表2-13 圆度、圆柱度公差值（摘自 GB/T 1184—1996）　　　　　单位：$\mu m$

| 主参数 $d(D)$/mm | 公差等级 | | | | | | | | | | | | |
|---|---|---|---|---|---|---|---|---|---|---|---|---|---|
| | 0 | 1 | 2 | 3 | 4 | 5 | 6 | 7 | 8 | 9 | 10 | 11 | 12 |
| ≤3 | 0.1 | 0.2 | 0.3 | 0.5 | 0.8 | 1.2 | 2 | 3 | 4 | 6 | 10 | 14 | 25 |
| >3～6 | 0.1 | 0.2 | 0.4 | 0.6 | 1 | 1.5 | 2.5 | 4 | 5 | 8 | 12 | 18 | 30 |
| >6～10 | 0.1 | 0.25 | 0.4 | 0.6 | 1 | 1.5 | 2.5 | 4 | 6 | 9 | 15 | 22 | 36 |
| >10～18 | 0.15 | 0.25 | 0.5 | 0.8 | 1.2 | 2 | 3 | 5 | 8 | 11 | 18 | 27 | 43 |
| >18～30 | 0.2 | 0.3 | 0.6 | 1 | 1.5 | 2.5 | 4 | 6 | 9 | 13 | 21 | 33 | 52 |
| >30～50 | 0.25 | 0.4 | 0.6 | 1 | 1.5 | 2.5 | 4 | 7 | 11 | 16 | 25 | 39 | 62 |
| >50～80 | 0.3 | 0.5 | 0.8 | 1.2 | 2 | 3 | 5 | 8 | 13 | 19 | 30 | 46 | 74 |
| >80～120 | 0.4 | 0.6 | 1 | 1.5 | 2.5 | 4 | 6 | 10 | 15 | 22 | 35 | 54 | 87 |
| >120～180 | 0.6 | 1 | 1.2 | 2 | 3.5 | 5 | 8 | 12 | 18 | 25 | 40 | 63 | 100 |
| >180～250 | 0.8 | 1.2 | 2 | 3 | 4.5 | 7 | 10 | 14 | 20 | 29 | 46 | 72 | 115 |
| >250～315 | 1.0 | 1.6 | 2.5 | 4 | 6 | 8 | 12 | 16 | 23 | 32 | 52 | 81 | 130 |
| >315～400 | 1.2 | 2 | 3 | 5 | 7 | 9 | 13 | 18 | 25 | 36 | 57 | 89 | 140 |
| >400～500 | 1.5 | 2.5 | 4 | 6 | 8 | 10 | 15 | 20 | 27 | 40 | 63 | 97 | 155 |

注：主参数 $d(D)$ 为轴、孔的直径。

表2-14 位置度公差值数系表（摘自 GB/T 1184—1996）　　　　　单位：$\mu m$

| 1 | 1.2 | 1.5 | 2 | 2.5 | 3 | 4 | 5 | 6 | 8 |
|---|---|---|---|---|---|---|---|---|---|
| $1\times10^n$ | $1.2\times10^n$ | $1.5\times10^n$ | $2\times10^n$ | $2.5\times10^n$ | $3\times10^n$ | $4\times10^n$ | $5\times10^n$ | $6\times10^n$ | $8\times10^n$ |

表2-15　平行度、垂直度、倾斜度公差值（摘自GB/T 1184—1996）　　　　　单位：μm

| 主参数 $L$、$d(D)$/mm | 公差等级 | | | | | | | | | | | |
|---|---|---|---|---|---|---|---|---|---|---|---|---|
| | 1 | 2 | 3 | 4 | 5 | 6 | 7 | 8 | 9 | 10 | 11 | 12 |
| ≤10 | 0.4 | 0.8 | 1.5 | 3 | 5 | 8 | 12 | 20 | 30 | 50 | 80 | 120 |
| >10～16 | 0.5 | 1 | 2 | 4 | 6 | 10 | 15 | 25 | 40 | 60 | 100 | 150 |
| >16～25 | 0.6 | 1.2 | 2.5 | 5 | 8 | 12 | 20 | 30 | 50 | 80 | 120 | 200 |
| >25～40 | 0.8 | 1.5 | 3 | 6 | 10 | 15 | 25 | 40 | 60 | 100 | 150 | 250 |
| >40～63 | 1 | 2 | 4 | 8 | 12 | 20 | 30 | 50 | 80 | 120 | 200 | 300 |
| >63～100 | 1.2 | 2.5 | 5 | 10 | 15 | 25 | 40 | 60 | 100 | 150 | 250 | 400 |
| >100～160 | 1.5 | 3 | 6 | 12 | 20 | 30 | 50 | 80 | 120 | 200 | 300 | 500 |
| >160～250 | 2 | 4 | 8 | 15 | 25 | 40 | 60 | 100 | 150 | 250 | 400 | 600 |
| >250～400 | 2.5 | 5 | 10 | 20 | 30 | 50 | 80 | 120 | 200 | 300 | 500 | 800 |
| >400～630 | 3 | 6 | 12 | 25 | 40 | 60 | 100 | 150 | 250 | 400 | 600 | 1000 |

注：① 主参数 $L$ 为在给定平行度时轴线或平面的长度，或在给定垂直度、倾斜度时被测要素的长度；

② 主参数 $d(D)$ 为在给定面对线垂直度时，被测要素的轴（孔）直径。

表2-16　同轴度、对称度、圆跳动和全跳动公差值（摘自GB/T 1184—1996）　　　　单位：μm

| 主参数 $d(D)$、$B$、$L$/mm | 公差等级 | | | | | | | | | | | |
|---|---|---|---|---|---|---|---|---|---|---|---|---|
| | 1 | 2 | 3 | 4 | 5 | 6 | 7 | 8 | 9 | 10 | 11 | 12 |
| ≤1 | 0.4 | 0.6 | 1.0 | 1.5 | 2.5 | 4 | 6 | 10 | 15 | 25 | 40 | 60 |
| >1～3 | 0.4 | 0.6 | 1.0 | 1.5 | 2.5 | 4 | 6 | 10 | 20 | 40 | 60 | 120 |
| >3～6 | 0.5 | 0.8 | 1.2 | 2 | 3 | 5 | 8 | 12 | 25 | 50 | 80 | 150 |
| >6～10 | 0.6 | 1 | 1.5 | 2.5 | 4 | 6 | 10 | 15 | 30 | 60 | 100 | 200 |
| >10～18 | 0.8 | 1.2 | 2 | 3 | 5 | 8 | 12 | 20 | 40 | 80 | 120 | 250 |
| >18～30 | 1 | 1.5 | 2.5 | 4 | 6 | 10 | 15 | 25 | 50 | 100 | 150 | 300 |
| >30～50 | 1.2 | 2 | 3 | 5 | 8 | 12 | 20 | 30 | 60 | 120 | 200 | 400 |
| >50～120 | 1.5 | 2.5 | 4 | 6 | 10 | 15 | 25 | 40 | 80 | 150 | 250 | 500 |
| >120～250 | 2 | 3 | 5 | 8 | 12 | 20 | 30 | 50 | 100 | 200 | 300 | 600 |
| >250～500 | 2.5 | 4 | 6 | 10 | 15 | 25 | 40 | 60 | 120 | 250 | 400 | 800 |

注：① 主参数 $d(D)$ 为在给定同轴度时的轴直径，或在给定圆跳动、全跳动时的轴（孔）直径；

② 圆锥体斜向圆跳动公差的主参数为平均直径；

③ 主参数 $B$ 为当给定对称度时槽的宽度；

④ 主参数 $L$ 为当给定两孔对称度时的孔心距。

### 5. 几何公差的未注公差值

图样上没有具体注明几何公差值的要求，其几何精度要求由未注几何公差控制。为了简化制图，对于一般机床加工能保证的几何精度，不必将几何公差在图样上具体注出。

未注几何公差可按如下规定处理。

（1）对于直线度、平面度、垂直度、对称度和圆跳动的未注公差，标准规定了H、K、L三个公差等级,在采用时应在技术要求中注出下述内容。如未注则几何公差按"GB/T 1184—×"。对于未注位置公差的基准,应选用稳定支承面、较长轴线或较大平面作为基准。

(2)未注平行度由尺寸公差和未注直线度或平面度公差控制。

(3)对于线轮廓度、面轮廓度、倾斜度、位置度和全跳动的未注几何公差,均由各要素的注出或未注线性尺寸公差或角度公差控制。

(4)未注圆度规定为圆度误差值应不大于相应圆柱面的直径公差值,但不能大于在表 2-12 中相应等级的径向圆跳动值。这是因为径向圆跳动受圆度误差的影响,圆度误差过大会使径向圆跳动不合格。

(5)未注同轴度由未注径向圆跳动公差控制。

(6)未注圆柱度由未注圆度公差、未注直线度公差和直径公差控制。

如表 2-17~表 2-20 所示为常用的几何公差未注公差的分级和数值。

未注几何公差等级和未注公差值应根据产品的特点和生产单位的具体工艺条件由生产单位自行选定,并在有关的技术文件中予以明确。这样,在图样上虽然没有具体注出公差值,却明确了对形状和位置有一般的精度要求。

表 2-17  直线度、平面度未注公差值(摘自 GB/T 1184—1996)    单位:mm

| 公差等级 | 基本长度范围 | | | | | |
|---|---|---|---|---|---|---|
| | ~10 | >10~30 | >30~100 | >100~300 | >300~1 000 | >1000~3 000 |
| H | 0.02 | 0.05 | 0.1 | 0.2 | 0.3 | 0.4 |
| K | 0.05 | 0.1 | 0.2 | 0.4 | 0.6 | 0.8 |
| L | 0.1 | 0.2 | 0.4 | 0.8 | 1.2 | 1.6 |

表 2-18  垂直度未注公差值(摘自 GB/T 1184—1996)    单位:mm

| 公差等级 | 基本长度范围 | | | |
|---|---|---|---|---|
| | ~100 | >100~300 | >300~1 000 | >1 000~3 000 |
| H | 0.2 | 0.3 | 0.4 | 0.5 |
| K | 0.4 | 0.6 | 0.8 | 1 |
| L | 0.6 | 1 | 1.5 | 2 |

表 2-19  圆跳动未注公差值(摘自 GB/T 1184—1996)    单位:mm

| 公差等级 | H | K | L |
|---|---|---|---|
| 基本长度范围 | 0.1 | 0.2 | 0.5 |

表 2-20  对称度未注公差值(摘自 GB/T 1184—1996)    单位:mm

| 公差等级 | 基本长度范围 | | | |
|---|---|---|---|---|
| | ~100 | >100~300 | >300~1 000 | >1 000~3 000 |
| H | 0.5 | | | |
| K | 0.6 | | 0.8 | 1 |
| L | 0.6 | 1 | 1.5 | 2 |

### 6. 几何公差的选用和标注实例

如图 2-32 所示为减速器的输出轴，根据对该轴的功能要求给出了有关几何公差。

两个 $\phi$50k6 的轴颈，与滚动轴承的内圈相配合，为了保证配合性质，采用了单一要素的包容要求；又由于两轴颈与普通级滚动轴承的配合，要求有较高的配合质量和保证装配后轴承的几何精度，故在遵守包容要求的前提下，进一步对轴颈表面提出圆柱度公差为 0.004mm 的要求。$\phi$58mm 处的两轴肩都是止推面，起一定的位置作用，故按规定给出相对基准轴线 $A$—$B$ 的端面圆跳动公差为 0.015mm。$\phi$40m6 和 $\phi$52r6 分别与皮带轮和齿轮内孔相配合，为了保证配合性质，也采用了包容要求。对 $\phi$52r6 为了保证齿轮的运动精度还提出对基准 $A$—$B$ 径向圆跳动公差为 0.015mm 的要求。对于 $\phi$52r6 和 $\phi$40 m6 轴颈上的键槽 16N9 和 14N9，为了保证在铣键槽时键槽的中心平面尽可能地与通过轴颈轴线的平面重合，故提出了对称度为 0.040mm 的要求。

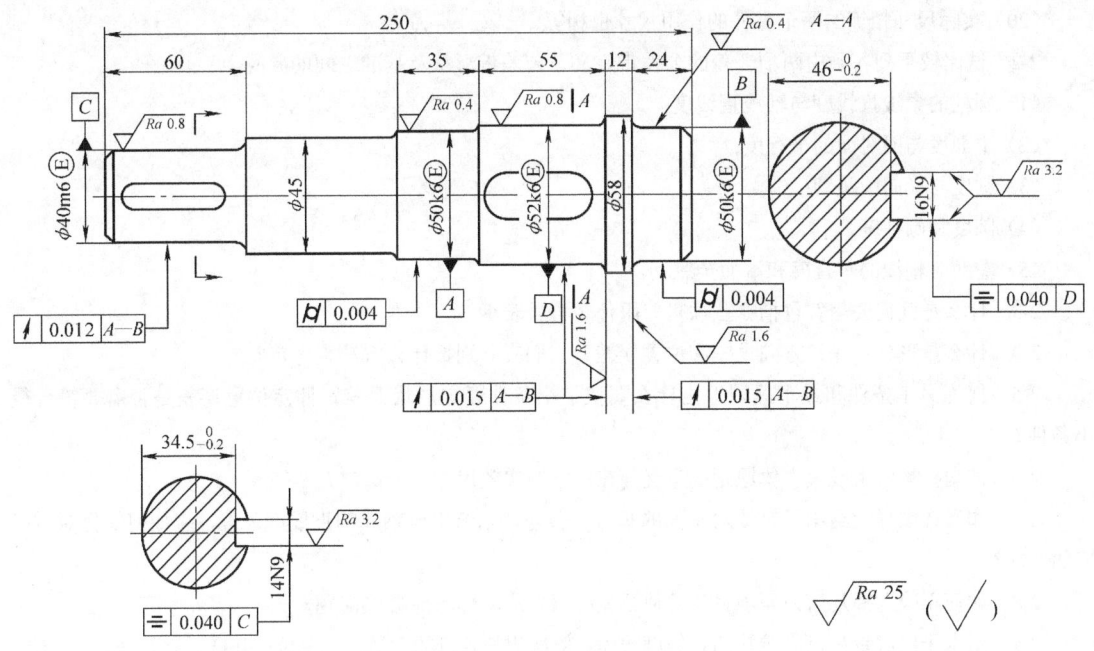

图 2-32 减速器输出轴

## 学后测评

2-1 判断正误。

（1）理想要素与实际要素相接触即可符合最小条件。

（2）形状公差带不涉及基准，其公差带的位置是浮动的，与基准要素无关。

（3）形状误差数值的大小用最小包容区域的宽度或直径表示。

（4）应用最小条件评定得出的误差值即是最小值，但不是唯一值。

（5）直线度公差带是距离为公差值 $t$ 的两平行直线之间的区域。

（6）圆度公差对于圆柱是在垂直于轴线的任一正截面上量取的，而对圆锥则是在法线方向上量取的。

（7）形状误差包含在位置误差之中。

（8）在评定位置误差时，包容关联被测要素的区域与基准保持功能关系必须符合最小条件。

（9）建立基准的基本原则是基准应符合最小条件。

（10）位置公差带具有确定的位置，但不具有控制被测要素的方向和形状的职能。

（11）方向公差带相对于基准有确定的方向，并具有综合控制被测要素的方向和形状的能力。

（12）端面全跳动公差带与端面对轴线的垂直度公差带相同。

（13）径向全跳动公差带与圆柱度公差带形状是相同的，所以两者控制误差的效果也是等效的。

（14）最大实体原则是控制作用尺寸不超出实效边界的公差原则。

（15）作用尺寸能综合反映被测要素的尺寸误差和几何误差在配合中的作用。

（16）对于孔，关联作用尺寸小于同要素的作用尺寸；对轴则相反。

（17）最大实体状态是孔、轴具有允许的材料量为最少的状态。

（18）对于孔、轴，实效尺寸都等于最大实体尺寸与几何公差之和。

（19）按同一公差要求加工的同一批轴，其作用尺寸不完全相同。

（20）实际尺寸相等的两个零件的作用尺寸也相等。

2-2　试比较下列各条中两项公差的公差带定义、公差带形状及基准之间的异同。

（1）圆柱的素线直线度与轴线直线度；

（2）平面度与面对面的平行度；

（3）圆度与径向圆跳动；

（4）圆度和圆柱度；

（5）端面对轴线的垂直度和端面全跳动。

2-3　什么是几何公差？包括哪些项目？用什么符号表示？

2-4　什么是形状误差、方向误差和位置误差？它们应分别按什么方法来评定？

2-5　何为最小条件和最小区域？为什么要按最小条件评定形状误差？评定位置误差是否需要符合最小条件？

2-6　被测要素应用最大实体原则的意义何在？它的实效尺寸如何确定？

2-7　如果在图样上给出了轴线对平面的垂直度公差，未给出该轴线的直线度公差，应如何解释对直线度的要求？

2-8　如何正确选择几何公差项目和几何公差等级？应具体考虑哪些问题？

2-9　用水平仪测量某机床导轨的直线度误差，依次测得各点的读数为（单位：μm）：+5、+6、0、-1.5、-0.5、+3、+2、+8。试按最小条件法和二端点连线法分别求出该机床导轨的直线度误差值。

2-10　对某零件实际表面均匀分布测量9个点，各测量点对测量基准面的坐标值（单位：μm）如图2-33所示。试求该表面的平面度误差。

| 0 | +4 | +6 |
|---|---|---|
| -5 | +20 | -9 |
| 10 | 3 | +8 |

图 2-33　题 2-10 图

2-11　改正图2-34（a）、图2-34（b）中各几何公差标注上的错误（不得改变几何公差项目）。

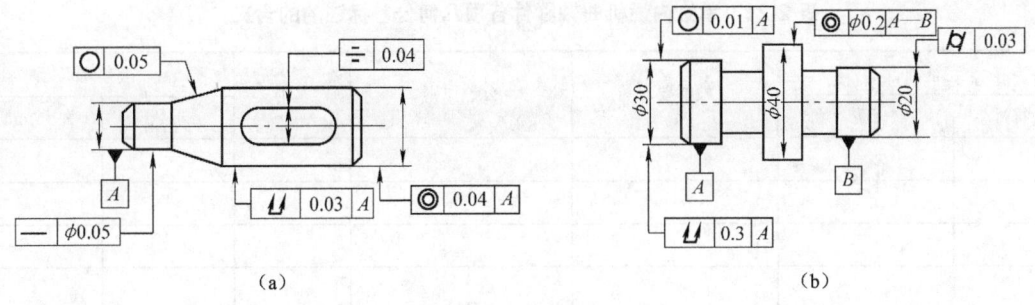

图 2-34 题 2-11 图

2-12 如图 2-35 所示，被测要素采用的公差原则是_____，最大实体尺寸是_____mm，最小实体尺寸是_____mm，最大实体实效尺寸是_____mm，垂直度公差给定值是_____mm，垂直度公差最大补偿值是_____mm。设孔的横截面形状正确，当孔实际尺寸处处都为$\phi$60mm 时，垂直度公差允许值是_____mm，当孔实际尺寸处处都为$\phi$60.10mm 时，垂直度公差允许值是_____mm。

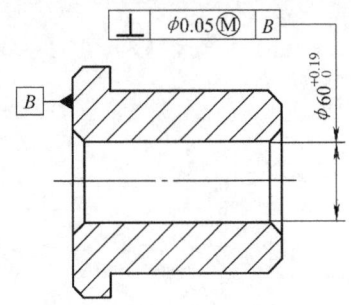

图 2-35 题 2-12 图

2-13 根据如图 2-36 所示的曲轴零件的几何公差标注填写表 2-21 中的空白项。

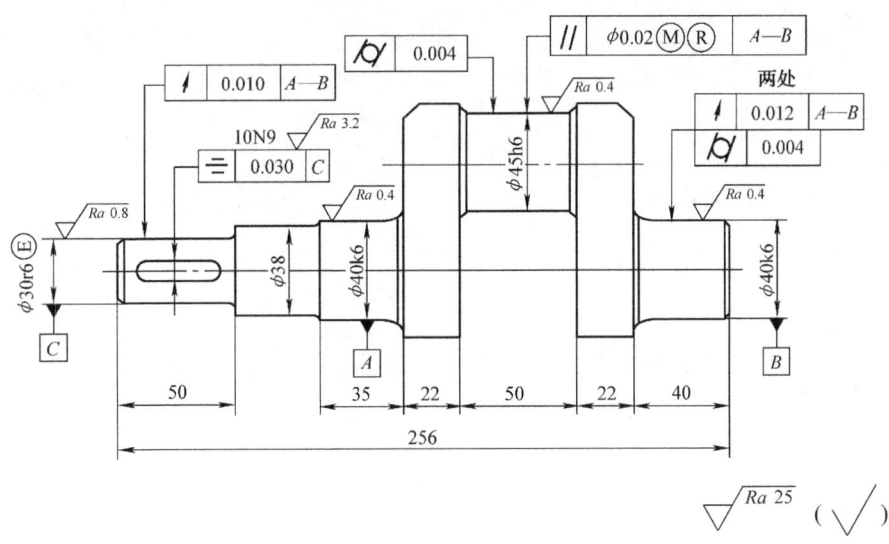

图 2-36 单缸内燃机曲轴零件的几何公差标注

表 2-21 单缸内燃机曲轴零件各项几何公差标注的的含义

| 特征项目 | | 被测要素 | 公差原则 | 基准 | 公差带 | |
|---|---|---|---|---|---|---|
| 符号 | 名称 | | | | 形状 | 大小/mm |
| | | | | | | |
| | | | | | | |
| | | | | | | |
| | | | | | | |
| | | | | | | |
| | | | | | | |

# 项目 3　表面粗糙度

## 学习目标

1. 了解表面粗糙度主要术语及评定参数。
2. 能够正确识读表面粗糙度的符号、代号及标注。
3. 能够正确选用表面粗糙度。

## 任务 1　了解表面粗糙度主要术语及评定参数

## 任务引入

在机械加工过程中，由于在刀痕、切削过程中切屑分离时存在金属的塑性变形、工艺系统中的高频振动、刀具和被加工表面的摩擦等，致使被加工零件的表面产生微小的峰谷。这些微小峰谷的高低程度和间距状况就称为表面粗糙度，又称为微观不平度。表面粗糙度越小，表面就越光滑。

表面粗糙度在零件几何精度设计中是必不可少的，是评定机械零件及产品质量的重要指标之一。表面粗糙度国家标准由 GB/T 3505—2009《产品几何技术规范（GPS）表面结构 轮廓法 表面结构的术语、定义及表面结构参数》，GB/T 1031—2009《产品集合技术规范（GPS）表面结构 轮廓法 表面粗糙度参数及其数值》，GB/T 131—2006《产品几何技术规范（GPS）技术产品文件中表明结构的表示法》三个标准构成。了解国标中的主要术语及评定参数是学习表面粗糙度相关知识的首要任务。

### 3.1.1　表面粗糙度的主要术语

一个完工零件的实际表面状态是极其复杂的，一般包括表面粗糙度、表面波度和几何形状误差等。通常按波距大小（相邻两波峰或相邻两波谷之间的距离）来划分：波距小于 1mm 的微观几何形状误差属于表面粗糙度；波距为 1～10mm 的属于表面波度；波距大于 10mm 的为表面几何形状误差，如图 3-1 所示。

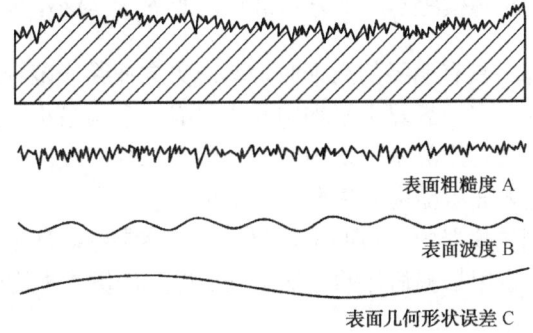

图 3-1　表面粗糙度、表面波度和表面几何形状误差的综合影响

(1) 取样长度 $lr$：用于判别具有表面粗糙度特征的一段基准线长度。它在轮廓总的走向上被量取，这样是为了限制和削弱其他几何形状误差，尤其是表面波度对测量结果的影响。取样长度应包括 5 个以上的峰和谷，否则就不能反映表面粗糙度的真实情况，如图 3-2 所示。

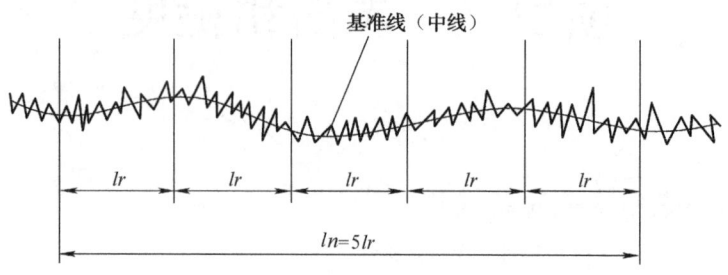

图 3-2　取样长度

(2) 评定长度 $ln$：评定轮廓所必需的一段表面长度，如图 3-2 所示。规定评定长度是因为零件表面各部分的表面粗糙度不一定很均匀，在一个取样长度上往往不能合理地反映某一表面的粗糙度特征，故需要在表面上取几个取样长度来评定表面粗糙度。它包括几个取样长度。一般推荐取 $ln=5lr$。

(3) 轮廓的算术平均中线：在取样长度范围内，划分实际轮廓为上、下两部分，且使上、下面积相等的线，如图 3-3（a）所示。即

$$\sum_{i=1}^{n} F_i = \sum_{i=1}^{n} F_i'$$

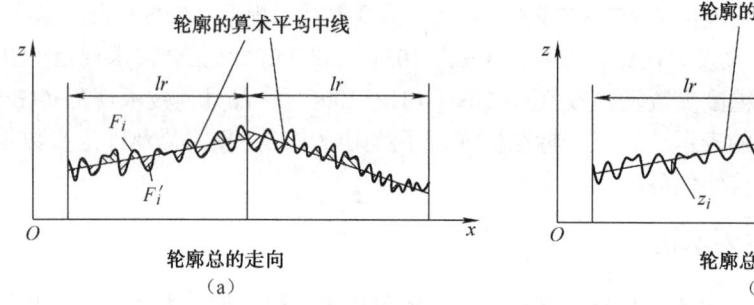

图 3-3　轮廓的算术平均中线和最小二乘中线

(4) 轮廓的最小二乘中线（简称中线）：具有几何轮廓形状并划分轮廓的基准线，在取样长度内使轮廓线上各点的轮廓偏距 $z_i$ 的平方和最小，即 $\sum_{i=1}^{n} z_i^2$ 最小，如图 3-3（b）所示。

从理论上讲，当轮廓不具有明显的周期时，其总方向在某一范围内就不确定，因而其算术平均中线就不是唯一的。在一簇算术平均中线中只有一条与最小二乘中线重合，在实际工作中由于两者相差很少，故可用算术平均中线代替最小二乘中线。轮廓的最小二乘中线和算术平均中线是测量或评定表面粗糙度的基准，通常称为基准线。

在现代表面粗糙度测量仪器中，借助于计算机，较容易精确确定最小二乘中线的位置。当采用光学仪器测量时，常用目测估计的方法来确定轮廓的算术平均中线。

## 3.1.2 表面粗糙度的评定参数

随着工业技术的不断进步，加工精度的不断提高，对零件的表面质量的要求也越来越高，需要用合适的参数对表面轮廓微观几何形状特性做精确的描述。国家标准从表面微观几何形状的高度、间距和形状三方面的特征，规定了有关参数。GB/T 3505—2009 中规定的有关评定表面粗糙度的参数有幅度参数（$z$ 轴方向）9 项、间距参数（$x$ 轴方向）1 项、混合参数 1 项以及曲线和相关参数 5 项，共 4 大类 16 项。这里选择介绍 GB/T 3505—2009 中最常用的幅度参数，并与之前应用非常普遍的 GB/T 3505—1983 做对比介绍。

### 1. 幅度参数（GB/T 3505—2009）

（1）轮廓算术平均偏差 $Ra$：在取样长度内，被测轮廓上各点至轮廓中线偏距绝对值的算术平均值，称为轮廓算数平均偏差 $Ra$，如图 3-4 所示。

$$Ra = \frac{1}{lr}\int_0^{lr} |z(x)| \, dx \quad 近似值：Ra = \frac{1}{n}\sum_{i=1}^n |z_i|$$

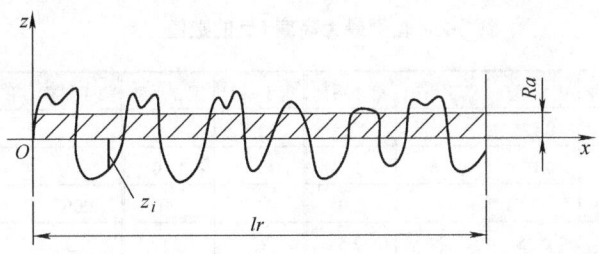

图 3-4 轮廓算术平均偏差

GB/T 3505—1983 中这一参数的符号和定义与上述完全相同。

（2）轮廓最大高度 $Rz$：在取样长度内，最高轮廓峰顶线与最低轮廓谷底线之间的距离，称为轮廓最大高度 $Rz$。峰顶线和谷底线，分别指在取样长度内，平行于中线且通过轮廓最高点和最低点的线，如图 3-5 所示。在 GB/T 3505—1983 中这一参数用符号 $R_y$ 表示，而名称和定义与上述的 $Rz$ 完全相同，不要混淆。

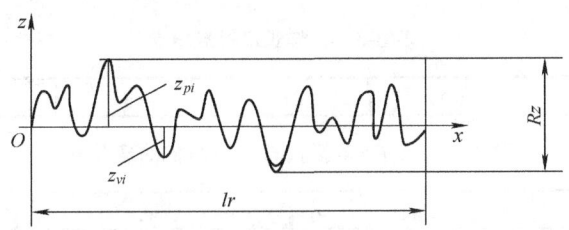

图 3-5 轮廓最大高度 $Rz$

### 2. 参数的允许值（GB/T 1031—2009）

（1）幅度参数的允许值，分别列于表 3-1 和表 3-2 中。

表 3-1　轮廓算术平均偏差 Ra　　　　　　　　　　　　　　　　　　　　　　　　　单位：μm

| 第1系列 | 第2系列 | 第1系列 | 第2系列 | 第1系列 | 第2系列 | 第1系列 | 第2系列 |
|---|---|---|---|---|---|---|---|
|  | 0.008 |  |  |  |  |  |  |
|  | 0.010 |  |  |  |  |  |  |
| 0.012 |  |  | 0.125 |  | 1.25 | 12.5 |  |
|  | 0.016 |  | 0.160 | 1.6 |  |  | 16.0 |
|  | 0.020 | 0.2 |  |  | 2.0 |  | 20 |
| 0.025 |  |  | 0.25 |  | 2.5 | 25 |  |
|  | 0.032 |  | 0.32 | 3.2 |  |  | 32 |
|  | 0.040 | 0.4 |  | 4.0 |  |  | 40 |
| 0.050 |  |  | 0.50 |  | 5.0 | 50 |  |
|  | 0.063 |  | 0.63 | 6.3 |  |  | 63 |
|  | 0.080 | 0.8 |  |  | 8.0 |  | 80 |
| 0.1 |  |  | 1.00 |  | 10.0 | 100 |  |

表 3-2　轮廓最大高度 Rz 的数值　　　　　　　　　　　　　　　　　　　　　　　　单位：μm

| 第1系列 | 第2系列 | 第1系列 | 第2系列 | 第1系列 | 第2系列 | 第1系列 | 第2系列 | 第1系列 | 第2系列 | 第1系列 | 第2系列 |
|---|---|---|---|---|---|---|---|---|---|---|---|
|  |  |  | 0.125 |  | 1.25 | 12.5 |  |  | 125 |  | 1250 |
|  |  |  | 0.160 | 1.6 |  |  | 16.0 |  | 160 | 1600 |  |
|  |  | 0.2 |  |  | 2.0 |  | 20 | 200 |  |  |  |
| 0.025 |  |  | 0.25 |  | 2.5 | 25 |  |  | 250 |  |  |
|  | 0.032 |  | 0.32 | 3.2 |  |  | 32 |  | 320 |  |  |
|  | 0.040 | 0.4 |  |  | 4.0 |  | 40 | 400 |  |  |  |
| 0.05 |  |  | 0.50 |  | 5.0 | 50 |  |  | 500 |  |  |
|  | 0.063 |  | 0.63 | 6.3 |  |  | 63 |  | 630 |  |  |
|  | 0.080 | 0.8 |  |  | 8.0 |  | 80 | 800 |  |  |  |
| 0.1 |  |  | 1.00 |  | 10.0 | 100 |  |  | 1000 |  |  |

（2）取样长度标准值 $lr$、评定长度 $ln$，分别列于表 3-3 和表 3-4 中。

表 3-3　取样长度标准值 $lr$　　　　　　　　　　　　　　　　　　　　　　　　　单位：μm

| $lr$ | 0.08 | 0.25 | 0.8 | 2.5 | 8 | 25 |
|---|---|---|---|---|---|---|

表 3-4　$Ra$、$Rz$ 参数值与 $lr$ 和 $ln$ 的对应关系

| $Ra$/μm | $Rz$/μm | $lr$/mm | $ln$/mm |
|---|---|---|---|
| ≥0.008～0.02 | ≥0.025～0.10 | 0.08 | 0.4 |
| >0.02～0.10 | >0.10～0.50 | 0.25 | 1.25 |
| >0.10～2.0 | >0.50～10.0 | 0.8 | 4.0 |
| >2.0～10.0 | >10.0～50.0 | 2.5 | 12.5 |
| >10.0～80 | >50.0～320 | 8.0 | 40.0 |

GB/T 3505—2009 所规定的所有表面粗糙度评定参数，在实际中根据需要选用，但幅度特征参数 $Ra$ 或（和）$Rz$ 是必须标注的。从 $Ra$ 和 $Rz$ 的定义可以看出，$Ra$ 所反映的轮廓信息量比 $Rz$ 要多，所以 $Ra$ 参数是首选。

## 任务 2　识读表面粗糙度的符号、代号及标注

## 任务引入

国家标准 GB/T 131—2006《产品几何技术规范（GPS）技术产品文件中表明结构的表示法》规定了零件表面粗糙度符号、代号及其在图样上的注法。它适用于机电产品图样及有关技术文件。

如图 3-6 所示为一机床螺杆零件图，各轮廓表面标注了相应的表面粗糙度的要求。下面详细说明表面粗糙度的符号、代号及其标注的含义。

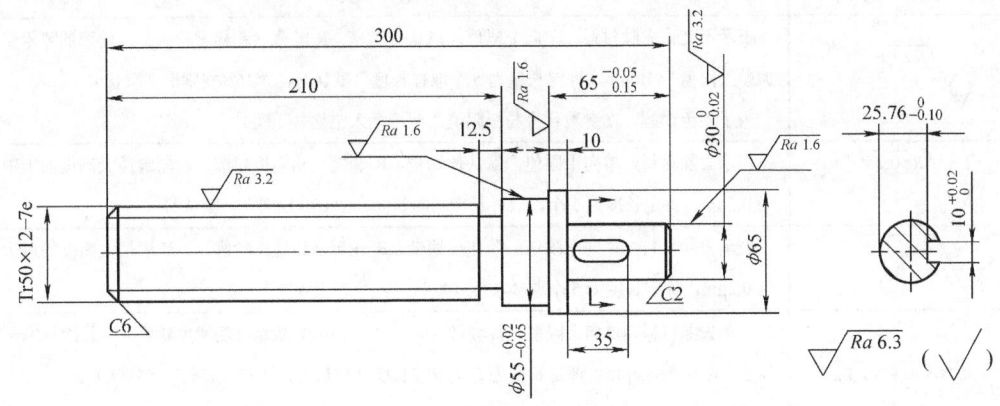

图 3-6　机床螺杆零件图

### 1. 表面粗糙度的符号

（1）对于用去除材料的方法获得的表面，如车、铣、刨、钻、磨、抛光、电火花加工等，采用的表面粗糙度符号如图 3-7（a）所示。

（2）对于用不去除材料的方法获得的表面，如铸造、锻造、冲压、粉末冶金等，采用的表面粗糙度符号如图 3-7（b）所示。

（3）对于不拘加工方法获得的表面，采用的表面粗糙度符号如图 3-7（c）所示。

### 2. 表面粗糙度的代号

表面粗糙度代号是以表面粗糙度符号、参数、参数值及其他有关要求的标注组合形成的。其表面特征各项规定的注写位置如图 3-8 所示。

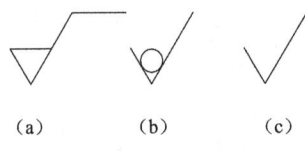

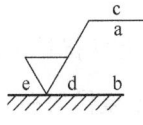

图 3-7　表面粗糙度符号　　　　　　图 3-8　表面粗糙度代号

在图3-8中，a——注写表面结构的单一要求；

b——注写第二个表面结构要求；

c——注写加工要求，如车、磨、镀、涂覆、表面处理或其他说明等；

d——注写加工纹理方向符号；

e——注写加工余量（mm）。

### 3. 表面粗糙度代号的标注示例

表面粗糙度代号的标注示例如表3-5所示。

表3-5 表面粗糙度代号的标注示例

| 表面粗糙度代号示例 | 含 义 |
|---|---|
| $\sqrt{Ra\ 1.6}$ | 表示不允许去除材料，单向上限值，默认传输带，R轮廓（粗糙度轮廓），轮廓的算术平均偏差上限值为1.6μm，评定长度为5个取样长度（默认），"16%规则"（默认）。<br>为了避免误解，在参数代号与极限值之间应插入空格（下同） |
| $\sqrt{Rz\ 0.2}$ | 表示去除材料，单向上限值，默认传输带，R轮廓（粗糙度轮廓），轮廓最大高度的上限值为0.2μm，评定长度为5个，取样长度（默认），"16%规则"（默认） |
| $\sqrt{Rz_{max}\ 0.2}$ | 表示去除材料，单向上限值，默认传输带，R轮廓（粗糙度轮廓），轮廓最大高度的最大值为0.2μm，评定长度为5个取样长度（默认），"最大规则" |
| $\sqrt{0.008-0.8/Ra\ 3.2}$ | 表示去除材料，单向上限值，传输带0.008~0.8mm，R轮廓（粗糙度轮廓），轮廓算术平均偏差上限值为3.2μm，评定长度为5个取样长度（默认），"16%规则"（默认）。<br>传输带"0.008-0.8"中的前后数值分别为短波$\lambda_s$和长波$\lambda_c$滤波器的截止波长，表示波长范围。此时取样长度等于$\lambda_c$，则$l$=0.8mm |
| $\sqrt{\begin{array}{c}URa_{max}\ 0.2\\LRa\ 0.8\end{array}}$ | 表示去除材料，双向极限值，两极限值均使用默认传输带，R轮廓，上限值：算术平均偏差为3.2μm，评定长度为5个取样长度（默认），"最大规则"。下限值：算术平均偏差为0.8μm，评定长度为5个取样长度（默认），"16%规则"（默认）。<br>本例为双向极限要求，用"U"和"L"分别表示上限值和下限值。在不致引起歧义时，可不加注"U"和"L" |

注：① "传输带"是指在评定时的波长范围。传输带被一个截止短波的滤波器（短波滤波器）和另一个截止长波的滤波器（长波滤波器）所限制。

② "16%规则"是指在同一评定长度范围内所有的实测值中，大于上限值的个数应少于总数的16%，小于下限值的个数应少于总数的16%，参见GB/T 10610—2009。

③ 极值规则：整个被测表面上所有的实测值皆应不大于最大允许值，皆应不小于最小允许值，参见GB/T 10610—2009。

### 4. 表面纹理标注

加工纹理的方向符号、说明及标注方法如图3-9所示。

### 5. 表面粗糙度代号在图样上的标注

表面粗糙度符号、代号在图样上可以标注在可见轮廓线、尺寸界线、引出线或它们的延长线上，也可以注写在几何公差的框格上方，如图3-10（a）所示；在不致引起误解时可以注写在给定的尺寸线上，如图3-10（b）所示；在必要时也可用带箭头或黑点的指引线引出标注，如图 3-10（c）所示。符号的尖端必须从材料外部指向被注表面，其数字及符号的方向与尺寸方向的注写一致。

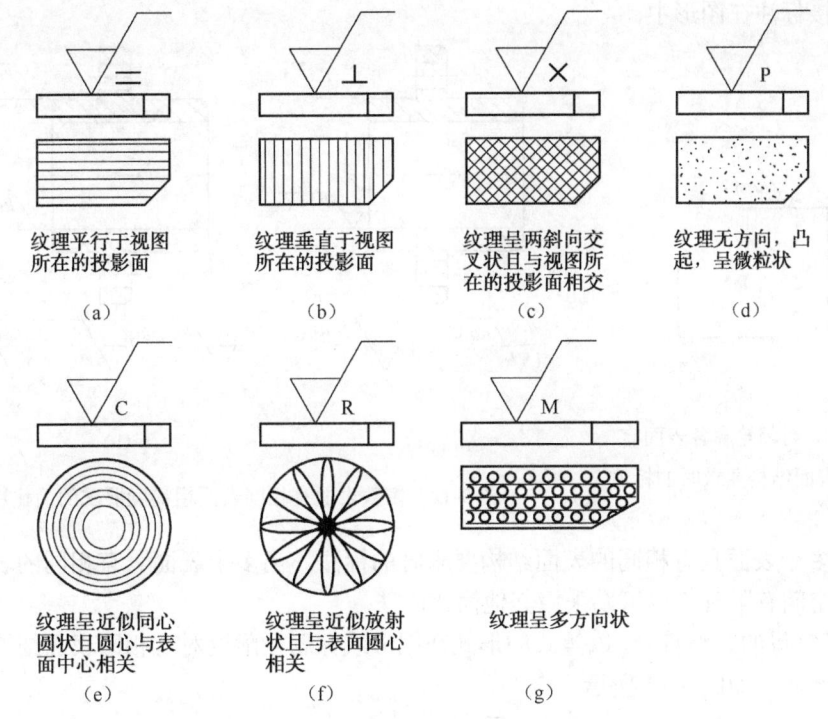

图 3-9　表面纹理的方向符号、说明及标注方法

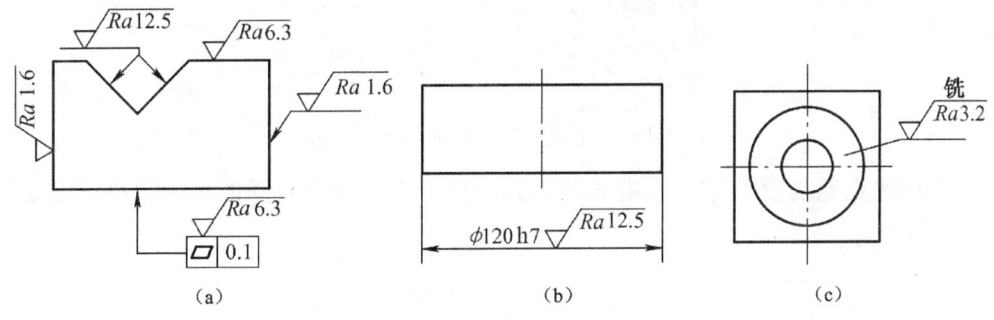

图 3-10　表面粗糙度代号在图样上的标注

## 6. 表面结构要求在图样中的简化注法

1）封闭轮廓的各表面有相同表面结构要求的标注

可在完整图形符号上加一圆圈，标注在图样中工件的封闭轮廓线上，如图 3-11 所示，表示构成封闭轮廓的 1、2、3、4、5、6 六个面的轮廓算术平均偏差的上限值均为 3.2μm。

2）有相同的表面结构要求的简化注法

如果工件的多数（或全部）表面有相同的表面结构要求，则其表面结构要求可统一标注在图样的标题栏附近。此时（除全部表面有相同要求的情况外），表面粗糙度代号后应包括如下内容：

（1）在圆括号内给出无任何其他标注的基本符号，如图 3-12（a）所示。

（2）在圆括号内给出不同的表面粗糙度要求，如图 3-12（b）所示。那些不同的表面粗糙度要求应直接标注在图形中。

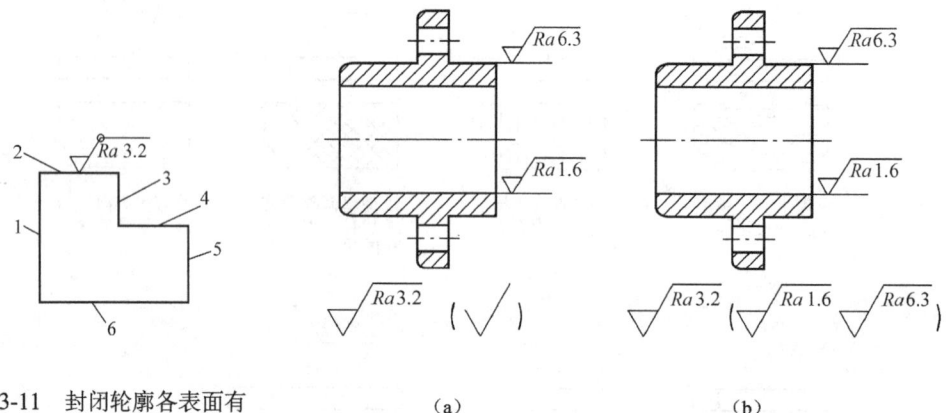

图 3-11　封闭轮廓各表面有相同的表面结构要求时的标注

图 3-12　多数表面有相同表面粗糙度要求的简化注法

（3）在多个表面具有相同的表面结构要求时的标注。当多个表面具有相同的表面粗糙度要求或图纸空间有限时，也可以采用其他简化注法。

① 用带字母的完整符号，以等式的形式在图形或标题栏附近对有相同表面结构要求的表面进行简化标注，如图 3-13 所示。

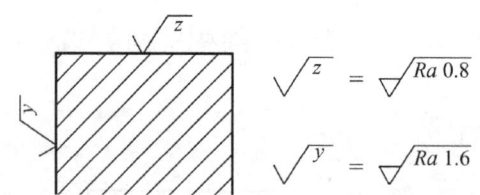

图 3-13　在图样空间有限时的简化注法

② 只用表面粗糙度符号，以等式的形式给出对多个表面共同的表面粗糙度要求，如图 3-14 所示。

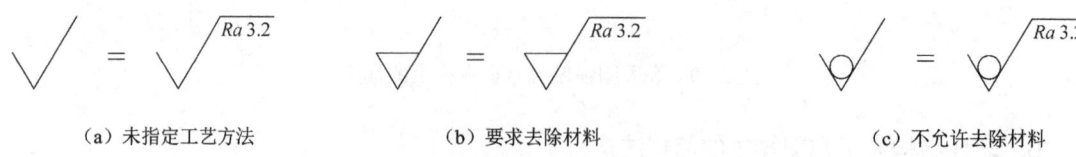

（a）未指定工艺方法　　　　　（b）要求去除材料　　　　　（c）不允许去除材料

图 3-14　多个表面具有相同表面粗糙度要求的简化注法

## 任务 3　正确选用表面粗糙度

## 任务引入

如图 3-15 所示是机床螺杆部件的爆炸图。机床螺杆要与螺母、平键、齿轮、轴套等零件配合，因此，螺杆不同的轮廓表面标注的表面粗糙度要求不一定相同（机床螺杆如图 3-6 所示），主要根据机械零件的使用功能要求来确定。如何正确合理地选用表面粗糙度是机械设计的重要工作之一，它对产品质量、互换性和经济效益都有重要影响。下面分别介绍表面粗糙度对零件功能的影响及其选择方法。

图 3-15 机床螺杆部件爆炸图

### 3.3.1 表面粗糙度对零件功能的影响

表面粗糙度对零件的使用性能有着重要的影响，尤其对在高温、高速、高压条件下工作的机器（仪器）零件影响更大。主要表现在以下几方面：

（1）表面粗糙度影响零件表面的耐磨性。当两个零件存在凸峰和凹谷并接触时，一般来说，往往是一部分峰顶接触，比理论的接触面积要小，单位面积上压力增大，凸峰部分容易产生塑性变形从而被折断或剪切，导致磨损加快。为了提高表面的耐磨性，应对表面提出较高的加工精度要求。

（2）表面粗糙度影响零件配合性质的稳定性。对有相对运动的间隙配合而言，因粗糙表面相对运动易产生磨损，实际间隙会逐渐加大。对于过盈配合而言，粗糙表面在装配压入过程中，会将凸峰挤平，减小实际有效过盈，降低连接强度。

（3）表面粗糙度影响零件的抗疲劳强度。零件表面越粗糙，对应力集中越敏感。若零件受到交变应力作用，零件表面凹谷处容易产生应力集中从而引起零件的损坏。

（4）表面粗糙度还对零件表面的抗腐蚀性、表面的密封性和表面外观等性能有影响。表面粗糙度的精度要求是否恰当，不但与零件的使用要求有关，还会影响零件加工的经济性。因此，在设计零件时，除了要保证零件尺寸、形状和位置的精度要求，对零件的不同表面也要提出适当的表面粗糙度要求。因此表面粗糙度是评定机械零件及产品质量的重要指标之一。

### 3.3.2 表面粗糙度参数的选用

零件表面粗糙度参数的选用应首先满足零件表面的功能要求，其次应考虑检测的方便性及仪器设备条件等因素，同时要考虑工艺的可行性和经济性。表面粗糙度参数值选择的合理与否不仅对产品的使用性能有很大的影响，还直接影响到产品的质量和制造成本。

在选用表面粗糙度参数时，绝大多数情况下，只要选用幅度参数即可。只有当幅度参数不能满足零件的使用要求时，才附加给出间距参数或混合参数以及曲线和相关参数。

在幅度参数中，轮廓算术平均偏差 $Ra$ 能较全面客观地反映表面微观几何形状的特性，国家标准推荐在常用数值范围内（$Ra$=0.025～6.3μm，$Rz$=0.1～0.25μm）优先选用 $Ra$。$Rz$ 只能反映轮廓的峰高和谷深，不能反映其尖锐或平钝的几何特性，且因为测点数偏少，反映表面微观几何形状的特性不如 $Ra$，一般不被单独使用，常常与 $Ra$ 联用，控制微观不平度谷深，从而控制微观裂纹的深度，常标注于受交变应力作用的工作表面。

### 3.3.3 表面粗糙度参数值的选用

应该指出,在国标 GB/T 1031—2009《产品几何技术规范(GPS)表面结构 轮廓法 表面粗糙度参数及其数值》中未划分粗糙度等级,只列出评定参数的允许值的数系。在设计时需要根据具体条件选择适当的评定参数及其允许值,并将数值按标准规定的格式标注在图样规定的位置上。

表面粗糙度参数值的选择既要满足零件的功能要求,又要考虑它的经济性,一般可参照经过验证的实例,用类比法来确定。一般选择原则如下:

(1) 在满足表面功能要求的情况下,尽量选用较大的表面粗糙度参数值。

(2) 同一零件上,工作表面的粗糙度参数值小于非工作表面的粗糙度参数值。

(3) 摩擦表面比非摩擦表面的参数值要小;滚动摩擦表面比滑动摩擦表面的粗糙度参数值小;运动速度高、单位压力大的摩擦表面应比运动速度低、单位压力小的摩擦表面的粗糙度参数值要小。

(4) 受循环载荷的表面及容易引起应力集中的部位,粗糙度参数值要小。

(5) 一般情况下,过盈配合表面比间隙配合表面的粗糙度参数值要小;对间隙配合,间隙越小,粗糙度的参数值应越小。

(6) 配合性质相同时,零件尺寸越小则表面粗糙度参数值应越小;同一精度等级,小尺寸比大尺寸、轴比孔的表面粗糙度参数值要小。

(7) 要求防腐蚀、密封性能好,或者要求外表美观的表面粗糙度参数值应较小。

通常当尺寸公差、表面形状公差小时,表面粗糙度参数值也小。但表面粗糙度参数值和尺寸公差、表面形状公差之间并不存在确定的函数关系,如手轮、手柄的尺寸公差值较大,表面粗糙度参数值却较小。一般情况下,它们之间有一定的对应关系,可参照如表 3-6 所示的对应关系。

表 3-6 形状公差与表面粗糙度参数值的关系

| 形状公差 $t$ 占尺寸公差 $T$ 的百分比 | 表面粗糙度参数值占形状公差 $t$ 或尺寸公差 $T$ 的百分比 | |
| --- | --- | --- |
| | $Ra$ | $Rz$ |
| $t \approx 60T\%$ | $\leqslant 5.0\,T\%$ | $\leqslant 20\,T\%$ |
| $t \approx 40T\%$ | $\leqslant 2.5\,T\%$ | $\leqslant 10\,T\%$ |
| $t \approx 25T\%$ | $\leqslant 1.2\,T\%$ | $\leqslant 5\,T\%$ |
| $t < 25T\%$ | $\leqslant 15\,t\%$ | $\leqslant 60\,t\%$ |

表 3-7 列出了不同表面粗糙度的表面特性、经济加工方法及应用举例,可供在选用表面粗糙度参数值时进行参考。

表 3-7 表面粗糙度的表面特征、经济加工方法及应用举例

| 表面微观特性 | | $Ra/\mu m$ | $Rz/\mu m$ | 加工方法 | 应用举例 |
| --- | --- | --- | --- | --- | --- |
| 粗糙表面 | 微见刀痕 | ≤20 | ≤80 | 粗车、粗刨、粗铣、钻、毛锉、锯断 | 半成品、粗加工过的表面,非配合的加工表面,如轴端面、倒角、钻孔、齿轮和皮带轮侧面、键槽底面、垫圈接触面 |

续表

| 表面微观特性 | | $Ra/\mu m$ | $Rz/\mu m$ | 加工方法 | 应用举例 |
|---|---|---|---|---|---|
| 半光表面 | 微见加工痕迹 | ≤10 | ≤40 | 车、刨、铣、镗、钻、粗铰 | 轴上不安装轴承、齿轮处的非配合表面,紧固件的自由装配表面,轴和孔的退刀槽 |
| | 微见加工痕迹 | ≤5 | ≤20 | 车、刨、铣、镗、磨、拉、粗刮、滚压 | 半精加工表面,箱体、支架、盖面、套筒等和其他零件结合而无配合要求的表面,需要发蓝的表面等 |
| | 看不清加工痕迹 | ≤2.5 | ≤10 | 车、刨、铣、镗、磨、拉、刮、压、铣齿 | 接近于精加工表面,箱体上安装轴承的镗孔表面,齿轮的工作面 |
| 光表面 | 可辨加工痕迹方向 | ≤1.25 | ≤6.3 | 车、镗、磨、拉、刮、精铰、磨齿、滚压 | 圆柱销、圆锥销,与滚动轴承配合的表面,普通车床导轨面,内、外花键定心表面 |
| | 微辨加工痕迹方向 | ≤0.63 | ≤3.2 | 精铰、精镗、磨、刮、滚压 | 要求配合性质稳定的配合表面,工作时受交变应力的重要零件,较高精度车床的导轨面 |
| | 不可辨加工痕迹方向 | ≤0.32 | ≤1.6 | 精磨、珩磨、研磨、超精加工 | 精密机床主轴锥孔、顶尖圆锥面、发动机曲轴、凸轮轴工作表面,高精度齿轮齿面 |
| 极光表面 | 暗光泽面 | ≤0.16 | ≤0.8 | 精磨、研磨、普通抛光 | 精密机床主轴轴颈表面,一般量规工作表面,汽缸套内表面,活塞销表面 |
| | 亮光泽面 | ≤0.08 | ≤0.4 | 超精磨、精抛光、镜面磨削 | 精密机床主轴轴颈表面,滚动轴承的滚珠,高压油泵中柱塞和柱塞套配合表面 |
| | 镜状光泽面 | ≤0.04 | ≤0.2 | | |
| | 镜面 | ≤0.01 | ≤0.05 | 镜面磨削、超精研 | 高精度量仪、量块的工作表面,光学仪器中的金属镜面 |

根据机械零件表面的配合性质、公差等级、基本尺寸和使用功能,表 3-8 列出了推荐的常用表面粗糙度参数值。

表 3-8 常用表面粗糙度的参数值  单位:$\mu m$

| 经常装、拆的配合表面 | | | | 过盈配合的配合表面 | | | | | | 定心精度高的配合表面 | | | 滑动轴承表面 | | |
|---|---|---|---|---|---|---|---|---|---|---|---|---|---|---|---|
| 公差等级 | 表面 | 基本尺寸/mm | | 公差等级 | | 表面 | 基本尺寸/mm | | | 径向跳动 | 轴 | 孔 | 公差等级 | 表面 | $Ra$ |
| | | ~50 | >50~500 | | | | ~50 | >50~120 | >120~500 | | | | | | |
| | | $Ra$ | | | | | $Ra$ | | | $Ra$ | | | | | |
| IT5 | 轴 | 0.2 | 0.4 | 装配按机械压入法 | IT5 | 轴 | 0.1~0.2 | 0.4 | 0.4 | 2.5 | 0.05 | 0.1 | IT6~IT9 | 轴 | 0.4~0.8 |
| | 孔 | 0.4 | 0.8 | | | 孔 | 0.2~0.4 | 0.8 | 0.8 | 4 | 0.1 | 0.2 | | 孔 | 0.8~1.6 |
| IT6 | 轴 | 0.4 | 0.8 | | IT6~IT7 | 轴 | 0.4 | 0.8 | 1.6 | 6 | 0.1 | 0.2 | IT10~IT12 | 轴 | 0.8~3.2 |
| | 孔 | 0.4~0.8 | 0.8~1.6 | | | 孔 | 0.8 | 1.6 | 1.6 | 10 | 0.2 | 0.4 | | 孔 | 1.6~3.2 |
| IT7 | 轴 | 0.4~0.8 | 0.8~1.6 | | IT8 | 轴 | 0.8 | 0.8~1.6 | 1.6~3.2 | 16 | 0.4 | 0.4 | 流体润滑 | 轴 | 0.1~0.4 |
| | 孔 | 0.8 | 1.6 | | | 孔 | 1.6 | 1.6~3.2 | 1.6~3.2 | 20 | 0.8 | 0.4 | | 孔 | 0.2~0.4 |
| IT8 | 轴 | 0.8 | 1.6 | 热装法 | | 轴 | 1.6 | | | | | | | | |
| | 孔 | 0.8~1.6 | 1.6~3.2 | | | 孔 | 1.6~3.2 | | | | | | | | |

## 学后测评

3-1 表面粗糙度的含义是什么？对零件的使用性能有哪些影响？

3-2 在评定表面粗糙度时，为什么要规定取样长度？有了取样长度，为什么还要规定评定长度？

3-3 轮廓中线的含义及作用是什么？

3-4 表面粗糙度的评定参数有哪些？

3-5 解释并比较 GB/T 3505—2009 与 GB/T 3505—1983 中表面粗糙度的幅度参数 $Ra$、$Rz$ 和 $R_y$ 的含义及区别。

3-6 在选择表面粗糙度参数值时应考虑哪些因素？

3-7 将表面粗糙度符号标注在图 3-16 上，要求：

（1）用任何方法加工圆柱面 $\phi d_3$，$Ra$ 最大允许值为 3.2μm。

（2）用去除材料的方法获得孔 $\phi d_2$，要求 $Ra$ 最大允许值为 3.2μm。

（3）用去除材料的方法获得表面 $A$，要求 $Rz$ 最大允许值为 3.2μm。

（4）其余用去除材料的方法获得表面，要求 $Ra$ 允许值均为 25μm。

3-8 在一般情况下，$\phi$40H7 与 $\phi$6H7 相比，$\phi$40H6/f5 与 $\phi$40H6/s5 相比，哪一个选用较小的粗糙度允许值？

3-9 试确定与基准孔相配的轴 $\phi$5f7（经常装拆）、$\phi$50t5（热装法）的表面粗糙度的参数值。

3-10 指出如图 3-17 所示导向套中表面粗糙度代号标注的错误之处，并改正。

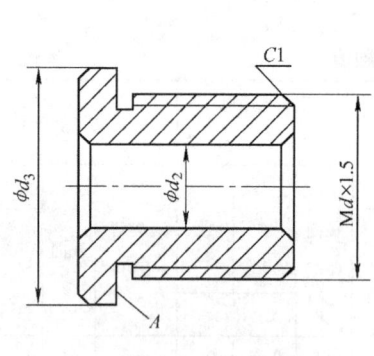

图 3-16 题 3-7 图　　　　图 3-17 题 3-10 图

# 项目4 质量检测

## 学习目标

1. 熟悉常用量具、量仪及测量装置的工作原理、测量范围;
2. 掌握常用的尺寸误差、形位误差和表面粗糙度的检测方法;
3. 了解三坐标测量机的结构、功能及使用方法;
4. 了解常用组织性能检验项目的原理方法;
5. 熟悉计量检验工常规工作内容及工作注意事项。

零件的质量检测包括两个方面的内容。其一为几何量检测,包括尺寸误差、形状位置误差和表面粗糙度检测;其二为组织性能检测,即表面层缺陷和内部缺陷的检测。为了保证产品质量,除了采用合理的加工工艺,检验和测量是必不可少的重要手段。检验是确定被测对象是否在合格范围之内的手段,测量是确定被测对象具体数值的手段。两者统一简称为检测。在不会引起误解的前提下,有时也把二者统称为测量。

## 任务1 几何量检测

### 任务引入

机械产品在制造、装配过程中,各项几何精度是否达到图样设计要求,必须有相应的检测方法来衡量。例如,在图 1-1 某机床齿轮泵中齿轮轴零件图中,有许多尺寸要求如 $\phi$16k6 和 $\phi$18f7、几何公差要求如 ⌖ 0.05 和 ⊥ 0.015 A—B、表面粗糙度要求如 $\sqrt{Ra\,1.6}$ 等。它们的类别不同,检测的方法、器具也各不相同。本任务将要介绍这些几何量测量的知识、方法、器具等。

测量过程包括四个要素:被测对象、测量单位、测量方法和测量误差。

在国际单位制中长度的基本单位是米(m),在第十七届国际计量大会上确定:米是光在真空中于 1/299792458 秒(s)内的行程长度。角度的基本单位是弧度(rad)。

### 4.1.1 相关知识概述

**1. 计量器具分类**

计量器具是可以单独或与辅助设备一起,用来确定被测对象量值的器具或装置。按测量原理与结构特点,计量器具可分为量具、测量仪器和测量装置三大类。

(1)量具:一种具有固定形态,用来复现或提供一个或多个已知量值的器具。按用途的不同,量具可分为如下几种。

① 专用量具:专门用来检验某种特定参数的量具。常见的有检验光滑圆柱孔或轴的光滑

极限量规，判断内螺纹或外螺纹合格性的螺纹量规，判断复杂形状的表面轮廓合格性的检验样板，用模拟装配通过性来检验装配精度的功能量规等。

② 通用量具：适用范围较广、能检测一定范围量值、结构较简单的测量仪器称为通用量具，如游标卡尺、外径千分尺、百分表等。

(2) 测量仪器：能将被测量量值转换成可直接观察的示值或等效信息的测量器具，如立式光学比较仪、卧式测长仪、万能工具显微镜等。

(3) 测量装置：确定被测量值所必需的一台或若干台测量仪器（或量具），连同有关的辅助设备所构成的系统，如国家长度基准复现装置、产品自动分拣装置等。

### 2. 测量方法

测量方法可根据获得测量结果的不同分为：

(1) 直接测量与间接测量。从测量器具的读数装置上直接得到被测量的数值或对标准值的偏差称为直接测量。如图4-1所示，要测量两孔中心距$L$，如能设法确定两个孔的中心并测量孔心距$L$，是直接测量法。如果先测出$A$和$B$，然后计算出$L=(A+B)/2$，这就是间接测量法。间接测量需要进行尺寸换算，只有当被测尺寸不易被直接测出或达不到测量精度时才会采用。

(2) 绝对测量与相对测量。量具量仪示值直接反映被测量量值的测量称为绝对测量。用外径千分尺测轴径既是直接测量又是绝对测量。将被测量与一个标准量值进行比较得到二者差值的测量称为相对测量。如图4-2所示，当测量轴的直径$d$时，先用量块叠成与轴径几乎相等的高度$h$，然后用精密量仪测量二者之差$\Delta l$，则$d=h+\Delta l$。这种方法较精确，因为它将大部分量值由标准量块代替，减少了误差。另外在立式光学计或接触式干涉仪上检定量块的测量也是相对测量。

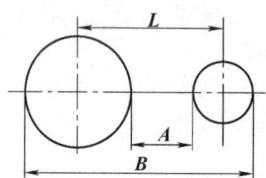

图4-1 直接测量与间接测量

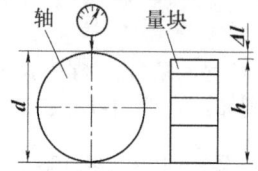

图4-2 相对测量

(3) 接触测量与非接触测量。测量器具的探头与零件的被测表面直接接触称为接触测量。为使接触可靠，接触处需施加测量力，这会导致探头和被测表面之间产生变形，造成测量误差。探头与被测表面不发生接触则为非接触测量，如利用光或电的效应进行测量。非接触测量的优点是可避免损伤被测表面和避免测量力误差，但不适合测量表面有油污的零件。

(4) 静态测量与动态测量。被测量值不随时间变化，被测表面与探头相对静止的测量称为静态测量；反之则称为动态测量。前者每测量一次获得一个值，后者可获得随时间变化或随被测表面变化的连续量。例如，用圆度仪测量圆度误差，用轮廓仪测量表面粗糙度等都属于动态测量。

### 3. 测量误差

在任何测量过程中，无论采用如何精密的测量方法，其测得值都不可能等于几何量的真值，即使测量条件相同,对同一被测对象重复进行多次测量,测得值也不会完全相同,只能与其真值近似。这种由于计量器具本身的误差和测量条件的限制而使测量结果与真值之间形成的差值称为测量误差。测量误差可用绝对误差或相对误差来表示。产生测量误差的原因有以下几种。

(1) 计量器具误差：由计量器具本身在设计、制造、装配和使用调整上的不准确而引起。如机械式比较仪为简化结构而采用近似设计,使测量杆的直线位移与指针杠杆的角位移不成正比,这时,若标尺以等分刻度来代替理论上的不等分刻度,就会产生原理性的示值误差。

(2) 方法误差：指测量方法不完善所引起的误差。如计算公式不准确、测量方法选择不当、工件安装定位不准确等引起的测量误差。

(3) 环境误差：指在测量时,实际环境不符合标准状态而引起的测量误差。影响测量环境的因素有温度、湿度、气压、振动、灰尘等,其中温度引起的测量误差最大。

(4) 人为误差：由测量人员主观因素和操作技术水平所引起的误差。例如,测量人员使用计量器具的方法不正确,对示值的分辨能力和对仪器的调节能力不强等因素引起的测量误差。

在一般要求的测量中,只要能确定在测量的数值中不含有粗大误差（指超出规定条件下预期的误差）,就可将此测量值作为测量的结果。当测量的精度要求较高时,一般重复进行多次测量,得到一系列数值,剔除含有粗大误差的数值,利用校正值从系列数值中消除定值系统误差的影响,最后求系列数值的算术平均值,利用统计学的方法求出极限误差,用算术平均值作为测量的结果,用极限误差评定测量结果的精密度。

### 4. 验收极限

在生产实际中时,因为测量误差的影响,当实测尺寸值位于极限尺寸附近时,就很可能将真实尺寸合格的零件误判为废品,称为"误废";或者将真实尺寸不合格的零件误判为正品,称为"误收"。误废会造成经济损失,误收会影响产品质量,因此必须合理确定验收极限。国家标准 GB/T 3177—2009《光滑工件尺寸的检验》对验收原则做出了规定：应只接收位于极限内的工件,即只允许出现误废不允许出现误收。

(1) 尺寸验收公差带——生产公差。为确保只接收位于尺寸极限之内的工件,将原极限尺寸公差带内缩一个数值,此数值称为安全裕度 $A$。留出安全裕度后的新极限值称为验收极限,形成一个新的验收公差带,此公差称为生产公差。

验收极限与安全裕度如图 4-3 所示。安全裕度 $A$ 由被测工件的尺寸公差来确定（数值取工件公差的 1/10）,其数值如表 4-1 所示。

(2) 生产公差的适用范围。规定验收极限的出发点是保证产品质量,在此前提下考虑产品生产的经济性,故对于精度不高的非配合尺寸、未注公差尺寸等,通常不采用此公差带。一般来说,验收公差带的适用范围如下。

① 有包容要求的尺寸。

② 工艺能力指数 $Cp<1$ 的尺寸（工艺能力指数 $Cp=T/6\sigma$。式中,$T$ 为工件偏差;$\sigma$ 为加工设备标准偏差,$6\sigma$ 为加工设备工艺能力）。

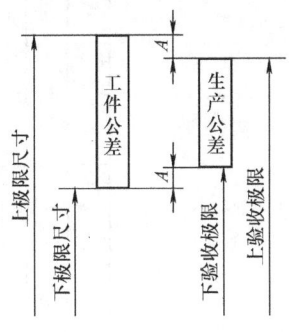

图 4-3 验收极限与安全裕度

表 4-1 安全裕度 A 与计量器具的测量不确定度允许值 $u_1$

单位：$\mu m$

| 公称尺寸/mm | | IT6 | | | | | IT7 | | | | | IT8 | | | | | IT9 | | | | | IT10 | | | | | IT11 | | | | | IT12 | | | | IT13 | | | |
|---|---|---|---|---|---|---|---|---|---|---|---|---|---|---|---|---|---|---|---|---|---|---|---|---|---|---|---|---|---|---|---|---|---|---|---|---|---|---|---|
| | | | | $u_1$ | | | | | $u_1$ | | | | | $u_1$ | | | | | $u_1$ | | | | | $u_1$ | | | | | $u_1$ | | | | | $u_1$ | | | | $u_1$ | |
| 大于 | 至 | T | A | I | II | III | T | A | I | II | III | T | A | I | II | III | T | A | I | II | III | T | A | I | II | III | T | A | I | II | III | T | A | I | II | T | A | I | II |
| — | 3 | 6 | 0.6 | 0.54 | 0.9 | 1.4 | 10 | 1.0 | 0.9 | 1.5 | 2.3 | 14 | 1.4 | 1.3 | 2.1 | 3.2 | 25 | 2.5 | 2.3 | 3.8 | 5.6 | 40 | 4.0 | 3.6 | 6.0 | 9.0 | 60 | 6.0 | 5.4 | 9.0 | 14 | 100 | 10 | 9.0 | 15 | 140 | 14 | 13 | 21 |
| 3 | 6 | 8 | 0.8 | 0.72 | 1.2 | 1.8 | 12 | 1.2 | 1.1 | 1.8 | 2.7 | 18 | 1.8 | 1.6 | 2.7 | 4.1 | 30 | 3.0 | 2.7 | 4.5 | 6.8 | 48 | 4.8 | 4.3 | 7.2 | 11 | 75 | 7.5 | 6.8 | 11 | 17 | 120 | 12 | 11 | 18 | 180 | 18 | 16 | 27 |
| 6 | 10 | 9 | 0.9 | 0.81 | 1.4 | 2.0 | 15 | 1.5 | 1.4 | 2.3 | 3.4 | 22 | 2.2 | 2.0 | 3.3 | 5.0 | 36 | 3.6 | 3.3 | 5.4 | 8.1 | 58 | 5.8 | 5.2 | 8.7 | 13 | 90 | 9.0 | 8.1 | 14 | 20 | 150 | 15 | 14 | 23 | 220 | 22 | 20 | 33 |
| 10 | 18 | 11 | 1.1 | 1.0 | 1.7 | 2.5 | 18 | 1.8 | 1.7 | 2.7 | 4.1 | 27 | 2.7 | 2.4 | 4.1 | 6.1 | 43 | 4.3 | 3.9 | 6.5 | 9.7 | 70 | 7.0 | 6.3 | 11 | 16 | 110 | 11 | 10 | 17 | 25 | 180 | 18 | 17 | 27 | 270 | 27 | 24 | 41 |
| 18 | 30 | 13 | 1.3 | 1.2 | 2.0 | 2.9 | 21 | 2.1 | 1.9 | 3.2 | 4.7 | 33 | 3.3 | 3.0 | 5.0 | 7.4 | 52 | 5.2 | 4.7 | 7.8 | 12 | 84 | 8.4 | 7.6 | 13 | 19 | 130 | 13 | 12 | 20 | 29 | 210 | 21 | 19 | 32 | 330 | 33 | 30 | 50 |
| 30 | 50 | 16 | 1.6 | 1.4 | 2.4 | 3.6 | 25 | 2.5 | 2.3 | 3.8 | 5.6 | 39 | 3.9 | 3.5 | 5.9 | 8.8 | 62 | 6.2 | 5.6 | 9.3 | 14 | 100 | 10 | 9.0 | 15 | 23 | 160 | 16 | 14 | 24 | 36 | 250 | 25 | 23 | 38 | 390 | 39 | 35 | 59 |
| 50 | 80 | 19 | 1.9 | 1.7 | 2.9 | 4.3 | 30 | 3.0 | 2.7 | 4.5 | 6.8 | 46 | 4.6 | 4.1 | 6.9 | 10 | 74 | 7.4 | 6.7 | 11 | 17 | 120 | 12 | 11 | 18 | 27 | 190 | 19 | 17 | 29 | 43 | 300 | 30 | 27 | 45 | 460 | 46 | 41 | 69 |
| 80 | 120 | 22 | 2.2 | 2.0 | 3.3 | 5.0 | 35 | 3.5 | 3.2 | 5.3 | 7.9 | 54 | 5.4 | 4.9 | 8.1 | 12 | 87 | 8.7 | 7.8 | 13 | 20 | 140 | 14 | 13 | 21 | 32 | 220 | 22 | 20 | 33 | 50 | 350 | 35 | 32 | 53 | 540 | 54 | 49 | 81 |
| 120 | 180 | 25 | 2.5 | 2.3 | 3.8 | 5.6 | 40 | 4.0 | 3.6 | 6.0 | 9.0 | 63 | 6.3 | 5.7 | 9.5 | 14 | 100 | 10 | 9.0 | 15 | 23 | 160 | 16 | 15 | 24 | 36 | 250 | 25 | 22 | 38 | 56 | 400 | 40 | 36 | 60 | 630 | 63 | 57 | 95 |
| 180 | 250 | 29 | 2.9 | 2.6 | 4.4 | 6.5 | 46 | 4.6 | 4.1 | 6.9 | 10 | 72 | 7.2 | 6.5 | 11 | 16 | 115 | 12 | 10 | 17 | 26 | 185 | 18 | 17 | 28 | 42 | 290 | 29 | 26 | 44 | 65 | 460 | 46 | 41 | 69 | 720 | 72 | 65 | 110 |
| 250 | 315 | 32 | 3.2 | 2.9 | 4.8 | 7.2 | 52 | 5.2 | 4.7 | 7.8 | 12 | 81 | 8.1 | 7.3 | 12 | 18 | 130 | 13 | 12 | 19 | 29 | 210 | 21 | 19 | 32 | 47 | 320 | 32 | 29 | 48 | 72 | 520 | 52 | 47 | 78 | 810 | 81 | 73 | 120 |
| 315 | 400 | 36 | 3.6 | 3.2 | 5.4 | 8.1 | 57 | 5.7 | 5.1 | 8.4 | 13 | 89 | 8.9 | 8.0 | 13 | 20 | 140 | 14 | 13 | 21 | 32 | 230 | 23 | 21 | 35 | 52 | 360 | 36 | 32 | 54 | 81 | 570 | 57 | 51 | 80 | 890 | 89 | 80 | 130 |
| 400 | 500 | 40 | 4.0 | 3.6 | 6.0 | 9.0 | 63 | 6.3 | 5.7 | 9.5 | 14 | 97 | 9.7 | 8.7 | 15 | 22 | 155 | 16 | 14 | 23 | 35 | 250 | 25 | 23 | 38 | 56 | 400 | 40 | 36 | 60 | 90 | 630 | 63 | 57 | 95 | 970 | 97 | 87 | 150 |

(3) 偏态分布的尺寸，在偏态分布一端应用（如单件小批量生产，出于不愿出废品的心理，一般情况下轴加工容易偏大，孔加工容易偏小），如图 4-4 所示。

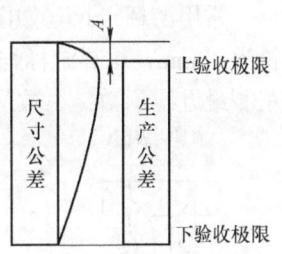

图 4-4 偏态分布尺寸

**5. 测量器具的选择**

（1）选择计量器具应与被测工件的外形、位置、尺寸的大小及被测参数特性相适应，使所选计量器具的测量范围能满足工件的要求。

（2）选择计量器具应考虑工件的尺寸公差，使所选计量器具的不确定度值既要保证测量精度要求，又要符合经济性要求。在车间条件下测量并验收工件，必须考虑测量误差的影响。测量误差的主要来源是测量器具的不确定度 $u_1'$，量具的不确定度数值如表 4-2 所示。由工件精度决定的量具不确定度允许值如表 4-1 所示。优先选用表中的Ⅰ挡，其次选用Ⅱ、Ⅲ挡。

选择量具的原则：量具的不确定度允许值 $u_1' \leq$ 工件允许的量具不确定度 $u_1$。如工件尺寸为 $\phi 50_{-0.062}^{0}$，查表 4-1 得计量器具的测量不确定度允许值 $u_1 = 0.0056$mm，查表 4-2 得分度值为 0.01 的外径千分尺其不确定度 $u_1' = 0.004$mm，满足 $u_1' \leq u_1$，故适合做该尺寸检测量具。

表 4-2 游标卡尺、千分尺不确定度 $u_1'$ 数值　　　　　　　　　　单位：mm

| 尺寸范围 | | 计量器具 | | | |
|---|---|---|---|---|---|
| | | 0.01 外径千分尺 | 0.01 内径千分尺 | 0.02 游标卡尺 | 0.05 游标卡尺 |
| 大于 | 至 | 不确定度 | | | |
| 0 | 50 | 0.004 | 0.008 | 0.020 | 0.05 |
| 50 | 100 | 0.005 | | | |
| 100 | 150 | 0.006 | | | |
| 150 | 200 | 0.007 | 0.013 | | |
| 200 | 250 | 0.008 | | | |
| 250 | 300 | 0.009 | | | |
| 300 | 350 | 0.010 | 0.020 | | 0.100 |
| 350 | 400 | 0.011 | | | |
| 400 | 450 | 0.012 | | | |
| 450 | 500 | 0.013 | 0.025 | | |
| 500 | 600 | | 0.030 | | |
| 600 | 700 | | | | |
| 700 | 1000 | | | | 0.150 |

注：当采用相对测量时，千分尺的不确定度一般可减小 40%。

## 4.1.2 常用计量器具简介

**1. 游标卡尺与千分尺**

测微仪的介绍及其使用

（1）游标卡尺：简称卡尺，测量精度中等，结构简单、使用方便、测量范围宽，可用来测量工件的长、宽、深度，内、外直径和孔心距、轴心距等，应用广泛。

常用游标卡尺（如图 4-5 所示）的测量精度为 0.02mm，原理为：游标上刻有 50 格，总长为 49mm，这样游标与尺身每格之差刚好为 0.02mm。读数时整数从尺身上看：游标零刻线左侧最近线示数；小数从游标上看：与尺身对准的刻线以左格数乘以 0.02，如图 4-6 所示。

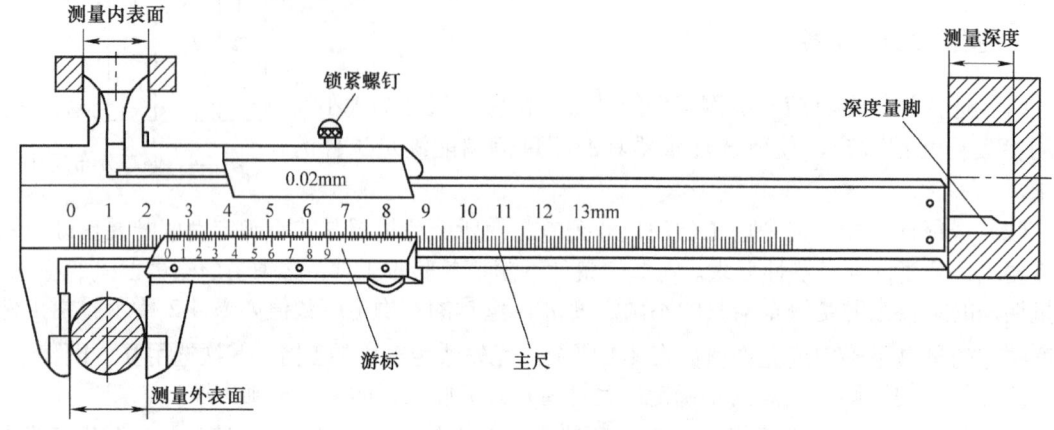

图 4-5　游标卡尺

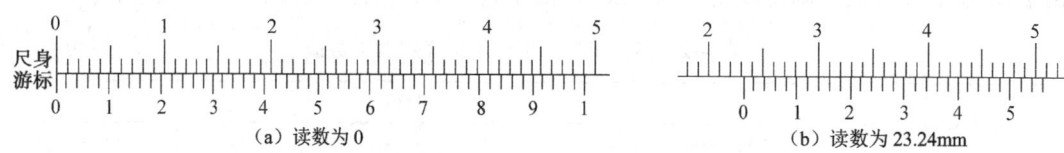

（a）读数为 0　　　　　　　　　　　　（b）读数为 23.24mm

图 4-6　示值精度为 0.02mm 的游标卡尺读数原理

此外常用的还有游标深度尺和游标高度尺。游标深度尺可用来测量沟槽深度、台阶高度、盲孔深度等，其结构如图 4-7 所示；游标高度尺可用来测量工件高度和精密画线，它以较重底座代替固定量爪，活动量爪分测量爪和划线量爪，如图 4-8 所示。两者的刻线原理与读数方法均与图 4-5 所示的游标卡尺相同。

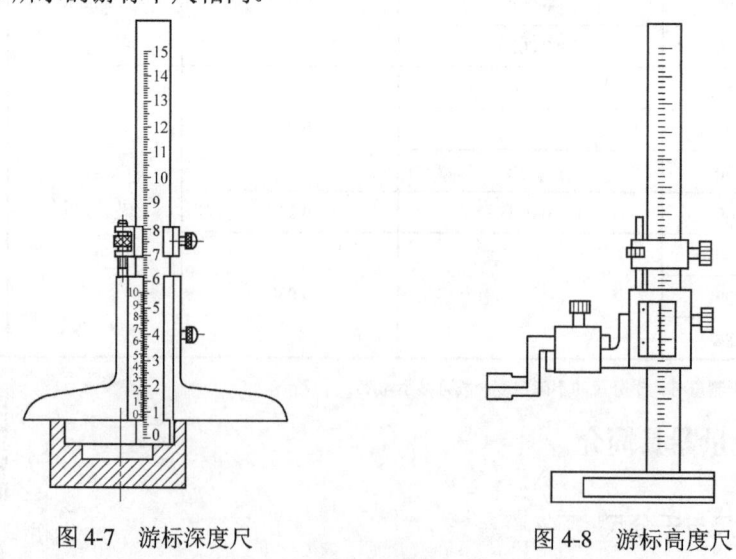

图 4-7　游标深度尺　　　　　　　　图 4-8　游标高度尺

（2）千分尺：测量精度为 0.01mm，常用的有外径千分尺、内径千分尺，如图 4-9 所示。

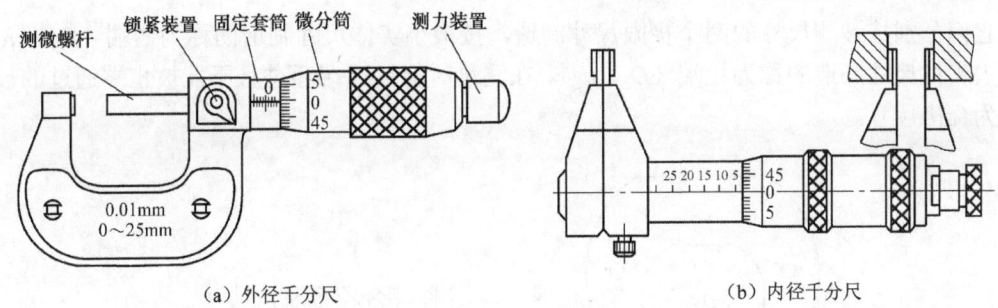

(a) 外径千分尺　　　　　　　　(b) 内径千分尺

图 4-9　千分尺

固定套筒的外表面刻有尺寸线，每格为 1mm；微分筒圆周刻有 50 条线，微分筒旋转一周，测微螺杆移动 0.5mm，即测量精度为 0.01mm。内径千分尺可用于测内径、沟槽宽度等，其工作原理与外径千分尺一样，只是固定套筒的刻线方向相反。

### 2. 百分表和千分表

百分表（如图 4-10 所示）和千分表是用来检验零部件形位精度（如直线度、跳动公差等）的主要量具，同时还可用于比较法测量外尺寸。百分表分度值为 0.01mm，千分表分度值为 0.001mm 或 0.002mm，它们结构、功能类似，是应用较广的量具之一。

百分表的测量头每移动 1mm，长指针转一圈，即长指针转一格，测量头移动 0.01mm。

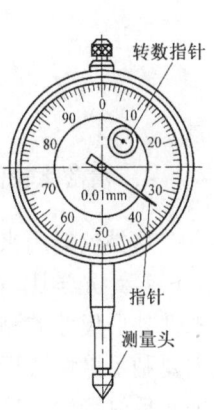

图 4-10　百分表

用比较法相对测量尺寸如图 4-11 所示。

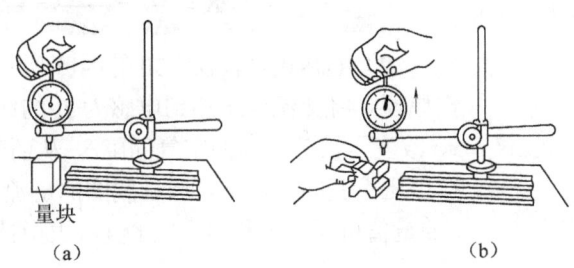

(a)　　　　　　　　　　(b)

图 4-11　比较法相对测量尺寸

### 3. 量块和极限量规

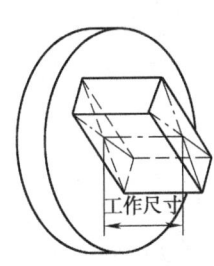

图 4-12　量块

量块也称块规，多制成长方体，如图 4-12 所示。一般由轴承钢制成，硬度高、耐磨性好，因此尺寸稳定。量块有一对精度很高的平行平面，这是它的测量面，上下测量面中点的垂直距离是量块的工作尺寸。量块可以作为工作基准，还可以作为标准器来调整仪器、机床或直接检测零件。量块工作面的高度光滑使其具有黏合性能，可以选择适当尺寸的几块量块组合成所需的不同尺寸。但组合块数不宜过多，以防误差过大。

极限量规是一种专用检具，用来判断零件的加工误差是否在极限范围之内，分为塞规和卡规两种，分别用于检测孔和轴的尺寸，如图 4-13 所示示。它们分别按被测尺寸的两个极限尺寸制造，按最小实体尺寸制造的称为通端（$D_1$、$d_1$）；按最大实体尺寸制造的称为止端（$D_2$、$d_2$）。在测量时能被通端通过且不能被止端通过的被测尺寸为合格尺寸。

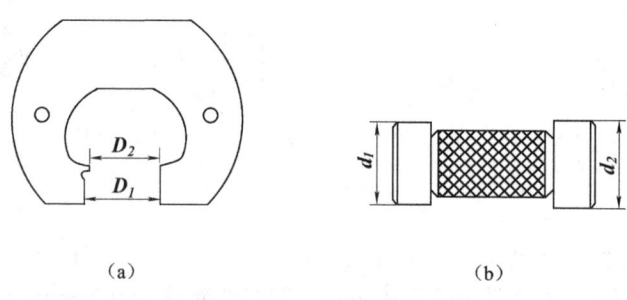

图 4-13　常见的卡规和塞规

### 4. 精密比较仪

这类仪器用来测量微小位移，在比较测量法中应用广泛。

（1）光学比较仪。这是一种结构简单、精度可靠、使用方便的光学仪器，主要用于精密零件外形尺寸的测量。在对如圆柱形、球形、线形工件的直径或板形工件的厚度进行测量时，主要利用量块或标准件对工件做相对测量。如图 4-14 所示为光学比较仪的工作原理。测杆与平面反射镜始终接触，当测杆在零位时，标尺上 $O$ 点与其自身像 $O'$ 重合；当测杆上移 $\Delta x$ 时，平面反射镜偏转角 $\alpha \approx \Delta x / x$，标尺上 $O$ 点与其自身像 $O'$ 的距离为 $y$，$y \approx 2\alpha f$。则经推算可知，位移放大倍数 $K$ 为

$$K = \frac{y}{\Delta x} = \frac{2\alpha f}{\alpha x} = \frac{2f}{x}$$

（2）电感式比较仪。如图 4-15 所示为电感式比较仪的工作原理。将交流电压加到电感为 $L$ 的线圈上，测杆发生位移 $x$，改变了铁芯之间的空气间隙 $\delta$，从而改变了电感量 $L$ 的值。在电压不变的条件下，通过线圈的电流 $I$ 与 $L$ 成反比。因此，$I$ 的量值可反映位移量 $x$，此值可由指针式电表或数字式表头显示。

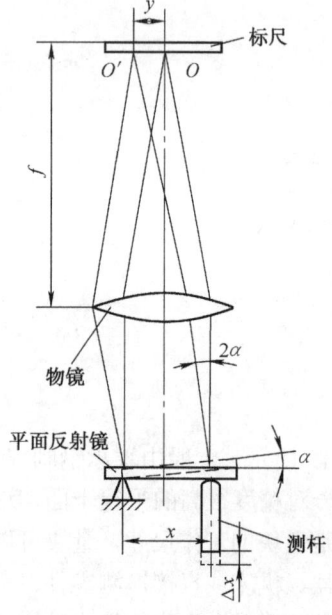

图 4-14　光学比较仪的工作原理

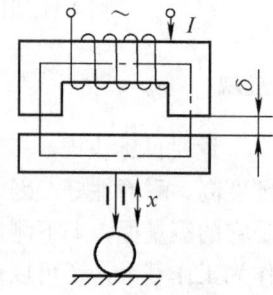

图 4-15　电感式比较仪

（3）电容式比较仪。这是一种非接触式测量仪器，其工作原理如图 4-16 所示。测杆的端部是一个电容极板，与被测表面（金属）之间距离 $x$，共同组成一个电容器。其电容值 $C$ 与 $x$

成反比,仪器内部的电路将 $C$ 的变化量转换为电量,并折合成 $x$ 的读数显示。

### 5. 万能精密量仪

万能精密量仪包括万能测长仪、工具显微镜、投影仪和光学分度头等。

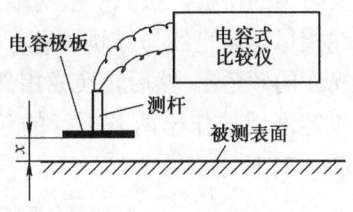

图 4-16 电容式比较仪

(1)万能测长仪。如图 4-17 所示为卧式阿贝测长仪的结构简图,测量轴上的刻度由读数显微镜读出。在测量前将测量轴紧贴尾杆的测帽,读出第一个读数;放入工件后,读出第二个读数,两读数之差即为工件尺寸。电眼装置常用于测量小孔。

(2)工具显微镜。其读数原理与万能测长仪相似,它有互相垂直、可独立滑移的两个滑台。其移动量分别由两个显微镜读出,故能在两个坐标方向上测量。

(3)投影仪是利用光学系统将被测零件轮廓外形放大后,投影到仪器屏幕上进行测量的一种光学仪器。它主要用于测量形状复杂的小型零件,如钟表零件、曲线样板、成形刀具、小模数齿轮等。在投影仪上可利用直角坐标或极坐标进行绝对测量或与事先画好的放大图像进行比较,以判断零件是否合格。

(4)光学分度头。这是一种精密测角仪器。如图 4-18 所示为其测量原理。被测工件安装在主轴顶尖和尾座之间,可随主轴一起回转,借助光栅或光干涉原理,由光学分度盘指示出转动角度。

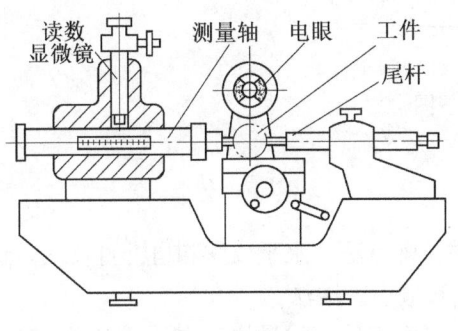

图 4-17 卧式阿贝测长仪

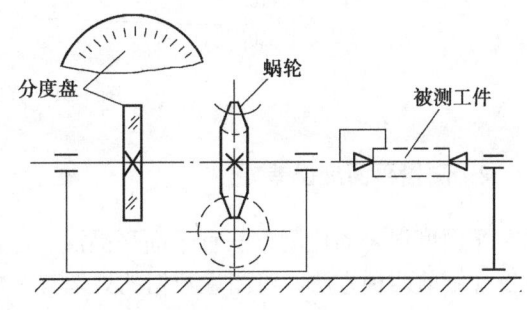

图 4-18 光学分度头

## 4.1.3 检测形位误差

形位误差的测量方法很多,这里仅介绍一些常用实例。

### 1. 测量直线度误差

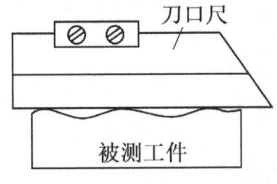

图 4-19 用刀口尺测量直线度

(1)用刀口尺测量直线度。当用刀口尺检测短小工件时,如图 4-19 所示,将刀口尺与工件紧贴(这样符合最小条件),此时刀口与实际线之间的最大间隙就是被测实际线的直线度误差。当间隙较大时,可用塞尺直接测出最大间隙值;当间隙较小时,可按标准光隙估计其间隙大小。

(2)节距法(间接测量)。适于对较长零件的直线度测量,具体见例 2-1。

（3）用光学自准直仪测量长导轨面的直线度误差。如图 4-20 所示，在导轨面上放置带有反射镜的桥板，按照桥板两端支点节距 $L$ 将导轨分成若干段，由光学自准直仪射出的平行光线模拟理想直线与导轨面进行比较。将桥板依次放在导轨各段上，测出各段导轨相对于理想光线的倾角 $\alpha$，然后转换成相邻两节点之间的高度差 $h_j$，作出与导轨面近似的轮廓线，按最小包容区域法作出两条平行的包容直线，取其包容区宽度 $f$ 作为被测导轨的直线度误差，如图 4-21 所示。

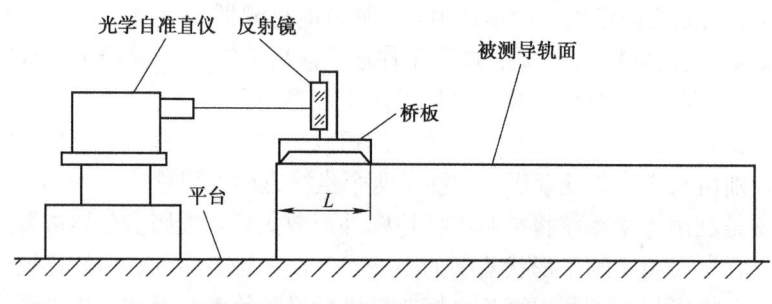

图 4-20　用光学自准直仪测量直线度

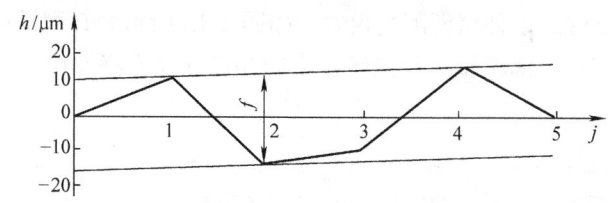

图 4-21　直线度误差图

### 2. 测量平面度误差

平面度误差的检测方法有平面平晶法、测微表法、斑点法、水平仪法和自准直仪法。这里仅介绍前两种方法。对测量数据的处理有对角线法和最小区域法。

（1）平面平晶法。此方法多用于测量高精度的小平面工件，如量块工作面。在测量时将平晶贴在被测面上，并稍加压力，当干涉条纹的数量最少时进行读数（如图 4-22 所示）。被测表面的平面度误差为封闭的干涉条纹数乘以光波波长的一半，对不封闭的干涉条纹为条纹的弯曲度，即相邻两条纹间距之比乘以光波波长的一半。如干涉条纹为直线，说明被测表面很平整。

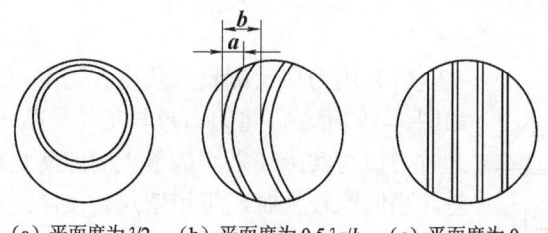

(a) 平面度为 $\lambda/2$　　(b) 平面度为 $0.5\lambda a/b$　　(c) 平面度为 0

图 4-22　用平面平晶测平面度

（2）测微表法。将被测工件支承在标准平板上，以标准平板为测量基面。由支架调整被测平面上对角线对应点 1、2、3、4 和标准平板等高或与被测表面最远三点等高，再用测微表沿被测表面上各点或按一定的布点测量被测平面，如图 4-23 所示。通常用测微表的最大最小读数之差近似作为平面度误差值。

### 3. 测量圆（柱）度误差

（1）用圆度仪测量。用圆度仪可直接测出工件半径误差值，精度可达 0.025μm 以上。

在测量时，将工件放在工作台上，使工件轴线与仪器转轴同轴。记录工件在回转一周中测量截面上各点的半径差，通过计算得到该截面的圆度误差。如此测量若干截面，取其中最大的误差值作为该工件的圆度误差。如果测量时沿着工件轴线移动，得到的差值则为圆柱度误差。

在生产实践中，还广泛采用了一些简便近似的测量方法，如 V 形铁法、鞍形块法。

（2）用 V 形铁法测量。此法用于内外表面均为奇数棱形状误差的工件，又称三点法，如图 4-24 所示。在测量时，将工件放在 V 形铁上，使其轴线垂直测量截面，同时固定轴向位置，回转工件一周，指示计读数最大差值的一半为单个截面的圆（柱）度误差，如此测量若干截面，取所有读数最大最小差的一半作为圆（柱）度误差。

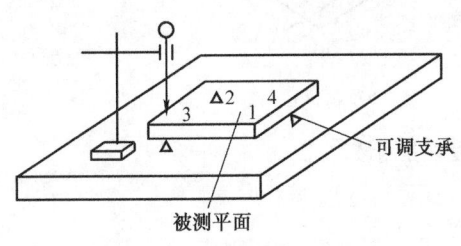

图 4-23　用测微表测平面度

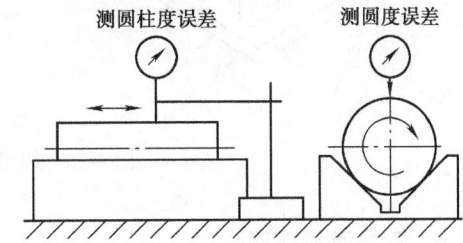

图 4-24　圆（柱）度误差测量

### 4. 测量平行度误差

（1）面对面的平行度误差检测

如图 4-25（a）所示为测量箱体左右表面之间的平行度误差示意图。用平板模拟定向基准，平稳地移动表架，指示器最大最小读数之差则为平行度误差 $f_{//}$（下角//表示平行度）。

由图 4-25（b）可见，平行度误差为平面定向最小包容区域的宽度 $f_{//}$，它大于平面度最小包容区域的宽度 $f$。因此，平面度误差包含在平行度误差之中。

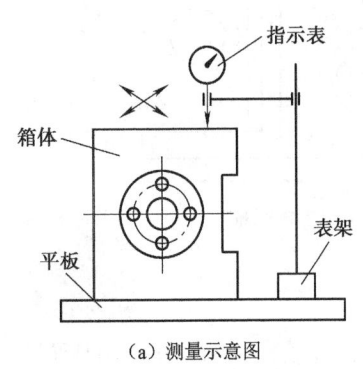

（a）测量示意图

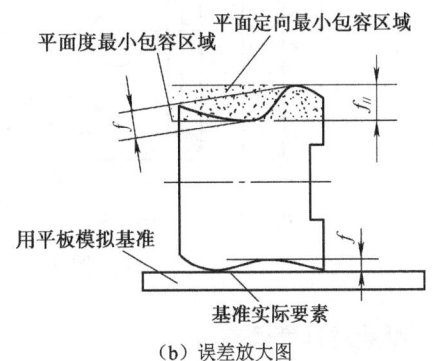

（b）误差放大图

图 4-25　面对面的平行度误差测量

（2）线对线的平行度误差检测

① 一个方向。零件如图 4-26（a）所示放置，被测轴线 $I—I$（长度为 $L_1$）和基准轴线 $O—O$ 均由可胀式心轴模拟，将测头置于被测心轴铅垂轴截面内测量距离为 $L_2$ 的两位置处，测得读数分别为 $M_1$ 和 $M_2$，则被测轴线 $I—I$ 相对于基准轴线 $O—O$ 在 $y$ 方向的平行度误差为 $f_{//Y} = |M_1 - M_2| \dfrac{L_1}{L_2}$。

② 互相垂直的两个方向。首先测得 $f_{//Y}$，再如图 4-26（b）所示测得 $f_{//X}$。

③ 任意方向。平行度误差 $f_{//} = \sqrt{f_{//X}^2 + f_{//Y}^2}$。

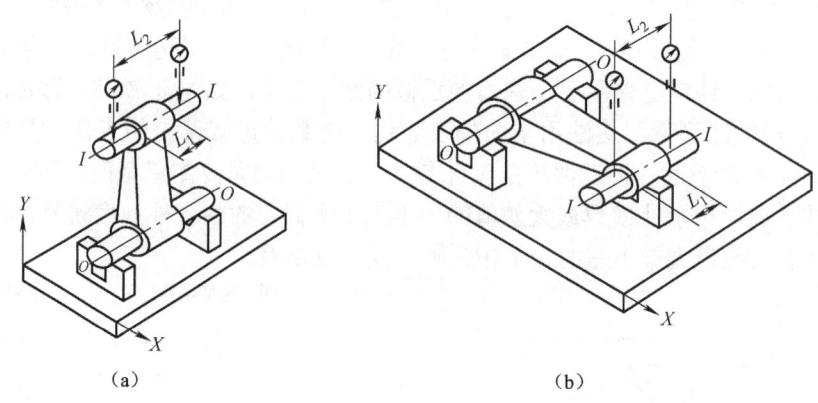

图 4-26　线对线的平行度误差测量

**5. 测量垂直度误差**

如图 4-27 所示为测量箱体侧面对底面的垂直度误差示意图。用平板模拟底面基准，将表架指示器靠上直角尺对准，以此调整指示器零位（如图 4-27（a）所示）。将表架移至箱体侧面，与侧面良好接触，并前后平稳移动表架，注意表架左端面要始终与箱体侧面接触（如图 4-27（b）所示），读取指示器最大与最小读数。将指示器调整至另一高度，重复上述步骤，即校对零位，之后测出最大与最小读数。在整个箱体侧面上取若干处高度测量，最后取最大读数的最大值与最小读数的最小值之差作为箱体侧面对底面的垂直度误差。

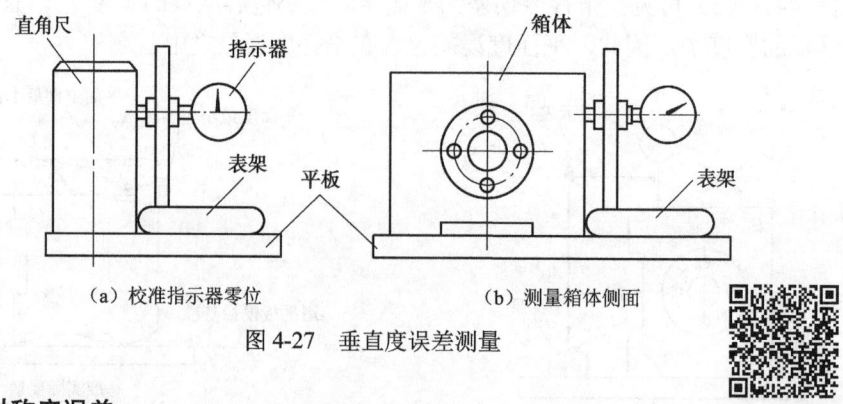

图 4-27　垂直度误差测量

面对线的对称度误差检测

**6. 测量对称度误差**

如图 4-28 所示，将零件放置在平板上，测量槽面①上各测点的高度。翻转零件，测量槽面②上各对应点的高度，各对应两测点数值的最大差值即为槽两侧面相对于零件中心平面的对称度误差。

### 7. 测量同轴度误差

（1）阶梯轴零件。如图4-29（a）所示，将阶梯轴零件的两端（作为公共基准）放置在两个等高的V形架上，将装在支架上的两个相对指示表的测头调整在零件中间被测部分的铅垂轴截面内，转动零件，指示表读数差的最大值即为该截面内中间阶梯轴部分相对于两端部分的同轴度误差。沿轴向同时移动两个相对指示表测量若干个

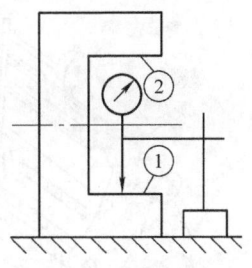

图4-28 对称度误差测量

轴截面，所有误差读数的最大值即为中间阶梯轴部分相对于两端部分的同轴度。

（2）套类零件。如图4-29（b）所示，将套类零件通过可胀式心轴装在两同轴顶尖（中心线体现基准轴线）之间，将指示表的测头调整在零件铅垂轴截面内。在测量时，零件连续旋转，同时指示表沿轴向移动，读数差的最大值即为轴套孔轴线相对于基准轴线的同轴度误差。

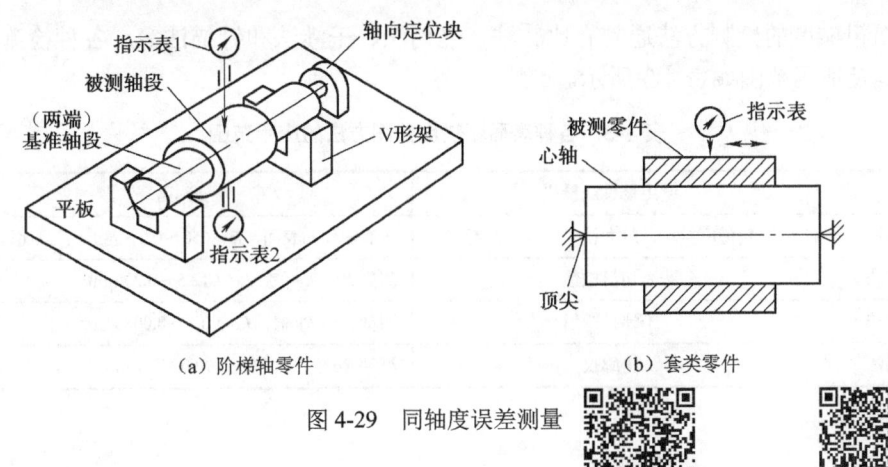

（a）阶梯轴零件　　　　　　　　（b）套类零件

图4-29 同轴度误差测量

端面圆跳动误差检测　　径向全跳动误差检测

### 8. 测量跳动误差

跳动误差测量的对象仅是轴、套类零件，基准是零件轴线。

（1）测量径向跳动。如图4-30（a）所示，将被测轴装在两同轴顶尖（中心线体现基准轴线）之间，将测头调整在零件铅垂轴截面内。当被测轴回转一周时，指示表的最大与最小读数之差即是径向圆跳动误差。

零件连续旋转，同时指示表沿轴向匀速移动，指示表的最大与最小读数之差即是径向全跳动误差。

（2）测量端面跳动。如图4-30（b）所示，将被测轴放置在V形铁上，左端用顶尖顶住，指示表测头（平行于轴线）放置在右端面距圆心$R$处，当被测轴回转一周时，指示表的最大与最小读数之差即是距圆心$R$处的端面圆跳动误差。

零件连续旋转，同时指示表沿半径线向圆心匀速移动，指示表的最大与最小读数之差即是端面全跳动误差。

（3）测量斜向圆跳动。如图4-30（c）所示，将被测锥轴放置在定位套中，下端用顶尖顶住，指示表测头（垂直于母线）放置在圆锥面上。当被测轴回转一周时，指示表的最大与最小读数之差即是圆锥面的斜向圆跳动误差。

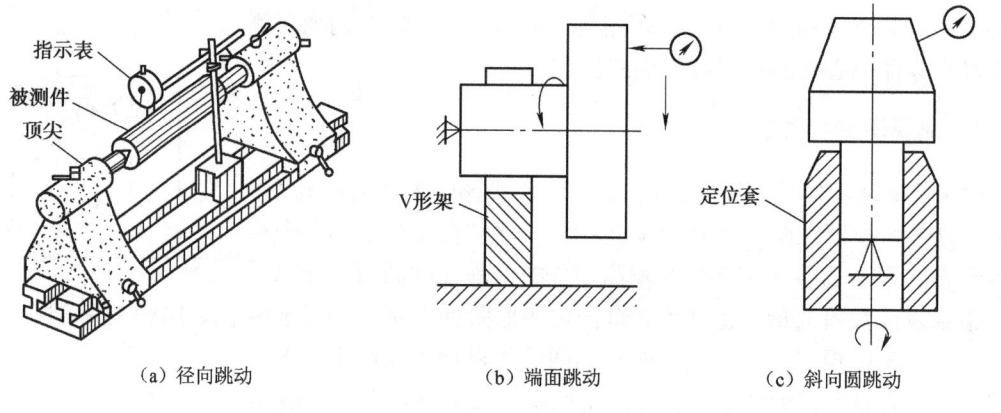

(a) 径向跳动　　　　　　(b) 端面跳动　　　　　　(c) 斜向圆跳动

图 4-30　跳动误差测量

## 4.1.4　检测表面粗糙度

表面粗糙度的检测方法通常有比较法、光切法、干涉法和针描法等。各种检测方法所用测量器具及适用范围如表 4-3 所示。

表 4-3　各种表面粗糙度检测方法的应用范围

| 检测方法 | 所用量具或量仪 | 应用范围 |
| --- | --- | --- |
| 比较法 | 粗糙度样块、放大镜、比较显微镜 | 一般零件的表面，$Ra$（50～0.2）μm，目测比较 |
| 光切法 | 光切显微镜 | 测量 $Rz$、$Ry$ 值，$Ra$（12.5～0.2）μm |
| 干涉法 | 干涉显微镜 | 测量 $Rz$、$Ry$ 值，$Ra$（0.1～0.008）μm |
| 针描法 | 轮廓仪 | 测量 $Ra$ 值，$Ra$（3.2～0.025）μm |

### 1. 比较法

比较法是将被检工件表面与标有一定评定参数值的粗糙度标准样块，如图 4-31 所示，借助视觉、触觉、放大镜或显微镜进行比较而获得被检表面粗糙度的一种方法。比较法简单、方便，具有一定的准确度，便于在生产现场中使用。但其可靠性取决于检验者的经验，因此粗糙度要求很高的表面不宜采用比较法。

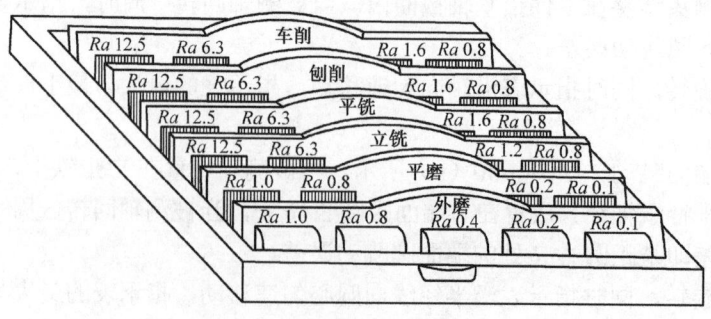

图 4-31　粗糙度标准样块

为提高比较的准确度，粗糙度标准样块的材质、加工纹理方向应尽量与被检零件相同。粗糙度标准样块可由专业工厂生产，也可从成品零件中挑选，经检测后作为标准样块使用。

## 2. 光切法

光切法是一种应用光切原理测量表面粗糙度的方法。如图 4-32 所示,将一束扁平光束以 $\alpha$ 角射向被测表面,经放大镜可观察到粗糙表面与光切平面的交线,此曲线表征该零件的表面粗糙度,但其峰高 $h'$ 与表面粗糙度峰高相比被放大了($\alpha=45°$ 时为 $\sqrt{2}$ 倍)。用作光切测量的仪器称为光切显微镜,如图 4-33 所示,它的目镜中有刻度,分度值为 0.01mm。在目镜中峰高被放大了若干倍(如选用倍率为 14 的目镜时为 7.9 倍),同时,刻度沿被测表面的 45° 方向测量峰高,从而将峰高再次放大了 $\sqrt{2}$ 倍。因此,光切显微镜的总放大倍率为 $\sqrt{2} \times \sqrt{2} \times 7.9=15.8$ 倍,即目镜分度值 0.01mm 对应的实际分度值为 $i=0.01/15.8=0.63\mu m$。

用光切显微镜可测量 $Rz$,转动目镜千分尺,用十字线的水平线瞄准光带边缘曲线的最高点,读取千分尺上的读数 $hv$;再转动千分尺,使水平线瞄准该边缘的最低点,读取千分尺的读数 $hp$。则 $Rz=|hp-hv|\times i$($\mu m$)。

用同样方法在若干个取样长度内测量,取其平均值即得 $Rz$。

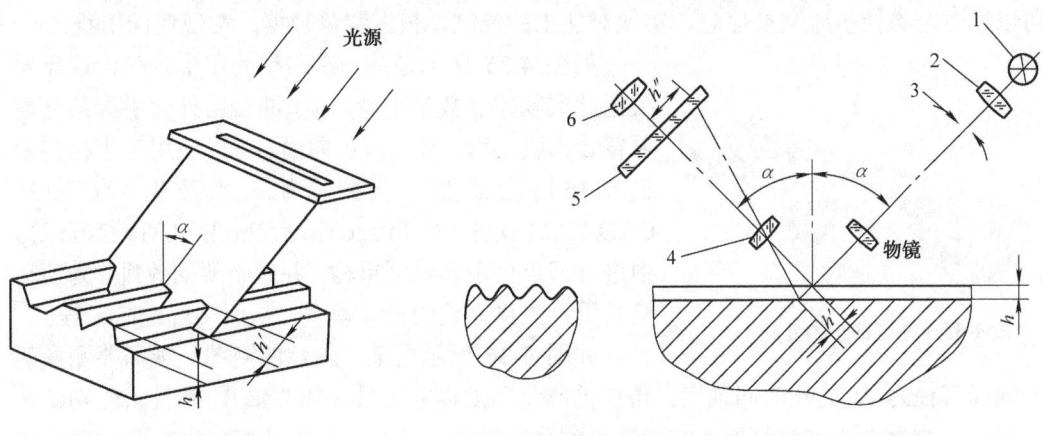

图 4-32 光切法原理

1—光源;2—聚光镜;3—狭缝;4—物镜;5—分划板;6—目镜

图 4-33 光切显微镜原理图

## 3. 干涉法

从同一光源发出的两束光在它们交叠的某地方出现亮度的明暗变化或出现彩色条纹的现象叫光的干涉。光波干涉法就是利用光波干涉原理测量表面粗糙度的一种方法。光源经分光镜分成两束光,一束透射到平面镜再反射到目镜上。另一束反射到被测表面再反射到目镜中,将两束光合成,当光程差为 $\lambda/2$ 的整数倍时($\lambda$ 为光波波长),在目镜中即观察到干涉条纹(如图 4-34 所示),干涉条纹曲折程度与被测表面峰谷成对应关系。用读数千分尺测出干涉条纹最大弯曲高度 $a$ 和两相邻干涉条纹的间距 $b$,由此可计算出微观不平度 $\Delta = \dfrac{a}{b} \times \dfrac{\lambda}{2}$。

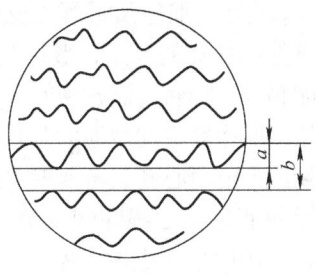

图 4-34 干涉条纹

用同样方法在取样长度内测量 5 次,取其平均值即得到 $Rz$。

#### 4. 针描法

针描法是应用最广的表面粗糙度测量方法，它是通过金刚石触针在被测表面上慢慢滑移，触针随表面轮廓的峰谷起伏而上下振动，经传感器转换为电信号进行测量的一种测量方法，具有方便迅速、能显示数字、放大倍数高等优点。表面粗糙度仪即是按针描法原理工作的量仪，它可在记录器上绘出粗糙度曲线的放大图，从而求出各项粗糙度参数值。

## 任务2  认识三坐标测量机

### 任务描述

三坐标测量机（Coordinate Measuring Machine，CMM）是20世纪60年代左右发展起来的一种新型、高效、精密测量仪器。现代CMM不仅能在计算机控制下完成各种复杂测量，而且可以通过与数控机床交换信息，实现对加工的控制，根据测量数据，实现逆向工程。

如图4-35所示是某一冲击钻的左半外壳，现需要根据此实物建立数字模型。由于冲击钻外壳手握部分需要符合人机工程，故为自由曲面。可以应用三坐标测量机扫描自由曲面，得到原始云点数据，在高端CAD/CAM软件（如Imagewave、Pro/E、UG、Catia等）中进行云点处理和模型重构，并做必要的改进，为塑料模具设计提供完整的设计模型，从而实现逆向工程。

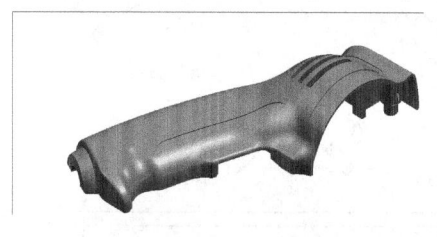

图4-35  冲击钻左半外壳

如图4-36所示是某一箱体的简图，现需要测量两个同一轴线直径为 $D$ 的孔的同轴度。传统的测量需要借助工具（如心轴），并且只能判断合格性。三坐标测量机通过对两个孔的测量得到孔的轴线，通过计算机计算可以得到同轴度误差数值。

同时，可以用三坐标测量机测量左半外壳与右半外壳的定位尺寸。

目前，CMM已广泛应用于机械制造、汽车、电子、航空航天等工业部门。它可以进行零件和部件的尺寸、形状及相互位置的检测，如箱体、导轨、涡轮和叶片、缸体、凸轮、齿轮、形体等空间型面的测量。此外，还可用于划线、定中心孔、光刻集成线路等，并可对连续曲面进行扫描和制备数控机床的加工程序等。由于它的通用性强、测量范围大、精度高、效率高、性能好，能与柔性制造系统相连接，已成为一类大型精密仪器，故有"测量中心"之称。

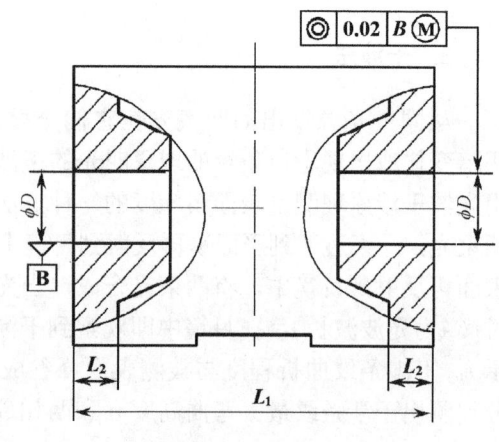

图4-36  箱体同轴度测量

本任务主要对三坐标测量机的结构、功能及使用进行简单介绍。

## 4.2.1 三坐标测量机概述

### 1. 三坐标测量机的产生与发展

1959 年,英国 FERRANTI 公司研制出了世界上第一台三坐标测量机,到 20 世纪 60 年代末,已有近十个国家的三十多家公司可以生产,但这一时期的 CMM 尚处于初期阶段。进入 20 世纪 80 年代后,以德国的 ZEISS(蔡司)和 LEITZ(莱茨)、意大利的 DEA、日本的 MITUTOYO(三丰)、FERRANTI 等为代表的众多公司不断推出新产品,使得 CMM 技术迅速发展。

CMM 的出现,一方面是由于自动机床、数控机床等高效率加工及越来越多复杂形状零件加工需要快速可靠的测量设备与之配套;另一方面,是由于电子技术、计算机技术、数字控制技术以及精密加工技术的发展,为三坐标测量机的产生提供了技术基础。

今后一段时间,CMM 主要向微型化、纳米超精化和 X 光断层扫描式 3D 发展。ZEISS 公司已推出 Nano-CMM F25 超高精度三坐标测量机,可实现纳米级测量,主要用于精密微型机械零部件的超高精度测量。德国 Werth 公司推出的 X 光断层扫描式三坐标测量机,将医疗检测 CT 技术和理念应用于工业零件的测量,使被测工件内部结构尺寸和形状的检测成为可能,而在通常情况下测头很难达到这些测量位置。

### 2. 三坐标测量机的组成及工作原理

(1) CMM 的组成。作为一种测量仪器,CMM 的作用主要是比较被测量与标准量,并将比较结果用数值表示出来。CMM 需要 3 个方向的标准器,利用导轨实现沿相应方向的运动,还需要三维测头对被测量进行探测和瞄准。此外,CMM 还具有数据处理和自动检测等功能,需要由相应的电气控制系统与计算机软硬件实现。

CMM 可分为主机、测头和电子系统三大部分,如图 4-37 所示。

① 主机:由框架、标尺系统、导轨、驱动装置、平衡部件等组成。框架是测量机的主体机械结构,由工作台、立柱、桥框等机械结构组成;标尺系统是测量机的重要组成部分,是决定仪器精度的一个重要环节;导轨是测量机实现三维运动的重要部件。测量机多采用滑动导轨、滚动轴承导轨和气浮导轨,而以气浮静压导轨为主要形式;驱动装置是测量机的重要运动机构,可实现机动和程序控制伺服运动的功能。

② 测头:三维测量的传感器,它可在三个方向上感受瞄准信号和微小位移,以实现瞄准与测微两种功能。测量机的测头主要有硬测头、电气测头、光学测头等。测头有接触式测头和非接触式测头之分。按输出信号分,有用于发信号的触发式测头和用于扫描的瞄准式测头、测微式测头。

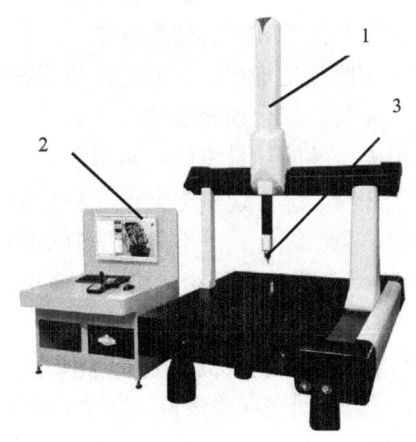

1—主机;2—电子系统;3—测头

图 4-37 三坐标测量机的组成

③ 电子系统：一般由光栅计数系统、测头信号接口和计算机、测量软件等组成，用于获得被测点数据，并对数据进行处理。

（2）CMM 的工作原理。三坐标测量是由三个相互垂直的运动轴 X、Y、Z 建立起的一个直角坐标系，测头的一切运动都在这个坐标系中进行；测头的运动轨迹由测球中心点来表示。

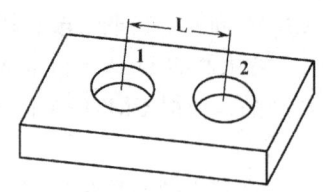

图 4-38　三坐标测量机的工作原理

在测量时，把被测零件放在工作台上，测头与零件表面接触，CMM 的检测系统可以随时给出测球中心点在坐标系中的精确位置。当测球沿工件的几何型面移动时，便可以得到被测几何型面上各点的坐标值。将这些数据输入计算机中，通过相应的软件进行处理，可精确地计算出被测几何尺寸和几何公差。如图 4-38 所示，测量孔 1、2 的中心距，先在孔 1 和 2 处分别测量至少 3 点，计算出各自的圆心坐标值，然后计算两点的距离。

### 3. 三坐标测量机的分类

（1）按 CMM 的技术水平分类

① 数字显示及打印型。这类 CMM 主要用于几何尺寸的测量，可显示并打印测得点的坐标数据，但获得的几何尺寸和形位误差等数据还需进行人工计算，因其技术水平低，目前已基本被淘汰。

② 能进行计算机数据处理型。这类 CMM 技术水平略高，目前应用较多。其测量仍为手动或机动方式，但用计算机处理测量数据可完成诸如工件安装倾斜的自动校正计算、坐标变换、孔距计算、偏差值计算等数据处理工作。

③ 计算机数字控制型。即 CNC 控制的机器，全部运动自动实现，它的伺服传动机构与机动机器一样，只是控制方式是通过软件实现的。在批量测件时，第一件用机动方式操作，编出自学习程序，存储在计算机内，以后再测量时，测件动作全部自动进行。

（2）按 CMM 的精度分类

按照检定规程，三坐标测量机按精度分为 A、B、C 三类。

A 类，综合误差不大于（$1.5+L/300$）μm，（$L$ 为被测长度，单位为 mm）。一般应用在具有恒温条件的计量室内，常用于精密测量，也称为计量型三坐标测量机。

B 类，综合误差不大于（$3+L/200$）μm。

C 类，综合误差不大于（$5+L/500$）μm。

B、C 类三坐标测量机，一般用于生产过程的测量，亦称生产型三坐标测量机。

（3）按 CMM 的测量范围分类

按三坐标测量机的测量范围大小可分为小、中、大三种类型。

① 小型坐标测量机。这类 CMM 在其最长一个坐标轴方向（一般为 $X$ 轴方向）上的测量范围小于 600mm，主要用于小型精密模具、工具、刀具等的测量，以及小型零件的逆向工程，测量精度和自动化水平较高。

② 中型坐标测量机。这类 CMM 在其最长一个坐标轴方向上的测量范围为 600～2000mm，是应用最多的机型，主要用于箱体、模具类零件的测量。

③ 大型坐标测量机。这类 CMM 在其最长一个坐标轴方向上的测量范围大于 2000mm，主要用于汽车、发动机外壳、航空发动机叶片等大型零件的测量。

（4）按 CMM 的结构形式分类

按照结构形式，CMM 可分为移动桥式、固定桥式、龙门式、悬臂式和立柱式等。

## 4.2.2 三坐标测量机的主机

三坐标测量机是由三个相互垂直的直线运动轴构成的，这三个坐标轴的相互配置位置对测量机的精度以及对被测工件的适用性影响较大。如图 4-39 所示为目前常见的几种 CMM 的结构形式，下面对其结构特点和应用做简要介绍。

### 1. CMM 的结构形式

如图 4-39（a）所示为移动桥式结构，它是目前应用最广泛的一种结构形式，结构简单，敞开性好，工件安装在固定工作台上，承载能力强。但因为在 $Y$ 方向上存在较大的阿贝臂，所以此结构主要用于中等精度的中小机型。

如图 4-39（b）所示为固定桥式结构，其桥框固定不动，主要部件的运动稳定性好，运动误差小，适用于高精度测量，但工作台负载能力小，结构敞开性不好，主要用于高精度的中小机型。

如图 4-39（c）所示为中心门移动式结构，结构比较复杂，敞开性一般，兼具移动桥式结构承载能力强和固定桥式结构精度高的优点，适用于高精度、中型尺寸以下机型。

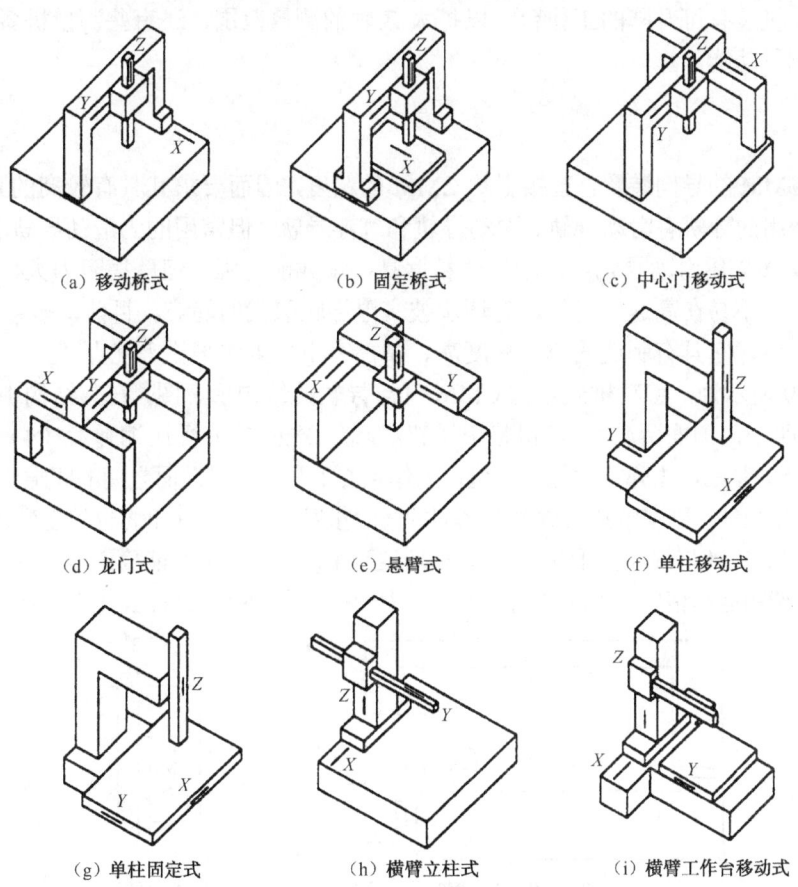

图 4-39 三坐标测量机的结构形式

如图4-39（d）所示为龙门式结构，它的移动部分只有横梁，移动部分质量小，结构刚性好，三个坐标测量范围较大时也能保证测量精度，适用于大型测量机。

如图4-39（e）所示为悬臂式结构，结构简单，具有很好的敞开性，但由于滑架的运动会使悬臂的变形发生变化，故测量精度不高，一般用于测量精度要求不太高的小型测量机。

如图4-39（f）所示为单柱移动式结构，操作方便、测量精度高，但结构复杂、测量范围小，适用于高精度的小型数控机型。

如图4-39（g）所示为单柱固定式结构，结构牢靠、敞开性较好，但工件的重量对工作台的运动有影响，因此仅用于测量精度中等的中小型测量机。

如图4-39（h）所示为横臂立柱式结构，在汽车工业中被广泛应用。其结构简单、敞开性好，尺寸较大，因为在横臂前后伸出时会产生较大变形，所以测量精度不高，适用于中大型测量机。

如图4-39（i）所示为横臂工作台移动式结构，敞开性较好，横臂部件质量较小，但工作台承载有限，适用于中等精度的中小型测量机。

### 2. 工作台

早期的 CMM 工作台一般由铸铁或铸钢制成，但近年来，各生产厂家已广泛采用花岗岩制造工作台，主要是因为花岗岩变形小、稳定性好、耐磨损、不生锈，且价格低廉、易于加工。有些测量机装有可升降的工作台，以扩大 $Z$ 轴的测量范围，还有些测量机备有旋转工作台，以扩大测量功能。

### 3. 导轨

导轨是 CMM 的导向装置，直接影响 CMM 的精度，因而要求其具有较高的直线性精度。在 CMM 上使用的导轨有滑动导轨、滚动导轨和气浮导轨，但常用的为滑动导轨和气浮导轨。早期的 CMM 多采用滑动导轨。滑动导轨精度高、承载能力强，但摩擦阻力大，易磨损，在低速时易爬行，不易在高速下运行，有逐步被气浮导轨取代的趋势。目前，多数 CMM 已采用空气静压导轨，它具有制造简单、精度高、摩擦力小、工作平稳等优点。

如图4-40所示为一移动桥式结构 CMM 气浮导轨的结构示意图，在其结构中有六个气垫（2）（水平面四个，侧面两个），使得整个桥架浮起。滚轮（3）受压缩弹簧（4）的压力作用而与导向块（5）紧贴，由弹簧力保证气垫在工作状态下与导轨导向面之间的间隙。当桥架（6）移动时，若产生扭动，则使气垫与导轨面之间的间隙量发生变化，其压力也随之变化，从而造成瞬时的不平衡状态，但在弹簧力的作用下会重新达到平衡状态，使其能稳定地保持 10μm 的间隙量，以保证桥架的运动精度。气浮导轨的进气压力一般为 3～6 个大气压，同时要求有稳压装置。

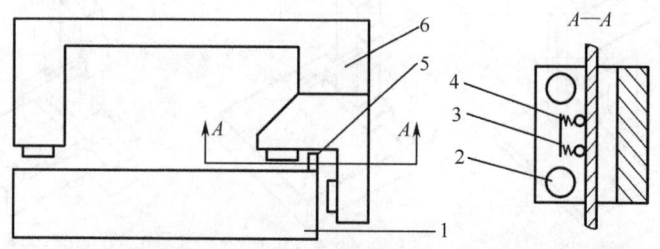

1—工件台；2—气垫；3—滚轮；4—压缩弹簧；5—导向块；6—桥梁

图4-40　三坐标测量机气浮导轨的结构

## 4.2.3 三坐标测量机的测量系统

三坐标测量机的测量系统由标尺系统和测头构成，它们是 CMM 的关键组成部分，决定了 CMM 的测量精度。

**1. 标尺系统**

标尺系统（有时也称测量系统）用来度量各轴的坐标数值，目前国内外 CMM 的测量系统种类很多，按其性质可以分为机械式测量系统（如精密丝杠加微分鼓轮、精密齿条及齿轮、滚动直尺）、光学式测量系统（如光学读数刻线尺、光学编码器、光栅、激光干涉仪）和电气式测量系统（如感应同步器、磁栅）。目前，国内外生产的 CMM 的测量系统主要采用光栅，其次是感应同步器和光学编码器。有些高精度 CMM 采用了激光干涉仪测量系统。

**2. 测头**

三坐标测量机是用测头来拾取信号的，因而测头的性能直接影响测量精度和测量效率，没有先进的测头就无法充分发挥测量机的功能。在 CMM 上使用的测头，按结构原理分为机械式、光学式和电气式等。机械式主要用于手动测量；光学式多用于非接触式测量；电气式多用于接触式自动测量。由于 CMM 的自动化要求，新型测头主要采用电学与光学原理进行信号转换。按测量方法，测量头分为接触式和非接触式。接触式测量头便于拾取三向尺寸信号，应用很广，种类较多；非接触式测量头由于有独到优点，发展十分迅速。

（1）机械接触式测头。机械接触式测头为刚性测头，根据其触测部位的形状，可分为圆锥形测头、圆柱形测头、球形测头、半球形测头、点测头、V 形块测头等（如图 4-41 所示）。这类测头的形状简单，制造容易，但测量力的大小取决于操作者的经验和技巧，因此测量精度差、效率低。目前除少数手动测量机还采用此种测头外，绝大多数测量机不再使用。

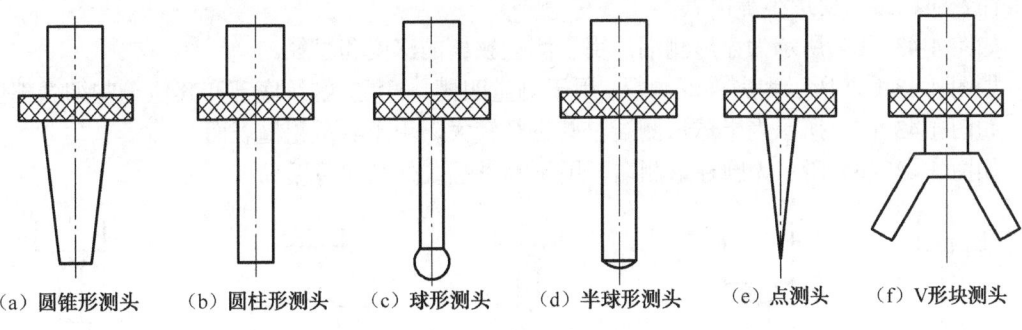

图 4-41 机械接触式测头

（2）电气接触式测头。电气测头多采用电触、电感、电容、应变片、压电晶体等作为传感器来接收测量信号，可以达到很高的测量精度，所以电气测头在各类 CMM 测头中占有主要位置。

（3）光学测头。在多数情况下，光学测头与被测物体没有机械接触，这种非接触式测量具有一些突出优点，主要体现在：①因为不存在测量力，所以适合于测量各种软的和薄的工件。②由于是非接触式测量，可以对工件表面进行快速扫描测量。③多数光学测头具有比较大的量程，这是一般接触式测头难以达到的。④可以探测工件上一般机械测头难以探测到的部位。近年来，光学测头发展较快，在坐标测量机上应用的光学测头的种类也较多，如三角法测头、激光聚集测头、光纤测头、体视式三维测头、接触式光栅测头等。

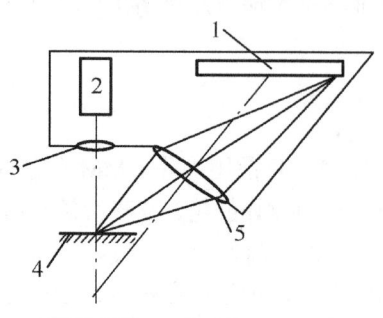

1—光电检测器；2—激光器；3—聚光镜；
4—工件；5—成像镜
图 4-42 激光非接触式测头工作原理

下面简要介绍一下三角法测头的工作原理。如图 4-42 所示，由激光器（2）发出的光经聚光镜（3）形成很细的平行光束，照射到被测工件（4）上（工件表面反射回来的光可能是镜面反射光，也可能是漫反射光，三角法测头是利用漫反射光进行探测的），其漫反射回来的光经成像镜（5）在光电检测器（1）上成像。照明光轴与成像光轴间有一夹角，称为三角成像角。

当被测表面处于不同位置时，漫反射光斑按照一定三角关系成像于光电检测器件的不同位置，从而探测出被测表面的位置。这种测头的突出优点是工作距离大，在离工件表面很远的地方（如 40～100mm）也可对工件进行测量，且测头的测量范围也较大（如±5～±10mm）。不过三角法测头的测量精度不是很高，其测量不确定度大致在几十至几百微米。

**3. 测头附件**

为了扩大测头功能、提高测量效率以及探测各种零件的不同部位，常需要为测头配置各种附件，如测端、探针、连接器、测头回转附件等。

（1）测端。对于接触式测头，测端是与被测工件表面直接接触的部分。对于不同形状的表面需要采用不同的测端。如图 4-43 所示为一些常见的测端形状。

如图 4-43（a）所示为球形测端，是最常用的测端。它具有制造简单、便于从各个方向触测工件表面、接触变形小等优点。

如图 4-43（b）所示为盘形测端，用于测量狭槽的深度和直径。

如图 4-43（c）所示为尖锥形测端，用于测量凹槽、凹坑、螺纹底部和其他一些细微部位。

如图 4-43（d）所示为半球形测端，其直径较大，用于测量粗糙表面。

如图 4-43（e）所示为圆柱形测端，用于测量螺纹外径和薄板。

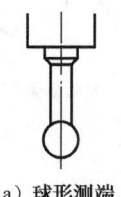 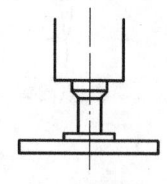  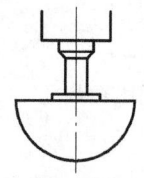 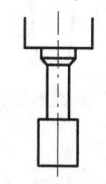

（a）球形测端　　（b）盘形测端　　（c）尖锥形测端　　（d）半球形测端　　（e）圆柱形测端

图 4-43 测端的形状

（2）探针。探针是指可更换的测杆。在有些情况下，为了便于测量，需要选用不同的探针。探针对测量能力和测量精度有较大影响，在选用时应注意：①在满足测量要求的前提下，探针应尽量短。②探针直径必须小于测端直径，在不发生干涉的条件下，应尽量选大直径探针。③在需要长探针时，可选用硬质合金探针，以提高刚度。若需要特别长的探针，可选用质量较轻的陶瓷探针。

(3) 连接器。为了将探针连接到测头上、测头连接到回转体上或测量机主轴上，需要采用各种连接器。常用的有星形探针连接器、连接轴、星形测头座等。

如图 4-44 所示为星形测头座示意图，其上可以安装若干不同的测头，并通过测头座连接到测量机主轴上。在测量时，根据需要可由不同的测头交替工作。

(4) 回转附件。对于有些工件表面的检测，比如一些倾斜表面、整体叶轮叶片表面等，仅用与工作台垂直的探针探测将无法完成要求的测量，这时就需要借助一定的回转附件，使探针或整个测头回转一定角度再进行测量，从而扩大测头的功能。

常用的回转附件如图 4-45（a）所示。它可以绕水平轴 $A$ 和垂直轴 $B$ 回转，在它的回转机构中

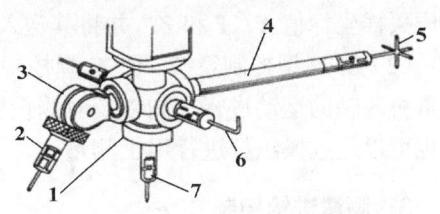

1—星形测头座；2—测头；3—回转接头座；
4—测头；5—星形探针连接器；6—测头；7—测头

图 4-44　星形测头座示意图

有精密的分度机构，其分度原理类似于多齿分度盘。在静盘中有 48 根沿圆周均匀分布的圆柱，而在动盘中有与之相应的 48 个钢球，从而可实现以 $7.5°$ 为步距的转位。它绕垂直轴的转动范围为 $360°$，共 48 个位置；绕水平轴的转动范围为 $0°\sim105°$，共 15 个位置。由于当绕水平轴转角为 $0°$（即测头垂直向下）时，绕垂直轴转动不改变测端位置，这样测端在空间一共可有 $48×14+1=673$ 个位置。能使测头改变姿态，以扩展从各个方向接近工件的能力。目前在测量机上使用较多的测头回转体为 RENISHAW 公司生产的各种测头回转体，如图 4-45（b）所示为其实物照片。

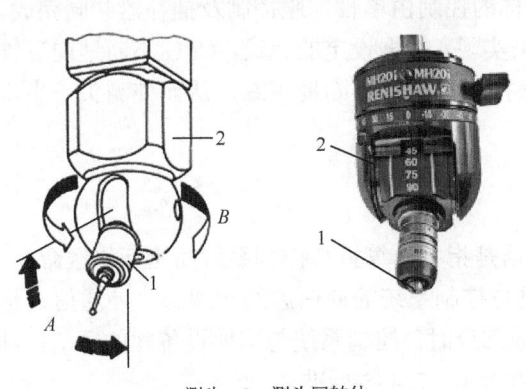

1—测头；2—测头回转体

（a）二维测头回转体示意图　（b）PH10M 测头回转体实物

图 4-45　可分度测头回转体

### 4.2.4　三坐标测量机的控制系统

**1. 控制系统的功能**

控制系统是三坐标测量机的关键组成部分之一。其主要功能：读取空间坐标值，控制测量瞄准系统对测头信号进行实时响应与处理，控制机械系统实现测量所必需的运动，实时监控 CMM 的状态以保障整个系统的安全性与可靠性等。

**2. 控制系统的结构**

按自动化程度分类，CMM 分为手动型、机动型和 CNC 型。早期的坐标测量机以手动型和机动型为主，其测量是由操作者直接手动或通过操纵杆完成各个点的采样，在计算机中进行数据处理的。随着计算机技术及数控技术的发展，CNC 型控制系统变得日益普及，它通过程序来控制 CMM 自动进给和进行数据采样，同时在计算机中完成数据处理。

（1）手动型与机动型控制系统。这类控制系统结构简单，操作方便，价格低廉，在车间

中应用较广。这两类 CMM 的标尺系统通常为光栅,测头一般采用触发式测头。其工作过程:当触发式测头接触工件时,测头发出触发信号,通过测头控制接口向 CPU 发出一个中断信号,CPU 则执行相应的中断服务程序,实时地读出计数接口单元的数值,计算出相应的空间长度,形成采样坐标值 $X$、$Y$ 和 $Z$,并将其送入采样数据缓冲区,供后续的数据处理使用。

(2)CNC 型控制系统。CNC 型控制系统的测量进给是计算机控制的。它可以通过程序对测量机各轴的运动进行控制以及对测量机运行状态进行实时监测,从而实现自动测量。另外,它也可以通过操纵杆进行手工测量。

### 3. 测量进给控制

手动型以外的 CMM 是通过操纵杆或 CNC 程序对伺服电机进行速度控制的,以此来控制测头和测量工作台按设定的轨迹做相对运动,实现对工件的测量。CMM 的运动控制包括单轴伺服控制和多轴联动控制。单轴伺服控制较为简单,各轴的运动控制由各自的单轴伺服控制器完成。但当要求测头在三维空间中按预定的轨迹相对于工件运动时,则需要 CPU 控制三轴按一定的算法联动以实现测头的空间运动,这样的控制由单轴伺服控制及插补器共同完成。在 CMM 控制系统中,插补器由 CPU 程序控制来实现。根据设定的轨迹,CPU 不断地向三轴伺服控制系统提供坐标轴的位置命令,单轴伺服控制系统则不断地跟踪,从而使测头一步步从起始点向终点运动。

### 4. 控制系统的通信

控制系统的通信包括内通信和外通信。内通信是指主计算机与控制系统间相互传送命令、参数、状态与数据等,这些是通过连接主计算机与控制系统的通信总线实现的。外通信则是指当 CMM 作为 FMS 系统或 CIMS 系统中的组成部分时,控制系统与其他设备间的通信。目前用于 CMM 通信的主要有串行 RS-232 标准与并行 IEEE-488 标准。

## 4.2.5 三坐标测量机的软件系统

现代三坐标测量机都配备了计算机,由计算机来采集数据,通过运算输出所需的测量结果,其软件系统功能的强弱直接影响测量机的功能。因此各 CMM 生产厂家都非常重视软件系统的研究与开发。下面对在 CMM 中使用的软件进行简要介绍。

### 1. 编程软件

为了使 CMM 能实现自动测量,需要事先编制好相应的测量程序。而这些测量程序的编制有以下几种方式。

(1)图示及窗口编程方式。这是最简单的方式,它通过图形菜单选择被测元素,建立坐标系,并通过"窗口"提示选择操作过程及输入参数,编制测量程序。该方式仅适用于比较简单的单项几何元素测量的程序编制。

(2)自学习编程方式。这种编程方式是在 CNC 测量机上,由操作者引导测量过程,并输入相应指令,直到完成测量。由计算机自动记录操作者手动操作的过程及相关信息,并自动生成相应的测量程序,若要重复测量同种零件,只需调用该测量程序,便可自动完成以前记录的全部测量过程。该方式适合于批量检测,也属于比较简单的编程方式。

(3)脱机编程。这种方式是采用三坐标测量机生产厂家提供的专用测量机语言(如 DIMS

语言）先在其他通用计算机上预先编制好测量程序，再到测量机上试运行，若发现错误则进行修改。其优点是能解决很复杂的测量工作，缺点是易出错。

（4）自动编程。在计算机集成制造系统中，通常由 CAD/CAM 系统自动生成测量程序。CMM 一方面读取由 CAD 系统生成的设计图纸数据文件，自动构造虚拟工件；另一方面接受由 CAM 加工出来的实际工件，并根据虚拟工件自动生成测量路径，实现无人自动测量。这一过程中的测量程序是完全由系统自动生成的。

### 2．测量软件包

测量软件包可含有许多种类的数据处理程序，以满足各种工程需要。一般将三坐标测量机的测量软件包分为通用测量软件包和专用测量软件包。通用测量软件包主要是指针对点、线、面、圆、圆柱、圆锥、球等基本几何元素及其几何误差、相互关系进行测量的软件包。专用测量软件包是指 CMM 生产厂家为了提高对一些特定测量对象时的测量效率和测量精度而开发的各类测量软件包。如有不少 CMM 配备了针对齿轮、凸轮与凸轮轴、螺纹、曲线、曲面等常见零件和表面测量的专用测量软件包。在有的测量机中，还配备了测量汽车车身、发动机叶片等零件的专用测量软件包。此类测量包有待进一步完善。

### 3．系统调试软件

系统调试软件主要用于调试测量机及其控制系统，一般具有以下几种。

（1）自检及故障分析软件包：用于检查系统故障并自动显示故障类别。

（2）误差补偿软件包：用于对三坐标测量机的几何误差进行检测，在三坐标测量机工作时，按检测结果对测量机误差进行修正。

（3）系统参数识别及控制参数优化软件包：用于 CMM 控制系统的总调试，并生成具有优化参数的用户运行文件。

（4）精度测试及验收测量软件包：用于按验收标准测量检具。

### 4．系统工作软件

测量软件系统必须配置一些属于协调和辅助性质的工作软件，其中有些是必备的，有些用于扩充功能。

（1）测头管理软件：用于测头校准、测头旋转控制等。

（2）数控运行软件：用于测头运动控制。

（3）系统监控软件：用于对系统进行监控（如监控电源、气源等）。

（4）编译系统软件：用于程序编译，生成运行目标码。

（5）DMIS 接口软件：用于翻译 DMIS 格式文件。

（6）数据文件管理软件：用于各类文件管理。

（7）联网通信软件：用于与其他计算机实现双向或单向通信。

## 4.2.6 海克斯康 GLOBAL S 型三坐标测量机简介

### 1．结构形式及主要技术指标

GLOBAL S 型三坐标测量机是中国青岛海克斯康公司生产的，其结构如图 4-46 所示。

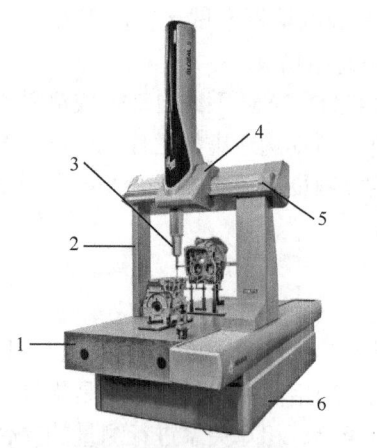

1—花岗岩工作台；2—移动桥架；3—Z轴；4—中央滑架；5—横梁；6—底座

图 4-46　GLOBAL S 型 CMM

GLOBAL S 三坐标测量机延续了 GLOBAL 测量机家族的经典的机械机构和可靠的品质，精密的三角梁，整体式的燕尾导轨，全铝的框架，敞开式的测量空间，远置的电机和独特的光栅系统充分保证了测量机运行的稳定性和系统分辨率。除此之外，GLOBAL S 新增了 Compass（高精度快速扫描）、Scan Pliot（未知路径扫描）、Fly mode 2（路径自动优化）、VHSS（可变快速扫描）4 大核心技术，大大提升了客户体验，配合海克斯康集团扫描类探测系统，可为用户提供更高的精度，更高的效率，更智能化的测量系统。

测量机的主要性能参数如下：

行程范围：（500×760×500）mm

测量精度：（3.5+4×$L$/1000）μm

分辨率：0.5μm

### 2. 测量机主要功能

（1）几何尺寸测量：可完成点、线、面、孔、球、圆柱、圆锥、槽、抛物面、环的几何尺寸测量，同时可测出相关的形状误差。

（2）几何元素构造：通过测量相关尺寸，可构造出未知的点、线、面、孔、球、圆柱、圆锥、槽、抛物面、环等，并计算出它们的几何尺寸和形状误差。

（3）计算元素间的关系：通过测量一些相关尺寸，可计算出元素间的距离、相交、对称、投影、角度等关系。

（4）位置误差检测：可完成平行度、垂直度、同轴度、位置度等位置误差的测量。

（5）几何形状扫描：用海克斯康公司提供的 PC-DMIS 软件包可对工件进行扫描测量。

### 3. 测量机所具有的测量方式

（1）手动测量：利用手控盒手动控制测头进行测量，可以在手动测量时生成程序单。

（2）自动测量：PC-DMIS 拥有了独特的 CAD 直接接口（DCI）功能，可以直接使用 CAD 建模数据编程，用程序单控制测量机自动检测。

## 4.2.7　典型零件——矫正机导辊的检测

使用海克斯康三坐标脱机测量软件可根据图纸要求建模，完成矫正机导辊零件的程序编写，输出检测结果。零件形状和图纸如图 4-47 所示。

### 1. 导辊零件建模与安装

（1）零件的建模：首先建立合理的零件检测坐标系，坐标系的建立原则上要根据图纸所标注的基准特征元素为要素，同时还要考虑该零件的加工基准及实际装配关系。为了更加体现零件数据的真实性，在评价位置同轴度时，需要构造公共轴线并将公共轴线设为评价同轴度的基准，故以零件的左端面的回转中心为检测坐标系的零点，按照零件图样建立数字模型，如图 4-48 所示。

项目 4 质量检测

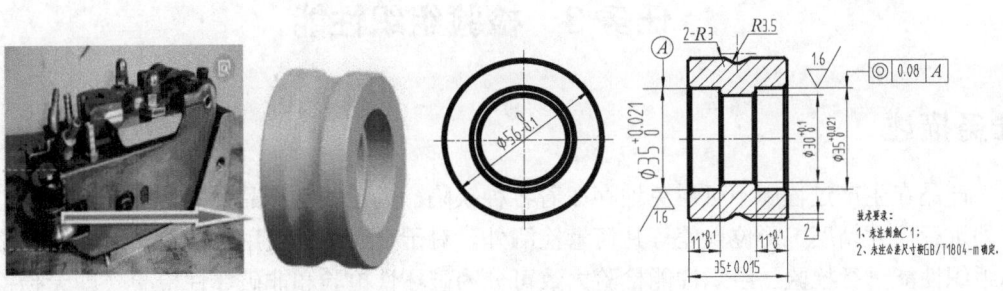

图 4-47 矫正机导辊零件及图纸

（2）零件的安装：分析零件图样，由于基准不在同一个方向面上，又需要一次固定装夹完成零件的同轴度的测量，可以用磁力 V 形块，如图 4-49 所示。

图 4-48 导辊建模　　　　　　　　图 4-49 零件装夹

### 2. 检测过程报告单

（1）开机启动初始化：检查测量机外观、导轨是否整洁无障碍物，确认工作环境合适，打开主机、电气系统、气源及冷冻干燥机，系统进入自检状态（操纵盒所有指示灯全亮），当自检结束部分指示灯熄灭时，按住"MACHINE START"按钮加电，如果加不上电，请检测气压是否足够或急停按钮是否全部打开。启动 PC-DMIS 软件，根据软件提示操作，确定后测量机进行零点确认。

（2）设置文件的保存路径：打开文件保存地址测头路径和测量程序路径，方便查找程序文件及资料归档；在新建程序文件时要输入零件名称如"DAOGUN 工件"，注意选择单位为毫米。

（3）定义测头及测头校验：

① PC-DMIS 软件打开"测头工具框"，选择命令"插入"—"硬件定义"—"测头"。

② 配置测头文件，根据测量机 Z 轴下面连接的测头组件在"测头说明"区域选择相应的配置；用同样方式加载"空连接 1"，选择测头传感器型号名称"PROBETP200/TesastarMP_Body"，连接"TesastarMP_module_SF"；再以同样的方式加载"空连接 1"，选择加长杆型号名称"EXTEN20MM"和测针型号名称"TIP4BY20MM"。

③ 测针型号说明：TIP 开头的为测针选项，4 为红宝石球直径；BY 为球形，20mm 为测针长度，完成后进行测头校验。

（4）根据建模完成程序编制。

## 任务3  检验组织性能

## 任务描述

产品在生产过程中不可避免地存在着各种缺陷,为了鉴定产品优劣,保证其质量,除了必须进行尺寸精度、形位误差等几何量检测外,对于具有特殊使用性能要求的零件还必须对其组织性能进行检验。组织性能检验大致可分为破坏性检验和非破坏性检验(即无损检验)两大类。无损检验可探测内部和外部缺陷:如气孔、裂纹(表层及内部)、夹渣、疏松、化学成分的变化、晶粒大小不均、偏析、加工缺陷、凹痕、撕裂、焊接缺陷等。生产中大多进行无损检验,因此下面仅就此进行介绍。

### 4.3.1 致密性检验

**1. 水压检验**

水压检验适用于对铸、焊类容器、管道等的检验。常用的检验方法:①锤击法。在检验时,将被检对象注满水后,用小锤轻击容器,看其是否有水渗漏。②加压法。在容器中注满水后加压至工作压力的 1.25~1.5 倍,并保持一定时间(一般为 5min),然后将压力降至工作压力,观察容器有无渗漏。③冲水法。对于焊件,可用一定压力的水对焊缝进行冲水试验,观察焊缝的背面有无渗漏。

**2. 气压检验**

气压检验适用于对铸、焊类容器和管道等的检验。在试验时,将被检对象通入压缩空气,被检部位外侧涂上肥皂水,看肥皂水是否起泡;或在管内通入含有 10%氨的气体,在被检部位外侧贴上带有硝酸汞溶液的试验纸,如纸面出现黑色斑点,则说明有渗漏;或将充气的试件沉入水中,若有气泡,则表示有渗漏。进行气压试验有一定危险,要注意安全。

### 4.3.2 放射性检验

放射性检验主要利用 X 射线或γ射线能穿透普通光不能穿透的物质,且在物质中具有衰减作用的规律,来检验气孔、夹渣及未焊透等工件的内部缺陷。目前主要有射线照相法、荧光屏观察法、X 射线电视法。

**1. 射线照相法**

X 射线和γ射线之所以能检验工件缺陷,主要是因为其在穿透金属而透视被检对象时,由于缺陷部位对射线的衰减较少,通过的射线强度较大,使相应部位在胶片上产生较强的感光度。胶片冲洗后,可以借助底片上的影像来辨别有无缺陷,并说明缺陷的性质以及解释缺陷存在的情况,推测缺陷可能发展的趋向,根据对被检对象的要求决定其是否合格。但是必须注意,底片上不同程度的明暗区域并不一定都对应着内部缺陷,有的是由工件构造形状造成的。这就需要检验人员具有一定的技术水平。

此外,并非一切缺陷都能用射线检查。如很小的厚度差异和密度差异、与射线方向垂直的裂纹与夹层、微细气孔与毛发裂纹、细微而均匀的疏松等在射线照相底片上往往难以发现。因此，射线底片上无缺陷并不等于被检对象无缺陷。射线照相对气孔、夹渣、未焊透等体积型缺陷比较容易发现，当透照方向不适合时，裂纹、细微未熔合等片状缺陷不易被发现。

为了掌握从底片上辨认缺陷的技术，必须深入现场、观察缺陷返修、解剖典型缺陷。同时要不断地收集有关资料，吸收先进经验，还需要根据本单位工件情况总结出工件内部缺陷的资料，以便在检验时核对。

### 2. 荧光屏观察法

荧光屏观察法是将 X 射线透射到被检对象上，直接观察荧光屏上的图像来检测被检对象是否有缺陷的方法。荧光屏观察法较射线照相法操作简便，省去胶片曝光处理手续。但观察者靠近 X 射线源，所用的 X 射线剂量因此受到限制，只适用于小型零件或非金属零部件的检验。

### 3. X 射线电视法

为了进一步提高检验效率，满足在工业生产中大批量的质量检验，实现自动化流水作业，目前各国都普遍采用或大力发展 X 射线电视法。与 X 射线照相法相比，X 射线电视法有如下优点：

（1）省去底片处理手续，可以即时给出结果；
（2）检查效率高，所需人力物力少，能实现自动流水作业；
（3）检查人员可远离 X 射线源，有效地解决了防护问题；
（4）可以根据需要对工件的不同方位和姿态进行观察。

X 射线电视法的基本原理与普通工业用闭路电视系统相仿，即在摄像机里面通过透镜将图像送到摄像管的光电阴极上，通过有规律的扫描从摄像管中取出图像信号，经放大后用电缆传送到显像管重现原图像。

## 4.3.3 超声波检验

超声波检验是利用超声波在穿透金属时对缺陷产生反射的特性检验出被检对象的优劣的。超声波能穿透大多数材料，可以检验材料内部和表面的缺陷，并可测量板的厚度，评价材料物理和力学性能。超声波检验的优点是灵敏度高、设备简单、对人体无伤害、检验费用低廉且便于实现信息处理和计算机自动控制，因此应用极其广泛。

超声波检验与放射性检验相比各有优点。两种检验方法发现缺陷的能力各不相同，用一种检验方法发现的某种缺陷用另一种检验方法可能难以发现。两种检验方法的比较如表 4-4 所示。

表 4-4 超声波检验与放射性检验比较

| 检验方法 | 缺陷形状 | | |
| --- | --- | --- | --- |
| | 平 面 状 | 球 状 | 圆 柱 状 |
| 射线照相法 | 一般，有时不能发现 | 最适合 | 最适合 |
| 超声波检验 | 最适合 | 一般，有时不能发现 | 一般，有时不能发现 |

## 1. 超声波检验原理

超声波检验按原理分类，大致可分为脉冲反射法、穿透法及共振法。

（1）脉冲反射法。超声波脉冲在被检对象中传播，当遇到缺陷和底面时产生反射。根据反射波的情况，可以知道缺陷的大小和位置。脉冲反射式探测仪的主要部件是探头，探头通过油等耦合物质与被检对象接触。探头有两种形式：垂直探头，发射的是纵波；斜探头，发射的是横波。

如图 4-49 所示为垂直探伤原理。脉冲振荡器产生的电压加到探头晶片上，使之振动，产生超声波。超声波以一定的速度在被检对象中传播，当它遇到缺陷或底面时被反射，探头接收反射波，经高频放大、检波和视频放大后在荧光屏上显示出来。荧光屏的横坐标表示距离，纵坐标表示反射波的声压强度。由图可见，缺陷波 F 比底面反射波 B 先返回探头且强度较小。根据反射波的有无和强弱，以及反射波与发射脉冲之间的时间间隔等可得知有无缺陷及其缺陷的位置和大小。

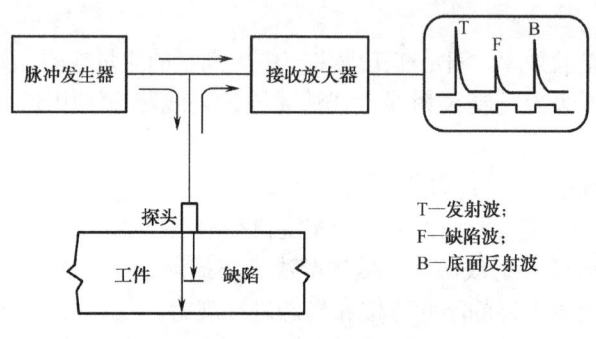

图 4-49　垂直探伤原理

（2）穿透法。穿透法是根据脉冲波或连续波穿透被检对象后的能量变化来判断缺陷情况的一种方法。如图 4-50 所示，发射探头 A 和接收探头 B 分别位于被检对象的两侧，与高频振荡器相连接的发射探头 A 发出超声波，经过工件被接收探头 B 接收。经放大器放大信号后，显示在指示器上。若工件无缺陷，则接收能量大即显示电流也大；缺陷越大，由于缺陷的阻挡，接收探头 B 接收的超声波越小，电流也就越小。因此，根据接收到的信号强弱即可判断缺陷的大小。

穿透法灵敏度低，不能检测小缺陷，也不能对缺陷进行定位，适于检测超声衰减大的材料。

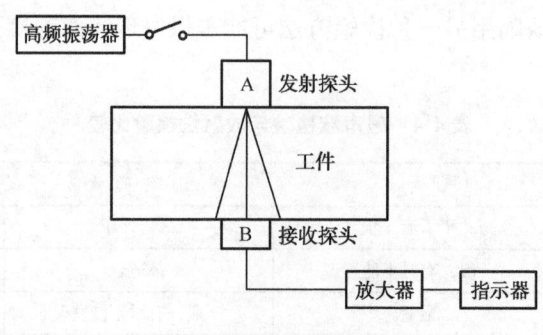

图 4-50　穿透法

(3)共振法。两个振幅、频率均相同的相干波在同一直线上沿相反方向传播时会产生驻波。共振法就是利用驻波来测定工件厚度或缺陷的一种方法。如图 4-51 所示,超声波在工件内传播,当工件厚度 $d$ 为该超声波波长的一半或半波长的整数倍时,因为入射波和反射波的相位相同,所以产生驻波,表现为共振。令发射频率由零逐渐增大,当仪器第一次显示共振时,该共振频率 $f$ 所对应的半波长 $\lambda/2$ 就是被检部位的厚度 $\delta$。

$$\delta = \frac{\lambda}{2} = \frac{c}{2f}$$

式中 $c$——超声波在被检对象中的传播速度,当被检材料确定时,$c$ 为已知值,可从有关资料中查得;

$f$——超声波仪显示的共振频率。

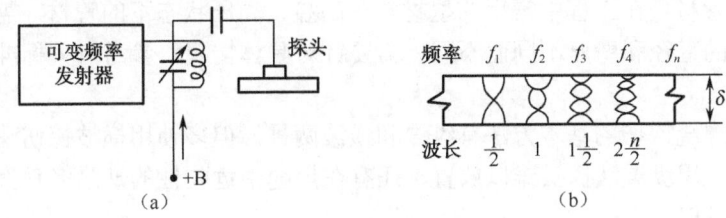

图 4-51 共振法测厚计示意图

超声波检验除了按工作原理分为上述三类,还可按超声波在介质中的传播方式分类,大致可分为以下几类。

(1)垂直探伤法:采用对工件表面垂直入射的超声波进行检验的方法;
(2)斜角探伤法:采用对工件表面倾斜入射的超声波进行检验的方法;
(3)表面波探伤法:采用表面波(又称瑞利波)进行检验的方法;
(4)板波探伤法:采用板波(一种在薄板整个厚度内传送的波)进行检验的方法。
它们的主要用途如表 4-5 所示。

表 4-5 各种超声波探伤方法的主要用途

| 探伤方法 | 波型 | 主要用途 |
| --- | --- | --- |
| 垂直探伤法 | 纵波 | 探测铸、锻、轧制件类的内部缺陷及厚度 |
| 斜角探伤法 | 横波 | 探测焊缝、管件等内部缺陷 |
| 表面波探伤法 | 表面波 | 探测表面缺陷 |
| 板波探伤法 | 板波 | 探测薄板缺陷 |

### 2. 脉冲反射、穿透、共振三种方法比较

(1)脉冲反射法。该法能检测出尺寸大于二分之一波长的缺陷,能较准确地测出缺陷位置和大小,可以探出 1m 以上距离的缺陷,使用方便,可以在一个探测面上进行检验;但探测太薄的工件会存在一定的盲区。

(2)穿透法。该法的灵敏度比脉冲反射法低,可避免盲区,适用于薄板的检验,设备简单,检查速度快;对两个探头的相对位置要求高。

(3)共振法。该法可以精确地测定被检对象的厚度,特别适用于测量薄件,不适用于厚度在 100cm 以上的工件,灵敏度比穿透法高,比脉冲反射法低;要求被检对象表面粗糙度较小。

### 3. 超声波探伤仪

仪器本身发射超声波，在被检对象中遇到缺陷后，在荧光屏上显示出缺陷的有无和位置，并以反射波的幅值估算出缺陷尺寸。该仪器包括探头和试块两个主要部件。超声探头是超声波的接收/发射装置，是将电能转换成声能，或将声能转换成电能的转换器。试块是按一定用途设计制造的具有简单形状的人工反射体，它用来鉴定仪器及探头的工作质量。

### 4. 典型材料的检验方法

（1）板材。板材的检验方法随板材的厚度不同而异。厚板普遍采用垂直探伤法，而薄板则采用板波探伤法。

（2）管材。管材是在工程中常用的型材。在高温、高压状态下的管材，需要进行检验。检验方法随管材的直径和壁厚不同而不同。需要针对具体情况，参考有关标准，选择合适的方法。

（3）焊缝。焊缝探伤的基本方法有纵波和横波两种。但多使用横波探伤法，其原因是焊缝表面凹凸不平，用纵波法探头难以放置，还有在焊缝中危险性的缺陷多垂直于焊缝表面，用斜角探伤容易发现。

## 4.3.4 磁粉检验

磁粉检验用于探测磁性材料（铁、镍、钴、碳素钢及某些合金钢）表面或近表面上的裂纹以及其他缺陷。磁粉检验对表面缺陷灵敏度最大，属于表面探伤，与超声波检验或放射性检验相比，它灵敏度高、操作简便、检验结果可靠。

### 1. 磁粉检验原理

磁粉检验原理：首先对被检对象施加外磁场进行磁化。外磁场的获得一般有两种方法，一种是由具有几百安培，甚至上万安培的磁力探伤机直接给被检对象通以大电流产生磁场，作为被检对象的磁化场；另一种是把被检对象放在螺旋管线圈产生的磁场中，或者放在电磁铁产生的磁场中，来磁化被检对象，如图4-52和图4-53所示。

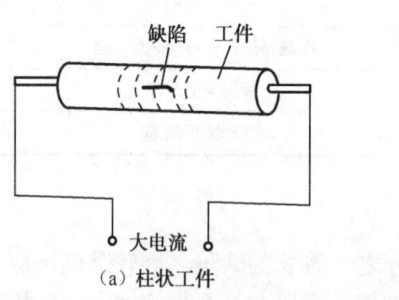
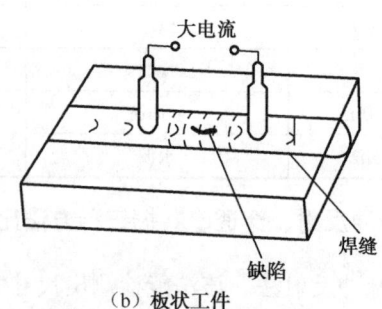

(a) 柱状工件　　　　　　　　(b) 板状工件

图4-52　利用给工件通大电流形成磁场磁化工件

工件被磁化后，在其表面上均匀喷洒细微颗粒的磁粉（磁粉平均粒度为5～10μm）。通常用$Fe_3O_4$或$Fe_2O_3$作为磁粉，因为这些具有较高导磁性的细小磁粉可以被弱小的磁场所吸引。如果在被检对象中不存在缺陷，那么在磁化后被检对象的磁导率均匀，磁粉在被检对象的表面上分布均匀。当被检对象中存在缺陷时，由于缺陷内含有空气和杂质，其磁导率远远小于工件（铁磁性材料）的磁导率，这会引起磁阻变化。位于工件表面或近表面的缺陷，会形成一个小 N—S 磁极，如图 4-54 所示，磁粉会被小磁极吸引，缺陷处由于堆积较多磁粉而被显示出来，形成肉眼可见的缺陷图像。

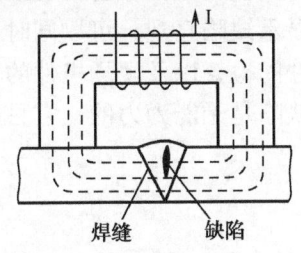

图 4-53　利用通电线圈形成磁场磁化工件

图 4-54　缺陷处的 N—S 小磁极

由磁粉检验原理可知，磁化场的方向与缺陷垂直时漏磁场最大，灵敏度最高。在检验工件纵向裂纹时，应采用周向磁场进行磁化；在检验工件横向裂纹时，应采用纵向磁场进行磁化。

**2. 磁粉检验方法**

根据外磁场的方向，磁粉检验可以归纳成周向磁化、纵向磁化、复合磁化三种方式。

（1）周向磁化：如图 4-52 所示，该方式是通过给工件（或心杆）通电流产生周向磁场，用来发现工件上与磁场方向垂直的纵向缺陷的。

（2）纵向磁化：如图 4-53 所示，该方式是由通电线圈产生磁场（与工件轴向平行），用来发现工件上与磁场方向垂直的横向缺陷的。

（3）复合磁化：该方式是对工件同时进行周向磁化和纵向磁化的方式，给工件通电流产生周向磁场，又采用通电线圈产生纵向磁场磁化工件，从而可以检查在工件中不同方向的缺陷的。如图 4-55 所示为复合磁场磁化方式。

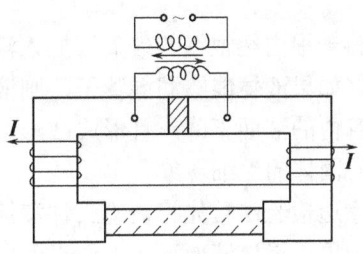

图 4-55　复合磁场磁化方式

**3. 磁粉检验装置**

磁粉探伤机分为便携式（移动式）和固定式两种。对锅炉及压力容器焊缝的磁粉检验，主要采用便携式磁粉探伤机。对于中小型零部件，主要采用固定式磁粉探伤机。

**4. 磁痕分析**

通过磁痕可以分析、评价缺陷的性质和真伪。磁痕分析与放射性检验的底片评定一样，是检验中最后也是最重要的环节。磁痕可分为缺陷磁痕和伪缺陷磁痕两类。

缺陷磁痕是在磁粉检验中要发现的磁痕。按性质大体可分为三类：裂纹磁痕、发纹磁痕、点状夹渣、气孔磁痕。

伪缺陷磁痕是由于某种原因使材料磁导率发生变化，造成磁粉聚集的现象。这种磁痕不能与缺陷磁痕同等看待，必须结合工艺材质情况进行认真分析。

## 4.3.5 渗透检验

渗透检验是检查工件或材料表面缺陷的一种方法。它不受材料磁性的限制，应用于各种金属、非金属、磁性、非磁性材料及零件的表面缺陷检查，比磁粉检验的应用范围更加广泛。另外此法原理简明、费用低廉、设备简单且显示缺陷直观，可以同时显示各个不同方向的各类缺陷。渗透检验对大型工件和不规则零件的检查以及现场机件的检查更能显示出其特有的优点。但渗透检验对埋藏于表层以下的缺陷是无能为力的，它只能检查开口暴露于表面的缺陷。

**1. 渗透检验原理**

渗透检验依据的是在物理学中液体对固体的润湿能力和毛细现象（包括渗透和上升现象）的原理。液体对固体的润湿程度可以用接触角的大小来表示。接触角 $\theta$ 是指液、固的界面与该处液体表面切线间所夹的角度，如图4-56所示。$\theta$ 越大，表示液体对固体工件的润湿能力越小。$\theta$ 角的大小取决于液体的表面张力，张力越小 $\theta$ 就越小，润湿能力就越强。

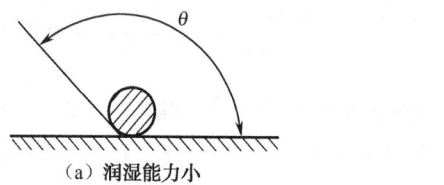

图4-56　润湿能力

将一根内径很细的玻璃管插入液体内，管内的液面高度随液体对管子的润湿能力不同而不同。如果液体能够润湿管子，则液面在管内上升，且形成凹面。如果液体对管没有润湿能力，管内的液面下降，且形成凸形弯曲。液体的润湿能力越强，管内液面上升越高。这就是液体对固体的毛细现象。

渗透检验法首先将被检工件浸涂上具有高度渗透能力的渗透液。由于液体的润湿作用和毛细现象，渗透液便渗入工件表面缺陷，将工件缺陷以外的多余渗透液清洗干净，涂一层亲和力很强的白色显像剂，将渗入裂缝的渗透液吸出来，在白色涂层上便会出现缺陷形状和位置的鲜明图案。

**2. 渗透检验方法**

常用的渗透检验方法有着色显示法和荧光显示法。

（1）着色显示法。将溶于渗透液中的染色物质加到被检产品上，利用染料的颜色显示出缺陷。染色物质应具有易见的颜色，染料颗粒越细，颜色越深，效果就越好。此法仅用放大镜和眼睛观察即可，不需要其他设备。

（2）荧光显示法。将荧光物质加到被检产品上，被吸附在缺陷中的荧光物质受到紫外线的照射发出荧光，在显像剂的作用下，可清楚地鉴定工件表面缺陷，如图4-57所示。

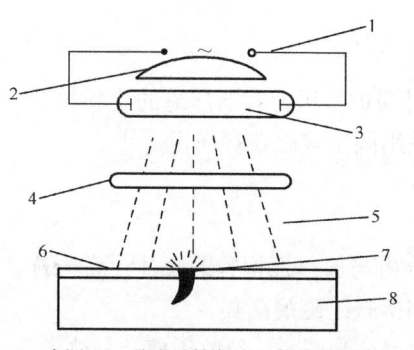

1—电源；2—聚光反射镜；3—紫外线光源；
4—滤光玻璃片；5—紫外光；6—显像剂；
7—荧光物质；8—工件

图4-57　荧光显示法示意图

## 任务4　认识计量检验工

### 4.4.1　计量检验概述

**1. 计量**

计量是科学研究的技术基础。计量就是从数量上和质量上正确反映周围物质世界的真实情况，揭示自然界物质的运动规律，以达到认识世界改造世界的一项技术，也是研究计量制度和计量单位、名称、定义以及建立基准、标准进行量值传递的一项技术。

计量工作深深扎根于国民经济的各个领域，是一项重要的技术。现代生产和科学技术的发展，不断地给计量工作新的技术装备，这在某种意义上也标志着一个国家的现代化水平和科学技术的发展程度。

在机械加工企业中，计量就是研究机械零件的几何参数，包括各种长度、角度、表面粗糙度、几何形状误差和相互位置误差等数值大小鉴别问题的。计量的实质，就是将被测长度与作为基准的长度单位相比较而得出其比值的认识过程，如在测量工件时，将其长度与量具或量仪上的刻线值进行比较。

**2. 检验**

检验是综合运用相关知识和技能，对产品的合格性做出判断的全过程。

在生产过程中，技术测量人员对各种原材料、半成品和成品，用计量器具或其他数据分析方法检查其是否合乎有关规定的过程，称为检验。

在机械制造中，检验是指用计量器具测量在加工过程中或加工后零件的几何形状和尺寸，以及用计量仪器测定工件的硬度及表面粗糙度等，从而确定该工件是否合格的过程。

计量和检验是企业生产和管理活动的一个重要组成部分，对保证产品质量、提高劳动生产率、降低能源和材料消耗、做好经济核算、完善经济责任制、改善企业经营管理、提高经济效益具有重要作用。

机械产品的质量检验依据是有关国家标准、设计图样和制造工艺等。

质检部门要根据国家标准、设计图样和制造工艺，制定出检验操作指导书，指导检验人员对产品质量进行合格性检验。

有关国家标准对产品质量、品种规格、工艺及检验方法等做出了明确的技术规定，国家标准按性质可分为4种。

（1）基础标准：包括通用技术语言标准（如名词术语、标志标记、符号、代号和制图等），精度与互换性标准（如几何公差、表面粗糙度、极限与配合等），系列化和配套关系标准（如标准长度、直径和优先数与优先数系等），结构要素标准（如中心孔、锥度和T形槽等）。此外，还有工艺标准、材料标准等。

（2）产品标准：包括产品型号、尺寸规格、主要性能、质量指标、检验要求以及包装、运输和使用维修等方面的技术规定。

（3）方法标准：包括设计计算方法、工艺方法、抽样方法、检验方法、试验方法等。

（4）安全环境保护标准：包括产品与人身安全以及环境保护的标准等。

## 4.4.2 计量检验工工作内容

### 1. 企业计量检验工作的组织

计量检验工作是由分散在各个检验站（或岗位）的全体质检人员来完成的。为了统一检验方法、加强控制能力、提高产品质量，质量检验部门首先要制订出统一规范的产品质量检验计划，根据检验计划，将有关的图样、标准、文件发给检验人员，使他们按规范的程序和要求进行质量检验。检验计划的内容应包括以下内容。

（1）设计检验流程图或传递单。

（2）设置检验站（组）：包括原材料检验站（组）、配套件和辅助件检验站（组）、工序检验站（组）、装配检验站（组）、成品检验站（组）。

（3）检验文件：检验部门应向各岗位的检验站（组）提供如下文件资料。

① 各检验站（组）的工作任务和内容；

② 各级检验人员的工作职责；

③ 检验程序，如工序流程图、检验流程图、外购辅助件汇总表等；

④ 检验工作文件，如检验作业指导书（卡）、检验方法规程、质量特性缺陷分级等；

⑤ 评定产品质量依据，如图样、工艺、各类标准等；

⑥ 记录表格及原始记录单；

⑦ 信息反馈单；

⑧ 产品合格标记；

⑨ 不合格品的处理规定；

⑩ 计量器具使用方法规程。

（4）充实检测手段计划：充实必要的检测器具，完善检测手段以适应产品质量检验的变化需求。

检验作业指导书是检验工作的重要文件。检验作业指导书又称检验卡，主要内容包括：检验流程图的项目编号、零件名称、图号、质量特征、特征值、使用的计量器具、检验方法等。在抽样检查中，抽样的大小、检验频率也都包括在检验卡的内容中。

### 2. 计量检验工常规工作内容

检验的方法有很多，分类的形式也不尽相同。合理地选择检验方式既能保证产品质量，又能减少检验工作量，提高检验效率，节省检验费用。通常机械制造企业的质量检验工作按生产流程顺序可划分为以下内容。

（1）进厂检验：对外购的原材料、外购件辅助件进厂进行检验。进厂检验包括首件（批）检验和成批进货检验。其目的是防止不合格的原材料、外购件、辅助件在产品上被使用。

（2）工序检验：对某道工序或某批零件进行检验。工序检验分首件检验、巡回检验和完工检验三种。其目的是预防废品的发生，防止将不合格品转到下道工序。

（3）成品检验：在产品入库前进行一次全面的最终检验。成品检验一般包括成品的质量精度、性能、外观和安全性等。其目的是检验成品是否符合质量要求。

这些检验工作会组织相应的质检人员来完成。上述工作内容都是对零件的尺寸、形状、表面粗糙度等几何量参数的检验，通常按以下程序进行。

（1）熟悉产品的相关质量标准与技术规范，阅读产品图纸，明确检验项目。
（2）确定检验方案及检验仪器：包括选择测量方法、计量器具、测量基准面、定位方式。
（3）对产品进行检验，取得检验数据。
（4）进行数据处理，填写检验报告或有关单据并做出合格性判断。
（5）测量结果的处理：对不合格品进行处理（返修或报废），对合格品做出安排（转下道工序或入库）。

### 3. 不合格品与不良品的管理

（1）不合格品与不良品。国家标准 GB 2828—1981《逐批检查计数抽样程序及抽样表》中提出了不合格品的概念：有一个或一个以上缺陷的产品，称为不合格品。国家标准将不合格品分为四类。

① 致命不合格品：对人的生命安全构成危险或对重要产品的基本功能存在致命影响的缺陷，这样的产品叫作致命不合格品。

② 重不合格品：存在使产品使用性能严重降低的重缺陷，这种产品叫作重不合格品。

③ 轻不合格品：存在对产品使用性能影响轻微的轻缺陷，这种产品叫作轻不合格品。

④ 不良品：对有缺陷、不符合标准和图样要求，但不影响产品使用性能，完全能够满足用户要求的，称为不良品。

（2）不合格品与不良品的处理。当检验人员发现不合格品或不良品后，应立即根据检测结果开具不合格品通知单或不良品处理通知单。将不合格品或不良品进行隔离，并由专人进行登记、保管，以备考查。

（3）不合格品与不良品处理程序。不合格品与不良品经技术分析后，可做如下处理。

① 返修品：对不影响产品使用性能的一般件和非易损的主要零件，当发生质量问题时，经过正常处理程序后，允许返修。

② 回用品：对不影响产品使用性能的一般件和非易损的主要零件，当发生质量问题时，经过正常处理程序后，不必经过返修，允许回用。

③ 废品：凡是不能返修或回用的不合格品和不良品，均为废品。

一般处理程序如下：

对不影响整机功能的零部件或一般产品的质量问题，可根据检验员开出的通知单进行处理；对会影响整机功能的零部件或主要产品的质量问题，需要由相关负责人召集有关部门组成分析小组共同研究处理意见。处理过程和处理结果必须记录和存档。

（4）不合格品与不良品的分析。对于不合格品与不良品，应及时分析产生原因，采取改进措施，防止再次发生。

## 4.4.3 计量检验工工作注意事项

对计量检验工的基本要求：要高效、低成本地获得测量结果，保证测量精度，避免因检测不当而产生废品。因此，以下各方面应当注意。

### 1. 测量器具的选择

（1）应考虑的因素。在进行普通测量时，测量器具的选择应综合考虑以下几方面。

① 测量精度：所选的测量器具的精度指标必须满足被测对象的精度要求，才能保证测量

的准确度。被测对象的精度要求主要由其公差的大小来体现。公差越小,对测量的精度要求就越高。

一般情况下,所选测量器具的测量不确定度(可查有关表格直接得到)只能占被测零件尺寸公差的 1/10~1/3。在精度低时,取 1/10;在精度高时,取 1/3。

② 测量成本:在保证测量准确度的前提下,应考虑测量器具的价格、使用寿命、检定修理时间、对操作人员技术熟练程度的要求等,选用价格较低、操作方便、维护保养容易、操作培训费用少的测量器具,尽量降低测量成本。

③ 被测件的结构特点及检测数量:所选测量器具的测量范围必须大于被测尺寸。对硬度低、材质软、刚性差的零件,一般选用非接触测量,如用光学投影放大、气动、光电等原理的测量器具进行测量。当测量件数较多(大批量)时,应选用专用测量器具或自动检验装置;对于单件或少量的测量,可选用通用测量器具。

(2)普通测量器具的选择。普通测量器具包括游标尺、千分尺、指示表等通用量具,和分度值不小于 0.0005mm、放大倍数不大于 2000 的比较仪等。普通测量器具广泛用于检验光滑工件尺寸。在选择时还应注意以下几方面。

① 检验条件要求:工件尺寸的合格与否一般会按一次测量结果进行判断。普通测量器具一般用来测量尺寸。对偏离测量的标准条件引起的误差,如温度误差以及测量器具不显著的系统误差等,一般不进行修正。

② 测量器具的选择:测量器具可根据测量器具不确定度允许值来选择。计量器具的不确定度允许值可查有关表格。在现场,没有表格可查,可用计量器具的分度值视为量具的测量不确定度允许值,当然,计量器具的分度值比其不确定度允许值大得多。

**2. 在检测中应遵循的重要原则**

为了获得正确可靠的测量结果,在测量过程中,要注意应用并遵守有关测量原则,其中比较重要的原则有阿贝原则、基准统一原则、测量路线最短原则、最小变形原则。

(1)阿贝原则:在测量过程中,被测长度与基准长度应尽量在同一直线上。

如图 4-58 所示,当用游标卡尺测量零件的直径时,其被测长度(零件的直径)与基准长度(刻度值所在的直线)并排放置,没有在同一直线上,就未遵守阿贝原则。由于不符合阿贝原则,在测量过程中,因制造误差的存在、移动方向的偏移,两长度之间出现夹角便会产生较大的误差。

如图 4-59 所示,当用千分尺测量零件的直径时,其被测长度与基准长度在同一直线上,因此符合阿贝原则。

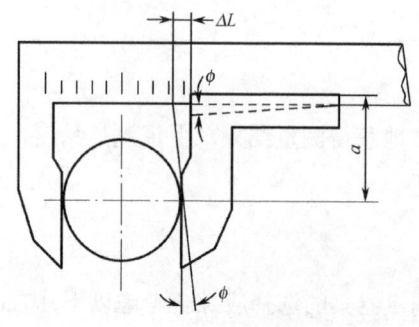

图 4-58 不符合阿贝原则

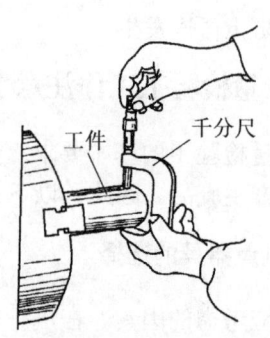

图 4-59 符合阿贝原则

（2）基准统一原则：即测量基准要与加工基准或使用基准统一。在工序检验测量时应以工艺基准作为测量基准，在成品检验测量时应以设计基准作为测量基准。

（3）测量路线最短原则：在测量信号从输入到输出量值通道的各个环节所构成的测量路线中，其环节越多，测量误差越大。因此，应尽可能减少测量路线的环节数，以保证测量精度。间接测量比直接测量组成的环节要多、测量路线要长、测量误差要大。因此，只有在不可能采用直接测量，或直接测量的精度不能保证时，才采用间接测量。

以最少数目的量块组成所需尺寸的量块组，就是测量路线最短原则的一种实际应用。

（4）最小变形原则：测量器具与被测零件都会因实际温度偏离标准温度而产生受热变形；因受力（重力和测量力）而发生受力变形，从而形成测量误差。因此，在测量时应尽量减少力和热的作用。

### 3. 量具的维护和保养

（1）在测量前应将量具的测量面和工件被测量面擦拭干净，以免脏物影响测量精度和加快量具磨损。

（2）根据精度、测量范围、用途等选择量具，在测量时不允许超出测量范围。

（3）量具在使用过程中，不要和工具、刀具放在一起，以免碰坏。

（4）当机床开动时，不要用量具测量工件。

（5）温度对量具精度的影响很大，因此，量具不应放在热源附近，以免受热变形。

（6）量具用完后，应该及时擦拭干净，涂油，放在专用盒中，保持干燥，以免生锈。

（7）精密量具应该定期鉴定、保养和检修。

（8）由于平面磨床有磁力吸盘，应避免游标卡尺被磁化，所以卡尺应远离磁场。

# 实验 1  尺寸误差检测

## 一、实验目的

（1）熟悉游标卡尺、千分尺、百分表、极限量规等常用量具的使用方法。

（2）了解立式光学比较仪和内径百分表的工作原理。

（3）掌握立式光学比较仪测量外径和用内径百分表测量内径的方法。

（4）了解万能测长仪的测量原理及应用范围。

（5）进一步熟悉各种计量器具及测量方法，掌握测量数据分析方法并能判断零件合格性。

## 二、实验内容

（1）用游标卡尺、千分尺分别测量外径、内径、长度、高度、深度。

（2）用百分表通过比较法测工件尺寸。

（3）用立式光学比较仪测量塞规外径。

（4）用内径百分表测量孔径。

（5）用万能测长仪测量尺寸。

## 三、仪器、设备

（1）游标卡尺、千分尺、百分表、极限量规、量块。
（2）立式光学比较仪、内径百分表、万能测长仪。
（3）被测工件若干个。

# 实验 2　位置误差检测

## 一、实验目的

（1）熟悉用普通计量器具及实验装置测量箱体位置误差的原理和方法。
（2）理解和区分在独立原则、包容原则和最大实体原则下各项位置误差的实际含义，正确理解各项位置公差的概念。

## 二、实验内容

根据零件图上各项位置公差要求测量箱体相应的各项位置误差（平行度、垂直度、同轴度、对称度、孔组位置度、端面圆跳动和径向全跳动等）。

## 三、仪器设备

测量箱体位置误差所用的普通计量工具：平板、表架、心轴圆柱角尺和综合量规等。特殊计量器具主要使用杠杆千分表（其分度值为 0.002mm）。

# 实验 3　表面粗糙度检测

## 一、实验目的

（1）了解光切显微镜测量表面粗糙度的原理及方法。
（2）加深对轮廓最大高度 $Rz$ 的理解。

## 二、实验内容

用光切显微镜测量轮廓最大高度 $Rz$。

## 三、仪器设备

9J 型光切显微镜。

# 实验 4　超声波检测

## 一、实验目的

通过实验掌握用超声波探测工件缺陷的方法。

## 二、实验内容

用脉冲反射法探测工件缺陷。

## 三、仪器设备

脉冲发生器、接收放大器、显示器、超声波探头。

4-1  何谓检测？试分别举出测量和检验工件的实例。
4-2  零件的质量检测内容有哪些？测量方法有哪些？
4-3  比较常用计量器具的作用、测量精度及范围。
4-4  常用直线度误差、平面度误差的测量方法有哪些？
4-5  表面粗糙度的检测方法有哪些？各种检测方法所用测量器具及适用范围是什么？
4-6  常用产品组织性能检验方法有哪些？
4-7  超声波检验按原理分为几类？各自的特点是什么？
4-8  计量检验工常规工作内容有哪些？
4-9  计量检验工工作注意事项有哪些？
4-10  为什么要规定验收极限？误收和误废应如何进行区别？
4-11  某气压机活塞尺寸为 $\phi 64h8$，试确定验收极限和生产公差。如果经测量后得到的尺寸为 63.958mm，判断该工件尺寸是否合格？

# 模块二　工程材料与热处理

工程材料按属性可分为三类：金属材料、高分子材料和无机非金属材料，也可由此三类材料相互组合而成复合材料。金属材料是目前用量最大、使用最广的材料。金属材料具有许多优良的使用性能（如力学性能、物理性能、化学性能等）和加工工艺性能（如铸造性能、锻造性能、焊接性能、热处理性能、机械加工性能等），矿藏丰富，金属材料还可以通过不同成分的配制和不同工艺方法（如热处理）来改变其内部组织结构，从而改善性能，满足人们的使用要求。

金属材料包括两种类型：钢铁材料和非铁金属。非铁金属主要包括铝合金、铜合金、钛合金、镍合金等。在机械制造业（如农业机械、电工设备、化工和纺织机械等）中，钢铁材料占 90%左右，非铁金属约占 5%。因此，金属材料特别是钢铁材料仍然是机械制造业使用最广泛的材料。随着科学技术的进步，非金属材料也得到了迅速的发展。非金属材料具有一些金属所不具备的性能和特点，如耐腐蚀、绝缘、消声、质轻、加工成形容易、生产率高、成本低等。所以非金属材料在工业中的应用日益广泛。

可以说材料是人类文明的基础。没有钢铁材料，就没有今天的高楼大厦；没有专门为喷气发动机设计的材料，就没有靠飞机旅行的今天；没有耐高温复合涂层材料，就没有人类探索外太空的飞船。因为当航天器返回地球时，由于速度快、摩擦生热会使机身温度超过 1000℃，所以其外壳会采用 Ni-Cr-Fe 合金，外层的隔热板由一层 TiAl 合金与一层绝热材料组成，这些新型材料经过热处理，才能耐受如此高温。

# 项目 5　金属材料的性能

## 学习目标

1. 掌握材料的力学性能；
2. 熟悉材料的工艺性能；
3. 掌握金属材料强度、塑性、硬度、冲击韧度的测定方法。

### 任务 1　熟悉金属材料的力学性能

#### 任务引入

有一些工程材料如钢、铝、塑料等，常常用来制作一些结构件，如桥梁、汽车车轴和飞

项目 5 金属材料的性能

机机翼等。那么对于这类工程材料究竟有哪些要求呢？很多人都看过电影《泰坦尼克号》，这艘于 1912 年完工，号称永不沉没的泰坦尼克号游轮，竟在其第一次航行时沉没于冰海中，成了 20 世纪令人难以忘怀的悲惨海难。为什么号称永不沉没的游轮在撞上冰山 3 小时后就沉没了？再如二战期间美国制造了数百艘巨型 T-2 型油轮，令人不可思议的是许多这样的油轮毫无预兆地在航行中裂为两截（如图 5-1 所示），它们当中有的甚至发生在平静的港湾中，造成了重大人员伤亡和物质损失。因此，工程材料必须全面考虑其各种力学性能，如强度、硬度、塑性、冲击韧性和抗疲劳强度等。

图 5-1 1943 年美国 T-2 型油轮发生断裂

金属材料在加工及使用过程中，都要受到各种外力的作用，金属材料所受的外力称为载荷。根据载荷作用的方式、速度、持续性等的不同可将载荷分为以下几类。

静载荷：大小不变或变化过程缓慢的载荷。

冲击载荷：突然增加的载荷。

交变载荷：大小和方向随时间做周期性变化的载荷。

金属的强度和塑性

## 5.1.1 强度

金属抵抗永久变形和断裂的能力称为强度。常用的强度判据有屈服点和抗拉强度，其大小通常用应力来表示。根据载荷作用的方式不同，强度可分为抗拉强度（$\sigma_b$）、抗压强度（$\sigma_{bc}$）、抗弯强度（$\sigma_{bb}$）、抗剪强度（$\tau_b$）和抗扭强度（$\tau_t$）五种。在一般情况下多以抗拉强度作为判断金属材料强度高低的判据。

抗拉强度是通过拉伸试验测定的。拉伸试验是用静拉力对标准试样进行轴向拉伸，同时连续测量力和相应伸长的长度，直到标准试样断裂。

### 1. 拉伸试样

拉伸试样的形状有圆形和矩形两类。在国家标准 GB/T 228—2010 中，对试样的形状、尺寸及加工要求均有明确的规定。如图 5-2 所示为圆形拉伸试样。

在图中，$d_0$ 是试样的直径，$l_0$ 为标距长度。根据标距长度与直径的关系，试样可分为长试样（$l_0=10d_0$）和短试样（$l_0=5d_0$）两种。

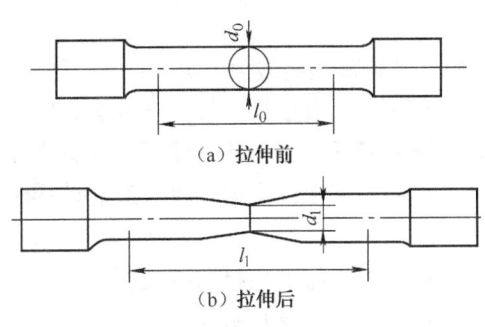

图 5-2 圆形拉伸试样

### 2. 力—拉伸曲线

在拉伸试验中得出的拉伸力与伸长量的关系曲线叫作力—拉伸曲线。如图 5-3 所示是低碳钢的力—拉伸曲线，纵坐标表示力 $F$，单位是 N；横坐标表示伸长量，单位是 mm。由力—

拉伸曲线可以看出，随着拉伸力的不断增加，试样经历了以下几个变形阶段。

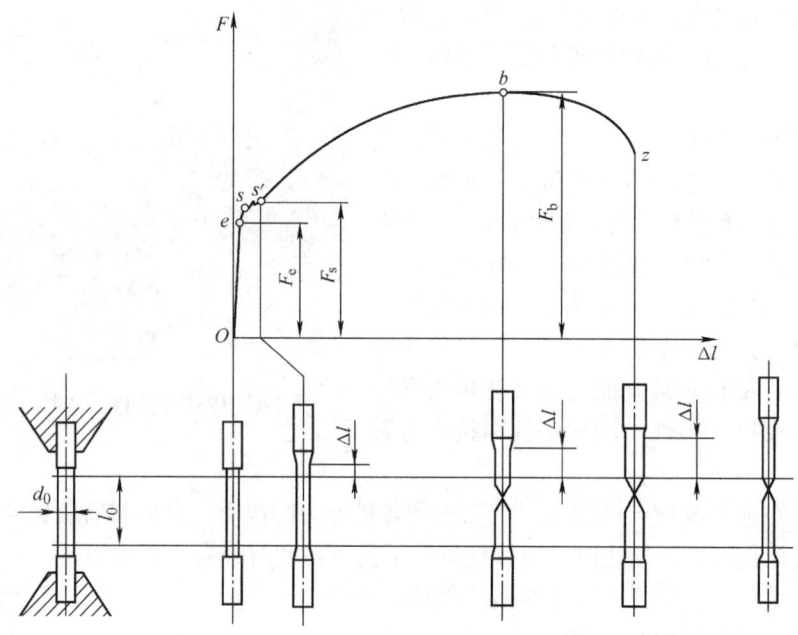

图 5-3　低碳钢的力—拉伸曲线

（1）$Oe$——弹性变形阶段。线段 $Oe$ 是直线，说明这一阶段试样的变形量（伸长量）与外力成正比关系，如果此时卸除载荷，试样即恢复原状。这种随着载荷的存在而产生、随着载荷的去除而消失的变形称为弹性变形。$F_e$ 为试样能恢复到原始尺寸的最大拉伸力。

（2）$es$——微量塑性变形阶段。当载荷超过 $F_e$ 再卸载时，试样的伸长只能部分恢复，而保留一部分残余变形。这种不能随着载荷的去除而消失的变形称为塑性变形。

（3）$ss'$——屈服阶段。当载荷增加到 $F_s$ 时，图上出现平台或锯齿状，这种在载荷不增加或略有减少的情况下，试样还继续伸长的现象叫作屈服。$F_s$ 称为屈服载荷。屈服后，材料开始出现明显的塑性变形。

（4）$s'b$——强化阶段。屈服阶段以后，欲使试样继续伸长，必须不断加载。随着塑性变形的增大，试样变形抗力也逐渐增加，这种现象称为形变强化（或称加工硬化）。由于此阶段试样的变形是均匀发生的，所以此阶段又叫作均匀塑性变形阶段。$F_b$ 为在试样拉伸试验中的最大载荷。

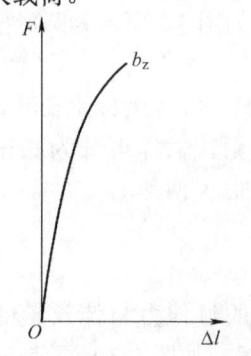

图 5-4　铸铁的力—拉伸曲线

（5）$bz$——缩颈阶段。当载荷达到最大值 $F_b$ 后，试样的直径发生局部收缩，称为"缩颈"。随着试样缩颈处横截面积的减小，试样变形所需载荷也随之降低，由于此时伸长主要集中在缩颈部位，所以此阶段也称为局部塑性变形阶段。最后试样于缩颈处完全断裂。

凡在拉伸试验中具有屈服现象的金属材料称为塑性材料。而在工程上使用的金属材料，有一些没有明显的屈服现象，这类金属材料称为脆性材料。有些脆性材料不仅没有屈服现象，也不会产生"缩颈"。如图 5-4 所示为铸铁的力—拉伸曲线。

### 3. 强度指标

强度指标主要包括屈服点和抗拉强度。

（1）屈服点。试样在拉伸过程中当力不增加（保持恒定）仍能继续伸长（变形）时的点称为屈服点（又称屈服强度），用符号$\sigma_s$表示，单位是 Pa 或 MPa，计算公式为

$$\sigma_s = \frac{F_s}{S_0} \tag{5-1}$$

式中   $\sigma_s$——屈服点（MPa）；

       $F_s$——试样屈服时的载荷（N）；

       $S_0$——试样原始横截面积（mm²）。

对于无明显屈服现象的金属材料，国标 GB/T 228—2010 规定可用残余伸长应力$\sigma_{0.2}$表示。$\sigma_{0.2}$表示当试样卸除拉伸力后其标距部分的残余伸长率达到 0.2%时的应力，也称屈服强度。计算公式如下：

$$\sigma_{0.2} = \frac{F_{0.2}}{S_0} \tag{5-2}$$

式中   $\sigma_{0.2}$——残余伸长应力（MPa）；

       $F_{0.2}$——残余伸长率达到 0.2%时的载荷（N）；

       $S_0$——试样原始横截面积（mm²）。

材料的屈服点$\sigma_s$和规定残余伸长应力$\sigma_{0.2}$都是衡量金属材料塑性变形抗力的指标。它们分别表示塑性材料和脆性材料所能允许的最大工作应力，是机械设计的主要依据，也是评定材料优劣的重要指标。

（2）抗拉强度。试样在拉断前承受的最大标称拉应力称为抗拉强度，用符号$\sigma_b$表示，可按下式计算：

$$\sigma_b = \frac{F_b}{S_0} \tag{5-3}$$

式中   $\sigma_b$——抗拉强度（MPa）；

       $F_b$——试样承受的最大载荷（N）；

       $S_0$——试样原始横截面积（mm²）。

抗拉强度表示材料在拉伸载荷作用下产生最大均匀变形的抗力。零件在工作中所承受的应力不允许超过抗拉强度，否则会产生断裂。抗拉强度$\sigma_b$和屈服点$\sigma_s$一样，也是机械设计和选材的主要依据。在工程上把$\sigma_s/\sigma_b$的值称为屈强比。其值高，则材料强度的有效利用率高，但过高也不好，一般以 0.75 左右为宜。

## 5.1.2 塑性

在断裂前材料发生不可逆永久变形的能力称为塑性。常用的塑性判据是断后伸长率和断面收缩率。它们也是由拉伸试验测得的。

试样拉断后标距的伸长与原始标距的百分比称为断后伸长率，用符号$\delta$表示。

$$\delta = \frac{l_1 - l_0}{l_0} \times 100\% \tag{5-4}$$

式中　$l_0$——试样原始标距长度（mm）；
　　　$l_1$——试样拉断后的标距长度（mm）；
　　　$\delta$——断后伸长率（%）。

当试样拉断后，缩颈处横截面积的最大缩减量与原始横截面积的百分比称为断面收缩率，用符号 $\psi$ 表示。

$$\psi = \frac{S_0 - S_1}{S_0} \times 100\% \tag{5-5}$$

式中　$S_0$——试样原始横截面积（mm²）；
　　　$S_1$——试样拉断后缩颈处的横截面积（mm²）；
　　　$\psi$——断面收缩率（%）。

金属材料的伸长率（$\delta$）和断面收缩率（$\psi$）数值越大，表示材料的塑性越好。塑性好的金属可以发生大量塑性变形而不被破坏，便于通过塑性变形加工成复杂形状的零件。另外塑性好的材料在受力过大时会产生塑性变形而不至于突然发生断裂，因此安全性较好。

### 5.1.3 硬度

材料抵抗局部变形，特别是塑性变形、压痕或划痕的能力称为硬度。硬度是各种零件和工具必备的性能指标。硬度试验设备简单、操作方便，且不会破坏被测试工件，因此广泛用于产品的检验。常用的硬度表示法有布氏硬度、洛氏硬度和维氏硬度。

**1. 布氏硬度**

（1）布氏硬度试验的基本原理。布氏硬度试验是指施加一定大小的载荷试验力 $F$，将直径为 $D$ 的硬质合金球压入被测金属表面，保持规定时间，卸除载荷，测量试样表面的压痕直径 $d$，如图 5-5 所示。

布氏硬度值等于试验力 $F$ 除以钢球压痕球冠表面积所得的商，用符号 HB 来表示。当载荷单位为 kgf 时，布氏硬度值可按下式计算：

$$HB = \frac{2F}{\pi D(D - \sqrt{D^2 - d^2})} \tag{5-6}$$

当载荷单位为 N 时，转换成下式：

$$HB = 0.102 \frac{2F}{\pi D(D - \sqrt{D^2 - d^2})} \tag{5-7}$$

式中　HB——用钢球或硬质合金球试验时的布氏硬度值；
　　　$F$——试验载荷（N）；
　　　$D$——球体直径（mm）；
　　　$d$——压痕直径（mm）。

由上式可以看出，当外载荷（$F$）及压头球体直径（$D$）一定时，压痕直径（$d$）越小，布氏硬度值越大，也就是硬度越高。而在实际应用中，布氏硬度一般不用计算，而是用专用的刻度放大镜量出压痕直径（$d$），根据压痕直径的大小，从专门的硬度表中查出相应的布氏硬度值，如图 5-6、表 5-1 所示。

项目 5　金属材料的性能

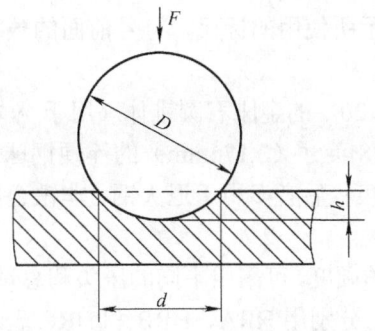

图 5-5　布氏硬度试验原理示意图

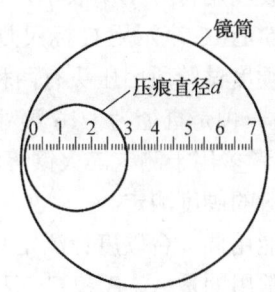

图 5-6　测量压痕直径示意图

表 5-1　不同种类材料的布氏硬度值与 $F/D^2$ 的关系

| 材　料 | 布氏硬度　HBS | $F/D^2$ |
|---|---|---|
| 钢及铸铁 | <140 | 10 |
|  | 140～450 | 30 |
| 铜及其合金 | <35 | 5 |
|  | 35～130 | 10 |
|  | >130 | 30 |
| 轻金属及其合金 | <35 | 2.5（1.25） |
|  | 35～80 | 10（5 或 15） |
|  | >80 | 10（15） |
| 铅、锡 | <35 | 1.25（1） |

（2）布氏硬度的表示方法。当试验的压头为淬硬钢球时，其硬度符号用 HBS 表示；当试验压头为硬质合金球时，其硬度符号用 HBW 表示。符号 HBS 或 HBW 之前的数字为硬度值，符号后面按"球体直径/试验载荷/试验载荷保持时间（10～15s 不标注）"的顺序用数值表示试验条件。

例如：530HBW5/750 表示用直径 5mm 的硬质合金球在 7355N（750kgf）的试验载荷作用下保持 10～15s 时测得的布氏硬度值为 530。

（3）布氏硬度的特点和应用。布氏硬度试验由于压痕较大，故测得的值比较精确。并且因为 HB 与 $\sigma_b$ 之间有一定的近似关系，所以可按布氏硬度值近似确定金属材料的抗拉强度。

$$\sigma_b = k\text{HBS} \tag{5-8}$$

式中，$k$ 是一个常数，如低碳钢 $k=0.36$，高碳钢 $k=0.34$ 等。

但由于布氏硬度（HBS）试验是采用淬硬钢球做压头的，如被试金属硬度过高，将会使钢球本身变形，影响硬度值的准确性并损坏压头。所以布氏硬度只适用于测定小于 450HBS 的金属材料，如铸铁、非铁金属及其合金、各种退火及调质的钢材，特别对软金属，如铝、铅、锡等更为适宜。另外，也正因为其试验压痕较大，故它不适于测定成品及薄片。

值得注意的是当布氏硬度超过 350HBS 时，用淬硬钢球和硬质合金球压头所测得的结果有很大出入。目前较普遍的仍然为使用淬硬钢球做压头，即 HBS。

### 2. 洛氏硬度

（1）洛氏硬度试验的基本原理。洛氏硬度同布氏硬度一样也使用压入法，但它不是测定压痕面积，而是根据压痕变形深度来确定硬度值指标的。

洛氏硬度计的操作

洛氏硬度用符号 HR 表示，符号后面的字母表示所使用的标尺，符号前面的数字表示硬度值，如 50HRC 表示用 C 标尺测定的洛氏硬度值是 50。

洛氏硬度试验所用压头有两种：一种是顶角为 120°的金刚石圆锥体（用于 A 标尺和 C 标尺），另一种是直径为 1/16 英寸（1.588mm）或 1/8 英寸（3.176mm）的淬硬钢球（用于 B 标尺）。前者多用于测定淬火钢等较硬的金属材料硬度；后者多用于退火钢、非铁金属等较软的金属材料的硬度测定。

为了能用同一台硬度计测定从极软到极硬材料的硬度，可采用不同的压头和总试验载荷。在生产中常用的是 A、B 和 C 三种标尺的洛氏硬度，分别用 HRA、HRB 和 HRC 表示，其中 HRC 应用得最广泛。

（2）洛氏硬度的特点和应用。洛氏硬度试验操作简便迅速，可直接从刻度盘上读出硬度值，由于压痕小，可测定成品及薄工件，并且测试的硬度值范围大。但当材料内部组织不均匀时，硬度数据波动大，测量不够准确，故需要在被测工件表面上的不同部位测试数次，按规定第一次不计，从第二次开始取其算术平均值，作为所测洛氏硬度。

### 3. 维氏硬度

（1）维氏硬度测试的基本原理。维氏硬度试验采用了与布氏硬度试验相同的原理，但压头改用相对面夹角为 136°的金刚石正四棱锥体。因此维氏硬度也用棱锥形压痕单位面积上所承受的平均压力来表示，符号为 HV。

在实际应用中，维氏硬度一般不进行计算，可直接从硬度计上读出对角线长度 $d$，再通过查表求出相应的硬度值。

（2）维氏硬度的表示方法。HV 前面为硬度值，HV 后面按"试验载荷/载荷保持时间（10～15s 不标注）"的顺序用数值表示试验条件。

例如：640HV30/20 表示用 294.21N（30kgf）试验载荷保持 20s 测定的维氏硬度值为 640。

（3）维氏硬度的特点和应用。维氏硬度试验是一种较为精确的硬度试验方法，广泛用于研究工作。在热处理工件的质量检验中，主要利用其低载荷来测定不适合用布氏和洛氏试验来测定的薄工件和工件上薄的硬化层的硬度。这也是维氏硬度的主要应用方面。

## 5.1.4 韧性

金属在断裂前吸收变形能量的能力称为韧性。金属的韧性通常随加载速度的提高、温度的降低、应力集中程度的加剧而减小。目前常用夏比冲击试验（即一次摆锤冲击试验）来测定金属材料的韧性。

冲击试验原理：试样在被冲断过程中吸收的能量等于摆锤冲击试样前后的势能差。

冲击试验：将待测的金属材料加工成标准试样，放在试验机的支座上，在放置时试样缺口应背向摆锤的冲击方向，如图 5-7（a）所示。再将具有一定重量 $G$ 的摆锤升至一定的高度 $H_1$（如图 5-7（b）所示），使其获得一定的势能（$GH_1$），然后使摆锤落下，将试样冲断。摆锤剩余的势能为 $GH_2$。当试样被冲断时所吸收的能量即是摆锤冲击试样所做的功，称为冲击吸收功，用符号 $A_K$ 表示。其计算公式如下：

$$A_K = GH_1 - GH_2 = G(H_1 - H_2) \tag{5-9}$$

式中 $A_K$——冲击吸收功（J）；

$G$——摆锤重量（N）；

$H_1$——摆锤初始高度（m）；

$H_2$——冲断试样后，摆锤回升高度（m）。

冲击韧性（又称冲击韧度）是指冲击试样缺口处单位横截面积上的冲击吸收功，用符号$a_k$表示，其值按下式计算：

$$\alpha_k = \frac{A_k}{S_0} \qquad (5-10)$$

式中　　$\alpha_k$——冲击韧性（J/cm²）；

　　　　$A_k$——冲击吸收功（J）；

　　　　$S_0$——试样缺口处横截面积（cm²）。

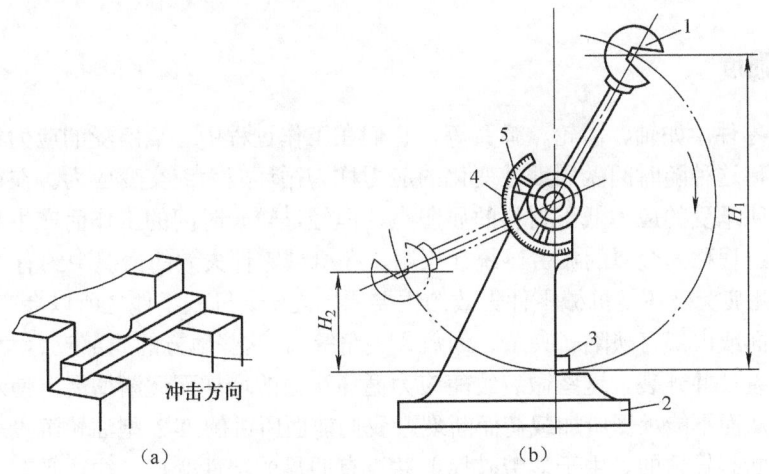

1—摆锤；2—试验机架；3—试样；4—刻度盘；5—指针

图5-7　冲击试验

冲击韧性越大，表示材料的韧性越好。实践表明，承受冲击载荷的机械零件，很少因为一次大能量冲击而被破坏，绝大多数情况是在一次冲击不足以使零件破坏的小能量多次冲击作用下而被破坏的，如凿岩机风镐上的活塞、冲模的冲头等。它们被破坏是由于多次冲击损伤的积累而导致的裂纹的产生与扩展，不同于一次冲击的破坏过程。对于这样的零件，用冲击韧性来设计显然是不合实际的。研究结果表明：材料的多次冲击抗力取决于材料的强度和塑性的综合性能判据。当冲击能量小时，材料的多次冲击抗力主要取决于材料的强度；当冲击能量大时，则主要取决于材料的塑性。

通过对金属材料韧性的学习，我们已经可以科学地回答泰坦尼克号沉没的原因。如图5-8所示是两个冲击试验结果。左面的试样取自海底的泰坦尼克号，右面的是近代船用钢板的冲击试样。由于早年的泰坦尼克号采用了在航行环境温度下有缺口、敏感且含硫、磷较多的钢板，韧性很差，特别是在低温环境下呈脆性。所以，冲击试样是典型的脆性断口。近代船用钢板的冲击试样则具有相当好的韧性。

另外，泰坦尼克号在水线上下都是由10张约9m长的高含硫量脆性钢板焊接成的91m左右的船体。由于当时的焊接技术在船体上会留下长长的焊缝，船在冰水中撞击冰山而裂开时，脆性的焊缝无异于一条长长的大拉链，使船体产生很长的裂纹，这使海水大量涌入，船迅速沉没。这是钢材韧性与人身安全相关的一个突出例证。

(a) 泰坦尼克号所用钢板　　　　　　(b) 近代船用钢板

图 5-8　泰坦尼克号钢板和近代船用钢板的冲击试验结果

## 5.1.5　疲劳强度

许多机械零件，如轴、齿轮、弹簧等，它们在工作过程中各点所受的应力往往随时间做周期性的变化，这种随时间做周期性变化的应力称为循环应力或交变应力。在循环应力作用下，虽然零件所承受的应力低于材料的屈服点，但经过较长时间的工作而产生裂纹或突然发生完全断裂的过程称为金属的疲劳。统计表明，在机械零件失效的情况中约有80%以上属于疲劳破坏，因此疲劳破坏是机械零件失效的主要原因之一。机械零件之所以会产生疲劳破坏，是由于材料表面或内部有缺陷（夹杂、划痕、尖角等）。这些地方的局部应力大于屈服强度，从而产生局部裂纹并开裂。这些微裂纹随应力循环次数的增加而逐渐增展，使承载的截面面积大大减少，从而不能承受所加载荷而断裂。我们前面所讲的 T-2 型油轮沉没就是由于疲劳造成船体脆性断裂导致的。由于疲劳破坏前并没有明显的塑性变形，往往具有突发性，所以容易造成重大损失。学习了这些知识以后，我们就知道只有有效地强化钢轨的表面质量，提高钢轨的疲劳极限，才能极大地延长钢轨的使用寿命。

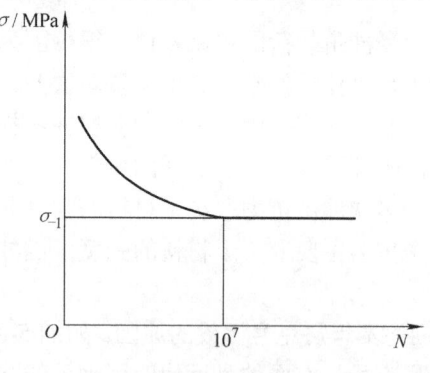

图 5-9　金属材料的疲劳曲线

如图 5-9 所示是金属材料的疲劳曲线，它描述了交变应力与循环次数之间的关系。从图中可以看出，当应力低于一定值时，试样可以经受无限次周期循环而不被破坏，此应力值称为疲劳极限。金属的疲劳强度受很多因素的影响，归纳起来有工作条件、表面状态、材料本质及残余应力等。改善零件的结构形状、提高零件表面粗糙度以及采取各种表面强化的方法，都能提高零件的疲劳强度。

实际上金属材料不可能做无数次交变载荷试验。对于钢铁材料，一般规定 $10^7$ 周次而不断裂的最大应力为疲劳极限；而非铁金属则将上述数值规定为 $10^8$ 周次。

# 任务 2　了解金属材料的工艺性能

# 任务引入

为什么机床的分度齿轮用合金钢铸造生产后一定要经扩散退火才可使用？机床内腔筋板

为什么要使用低碳钢冲压件焊接成形？一般数控机床的控制面板和防护罩为什么常用铝合金件冲压成形？机床尾部的镶接导轨为什么用铸铁切削成形？这就涉及材料的工艺性能。

所谓材料的工艺性能也就是材料被加工的能力。它是材料能否大量被工业应用的一个重要因素，目前金属材料之所以能被广泛应用到各个领域，与其可以经济地加工成形是密不可分的。

工艺性能直接影响零件加工后的工艺质量，是在选材和制定零件加工工艺路线时必须考虑的因素之一。它包括铸造性能、压力加工性能、焊接性能、切削加工性能和热处理性能等。

## 5.2.1 铸造性能

金属及合金铸造成形获得优良铸件的能力，称为铸造性能。衡量铸造性能的判据有流动性、收缩性和偏析等。

（1）流动性：液体金属充满铸型型腔的能力称为流动性。它主要受金属化学成分和浇注温度的影响。流动性好的金属容易充满整个铸型，获得尺寸精确、轮廓清晰的铸件。

（2）收缩性：铸件在凝固和冷却过程中，其体积和尺寸减小的现象称为收缩性。铸件收缩不仅影响尺寸，还会使铸件产生缩孔、疏松、内应力、变形和开裂等缺陷。

（3）偏析：在合金中合金元素、夹杂物或气孔等分布不均匀的现象称为偏析。当偏析严重时可能使铸件各部分的力学性能产生较大差异，从而降低铸件的质量。

合金钢由于偏析倾向大，因此铸造后要用热处理（扩散退火）消除偏析。

## 5.2.2 压力加工性能

金属材料在压力加工（可锻性、冷冲压性）下成形的难易程度称为压力加工性能。它与材料的塑性有关，塑性越好，变形抗力越小，金属的压力加工性能就越好。

低碳钢的可锻性和冷冲压性比中碳钢、高碳钢好；碳钢则比合金钢好；非铁金属如铝合金等也都有良好的压力加工性能。而各种铸铁则不能承受任何形式的压力加工。

## 5.2.3 焊接性能

焊接性能是指金属材料对焊接加工的适应性。也就是在一定的焊接工艺条件下，获得优良焊接接头的难易程度。一般低碳钢的焊接性能好于高碳钢和铸铁。

## 5.2.4 切削加工性能

金属材料接受切削加工的难易程度称为切削加工性能。当金属材料具有适当的硬度和足够的脆性时较易切削。所以铸铁比钢切削加工性能好，一般碳钢比高合金钢切削加工性能好。

## 5.2.5 热处理性能

热处理性能是指金属材料通过热处理改变或改善其性能的能力。热处理性能包括可淬性、抗氧化脱碳、抗变形开裂等。

钢制零件通过热处理，可改善其切削加工性能，提高力学性能，延长使用寿命。

## 实验 5  金属材料强度和塑性的测定

### 一、实验目的

(1) 测定低碳钢的屈服强度 $\sigma_s$，抗拉强度 $\sigma_b$，断后伸长率 $\delta$ 和断面收缩率 $\psi$。
(2) 观察低碳钢在拉伸过程中所出现的各种变形现象（包括屈服、强化和缩颈等），分析力与变形之间的关系，并绘制拉伸图。
(3) 分析低碳钢力学性能的特点和试件断口情况，分析其被破坏原因。
(4) 学习、掌握万能试验机的使用方法及其工作原理。

### 二、实验内容

用万能试验机或拉力试验机测定低碳钢试样的强度指标抗拉强度 $\sigma_b$、屈服强度 $\sigma_s$，塑性指标伸长率 $\delta$、断面收缩率 $\psi$，并绘制低碳钢试样的静拉伸曲线。

### 三、仪器、设备

万能试验机或拉力试验机及符合国家标准 GB/T 228—2010 的低碳钢拉伸试样。

## 实验 6  金属材料硬度的测定

### 一、实验目的

(1) 了解金属材料硬度测定原理及方法。
(2) 了解布氏和洛氏硬度的测量范围及其测量步骤和方法。
(3) 了解显微硬度的测量范围及方法。

### 二、实验内容

(1) 两块钢样品，其中一块经淬火处理（测量 HRC），另一块经退火处理（测量 HB）。
(2) 测 HRC 所用压头为 120°金刚石圆锥，压力为 150kgf（其中预加压力 $P_0$ =10kgf）。
(3) 将淬火后的样品用洛氏硬度计测三个点的硬度数据，将三个数据求平均值，得出该材料淬火后的 HRC。
(4) 测 HB 所用压头为 $D$ = 2.5mm 淬火钢球，压力 $P$ = 187.5kgf（其中预加压力 $P_0$ = 10kgf）。
(5) 用退火后的样品在布氏硬度计上测 2 个压痕，每个压痕在垂直的两个方向上各测一个直径数值，求该数值的平均值，查表可得出 HB（用内插外推法查表），再将两个压痕的硬度值求平均值得出该材料退火后材料的 HB（要求每组同学测 2 个压痕直径）。
(6) 硬度计的操作。

### 三、仪器、设备

HR—150 型洛氏硬度计、HB—3000 型机械布氏硬度计及数块淬火或退火钢件。

项目 5　金属材料的性能

## 实验 7　金属材料冲击韧性的测定

### 一、实验目的

（1）了解冲击韧性设备的测定原理和方法。
（2）了解脆性、韧性材料被冲击后的断口及冲击值的区别。

### 二、实验内容

（1）采用横梁式弯曲冲击试验方法，测定钢试样的 $a_k$。
（2）所用材料为 T10 高碳钢和 20 号低碳钢；每种材料试样各 1 块，所开缺口为 U 形，断口截面积为 $10 \times 8 mm^2$。
（3）记录各次冲击试样所消耗的冲击吸收功 $A_K$，用公式求出 $a_k$，算术平均后求出各材料的 $a_k$。
（4）比较韧、脆性两种材料断口及冲击值的差异。

### 三、仪器、设备

JB—300 型冲击试验机一台，T10 和 20 号钢试样各 1 块。

5-1　判断正误
（1）金属材料的工艺性能是指其对诸如铸造、锻造、焊接、切削加工和热处理等加工工艺的适应性。（　　）
（2）塑性好的金属可以发生大量塑性变形而不被破坏，便于通过塑性变形加工成复杂形状的零件。（　　）
（3）在布氏硬度值有效范围内，HBS 和 $\sigma_b$ 有一定的对应关系，若 HBS 值大，则材料的 $\sigma_b$ 值就大。（　　）
（4）机器零件和工具在使用时的应力只有限制在屈服点范围内才能安全可靠。（　　）
（5）在工程中使用的金属材料有一些没有明显的屈服现象。有些脆性材料不仅没有屈服现象，而且也不会产生"缩颈"。（　　）
（6）材料的伸长率、断面收缩率数值越大表明其塑性越好。（　　）
（7）小能量多次冲击抗力大小主要取决于材料的强度高低。（　　）
（8）金属材料的抗拉强度要高于其疲劳强度。（　　）
（9）一般高碳钢的焊接性好于低碳钢。（　　）
（10）一般情况下铸铁比钢的切削加工性能好，一般碳钢比高合金钢切削加工性能好。（　　）

5-2　选择题
（1）在拉伸试验中，试样在拉断前所能承受的最大应力称为材料的____。
A．弹性极限　　　　　B．抗拉强度　　　　　C．屈服点　　　　　D．抗弯强度
（2）大小不变或变化过程缓慢的载荷称为____。
A．静载荷　　　　　B．冲击载荷　　　　　C．交变载荷　　　　　D．循环载荷
（3）一般情况下多以____作为判断金属材料强度高低的判据。
A．疲劳强度　　　　　B．抗弯强度　　　　　C．抗拉强度　　　　　D．屈服强度

(4) 材料的____表示材料所能允许的最大工作应力，是机械设计的主要依据，也是评定材料优劣的重要指标。

　　A．弹性极限　　　　B．屈服点　　　　C．抗拉强度　　　　D．疲劳强度

(5) 当金属材料在做疲劳试验时，试样所承受的载荷为____。

　　A．静载荷　　　　B．冲击载荷　　　　C．交变载荷　　　　D．无规律载荷

(6) 铸铁、非铁金属及其合金、各种退火及调质的钢材应用____硬度计来测量其硬度。

　　A．布氏　　　　B．洛氏　　　　C．维氏　　　　D．肖氏

(7) 金属材料在____试验力作用下对破裂的抵抗能力称为韧性。

　　A．剪切　　　　B．交变　　　　C．冲击　　　　D．静拉伸

(8) 压力加工性能与材料的塑性有关，塑性越好，变形抗力越小，金属的压力加工性能就____。

　　A．越好　　　　B．越差　　　　C．不变　　　　D．极差

(9) 影响金属材料加工性能的主要因素是____。

　　A．韧性　　　　B．塑性　　　　C．强度　　　　D．硬度

(10) 金属材料在外力作用下，对变形和破裂的抵抗能力称为____。

　　A．强度　　　　B．塑性　　　　C．韧性　　　　D．硬度

5-3　什么叫金属材料的力学性能？它包含哪些性能指标？

5-4　简述低碳钢的拉伸试验，绘制其力—拉伸曲线，并说明其各个阶段的特点。

5-5　解释下列名词：强度、塑性、硬度、韧性、疲劳强度。

5-6　简述布氏硬度试验的原理及其表示方法。

5-7　简述洛氏硬度试验的原理及其表示方法。

5-8　什么是材料的工艺性能？一般包括哪些内容？

5-9　有一根环形链条，用直径 20mm 的钢条制造，此钢条的$\sigma_s$=314MPa，求该链条能承受的最大载荷是多少？

5-10　有一直径为 $1 \times 10^{-2}$m 的碳钢短试样（长径比为 5∶1），在进行拉伸试验时，当载荷增加到 21980N 时出现屈服现象，当载荷达到 36110N 时产生"缩颈"，随后试样被拉断。其断后标距是 $6.15 \times 10^{-2}$m，直径为 $7.07 \times 10^{-3}$m。求此钢的屈服点、抗拉强度、伸长率及断面收缩率。

# 项目6 铁碳合金

## 学习目标

1. 了解金属的结构与结晶；
2. 熟悉铁碳合金的基本组织并掌握铁碳合金相图；
3. 了解金属的变形和再结晶基本知识；
4. 掌握碳素钢的常见牌号及应用；
5. 熟悉铸铁，了解其热处理方法。

## 任务1 了解金属的结构与结晶

## 任务引入

金属材料的性能受到许多因素的影响，是一个十分复杂的问题，但起决定作用的基本因素是其内部的微观构造，即内部结构和组织状态。因此，掌握金属的内部结构及其变化规律以及对性能的影响，对于我们更好、更合理地使用金属材料，并充分挖掘其性能潜力具有非常重要的意义。

自然界中的固态物质按其原子的聚集状态可分为两大类：晶体与非晶体。在物质内部，凡原子呈无序堆积状况的，称为非晶体，如普通玻璃、松香、树脂等，均属于非晶体。相反，凡原子呈有序、规则排列的物质则称为晶体。和绝大多数物质一样，金属在固态下其内部原子是规则排列的，这点已经通过 X 射线衍射、电子衍射得到了证实。因此，固态金属属于晶体。

### 6.1.1 纯金属的晶体结构

**1. 晶格、晶胞与晶格常数**

晶体中的原子规则排列的方式称为晶体结构。如图 6-1（a）所示是晶体中的原子在空间中做规则排列的球体模型（这里近似地将原子看作"静态"的刚性球体）。

为了更清楚地表明原子在空间中排列的规律，有必要将原子抽象化，把每个原子看成一个点，这个点代表原子的振动中心。这样，原子在空间堆积的球体模型就变成了一个规则排列的空间点阵，如图 6-1（b）所示。把这些点用假想的直线连接起来，就形成一个空间格子。这种表示原子在晶体中排列方式的空间格架叫作结晶格子或结晶点阵，简称晶格或点阵。

晶格中的每个点称为结点。结点代表原子在晶体中的平衡位置。在晶体中，结点的分布具有周期性的规律，因此每个结点都具有完全相同的周围邻点。这是晶格的一个重要特点。

由于晶体中的原子排列具有周期重复性，因此，可从晶格中选取一个最具有代表性的最小几何单元来说明晶体中原子的排列规律和特点，这个最小的能反映晶格原子排列特征的单元称为晶胞。如图 6-1（c）所示就是一个晶胞。可以认为整个晶格就是由无数大小、形状和方向相同的晶胞在空间中重复排列而成的。

晶胞的大小和形状以晶胞的棱边长度 $a$、$b$、$c$ 及棱边夹角 $\alpha$、$\beta$、$\gamma$ 来表示，其中晶胞的棱边长度称为晶格常数。其单位用 Å 来表示，$1\text{Å}=10^{-10}\text{m}$，如图 6-1（c）所示即为简单立方晶格的晶胞，其三个棱边相等，三个棱边夹角也相等。

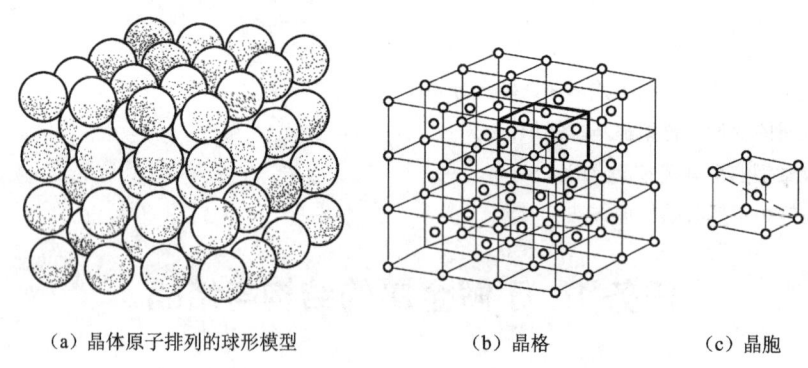

(a) 晶体原子排列的球形模型　　(b) 晶格　　(c) 晶胞

图 6-1　晶格构造模型

不同元素组成的金属晶体因晶格形式及晶格常数不同，表现出不同的物理、化学和力学性能。金属的晶体结构可用 X 射线结构分析技术进行测定。

### 2. 晶面与晶向

在晶体中由一系列原子组成的平面称为晶面。如图 6-2（a）所示为简单立方晶格的一些晶面。

通过两个或两个以上原子中心的直线，可代表晶格空间排列的一定方向，称为晶向，如图 6-2（b）所示。因为在同一晶格的不同晶面和晶向上原子排列的疏密程度不同，原子结合力也就不同，所以在不同的晶面和晶向上会显示出不同的性能，这就是晶体具有各向异性的原因。

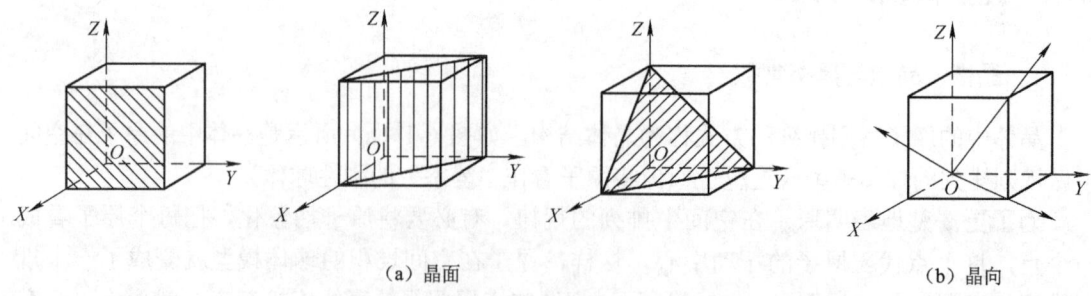

(a) 晶面　　　　　　　　　　　　　　(b) 晶向

图 6-2　晶面与晶向

### 3. 金属晶体的类型

在已知的金属元素中，除少数十几种金属具有复杂的晶体结构以外，占 85%的绝大多数金属属于下面三种晶格。

(1) 体心立方晶格。它的晶胞是一个立方体,原子位于立方体的八个顶角和立方体的中心上,如图 6-3 所示。具有这种晶格类型的金属有 Cr、W、Mo、V 及α-Fe、δ-Fe 等。

(2) 面心立方晶格。它的晶胞也是一个立方体,原子位于立方体的八个顶角和立方体六个面的中心上,如图 6-4 所示。具有这种晶格类型的金属有 Al、Cu、Pb、Ni 及γ-Fe 等。

(3) 密排六方晶格。它的晶胞是个正六棱柱体,十二个角上各有一个原子,上、下面中心各有一个原子,整个正六方体中间还均匀分布着三个原子,如图 6-5 所示。具有这种晶格类型的金属有 Mg、Zn、Be 等。

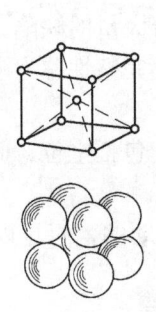
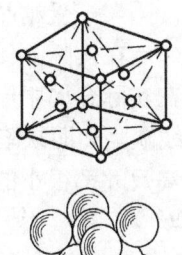
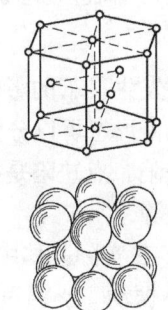

图 6-3　体心立方晶格　　图 6-4　面心立方晶格　　图 6-5　密排六方晶格

#### 4. 金属晶体的特性

(1) 金属晶体具有确定的熔点。纯金属进行缓慢加热,达到一定的温度,固态金属会熔化成液态金属。在熔化过程中,温度保持不变,其熔化温度称为熔点;而非晶体材料在加热中,在由固态转变为液态时,其温度逐渐变化。

(2) 金属晶体具有各向异性。在晶体中,不同晶面和晶向上原子排列的方式和密度不同,它们之间的结合力的大小也不相同,因而金属晶体在不同方向上的物理、化学和力学性能不同。这种性质叫作晶体的各向异性。非晶体则不同,其在各个方向上性能完全相同,这种性质叫作非晶体的各向同性。

### 6.1.2　金属的实际晶体结构

前面讲述的晶体结构,是金属原子完全严格按照一定规则排列的理想状态,所以也称为"理想晶体"。理想晶体是研究晶体结构特点的重要依据。但在实际生产中,因为金属材料在不同的条件下冶炼、熔化、浇铸以及各种加工因素和杂质的影响,都会使实际晶体结构与理想晶体结构存在差异,所以实际晶体中总是有缺陷存在的。

#### 1. 单晶体和多晶体

对前面结晶过程进行分析可知,由一个晶核长大而成的晶体其内部原子的排列应是规则的,并具有一定的位向。这种内部晶格位向基本一致而外形规则的小颗粒称为晶粒,实际上每个晶粒都是由无数位向相同的晶胞堆积而成的。我们把内部原子排列的晶格完全一致的由单个晶粒所形成的晶体称为单晶体(如图 6-6(a)所示)。在现代工业中,一般为了专门用途才制造单晶体。单晶体的力学性能是各向异性的。在工业中实际使用的金属都是由许多个内

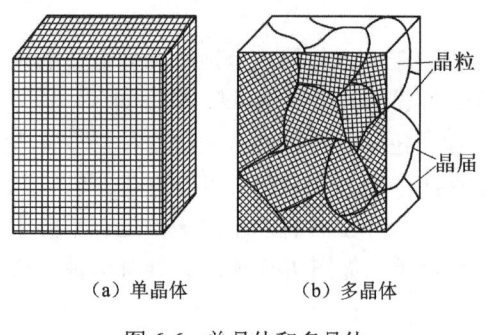

（a）单晶体　　　　（b）多晶体

图 6-6　单晶体和多晶体

部原子排列位向各不相同的晶粒所组成的多晶体（如图 6-6（b）所示）。不同晶粒之间的交界称为晶界。多晶体由于其内部各个晶粒之间的位向各不相同，每个晶粒所具有的各向异性相互抵消了，因此多晶体就体现不出各向异性，也称为"伪各向同性"。

**2. 实际金属的晶体缺陷**

受结晶条件、压力加工、原子热运动等影响，在实际晶体中还存在着大量的缺陷。这些缺陷对金属的性能将发生显著的影响。我们把在实际金属中原子排列的不完整性称为晶体缺陷。晶体缺陷按其几何形态可以分为点缺陷、线缺陷和面缺陷三种。

（1）点缺陷。点缺陷是指长、宽、高尺寸都很小的一种缺陷，包括空位、间隙原子、置换原子和杂质等。

① 空位：在实际晶体中，位于点阵结点上的原子并非静止不动的，而是以其平衡位置为中心在做热振动。当温度一定时，原子振动能量的平均值一定，但是每个原子的振动能量并不完全相等，在某一瞬间，某一个原子的能量可能高于平均能量，当其能量达到足以克服周围原子对它的束缚时，它就可能跳离原来占据的平衡位置，从而在原来的位置上出现了一个空结点，这种在晶体中空缺着原子的结点位置，称为空位（如图 6-7 所示）。

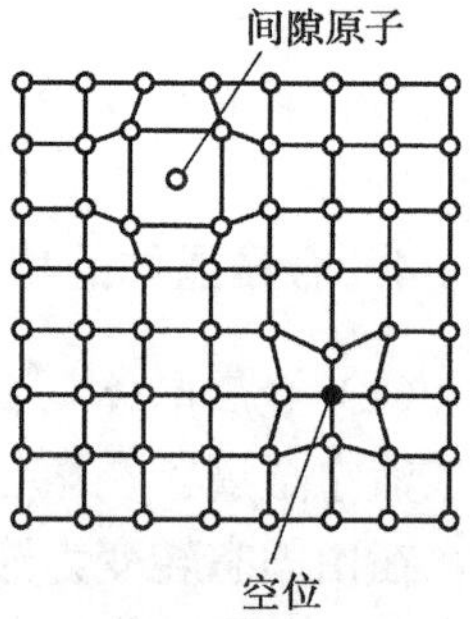

② 间隙原子：在形成空位的过程中，离开平衡位置的原子，既可能跳到晶体表面上的正常位置（或其他空位上），也可能跳到晶体中原子之间的间隙位置。在后一种情况下，在产生一个空位的同时，也会形成一个间隙原子。像这样不占有正常位置而处在晶格空隙间的原子，称为间隙原子（如图 6-7 所示）。间隙原子有两种：一种是同类原子的间隙原子，另一种是异类原子的间隙原子。异类间隙原子大都是原子半径很小的原子，如钢铁中的碳、氢、氮、硼等原子。

图 6-7　空位和间隙原子

实验表明，晶体中的空位和间隙原子的浓度与温度有关，温度越高，空位和间隙原子的浓度就越大。因此，如将金属加热到高温之后快速冷却，则在高温时形成的过量空位便被"冻结"至室温，这将影响金属某些物理性能和力学性能，而且对某些材料随后的相变过程也有重要的影响。因为在空位和间隙原子附近，原子间作用力的平衡被破坏，这使原子发生靠拢和撑开的现象（如图 6-7 所示），这样就使正常的晶格发生了扭曲——晶格畸变。晶格畸变使得能量上升，金属的强度、硬度和电阻增加。

值得注意的是，晶体中的空位和间隙原子并不是固定不变的，而是在不断运动和变化中。空位周围的原子有可能跳入这个空位，从而形成一个新空位，这样就发生了空位的位移。间隙原子也可能跳到另一个间隙处。当空位或间隙原子移至晶体表面和晶界或与二者相遇时，便随之消失。空位和间隙原子的运动，是金属晶体中原子扩散的主要形式之一。它将影响金属的固态相变过程和化学热处理过程。

（2）线缺陷。所谓线缺陷，就是在晶体的某一平面上，沿着某一方向伸展的线状分布的缺陷。这类缺陷的特征，是在某一个方向上的尺寸很大，而在另两个方向上的尺寸很短。这类缺陷的主要类型是各种位错。位错就是在晶体中某处的一列或若干列原子有规律的错排现象。位错有各种类型，但其中最基本，也是最简单的类型有两种：刃型位错和螺型位错。

① 刃型位错：刃型位错如图6-8（a）所示，在一个完整晶体的某一晶面（ABCD）的上方，多出了半个原子面（EFGH），它中断于ABCD面上的EF处，由于这半个原子面像刀刃一样切入晶体，故称这种位错为刃型位错。产生位错的边缘线EF称为位错线。EFGH面的末端EF线附近是一个晶格畸变区，即水平面上方的原子间距被挤压，水平面下方的原子间距被拉长。刃型位错造成的晶格畸变是左右对称的。离位错线越远则晶格畸变越小。由于多余半个原子面的相对位置不同，刃型位错有正、负之分。一般把晶体上半部多出半个原子面的位错称为正刃型位错，用符号"⊥"表示，把晶体下半部多出半个原子面的位错称为负刃型位错，用符号"⊤"表示，如图6-8（b）所示。当这两种相反的位错受力位移并相遇时，会彼此抵消。

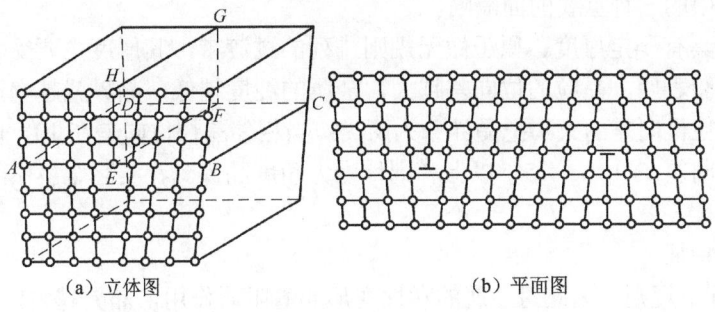

图6-8 刃型位错

② 螺型位错：螺型位错如图6-9所示。如图6-9（b）所示，在BC右方的晶体，上下两部分（即在图6-9（a）中ABCD晶面的上下两部分）原子发生了错动，aa'右方（即在图6-9（a）中aed右方）的晶体，上部相对于下部错动了一个原子间距，结果在BC面和aa'面之间造成了一个上下原子面不相吻合的过渡地带。在过渡地带中，原子偏离了平衡位置，排列呈螺旋线形状，此过渡地带即为螺型位错。螺型位错的中心线称为位错线。如图6-9所示为右螺旋位错，反之称为左螺旋位错。在螺型位错附近，由于原子的规则排列发生了变化，同样会引起晶格畸变。

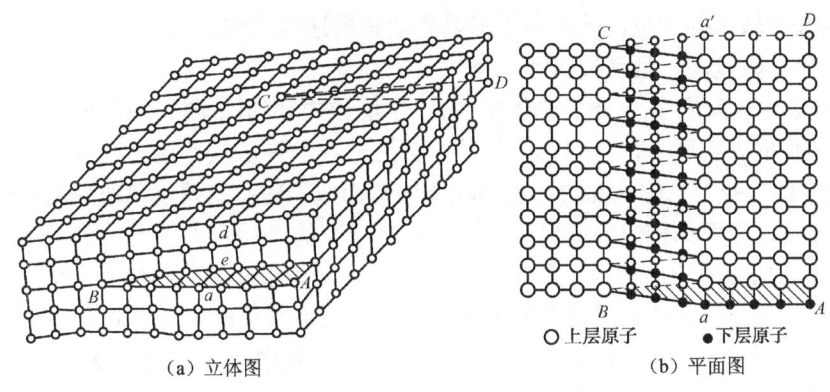

图6-9 螺型位错

晶体中位错的数量一般用位错密度来表示。位错密度是指单位体积晶体所包含的位错线总长度。在经适当退火的多晶体金属中，位错密度很低；在经剧烈冷变形的金属中，位错密度可大大提高。位错的大量增加，加大了晶格畸变的程度，可以大大提高金属的强度，因此金属经冷变形后会出现强度提高而塑性、韧性下降的现象，这种利用线缺陷增加金属强度的方法称为加工硬化。实验还证明，位错在一定的外部条件下，可在金属晶体中进行不同形式的运动。位错在晶体中的存在和运动以及其密度的变化，对金属的塑性变形、强度及断裂起着重要的作用。此外，位错对原子的扩散及相变等过程也有较大的影响。

（3）面缺陷。面缺陷是指在两个方向上尺寸很大，在第三个方向上尺寸很小而呈面状分布的缺陷。面缺陷主要是指在金属中的晶界和亚晶界。

① 晶界的结构与特征：实际金属是由许多位向不同的晶粒组成的多晶体，因此在实际金属内有很多晶界。晶界处的原子排列与晶内不同，它们因同时受到相邻晶粒不同位向的综合影响，即要同时适应两个晶粒的位向，因而近似地处于两种位向的折中位置，呈无规则的排列。晶界是晶体中的一种重要的面缺陷。

晶界是一个具有一定厚度、原子做无规则排列的过渡带，其厚度主要受相邻晶粒及金属纯度的影响。实验表明，晶粒的位向差越大，金属的纯度越低，晶界就越宽，反之则越窄。我们根据相邻晶粒位向差的大小把晶界分为两类：当相邻晶粒位向差在 10°以下者，称为小角度晶界；而位向差在 10°～15°以上者则称为大角度晶界。在实际金属中绝大多数都是大角度晶界。

晶界的主要特征：

a. 原子排列不规则，因此对金属的塑性变形起着阻碍作用，晶界越多，其作用越明显。显然，晶粒越细，晶界总面积就越大，金属的强度和硬度也就越高。所以在常温条件下（高温条件下不同）使用的金属材料，一般总是力求获得细小的晶粒。

这种用细化晶粒的方法使金属材料得到强化的手段称为细晶强化。有意义的是，在依靠降低晶粒大小来提高强度的同时，金属材料的塑性不会降低，这是唯一不以牺牲塑性为代价的强化方法。

b. 晶界处原子具有较高的能量，且杂质较多（往往是一些低熔点的杂质），因此其熔点较低，有时还未加热到金属的熔点，晶界处已先行熔化了。

c. 晶界处原子能量较高而容易满足固态相变所需要的能量起伏，因此新相往往在旧相晶界处形核。晶粒越细小，晶界越多，新相的形核率就越高。

d. 晶界处有较多的空位，因此原子沿晶界的扩散速度也快。

e. 晶界处电阻较高，且易被腐蚀。

② 亚结构及亚晶界：在金属多晶体中，每一个晶粒内部的原子排列只是大体上整齐有序，并不是绝对完整的。实际上，在每一个晶粒内部还存在着许多尺寸很小、位向差也很小（通常为几十分到 1°～2°）的小晶块，它们相互嵌镶而成晶粒。这些小晶块称为亚结构，又称嵌镶块或亚晶粒。在亚结构内部，原子排列位向是一致的。

两相邻亚结构间的边界称为亚晶界，亚晶界也是一种面缺陷，它是由一系列刃型位错所组成的小角度晶界。因此亚晶界附近原子的排列不规则，并会产生晶格畸变。

亚结构尺寸大小与金属加工条件有关。在铸态金属中，亚结构较大，其边长一般为 $10^{-2}$mm，在经过加工变形或热处理后，亚结构则细化为 $10^{-4}$～$10^{-6}$mm。亚结构的存在及其细化和亚结构间位向差的增大，都会提高金属的强度。

总之，实际金属的晶体结构不是理想完整的，而是存在各种晶体缺陷的，并且这些缺陷在不断地运动、变化着。金属中的许多重要变化过程，都是依靠晶体缺陷的运动来进行的，并且金属的许多性能也都与晶体缺陷密切相关。

### 6.1.3 合金的晶体结构

金属的晶体结构

#### 1. 合金的基本概念

（1）合金。一种金属元素与其他金属元素或非金属元素通过熔炼或其他方法结合而成的具有金属特性的物质称为合金。合金不仅具备纯金属的基本特性，还具有优良的力学性能和特殊的物理、化学性能。因此，合金的应用要比纯金属广泛得多。在机械制造中使用的金属材料绝大多数都是合金，如碳钢、合金钢、铸铁、黄铜、青铜等。

（2）组元。组成合金的独立的、最基本的物质叫作组元，简称元。组元可以是金属元素（如 Fe）、非金属元素（如 C、Si）或稳定的化合物（如 $Fe_3C$）等。

由给定组元按不同的比例配制出的一系列成分不同的合金即构成一个合金系。如普通黄铜就是由铜和锌两个组元组成的二元合金系。组元的数目可用来命名合金，如二元合金系、三元合金系和多元合金系等。也可以用构成合金系的组元来命名合金系，如 Fe-C 合金系，Al-Mg-Si 合金系等。

（3）相。相是指一个合金系统中的一种物质部分，它具有相同的物理和化学性能并与该系统的其余部分以界面分开。即在合金中具有同一成分、同一聚集状态，并能以界面相互分开的各个均匀组成部分。如果合金是由成分、结构都相同的同一种晶粒构成的，各晶粒间虽有界面（晶界）分开，但它们仍属同一种相；如果合金是由成分、结构都不相同的几种晶粒构成的，那么它们将属于不同的几种相。例如，纯铁在常温下是由单相的 $\alpha$-Fe 组成的。而铁中含有碳元素形成碳钢后，由于铁和碳的相互作用而形成 $Fe_3C$，其成分、结构与 $\alpha$-Fe 完全不同，因此在碳钢中就出现了一个新相 $Fe_3C$，称为渗碳体。

根据构成合金的各组元之间的相互作用，在合金中的相结构可分为固溶体和金属化合物（或称中间相）两大类，称为合金的基本相。

#### 2. 固溶体

组成合金的各组元在液态时能相互溶解形成均匀的单相液体，在凝固后仍能相互溶解形成均匀的单相固体，这种单相固体称为固溶体。固溶体的晶体结构是在一种组元的晶格上分布着两种组元的原子。形成固溶体后，晶格保持不变的组元称为溶剂；晶格消失的组元称为溶质。因此，固溶体的晶体结构和溶剂组元的晶体结构相同。

根据溶质原子在溶剂中所处位置的不同，固溶体可分为间隙固溶体和置换固溶体两大类：

（1）间隙固溶体：指溶质原子分布于溶剂晶格间隙之中而形成的固溶体，如图 6-10（a）所示。一般只有当溶质与溶剂原子半径之比小于 0.59 时，才能形成间隙固溶体。所以间隙固溶体中的溶质原子，其尺寸都比较小，通常都是一些原子半径小于 1Å 的非金属元素，如碳、氧、硼等。

（2）置换固溶体：指溶质原子置换了溶剂晶格中某些结点位置上的溶剂原子而形成的固溶体，如图 6-10（b）所示。在置换固溶体中，溶质在溶剂中的溶解度主要取决于两者原子直径的差别、它们在周期表中的位置及晶格类型三个条件。一般来说，若两者原子直径差别较小，在周期表中的位置相互靠近，晶格类型相同，则这些组元能以任意比例互相溶解，这种固溶体称为无限固溶体。反之,若不能很好地满足上述条件,则溶质在溶剂中的溶解度是有限的,这种固溶体称为有限固溶体。有限固溶体的溶解度和温度有密切关系,温度越高,溶解度就越大。

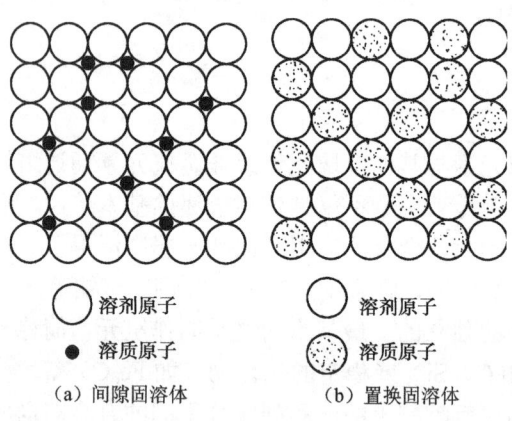

图 6-10　固溶体

无论是间隙固溶体还是置换固溶体,溶质原子的溶入使溶剂的晶格发生畸变,阻碍了位错的运动,使晶格间的滑移变得困难,从而提高了合金抵抗塑性变形的能力,使合金的强度、硬度升高,而塑性、韧性下降。这种加入合金元素形成固溶体而使强度增加的现象叫作固溶强化。固溶强化的实质就是用增加点缺陷的方法强化金属,它是强化金属材料的重要途径之一。例如,我国的低合金强度结构钢,就是利用锰、硅等元素来强化铁素体,从而使材料的力学性能大为提高。1968 年建成通车的举世闻名的南京长江大桥,使用的钢梁每根长 160m,碳钢由于其比强度太低而远远达不到要求,当时鞍钢自主研发了锰钢,能够在不降低强度的情况下,减轻桥梁的自重,满足了设计要求。当然,作为代价,固溶强化在提高金属材料强度的同时,会牺牲其一定的塑性和韧性。

### 3. 金属化合物

合金组元间发生相互作用而形成的一种新相,其晶格类型和性能完全不同于其任一组成元素,一般可用分子式表示,且具有一定的金属性质。金属化合物的成分处在两组元最大溶解度之间,因此也叫中间相。其一般特点是高熔点、高硬度和高脆性。它是许多合金的重要组成相。

### 4. 机械混合物

纯组元、固溶体和金属化合物是构成合金内部组织的基本相。除此之外,在合金的组织中常出现由两种或两种以上的相,机械地混合在一起而组成的多相组织称为机械混合物。在机械混合物中各组成相仍保持各自原有的晶格类型和性能。而机械混合物的性能则取决于各组成相的性能,以及它们的数量、形状、大小和分布情况。

## 6.1.4　纯金属的结晶过程及铁的同素异构现象

### 1. 纯金属的结晶过程

晶粒大小和材料性能之间关系　　晶粒细化的方法

(1) 纯金属的冷却曲线及过冷度。通常我们是通过热分析法来研究金属的结晶过程的:

将纯金属加热熔化成液体,让其极其缓慢地冷却下来。在冷却过程中,每隔一定时间测量一次温度,将记录下来的数据绘制在温度—时间坐标图中,这就是纯金属的冷却曲线,如图 6-11 所示。

通过热分析法可知,当液态金属温度降到某一点(如图 6-11 所示的 $T_0$)时便开始结晶,随着时间的延长,结晶不断进行,直至全部结晶成固态金属。如图 6-11 所示的 $a$ 点开始结晶,$b$ 点结束,整个结晶过程是在恒温下进行的。这是因为在结晶时液态金属要释放出结晶潜热,这些结晶潜热抵消了向外界失散的热量,使温度暂时停止降低,保持恒温,此时冷却曲线呈一水平线段。当结晶终止,无结晶潜热释放出来时,温度便开始继续降低。

实际上让液态纯金属极其缓慢地冷却是不易实现的,因此上述结晶过程只是理想条件下的情况。这种冷却速度极其缓慢的冷却通常称为"平衡条件下的冷却",简称"平衡冷却"。如图 6-12 所示的 $T_0$ 就是平衡冷却条件下的结晶温度,称为理论结晶温度(或平衡结晶温度),即指某种金属的液体与固态晶体处于平衡状态的具体温度。此时液体的结晶速度与固态晶体的溶化速度相等,即自液体转入晶体的原子数目等于晶体熔于液体的原子数目。在这样的条件下实际的结晶过程是不可能发生的,只有当温度低于理论结晶温度时真正的结晶才得以进行。用热分析法测得的在实际冷却条件下的结晶冷却曲线证实了这一点,如图 6-12 所示。实际结晶温度 $T_1$ 总是低于理论结晶温度 $T_0$,这一现象叫"过冷现象"。而 $T_0$ 和 $T_1$ 之差称为过冷度($\Delta T$),即 $\Delta T = T_0 - T_1$。要想使液态金属的结晶有效地进行,必须具备足够大的过冷度,这就是结晶赖以进行的能量条件。过冷度的大小和冷却速度有关,冷却速度越快,液态金属的实际结晶温度越低,过冷度就越大。

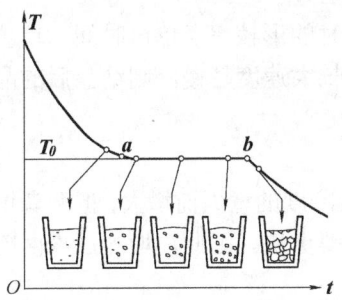

图 6-11 纯金属的冷却曲线

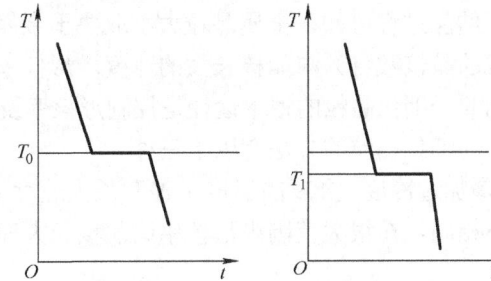

图 6-12 纯金属结晶时的冷却曲线

综上所述,纯金属的结晶有两个特点:一是结晶总是在一定的过冷条件下进行的;二是结晶的整个过程是恒温的($T_1$)。前者也是合金结晶以及其他固态下组织转变的共同特点。

金属发生结构改变的温度称为临界点,结晶温度就是临界点的一种。

(2)纯金属的结晶过程。液态金属的结晶是在一定过冷度的条件下,从液体中首先形成一些微小而稳定的小晶体,然后以它为核心逐渐长大的过程。这种作为结晶核心的微小晶体称为晶核。在晶核长大的同时,液体中又不断产生新的晶核并不断长大,直到它们互相接触,液体完全消失为止。因此,结晶过程是晶核的形成与长大的过程。

如图 6-13 所示是纯金属的结晶过程示意图。当结晶开始时,液体中某些部位的原子集团先后按一定的晶格类型排列成微小的晶核,之后晶核向着不同位向按树枝生长方式长大,当成长的枝部与相邻的枝晶互相接触时,晶体就向着尚没凝固的部位生长,直至枝晶间的金属液全部凝固为止。最后形成许多互相接触而外形不规则的晶体。这些外形不规则而内部原子排列规则的小晶体称为晶粒。由于每个晶粒的位向不同，使它们在相遇时不能合为一体，这些晶粒与晶粒间的分界面称为晶界。

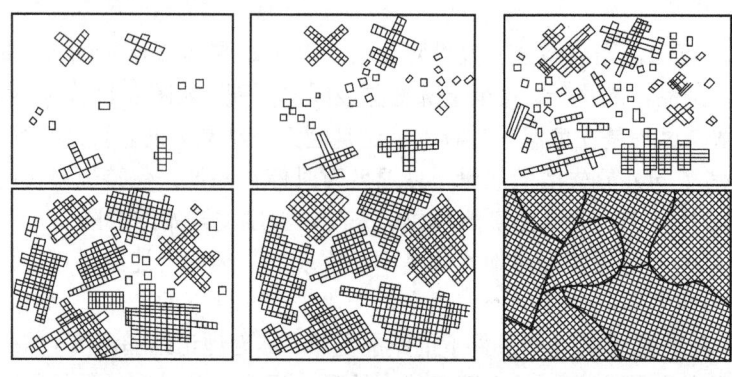

图 6-13　纯金属的结晶过程

结晶后只有一个晶粒的晶体称为单晶体（如图 6-6（a）所示），单晶体中的原子排列位向是完全一致的，其性能呈各向异性。如果结晶后的晶体是由许多位向不同的晶粒组成的，则称为多晶体（如图 6-6（b）所示）。由于多晶体内各晶粒的晶格位向互不一致，它们自身的各向异性彼此抵消，故显示出各向同性，也称为"伪各向同性"。

（3）晶粒大小对金属力学性能的影响。金属的晶粒大小对金属的力学性能有重要的影响。通常在室温下，细晶粒金属具有较高的强度和韧性。

为了提高金属的力学性能，必须控制金属结晶后的晶粒大小。

分析结晶过程可知，金属晶粒大小取决于金属在结晶时的形核率（单位时间、单位体积内所形成的晶核数目）与晶核长大的速度。形核率越高、长大速度越慢，则结晶后的晶粒越细小。因此，细化晶粒的根本途径是控制形核率及长大速度。

常用的细化晶粒的方法有以下三种。

① 增加过冷度：金属的形核率 $N$ 和长大速度 $v$ 均随过冷度的增大而增大，但两者增大的速率并不相同，在很大范围内形核率比晶核长大速度增加得更快。因此，增加过冷度能使晶粒细化。

这种方法只适用于中、小型铸件，对于大型铸件则需要用其他方法使晶粒细化。

② 变质处理：在浇注前向液态金属中加入一些细小的形核剂（又称变质剂或孕育剂），使它分散在金属液中作为人工晶核，可使晶粒显著增加，或者降低晶核的长大速度，这种细化晶粒的方法称为变质处理。在钢中加入钛、硼、铝等以及在铸铁中加入硅铁、硅钙等均能起到细化晶粒的作用。

③ 振动处理：在结晶时，对金属液加以机械振动、超声波振动和电磁振动等，使生长中的枝晶破碎，从而提供更多的结晶核心，达到细化晶粒的目的。

**2. 铁的同素异构现象**

有些金属在固态下存在着两种以上的晶格形式，在冷却或加热过程中，随着温度的变化，其晶格形式也会发生变化。

超声波振动装置的应用

金属在固态下，随温度的改变由一种晶格转变为另一种晶格的现象称为同素异构转变。具有同素异构转变的金属有铁、钴、钛、锡、锰等。以不同晶格形式存在的同一金属的晶体称为该金属的同素异构晶体。通常同一金属的同素异构晶体按其稳定存在的温度由低温到高温依次用希腊字母α、β、γ、δ等表示。

如图6-14所示为纯铁的冷却曲线。由图可见，液态纯铁在1538℃进行结晶，得到具有体心立方晶格的δ-Fe，继续冷却到1394℃时发生同素异构转变，δ-Fe 转变为面心立方晶格的γ-Fe，再冷却到912℃时又发生同素异构转变，γ-Fe转变为体心立方晶格的α-Fe，如再继续冷却到室温，晶格的类型不再发生变化。这些转变可以用下式表示：

$$\delta - Fe \xleftrightarrow{1394℃} \gamma - Fe \xleftrightarrow{912℃} \alpha - Fe$$

（6-1）

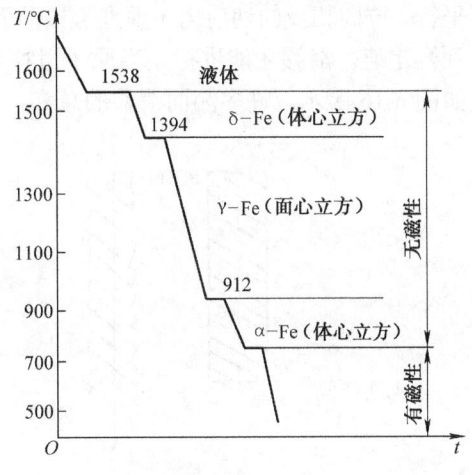

图6-14 纯铁的冷却曲线

金属的同素异构转变与液态金属的结晶过程有许多相似之处：有一定的转变温度，在转变时有过冷现象，放出和吸收潜热，转变过程也是一个形核和晶核长大的过程。

另一方面，同素异构转变属于固态相变，又具有其本身的特点。例如，当发生同素异构转变时，新晶格的晶核优先在原来晶粒的晶界处形核；转变需要较大的过冷度；晶格的变化伴随着金属体积的变化，在转变时会产生较大的内应力。例如，当γ-Fe转变成α-Fe时，铁的体积会膨胀约1%，这是钢在热处理时引起应力，导致工件变形和开裂的重要原因。

## 任务2　了解金属的塑性变形和再结晶

# 任务引入

漂亮的汽车外壳、装饮料的易拉罐是用冷轧板冲压成形的，因为板材在平面各方向上的塑性变形能力基本一样，而在厚度方向上的塑性变形要小于在平面内的。钢丝冷拔成形而不会被拉断是利用了金属塑性变形时的加工硬化现象。

塑性变形又称永久变形，它比弹性变形复杂得多。从图5-2可知，当材料承载超过屈服极限后会产生塑性变形。我们希望金属材料在加工时应容易变形以便于加工；但是希望结构件在工作中最好不产生塑性变形，即使在超载后产生永久变形也应当先预警而不要发生突然断裂。那么如何才能做到这一点呢？这要依赖于对金属塑性变形特性的认识。

下面介绍金属的塑性变形与再结晶的相关知识及规律。

### 6.2.1 金属的塑性变形

#### 1. 单晶体的塑性变形

在常温和低温下，单晶体的塑性变形主要通过滑移方式进行，滑移是金属塑性变形的最基本的方式。所谓滑移，是指晶体的一部分沿一定的晶面和晶向相对于另一部分发生相对滑动位移的现象。

例如，将一个表面经过抛光的纯锌单晶体进行拉伸试验，在试样的表面上出现了许多互相平行的倾斜线条的痕迹，称为滑移带，如图6-15所示。

滑移变形具有以下特点：

（1）滑移在切应力的作用下产生。要使某一晶面滑动，作用在该晶面上的力必须是相互平行、方向相反的切应力（垂直于该晶面的正应力只能引起伸长或收缩），而且切应力必须达到一定值，滑移才能进行。当原子滑移到新的平衡位置时，晶体就产生了微量的塑性变形，如图6-16所示。许多晶面滑移的总和，就产生了宏观的塑性变形。

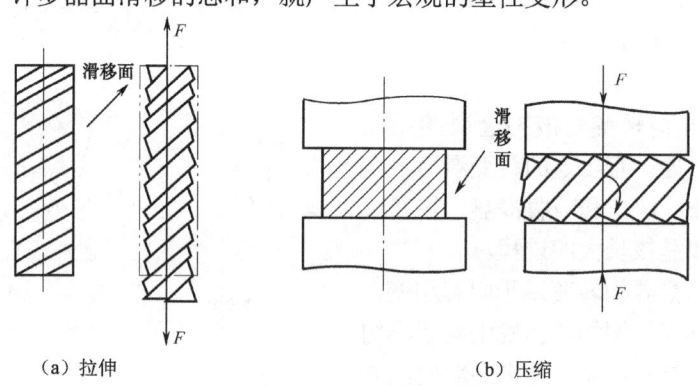

图 6-15　锌单晶体滑移变形

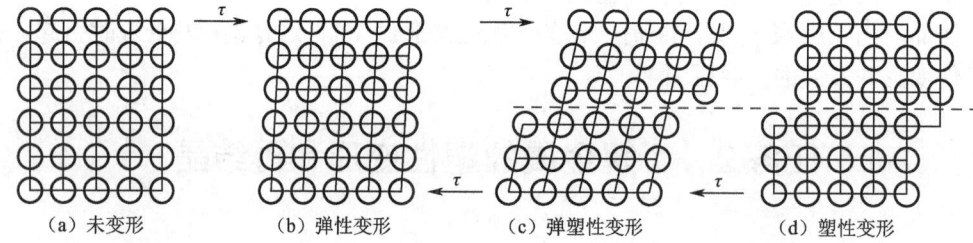

图 6-16　晶体在切应力作用下的变形

（2）滑移沿原子密度最大的晶面和晶向发生。研究表明，滑移优先沿晶体中的一定的晶面和晶向发生，在晶体中能够产生滑移的晶面和晶向称为滑移面和滑移方向。一般来说，滑移面和滑移方向越多，金属的塑性越好。

密排六方晶体结构的金属只有3个滑移系，所以密排六方晶系的金属变形能力差。而体心立方晶体结构的金属和面心立方晶体结构的金属一样，都有12个滑移系，所以具有这类晶体结构的金属其变形能力就较强。

通常，滑移面和滑移方向往往是在金属晶体中原子排列最密的晶面和晶向。这是因为原子密度最大的晶面其面间距最大，点阵阻力最小，因此容易沿着这些面发生滑移；至于滑移方向为原子密度最大的方向是由于最密排方向上的原子间距最短，即位错的阻力最小。

（3）滑移时两部分晶体的相对位移是原子间距的整数倍。晶体滑移后，在其表面上出现滑移痕迹，通常称为滑移带。在电子显微镜下观察还会发现，任何一条滑移带实际上都是由若干条滑移线组成的。

（4）滑移的同时伴随着晶体的转动。单晶体滑移时，除滑移面发生相对位移外，往往伴随着晶面的转动（如图 6-15（b）右图所示）。

滑移的机理：大量的理论和试验研究的结果证明，当晶体滑移时，并不是整个滑移面上的全部原子一起移动，因为那么多的原子同时移动，需要克服的滑移阻力十分巨大，实际上滑移是通过位错在滑移面上的运动来实现的，如图 6-17 所示。

如图 6-18 所示为一刃型位错在切应力 $\tau$ 的作用下在滑移面上的运动过程，即通过一根位错线从滑移面的一侧到另一侧的运动造成一个原子间距滑移的过程。从图 6-18 中可以看出，当一条位错线扫过滑移面到达金属表面时，便产生一个原子间距的滑移量，同一滑移面上，若有大量位错移出，则会在金属表面形成一条滑移线，于是就产生了宏观的塑性变形。

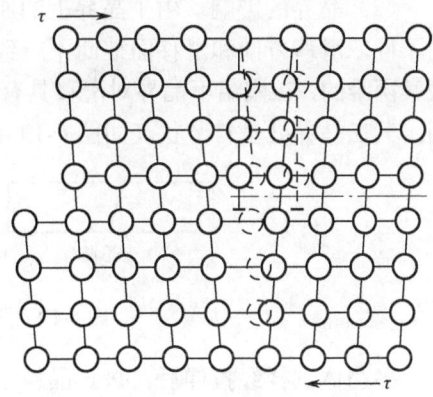

图 6-17　位错运动

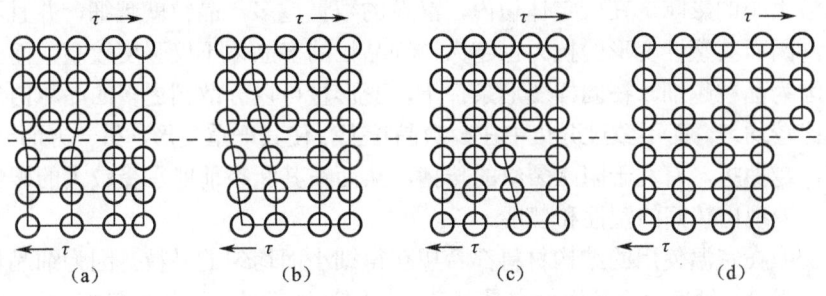

图 6-18　通过位错运动产生的滑移

### 2. 多晶体的塑性变形

（1）晶粒取向的影响。晶粒取向对多晶体塑性变形的影响主要表现在各晶粒变形过程中的相互制约和协调。

当外力作用于多晶体时，由于晶体的各向异性，位向不同的各个晶体所受应力并不一致。处于有利位向的晶粒首先发生滑移，处于不利方位的晶粒却还未开始滑移。但多晶体中每个晶粒都处于其他晶粒包围之中，它的变形必然与其邻近晶粒相互协调配合，否则变形就难以进行，甚至不能保持晶粒之间的连续性，会造成空隙而导致材料的破裂。为了使多晶体中各晶粒之间的变形得到相互协调与配合，每个晶粒不只是在取向最有利的单滑移系上进行滑移，而是必须在几个滑移系中包括取向并非有利的滑移系上进行，其形状才能相应地做各种改变。理论分析指出，多晶体塑性变形时要求每个晶粒至少能在 5 个独立的滑移系上进行滑移。可见，多晶体的塑性变形是通过各晶粒的多系滑移来保证相互间的协调的，即一个多晶体是否能够塑性变形，决定于它是否具备 5 个独立的滑移系来满足各晶粒在变形时相互协调的要求。这就与晶体的结构类型有关：滑移系很多的面心立方和体心立方晶体能满足这个条件，因此具有这类结构的多晶体金属如铁、铜等，它们的形变能力可以得到充分的发挥，故具有很好的塑性；相反，密排六方晶体由于滑移系少，晶粒之间的应变协调性差，所以其多晶体如锌等金属的塑性变形能力较低。

（2）晶界的影响。由于晶界上的原子排列不规则，点阵畸变严重，且晶界两侧的晶粒取向不同，滑移方向和滑移面彼此不一致，因此，滑移要从一个晶粒直接延续到下一个晶粒是极其困难的，在室温下晶界对滑移具有阻碍效应。对只有2～3个晶粒的试样进行拉伸试验表明，其在晶界处呈竹节状（如图6-19所示）。

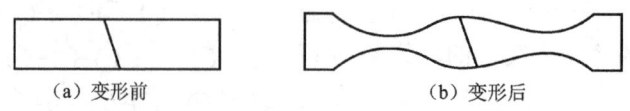

图6-19　两个晶粒试样在拉伸时的变形

多晶体试样经拉伸后，每一晶粒中的滑移带都在晶界附近终止。在变形过程中位错难以通过晶界被堵塞在晶界附近，这是因为晶界处原子排列比较紊乱，阻碍位错运动。这种现象又叫"竹节"现象。

因此，对多晶体而言，外加应力必须大至足以激发大量晶粒中的位错源动作，产生滑移，才能察觉宏观的塑性变形。很显然，晶界越多，晶体的塑性变形抗力越大。

（3）晶粒大小的影响。在一定体积内，晶粒的数量越多，晶粒就越细，并且不同位向的晶粒也越多，因而其塑性变形的抗力也越大。细晶粒的多晶体不仅强度较高，而且塑性和韧性也较好。因为晶粒越细，在同样变形条件下，变形量可以分散到更多的晶粒内进行，使各晶粒的变形比较均匀，而不致过分集中在少数晶粒上，使其严重变形。另一方面，晶粒越细，晶界就越多，越曲折，有利于阻止裂纹的传播，从而在其断裂前能承受较大的塑性变形，吸收较多的功，表现出较好的塑性和韧性。

因此，一般在室温使用的结构材料都希望获得细小而均匀的晶粒。因为细晶粒不仅使材料具有较高的强度、硬度，而且也使它具有良好的塑性和韧性，即具有良好的综合力学性能。故生产中总是尽可能地细化晶粒。

## 6.2.2　冷塑性变形对金属性能与组织的影响

塑性变形不但可以改变材料的外形和尺寸，而且能使材料的内部组织和各种性能发生变化。

### 1. 冷塑性变形对金属显微组织的影响

随着变形量的增加，原来的等轴晶粒将逐渐沿其变形方向伸长。当变形量很大时，晶粒将沿着变形方向被拉长成纤维状，由原来的等轴晶粒逐步变成沿变形方向伸长的类似扁平纤维形状的晶粒，并且晶界也变得模糊不清，称为冷变形纤维组织，如图6-20所示。形成纤维组织后，金属的力学性能将会有明显的各向异性，如纵向的性能明显优于横向。

（1）亚结构的变化。塑性变形也会使晶粒内部的亚结构发生变化，使晶粒破碎成亚晶粒。经一定量的塑性变形后，晶体中的位错线通过运动与交互作用，形成位错缠结，进一步增加变形量时，大量位错发生聚集，并由缠结的位错组成胞状亚结构，随着变形量的增加，变形胞的数量增多，尺寸减小。

（2）形变织构的产生。当金属发生冷塑性变形时，晶体要发生转动，使金属晶体中原为任意取向的各晶粒逐渐调整到取向彼此趋于一致，这就形成了晶体的择优取向。当变形量较大时，晶粒的转动使每个晶粒的晶格位向趋于大体一致，这种由于变形而使晶粒具有择优取向的组织称为形变织构。形变织构一般分两种：一种是各晶粒的一定晶向平行于拉拔方向，称为丝织构；另一种是各晶粒的一定晶面和晶向平行于轧制方向，称为板织构，如图 6-21 所示。

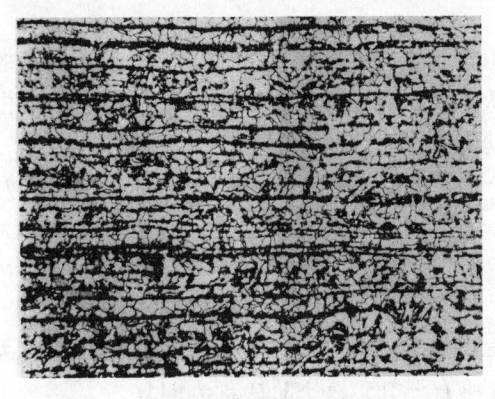

图 6-20　冷变形纤维组织

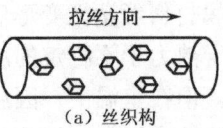

(a) 丝织构

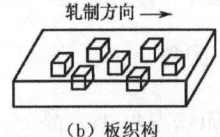

(b) 板织构

图 6-21　形变织构

当出现形变织构以后，多晶体金属就表现出一定程度的各向异性，这对材料的性能和加工工艺有很大的影响。织构有有利的一面：制造变压器铁芯的硅钢片，因其组织是具有体心立方结构的铁素体，这种结构沿丝织构方向最易磁化，若采用具有丝织构的硅钢片做变压器，可使铁损大大减少，磁导率显著增大，可成倍提高设备效率。在生产上织构的另一个应用例子是利用板织构在平面各方向的变形能力基本一样，而在厚度方向的变形要小于在平面内的变形这一特点，用冷轧板冲成漂亮的汽车外壳及装饮料的易拉罐，这种少、无切削的成形方式，不但制成品的质量好，还能极大地提高材料的利用率，十分值得推广。当然，织构也有其有害的一面。在冲压薄板件时，它会带来不均匀的塑性变形，导致冲压件出现裾状边缘（又称"制耳"）、厚度不匀、性能不一致等缺陷。

### 2. 塑性变形对金属性能的影响

发生塑性变形后，金属性能变化最显著的是力学性能。随着塑性变形的增加，金属的强度、硬度提高，而塑性、韧性下降的现象称为加工硬化或形变强化。

在冷拔钢丝时，正是由于钢丝产生了加工硬化现象，使被拉细了的钢丝强度得到显著提高，不再继续变形，这才使得塑性变形能够均匀地分布在整个钢丝上，而不是集中在某些局部区域，所以才可以用冷拔的方法将钢丝加工成形。

加工硬化是强化材料的一种主要手段。例如，像 18-8 型奥氏体不锈钢这一类不能用热处理强化的金属材料，经 40%轧制变形后屈服强度提高了 3~4 倍，抗拉强度也提高了 1 倍。此外，加工硬化可以使金属具有一定的抗偶然超载的能力，提高了构件在使用中的安全性。还有，加工硬化也是工件能用塑性变形方法成形的必要条件。例如，金属材料在冷冲压弯曲变形中（如图 6-22 所示），$r$ 处变形最大，首先产生加工硬化，随后的变形即转移到其他部分，就可以得到壁厚均匀的冲压件。再如拖拉机的履带、铁路的道叉等都是利用加工硬化来提高硬度及耐磨性的。但有时也会给进一步加工带来困难。如在钢板冷轧、钢丝冷拔等的过程中，需要安排中间

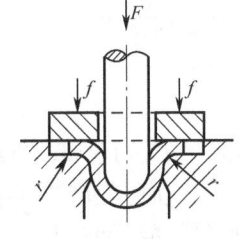

图 6-22　冷冲压

退火工艺消除加工硬化。

除力学性能之外，塑性变形也会使金属材料的其他性能发生变化，如电阻率增高，电阻温度系数下降，导电性、磁导率下降，化学活性增加，腐蚀速度加快等。

### 6.2.3 回复与再结晶

金属材料经塑性变形后，由于空位、位错等结构缺陷密度的增加，以及畸变能的升高将使其处于热力学不稳定的高吉布斯自由能状态，具有自发恢复到变形前低吉布斯自由能状态的趋势。但在室温下，因温度低，原子活动能力小，恢复很慢，一旦受热，在温度较高时，原子扩散能力提高，组织、性能便会发生一系列变化。这种变化伴随着加热温度的升高，可分为回复、再结晶、晶粒长大三个阶段。

#### 1. 回复

当加热温度不太高时，原子活动能力有所增强，晶格畸变程度大大减轻，金属内应力显著降低，强度、硬度稍稍下降，塑性、韧性略有上升，这个阶段称为回复。

回复的实质是指当冷变形金属被加热时，在光学显微组织发生改变前（即再结晶晶粒形成前）所产生的某些亚结构和性能的变化过程。此时金属的显微组织无明显变化，因此力学性能也无明显改变，只是某些物理化学性能，如电阻和抗腐蚀等性能显著减小。

在工业生产中，为保持金属经冷塑性变形后的高强度，往往采用回复处理，以降低内应力，适当提高塑性。例如，将冷拔钢丝弹簧加热到250℃～300℃，青铜丝弹簧加热到120℃～150℃，就是进行回复处理，使弹簧的弹性增强，同时消除在加工中带来的内应力。

#### 2. 再结晶

当回复后的金属继续被加热到较高温度时，由于原子活动能力增强，使畸变晶粒通过形核及晶核长大而形成新的等轴晶粒的过程称为再结晶。

再结晶的实质就是冷变形金属被加热到一定温度之后，在原来的变形组织中重新产生了无畸变的新晶粒，而性能也发生了明显的变化，并恢复到完全软化状态的过程。再结晶后的晶粒内部晶格畸变消失，位错密度下降，从而使金属的强度、硬度显著下降，塑性、韧性显著上升，结果使变形金属的组织和性能又回到冷塑性变形前的状态。这种特性在工程应用上非常有意义。一方面表明使用加工硬化的材料制作的零件的工作温度是有限制的，在这个工作温度下不能使其发生再结晶；另一方面也提示人们，当一种合金冷加工成形时，若变得很硬、很难加工，可以将其加热到一定温度，使其再结晶并变软后再继续冷加工。

金属的再结晶过程是在一定的温度范围内进行的，能进行再结晶的最低温度称为再结晶温度。对于工业用纯金属（纯度大于99.9%），其再结晶温度与熔点间的关系可按下列经验公式计算：

$$T_{再}=(0.35\sim0.4)T_{熔} \tag{6-2}$$

式中，$T_{再}$为金属的再结晶温度（K），$T_{熔}$为金属的熔点（K）。

在实际生产过程中，为了消除加工硬化，必须进行中间退火。经冷变形后的金属被加热到再结晶温度以上100℃～200℃，保温适当时间，使形变晶粒重新结晶为均匀的等轴晶粒，以消除加工硬化和残余应力的退火，称为再结晶退火。

### 3. 晶粒长大

冷变形金属在刚刚结束再结晶时的晶粒是比较细小均匀的等轴晶粒，如果再结晶后不控制其加热温度或时间，继续升温或保温，晶粒之间便会相互吞并而长大，这一阶段称为晶粒长大。我们应当避免这种因晶粒长大而导致力学性能变坏的情况。

### 6.2.4 金属的热塑性变形

#### 1. 热加工与冷加工的本质区别

金属的冷塑性变形加工和热塑性变形加工是以再结晶温度来划分的。凡在金属的再结晶温度以上进行的加工，称为热加工，如锻造热轧等。而在再结晶温度以下进行的加工称为冷加工，如冷轧冷拉等。各种金属的再结晶温度不同，冷热加工的温度界限差别极大。例如，钨的最低再结晶温度是1200℃，对钨来说，即使在1000℃高温下的加工仍属于冷加工；而锡的最低再结晶温度为-7℃，即使在室温下的加工，对锡来说也属于热加工。

在热加工时，由于金属原子的结合力减小，而且加工硬化现象随时会被再结晶过程消除，从而使金属的强度、硬度降低，塑性、韧性增大，因此其塑性变形要比低温时容易得多。

#### 2. 热加工对金属组织和性能的影响

正确的热加工可以改善金属材料的组织和性能。

（1）消除铸态金属的组织缺陷。通过热加工，可使钢锭中的气孔缩孔大部分焊合，铸态的疏松被消除，提高了金属的致密程度。

（2）细化晶粒。热加工的金属经过塑性变形和再结晶，只要能避免临界变形度（大约2%~10%）及过高的终锻温度，就可以细化晶粒，提高钢的力学性能。

（3）形成纤维组织。在热加工过程中，由于铸态组织中的各种夹杂物在高温下具有一定的塑性，它们会沿着变形方向伸长而形成纤维组织，使金属材料的力学性能在不同的方向上有明显的差异。通常沿着纤维的方向，其抗拉强度及韧性高，而抗剪强度低。在垂直于纤维的方向上，其抗剪强度较高，而抗拉强度较低。

（4）形成带状组织。如果钢在铸态组织中存在比较严重的偏析，或在热加工时终锻（终轧）温度过低时，钢内会出现与热加工方向大致平行的诸条带所组成的偏析组织，这种组织形态称为带状组织。带状组织是一种缺陷，它也会引起钢材力学性能的各向异性。一般可用热处理的方法消除带状组织。

# 任务3　掌握铁碳合金相图

# 任务引入

铁碳合金（Fe-Fe$_3$C合金）相图就是铁碳合金的组织、性能随成分及温度变化规律的关系图。我们知道，在工业生产和日常生活中应用最广泛的金属材料——钢和铸铁都是铁碳合金，图0-1中的数控立式铣床中的很多零件材料也是不同类型的铁碳合金。根据Fe-Fe$_3$C合金相图能大致推断铁碳合金的性能，根据不同零部件（如图0-1中的床身、工作台、控制面板、润滑油箱、主轴箱、立柱、刀库、机械手等）的性能要求，可以选定相应的制作材料、加工工艺方法及强化途径。因此，Fe-Fe₃C 相图是材料科学的基础内容之一，是进行材料研究和开发的非常有用的工具，对材料的生产加工也具有指导作用。

### 6.3.1 铁碳合金的基本组织

铁碳合金是以铁和碳为基本组元的二元合金，它的组织是随其成分温度的不同而变化的，但归纳起来仍然是固溶体、金属化合物和机械混合物三种形态。它们是铁素体、奥氏体、渗碳体、珠光体和莱氏体。

#### 1. 铁素体

碳溶解在 α-Fe 中所形成的间隙固溶体称为铁素体，用符号 "F" 来表示。由于碳和铁的原子直径和晶格类型存在很大差异，所以当它们以固溶体的形式结合时，只能是间隙固溶体。而 α-Fe 是体心立方晶格，晶格间隙半径较小，因此碳在 α-Fe 中的固溶度也较小。在 727℃时，在 α-Fe 中的最大溶解碳量仅为 $w_C$=0.0218%（$w_C$ 为碳质量分数，又称固溶度），并随着温度的下降而逐渐减小，在室温时降到最低点 $w_C$=0.0008%。铁素体是铁碳合金的室温下的主要组织，起着基体相的作用。由于碳质量分数甚微，固溶强化作用小，所以铁素体的性能与纯铁相似，即具有良好的塑性，低的强度和硬度（$\delta$=30%～50%，$\psi$=70%～80%，$a_k$=160～200J/cm²，$\sigma_s$=100～170MPa，$\sigma_b$=180～280MPa，硬度为 50～80HBS）。铁素体在 770℃以下具有铁磁性，在 770℃以上则失去铁磁性。

#### 2. 奥氏体

碳溶解在 γ-Fe 中所形成的间隙固溶体称为奥氏体，以符号 "A" 表示。和铁素体相同，当碳原子溶入铁素体形成奥氏体时，也只能是间隙固溶体。由于面心立方晶格的空隙较集中，有利于碳原子的溶入，所以奥氏体的固溶度比铁素体大得多，它的最大固溶度为 $w_C$=2.11%（1148℃）。奥氏体是铁碳合金的高温组织，在平衡条件下，它的最低存在温度是 727℃，此时奥氏体的 $w_C$ 为 0.77%。虽然奥氏体的碳质量分数略高于铁素体，但由于晶格类型的特点，其性能特点仍然为塑性好，强度、硬度低（$\delta$=40%～60%，$\sigma_b$=400MPa，硬度为 170～220HBS），是绝大多数钢在进行高温锻造和轧制时所要求的组织。另外由于奥氏体是在大于 727℃高温下才能稳定存在的组织，所以它的一个重要物理性能是没有铁磁性。

#### 3. 渗碳体

渗碳体是铁和碳以一定比例化合而成的亚稳定的金属化合物，其分子式为 Fe₃C，以符号 "Cm" 来表示。它的 $w_C$ 为 6.69%，是一固定值。渗碳体具有复杂晶格，其性能特点是高硬度、高熔点及高脆性，渗碳体硬度很高（相当于 HBS800），熔点为 1227℃左右，而塑性和冲击韧性几乎等于零，脆性极大。它是铁碳合金中的强化相。通过不同的热处理方法，可以改变渗碳体在铁碳合金中的形态、大小、多少及分布，从而改变材料的性能。这正是热处理的重要原理之一。另外渗碳体在 230℃以下具有弱铁磁性，在 230℃以上则失去铁磁性。

#### 4. 珠光体

珠光体是铁素体和渗碳体所组成的机械混合物，它是在平衡条件下 $w_C$ 为

珠光体的形成

0.77%的奥氏体在727℃时进行共析转变的产物,以符号"P"表示。

这时珠光体中的铁素体和渗碳体是片层相间的形态,称为片状珠光体。当然,经过一定的处理,可以得到铁素体基体上分布着颗粒状的渗碳体,称为粒状(球状)珠光体。

珠光体的强度、硬度较铁素体高,但塑性、韧性差($\delta$=20%～35%,$\sigma_b$=750～900MPa,硬度为180～280HBS)。在硬度相同的情况下,球状珠光体的塑性、韧性要好于片状珠光体。由此可见,珠光体的力学性能主要取决于其组成相的形态、大小和分布。

### 5. 莱氏体

莱氏体是 $w_C$ 为 4.3%的铁碳合金,在1148℃时发生共晶转变而从液相中同时析出的奥氏体和渗碳体的机械混合物,用符号"Ld"来表示。由于奥氏体在727℃时还将转变成珠光体,所以室温下的莱氏体由珠光体和渗碳体组成,这种机械混合物称为低温莱氏体,用 L'd 来表示。莱氏体的力学性能与渗碳体相似,硬度很高,塑性极差,几乎为零。

综上所述,在上述五种基本组织中,铁素体、奥氏体和渗碳体是铁碳合金的基本相,珠光体、莱氏体则是其基本组织,其力学性能如表6-1所示。

表 6-1 铁碳合金组织的力学性能

| 组织名称 | 符号 | 碳的质量分数/% | 力学性能 | | |
|---|---|---|---|---|---|
| | | | $\sigma_b$/MPa | $\delta$/% | HBS(HBW) |
| 铁素体 | F | 约为 0.0218 | 180～280 | 30～50 | 50～80 |
| 奥氏体 | A | 约为 2.11 | 400 | 40～60 | 170～220 |
| 渗碳体 | Fe$_3$C | 6.69 | 30 | 0 | 约800 |
| 珠光体 | P | 0.77 | 750～900 | 20～35 | 180～280 |
| 莱氏体 | Ld（L'd） | 4.3 | — | 0 | >700 |

## 6.3.2 Fe-Fe$_3$C 相图的运用

### 1. Fe-Fe$_3$C 相图的知识

如图 6-23 所示是经简化后的 Fe-Fe$_3$C 相图。

(1) Fe-Fe$_3$C 相图中的特性点:$C$ 点为共晶点。$w_C$ 为 4.3%的液态铁碳合金,在平衡条件下当温度降至1148℃时发生共晶反应,同时结晶出 $E$ 点成分($w_C$ 为 2.11%)的奥氏体和渗碳体。所谓共晶转变,是指一定成分的液态合金,在一定的温度下同时结晶出两种不同固相的转变。共晶反应是在恒温下进行的,在反应过程中液相、奥氏体和渗碳体三相共存,直至共晶结束完全变成固态奥氏体和渗碳体的机械混合物莱氏体。其反应式为

$$L_{w_C 4.3\%} \xrightarrow[\text{共晶反应}]{1148℃} Ld_{w_C 4.3\%}(A_{w_C 2.11\%} + Fe_3C) \quad (6-3)$$

或

$$L_{w_C 4.3\%} \xrightarrow[\text{共晶反应}]{\overline{1148℃}} Ld_{w_C 4.3\%} \quad (6-4)$$

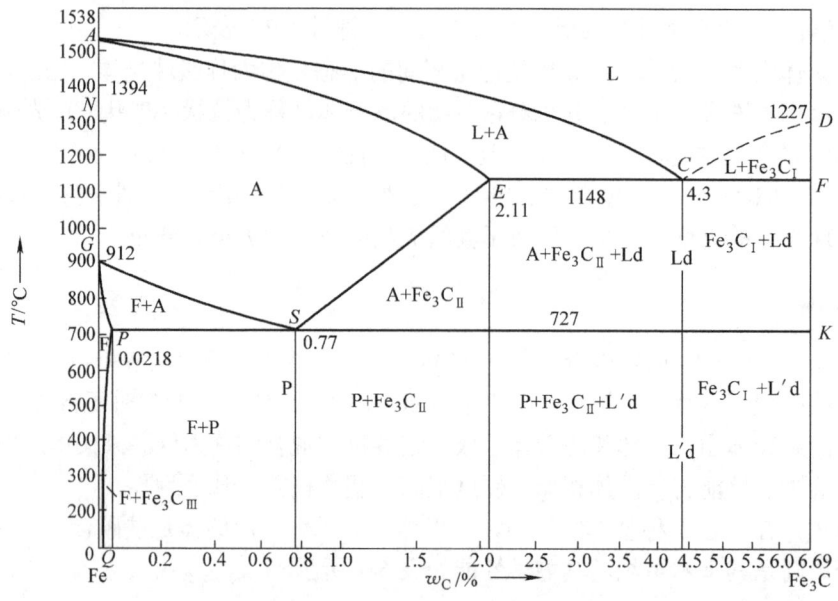

图 6-23 简化后的 Fe-Fe₃C 相图

$S$ 点为共析点，$w_C$ 为 0.77% 的奥氏体，在平衡条件下温度降至 727℃ 时发生共析反应，从奥氏体中同时析出 $P$ 点成分的铁素体（$w_C$ 为 0.0218%）和渗碳体（$w_C$ 为 6.69%）。像这样由一种成分的固溶体在一个恒定的温度下同时析出两个一定成分的新的不同固相的过程，称为共析转变。

共析转变与共晶转变在相图形状上非常相似，并且都是一种相在恒温下转变成另外两种固相，但它们的本质是不同的。前者是固态下的转变，后者是结晶过程。共晶转变前的母相是液相，而共析转变前的母相为单一固相。共析反应也是在恒温下进行的，在反应过程中奥氏体、铁素体、渗碳体三相共存，直至反应结束，奥氏体完全转变成铁素体和渗碳体的机械混合物即珠光体。其反应式为

$$A_{w_C 0.77\%} \xrightarrow[\text{共析反应}]{727℃} P_{w_C 0.77\%}(F_{w_C 0.0218\%} + Fe_3C) \quad (6\text{-}5)$$

或

$$A_{w_C 0.77\%} \xrightarrow[\text{共析反应}]{727℃} P_{w_C 0.77\%} \quad (6\text{-}6)$$

$E$ 点为奥氏体的最大固溶度点。在一定的温度条件下，在奥氏体中溶解碳的量有一最大值，即该温度下的固溶度。温度升高其固溶度也随之增大，当温度升至 1148℃ 时，奥氏体的固溶度达到最大值，即 $w_C$ 为 2.11%。由此可见，在平衡条件下奥氏体所存在的整个范围内，其溶解碳的量最多为 2.11%，而且只有在 1148℃ 时才能达到。

$P$ 点与 $E$ 点相似，表示铁素体在 727℃ 时，其固溶度达到最大值，即 $w_C$ 为 0.0218%。

（2）Fe-Fe₃C 相图中的特性线：在二元相图中的线条都是一些具有共同特征的点的连线。

$ACD$ 为液相线，是在 Fe-Fe₃C 相图中所有铁碳合金在平衡冷却条件下的结晶起始温度连线。

$AECF$ 为固相线，是在平衡冷却条件下铁碳合金的结晶终了温度连线。

在 $ACD$ 液相线以上为单一的液相，在 $AECF$ 固相线以下，合金都是固相，在这两条线之间为固、液两相混合区。

水平线 $ECF$（1148℃）为共晶反应线，$w_C$ 为 2.11%～6.69%的铁碳合金，在平衡冷却过程中，均在该温度下发生共晶反应。

水平线 $PSK$（727℃）为共析反应线，$w_C$ 为 0.0218%～6.69%的铁碳合金，在平衡冷却过程中，均在该温度下发生共析反应。该线通常也被称为 $A_1$ 线。

$GS$ 线是当平衡冷却时从奥氏体中开始析出铁素体的析出线，通常被称为 $A_3$ 线。奥氏体向铁素体转变是铁发生同素异构转变的结果。

$ES$ 线是碳在奥氏体中的固溶度曲线，通常称为 $A_{cm}$ 线。该线反映出奥氏体的固溶度从最大值 $E$ 点（1148℃，$w_C$ 为 2.11%）随温度降低逐渐减小，直到 $S$ 点（727℃，$w_C$ 为 0.77%）。因此，$w_C$ 大于 0.77%的铁碳合金从 1148℃下降至 727℃的过程中，都有可能从奥氏体中析出渗碳体，所以 $ES$ 线又是在奥氏体中开始析出渗碳体的析出线。

$PQ$ 线是碳在铁素体中的固溶度曲线。该线表示铁素体的固溶度从其最大值 $P$ 点（727℃，$w_C$ 为 0.0218%）随温度下降并沿该线变化到 $Q$ 点（室温，$w_C$ 为 0.0008%），因此 $w_C$ 大于 0.0008%的铁碳合金从 727℃冷至室温的过程中，将从铁素体中析出渗碳体。

综上所述，渗碳体有三个来源：从液态合金中直接结晶出来、从奥氏体中析出和从铁素体中析出。这三种来源不同的渗碳体在显微组织中的数量、形态和分布是不同的。我们往往把从液态合金中结晶出来的渗碳体称为一次渗碳体，用 $Fe_3C_I$ 表示；从奥氏体中析出的渗碳体称为二次渗碳体，用 $Fe_3C_{II}$ 表示；从铁素体中析出的渗碳体称为三次渗碳体，用 $Fe_3C_{III}$ 表示。对于绝大多数铁碳合金，由于 $Fe_3C_{III}$ 数量极少，往往可以忽略。

$GP$ 线是 $w_C$ 小于 0.0218%的铁碳合金的奥氏体在平衡冷却时完全转变成铁素体的终了温度线。

(3) Fe-Fe$_3$C 相图中的相区：简化后的 Fe-Fe$_3$C 相图共有 12 个相区，包括 5 个单相区、5 个双相区、2 个三相区。

在相图中两组元的合金线（即两纵坐标轴）分别为纯铁和渗碳体的单相区，由于它们的成分是固定值，所以呈直线。$ECF$、$PSK$ 分别是共晶线和共析线，前者是液相、奥氏体和渗碳体三相平衡区；后者是奥氏体、铁素体和渗碳体三相平衡区。此外，相图中的两相区均分别存在于两个单相区之间，如表 6-2 所示。

表 6-2  Fe-Fe$_3$C 相图中的相区

| 单相区 | | 两相区 | | 三相区 | |
| --- | --- | --- | --- | --- | --- |
| 相区范围 | 相组成 | 相区范围 | 相组成 | 相区范围 | 相组成 |
| $ACD$ 线以上 | L | $ACEA$ | L+A | $ECF$ 线 | L+A+Fe$_3$C |
| $AESGA$ | A | $CDFC$ | L+Fe$_3$C | $PSK$ 线 | A+F+Fe$_3$C |
| $GPQ0G$ | F | $GSPG$ | A+F | | |
| $DFK$ 轴线 | Fe$_3$C | $EFKSE$ | A+Fe$_3$C | | |
| $ANG$ 轴线 | Fe（纯铁） | $QPSK$ 线以下 | F+Fe$_3$C | | |

## 2. 铁碳合金的分类

根据在 Fe-Fe$_3$C 相图中铁碳合金的碳质量分数 $w_C$、组织转变的特点及室温组织，我们可

将铁碳合金分为以下几类:

(1) 工业纯铁。$w_C \leq 0.0218\%$ 的铁碳合金称为工业纯铁。

(2) 钢。$0.0218\% < w_C \leq 2.11\%$ 的铁碳合金称为钢。根据其室温组织和碳质量分数 $w_C$ 的不同,又可分为如下几种。

① 亚共析钢。$0.0218\% < w_C < 0.77\%$。

② 共析钢。$w_C = 0.77\%$。

③ 过共析钢。$0.77\% < w_C < 2.11\%$。

(3) 白口铸铁。$2.11\% \leq w_C < 6.69\%$ 的铁碳合金称为白口铸铁。根据其室温组织和碳质量分数 $w_C$ 的不同,又可分为如下几种。

① 亚共晶白口铸铁。$2.11\% \leq w_C < 4.3\%$。

② 共晶白口铸铁。$w_C = 4.3\%$。

③ 过共晶白口铸铁。$4.3\% < w_C < 6.69\%$。

### 3. Fe-Fe₃C 相图的应用分析

(1) 根据 Fe-Fe₃C 相图判断铁碳合金的力学性能:合金的性能取决于组织,而合金的组织又是和成分密切相关的。铁碳合金的碳质量分数 $w_C$ 不同,它们在室温下的平衡组织也不同。当碳质量分数 $w_C$ 增大时,组织按 F→F+P→P→P+Fe₃C$_{\mathrm{II}}$→P+Fe₃C$_{\mathrm{II}}$+L′d→L′d→L′d+Fe₃C$_{\mathrm{II}}$→Fe₃C 的顺序变化。为了便于分析,可以把低温莱氏体分解成珠光体和渗碳体两种组织。如图 6-24 (a) 所示的是 F、P、Fe₃C 三种基本组织随碳质量分数 $w_C$ 的变化规律,在图中,横坐标表示合金的 $w_C$ 从 0%～6.69% 变化,纵坐标表示合金三种组织的比例。由图可见,当 $w_C$ 为 0 时,几乎百分之百是铁素体;随着碳质量分数 $w_C$ 的增大,铁素体含量逐渐减少,而珠光体的含量逐渐增大,当 $w_C$ 达到 0.77% 时,合金完全由珠光体组成;随着碳质量分数 $w_C$ 进一步增大,珠光体的含量逐渐减小,渗碳体的含量逐渐增大;当 $w_C$ 达到 6.69% 时,合金全部由渗碳体组成。其中 F、P、Fe₃C 相对量的变化都呈直线。如果将珠光体再分解为铁素体和渗碳体,如图 6-24 (b) 所示,问题就更简单了,当碳质量分数 $w_C$ 很小时为百分之百的铁素体,随着碳质量分数 $w_C$ 的增大,铁素体量逐渐减少,而渗碳体量则由零开始相应增加,直至 $w_C$ 为 6.69% 时为百分之百的渗碳体。同样两者相对量的变化规律亦呈直线。

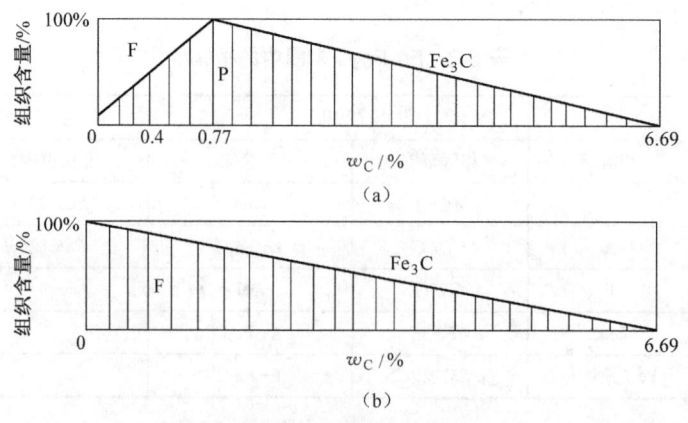

图 6-24 铁碳合金室温平衡组织与碳质量分数 $w_C$ 的关系

下面分析铁碳合金的性能和其组织间规律性的变化关系。以组成相铁素体和渗碳体变化规律讨论：铁素体硬度低、强度低，但塑性、韧性好，起基体相作用；渗碳体则很硬很脆，起强化相作用。因此，随着碳质量分数由少到多，渗碳体量逐渐增多，铁素体量逐渐减少，铁碳合金的硬度越来越高，塑性、韧性越来越低。如图 6-25 为试验测得的碳质量分数 $w_C$ 与力学性能之间的关系曲线，由图可见，表示韧性的 $a_K$ 值曲线下降的幅度比塑性指标 $\delta$ 和 $\psi$ 要快，这说明韧性指标对渗碳体量（即碳质量分数 $w_C$）的增加更加敏感。硬度的变化基本是随碳质量分数 $w_C$ 的增加呈直线上升的。而强度是一个对组织形态很敏感的力学性能，在亚共析区中，因为只有铁素体和渗碳体两种组织的相对量变化，强度基本上是随碳质量分数 $w_C$ 增加而直线上升的；当碳质量分数 $w_C$ 超过 0.77%并进入过共析区时，其组织为珠光体和渗碳体，游离渗碳体的存在，使强度的增加趋缓；另外，二次渗碳体是在原先奥氏体的晶界处析出的，当 $w_C$ 超过 0.9%后，随着碳质量分数 $w_C$ 增加，渗碳体含量增多，逐渐形成网状，大大削弱了晶粒间的结合力，使强度急剧降低。因此在 $w_C$ 为 0.9%处出现强度最大值，随着碳质量分数 $w_C$ 继续增大，强度不断下降。

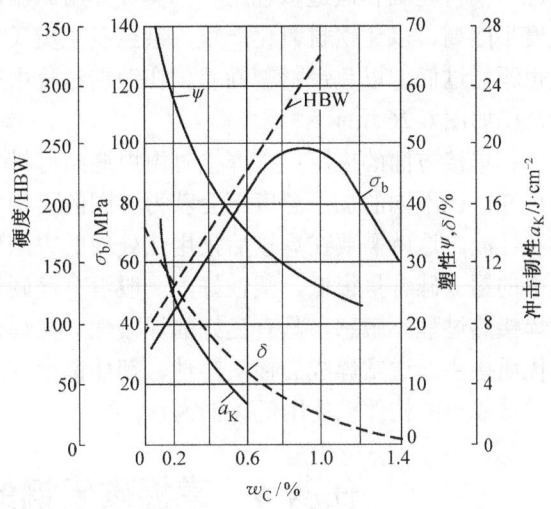

图 6-25 碳钢的力学性能与碳质量分数 $w_C$ 的关系

（2）作为选用钢铁材料的依据：根据 Fe-Fe₃C 相图所表示的成分组织和性能的规律，如需要强度较高，塑性、韧性、焊接性较好的各种金属构件用的钢材，可选用碳含量较低的钢；如需要强度、塑性和韧性都比较好的各种机器零件用钢，可选用碳含量适中的钢；如需要强度较高、硬度高和耐磨性好的工具用钢，则可选用碳含量较高的钢。

如图 0-1 所示的数控立式铣床的控制面板、润滑油箱和数控柜等部件都是冲压加工并焊接成形的，因此应选用具有一定强度且塑性好的低碳钢；而床身、主轴箱由于形状复杂且大都是铸造成形的，所以可优先选用铸铁。因为铸铁价廉，且具有优良的铸造性、减振性及耐磨性，所以可以满足使用性能要求；而主轴、回转刀架对强度、冲击韧性有较高的要求，所以一般选用 45 钢等中碳钢调质处理。

（3）制定铸、锻和热处理等热加工工艺的依据如图 6-26 所示。

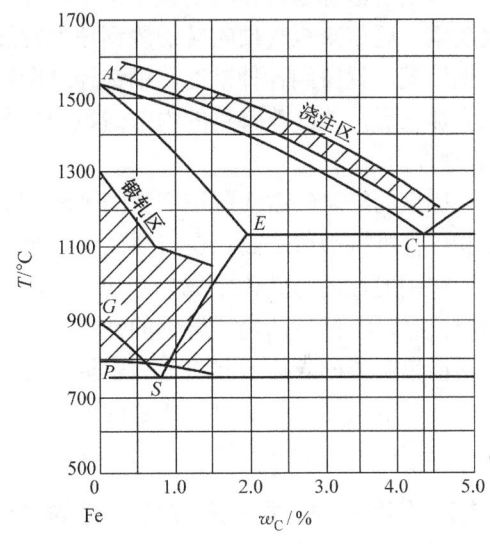

图 6-26 Fe-Fe₃C 相图与铸、锻等工艺的关系

在铸造生产上的应用：根据 Fe-Fe₃C 相图的液相线可以找出不同成分的铁碳合金的熔点，从图 6-26 中可以看出钢的熔化与浇注温度都比铸铁高，靠近共晶成分的铁碳合金不仅熔点低，而且凝固温度区间也较小，故具有良好的铸造性。这类合金适宜铸造，在铸造生产中获得广泛的应用。

在锻造工艺上的应用：由于奥氏体组织具有强度低、塑性好，便于塑性变形加工的特点，因此，钢材轧制和锻造多选用单一奥氏体组织温度范围内。其选择原则是开始轧制或锻造的温度不能高，以免钢材氧化严重，甚至发生奥氏体晶界部分熔化使工件报废的情况；终止温度也不能过低，以免钢材塑性差，在锻造过程中产生裂纹。各种碳素钢合适的轧制或锻造温度范围如图 6-26 所示。

在焊接方面的应用：在焊接时由焊缝到母材各区域的加热温度是不同的，由 Fe-Fe₃C 相图可知，在不同的加热温度下会获得不同的组织，并在随后的冷却中也就可能出现不同的组织和性能。这就需要在焊接后采用热处理的方法加以改善。低碳钢由于其碳质量分数较小，其中的锰、硅含量很低，塑性好，一般没有淬硬倾向，不会因焊接引起严重硬化组织，所以对焊接热过程不敏感，具有良好的焊接性。在焊接时一般不需要采取特殊的工艺措施即可获得优质接头。通常焊成的接头塑性、韧性都很好，焊后也不需要热处理来改善组织。所以一般焊接成形的构件以使用低碳钢为宜。

# 任务 4　掌握碳素钢的常用牌号及应用

## 任务引入

碳素钢是碳质量分数小于 2.11%且不含特意加入合金元素的钢，简称碳钢。工业上应用的碳钢其质量分数一般不超过 1.4%。这是因为碳含量超过此量后，钢表现出很大的硬脆性，并且加工困难，失去生产和使用价值。

碳钢的冶炼通常在转炉、平炉中进行。转炉一般冶炼普通碳素钢，而平炉可以冶炼各种优质钢。近年来氧气顶吹转炉炼钢技术发展很快，有趋势可代替平炉炼钢。将炼好的钢液注入钢锭模，就得到各种钢锭。钢锭经过锻压或轧制加工成各种形状的钢材和锻件。钢锭经过压力加工后，能够改善钢的内部组织和夹杂物分布，所以同样成分的钢材要比钢锭的性能优越一些。

碳钢的产量约占我国钢产量的 80%左右，不仅广泛应用于建筑、桥梁、铁道、车辆、船舶和各种机械制造工业，在石油化学工业、海洋开发等方面也被大量使用。

碳钢的性能与其化学成分密切相关，与冶炼加工方式也有关。作为工程技术人员，在选用材料时，不但应清楚了解钢的性能、化学成分，还应知道其冶炼及毛坯加工方法。如何才能用简单明了的表达方式将这么多重要的信息概括出来呢？我国国家标准《钢铁产品牌号表示方法》规定用一组字母和数字的组合来表示钢的牌号，简称钢号，它能表达钢的种类、性能、化学成分及冶炼和加工方法。我们首先来了解钢中常存元素的作用及碳钢的分类。

### 6.4.1　碳钢中常存元素对其性能的影响

在碳钢中，除铁和碳外，在冶炼过程中，不可避免地要带入一些元素（如硅、锰、硫、磷）非金属夹杂物以及某些气体（如氮、氢、氧等）。它们对钢的性能和质量有一定的影响。

（1）硅

硅是在炼钢后期，以硅铁盐浴校正剂进行脱氧反应后残留在钢中的元素。硅有很强的脱氧能力，能有效地清除 FeO，改善钢的品质；并能溶于铁素体中形成固溶体，提高钢的强度和硬度。所以硅是碳钢中的有益元素，其含量应控制在 0.17%～0.80%。

（2）锰

锰是在炼钢过程中用锰铁脱氧而残留在钢中的。它可溶于铁素体和渗碳体，使钢的强度和硬度提高。此外，由于锰和硫的亲和力比铁和硫的亲和力强，还可以从 FeS 中夺走硫形成高熔点（1600℃）的 MnS，从而减轻硫对钢的有害作用。所以锰是钢中的有益元素，其含量一般为 0.25%～0.80%。

（3）硫

硫是在炼钢过程中由矿石和燃料带来的有害元素。它不溶于铁，以化合物 FeS 的形式存在。而 FeS 与 Fe 则形成熔点为 985℃的低熔点共晶体。因此当钢材进行热加工时，往往由于加工温度超过其熔点而使这些处于晶界的低熔点共晶体溶化，导致钢材开裂，这种现象称为热脆性。因此硫在钢中的含量不得超过 0.05%。

（4）磷

磷是由生铁带入钢中的有害元素。磷在钢中的部分溶于铁素体，部分在结晶时形成脆性很强的化合物（$Fe_3P$），使钢在低温下（100℃）的塑性和韧性急剧下降，这种现象称为冷脆性。一般钢中磷质量分数限制在 0.04%以下。

（5）氧、氮、氢

氧及氧化物夹杂物（如 $Fe_3O_4$、FeO、MnO、$SiO_2$、$Al_2O_3$ 等）对钢的力学性能不利，使钢的强度、塑性及疲劳强度降低；氮的存在虽能提高钢的硬度强度，但塑性和韧性会急剧下降，若在炼钢时用铝钛脱氮，便可消除氮的这种缺陷；氢能引起钢的氢脆和白点等缺陷。上述三种元素都是钢中的有害杂质。

## 6.4.2 碳素钢的分类

根据不同的分类标准和方法可以将碳素钢分成不同的种类。

（1）按钢的碳质量分数分类

按钢的碳质量分数，碳钢可分为低碳钢、中碳钢和高碳钢三种。具体划分标准：

低碳钢——$0.0218\% \leqslant w_C \leqslant 0.25\%$。

中碳钢——$0.25\% < w_C \leqslant 0.60\%$。

高碳钢——$w_C > 0.60\%$。

（2）按钢的质量分类

钢的质量好坏一般是以在钢中有害杂质硫、磷含量的含量来确定的。通常分为三个级别：

普通碳素钢——$w_S \leqslant 0.055\%$；$w_P \leqslant 0.045\%$。

优质碳素钢——$w_S \leqslant 0.040\%$；$w_P \leqslant 0.040\%$。

高级优质碳素钢——$w_S \leqslant 0.030\%$；$w_P \leqslant 0.035\%$。

（3）按钢的用途分类

碳素钢按用途可分为两大类：碳素结构钢、碳素工具钢。

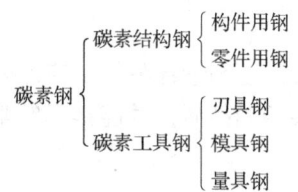

碳素构件钢用来制造各类工程构件（如桥梁、船舶、建筑构件等）；碳素工具钢用来制造各种机械零件（如齿轮轴、螺栓等）。

### 6.4.3 碳素钢的牌号及用途

我国国家标准规定钢材的牌号用汉语拼音字母、化学元素符号和阿拉伯数字相结合的方法来表示。

碳素钢

**1. 碳素结构钢**

碳素结构钢价格便宜，产量较大，广泛应用于型材金属构件及要求不高的一般机械零件中，如建筑结构、桥梁、高压电线塔、钻井架、车辆构件等。这类钢属于普通钢。

碳素结构钢的牌号由代表屈服点的字母 Q、屈服点的数值、质量等级符号和脱氧方法符号四个部分顺序组成。

例如：Q235—A·F 表示屈服点为 235MPa 的 A 级沸腾钢。其中，质量等级分为 A、B、C、D，它们质量水平逐级升高。脱氧方法符号：F——沸腾钢；b——半镇静钢；Z——镇静钢；TZ——特殊镇静钢。通常牌号中的 Z 和 TZ 都可以省略。

碳素结构钢的牌号、化学成分、力学性能如表 6-3 所示。

这类钢的牌号中只给出了钢的力学性能（保证值），不给出主要化学成分。这是因为这类钢以轧制状态供货、使用，不再进行热处理。

表 6-3 碳素结构钢的牌号、化学成分及力学性能

| 牌号 | 等级 | 化学成分（质量分数，%） | | | | | 脱氧方法 | 力学性能 | | |
| --- | --- | --- | --- | --- | --- | --- | --- | --- | --- | --- |
| | | C | Mn | Si | S | P | | $\sigma_s$/MPa | $\sigma_b$/MPa | $\delta_5$/% |
| | | | | | 不大于 | | | | | |
| Q159 | — | 0.06~0.12 | 0.25~0.50 | 0.30 | 0.050 | 0.045 | F, b, Z | 195 | 315~390 | 33 |
| Q215 | A | 0.090~0.15 | 0.25~0.55 | 0.30 | 0.050 | 0.045 | F, b, Z | 215 | 335~450 | 31 |
| | B | | | | 0.050 | | | | | |
| Q235 | A | 0.14~0.22 | 0.30~0.65 | 0.30 | 0.050 | 0.045 | F, b, Z | 235 | 375~460 | 26 |
| | B | 0.12~0.20 | 0.30~0.70 | | 0.045 | | | | | |
| | C | ≤0.18 | 0.35~0.80 | | 0.040 | 0.040 | Z, TZ | | | |
| | D | ≤0.17 | | | 0.035 | 0.035 | | | | |
| Q255 | A | 0.18~0.28 | 0.40~0.70 | 0.30 | 0.050 | 0.045 | Z | 255 | 410~550 | 24 |
| | B | | | | 0.045 | | | | | |
| Q275 | — | 0.28~0.38 | 0.50~0.80 | 0.35 | 0.050 | 0.045 | Z | 275 | 490~630 | 20 |

## 2. 优质碳素结构钢

优质碳素结构钢主要用来制造各种重要的机器零件,在使用前要经过热处理来改善其力学性能。

优质碳素结构钢的牌号用两位数字表示,这两位数字表示该钢的碳质量分数 $w_C$ 的万分比。若在钢中锰质量分数较高($w_{Mn}$=0.70%~1.20%),则在钢牌号后面标出元素符号"Mn"。

例如:45 表示碳质量分数 $w_C$ 为 0.45%的优质碳素结构钢;而 65Mn 则表示碳质量分数 $w_C$ 为 0.65%的较高含锰量的优质碳素结构钢。

优质碳素结构钢的牌号有以下几个特点:其一,都是一组两位数字;其二,除 08 以外,其他钢号数都能被"5"整除;其三,钢号后可能有"Mn",而不会有其他元素符号,且"Mn"后面不会再带有数字。和碳素结构钢相同,优质碳素结构钢的钢号后面也常附有表示脱氧方法及冶炼特征的字母,如"F""b"等。例如:08F 为碳质量分数 $w_C$ 为 0.08%的沸腾钢;20g 为碳质量分数 $w_C$ 为 0.20%的锅炉用钢。

优质碳素结构钢的牌号、化学成分和力学性能见表 6-4。

表 6-4 优质碳素结构钢的代号、牌号、化学成分和力学性能

| 统一数字代号 | 牌号 | 化学成分(质量分数,%) | | | 力学性能 | | | | | HBS | |
|---|---|---|---|---|---|---|---|---|---|---|---|
| | | C | Si | Mn | $\sigma_s$ | $\sigma_b$ | $\delta$ | $\psi$ | $\alpha_K$ | 热轧钢 | 退火钢 |
| | | | | | MPa | | % | | J·cm² | | |
| | | | | | 不小于 | | | | | 不大于 | |
| U20100 | 10F | 0.07~0.13 | ≤0.07 | 0.25~0.50 | 185 | 315 | 33 | 55 | — | 137 | — |
| U20105 | 15F | 0.12~0.18 | ≤0.07 | 0.25~0.50 | 205 | 355 | 29 | 55 | — | 137 | — |
| U20152 | 15 | 0.12~0.18 | 0.17~0.37 | 0.35~0.65 | 225 | 375 | 27 | 55 | — | 143 | — |
| U20352 | 35 | 0.32~0.39 | 0.17~0.37 | 0.50~0.80 | 315 | 530 | 20 | 45 | 68.7 | 187 | — |
| U20402 | 40 | 0.37~0.44 | 0.17~0.37 | 0.50~0.80 | 335 | 570 | 19 | 45 | 58.8 | 217 | 187 |
| U20452 | 45 | 0.42~0.50 | 0.17~0.37 | 0.50~0.80 | 355 | 600 | 16 | 40 | 49 | 241 | 197 |
| U20602 | 60 | 0.57~0.65 | 0.17~0.37 | 0.50~0.80 | 400 | 675 | 12 | 35 | — | 255 | 229 |
| U20652 | 65 | 0.62~0.70 | 0.17~0.37 | 0.50~0.80 | 410 | 695 | 10 | 30 | — | 255 | 229 |
| U21152 | 15Mn | 0.12~0.18 | 0.17~0.37 | 0.70~1.00 | 245 | 410 | 26 | 55 | — | 163 | — |
| U21452 | 45Mn | 0.42~0.50 | 0.17~0.37 | 0.70~1.00 | 375 | 620 | 15 | 40 | 49 | 241 | 217 |
| U21652 | 65Mn | 0.62~0.70 | 0.17~0.37 | 0.90~1.20 | 430 | 735 | 9 | 30 | — | 285 | 229 |

注:① 表中所列牌号为优质钢。如果是高级优质钢,需要在牌号后面加"A"(统一数字代号最后一位数字改为"3");如果是特级优质钢,需要在牌号后面加"E"(统一数字代号最后一位数字改为"6");如果是沸腾钢,需要在牌号后面加"F"(统一数字代号最后一位数字为"0");如果是半镇静钢,需要在牌号后面加"b"(统一数字代号最后一位数字为"1")。

② 表中所列牌号为优质钢,在钢中 $w_P$、$w_S$ 均不得大于 0.035%;如果是高级优质钢,则 $w_P$、$w_S$ 均不得大于 0.030%;如果是特级优质钢,则 $w_P$、$w_S$ 均不得大于 0.025%。

③ 表中数据均摘自国家标准 GB/T 699—2015。

08~25 钢的碳质量分数低,属于低碳钢。这类钢的强度、硬度较低,塑性、韧性及焊接性良好,主要用于制作冲压件、焊结构件及强度要求不高的机械零件及渗碳件,如深冲器件、压力容器、小轴、销子、法兰盘、螺钉和垫圈等。

30～55 钢属于中碳钢。这类钢具有较高的强度和硬度，其塑性和韧性随碳质量分数的增加而逐渐降低，切削性能良好。这类钢经调质能获得较好的综合力学性能，主要用来制作受力较大的机械零件，如连杆、曲轴、齿轮和联轴节等。

60 及以上的钢属于高碳钢。这类钢具有较高的强度、硬度和弹性，但焊接性不好，切削性稍差，冷变形塑性低，主要用来制造具有较高强度、耐磨性和弹性的零件，如汽车弹簧、弹簧垫圈、板簧和螺旋弹簧等弹性元件及耐磨件。

锰质量分数较高的优质碳素钢的用途和以上牌号的钢基本相同，但淬透性要好些，可以制作截面稍大或力学性能稍高的零件。

### 3. 碳素工具钢

碳素工具钢是用于制造刀具、模具和量具的钢。由于大多数工具都要求高硬度和高耐磨性，故工具钢的碳质量分数 $w_C$ 都在 0.70% 以上，均为优质钢或高级优质钢。

碳素工具钢的牌号用"碳"的汉语拼音字头"T"和表示碳的平均千分含量的数字组成。若是高级优质钢，则在牌号后面标以字母"A"，否则为优质钢。

例如：T8 表示碳质量分数 $w_C$ 为 0.8% 的优质碳素工具钢；而 T12A 则表示碳质量分数 $w_C$ 为 1.2% 的高级优质碳素工具钢。

各种牌号的碳素工具钢经淬火后的硬度相差不大，但随着碳质量分数的增加，未溶的二次渗碳体增多，钢的硬度、耐磨性增加，韧性降低。因此不同牌号的工具钢用于制造不同情况下使用的工具。

碳素工具钢的牌号、化学成分、力学性能和用途如表 6-5 所示。

表 6-5 碳素工具钢的牌号、化学成分、力学性能和用途

| 牌号 | 化学成分（质量分数，%） | | | | | 热处理 | | 应用举例 |
| --- | --- | --- | --- | --- | --- | --- | --- | --- |
| | C | Mn | Si | S | P | 淬火温度/℃ | HRC（不小于） | |
| T7 | 0.65～0.74 | ≤0.40 | ≤0.35 | ≤0.03 | ≤0.035 | 800～820 水淬 | 62 | 受冲击并要求较高硬度和耐磨性的工具，如锤子、钻头、模具等 |
| T8 | 0.75～0.84 | | | | | 780～800 水淬 | | |
| T8Mn | 0.80～0.90 | 0.40～0.60 | | | | | | |
| T9 | 0.85～0.94 | ≤0.40 | | | | | | 受中等冲击的工具和耐磨机件，如刨刀、冲模、丝锥、板牙、手工锯条、卡尺等 |
| T10 | 0.95～1.04 | | | | | | | |
| T11 | 1.05～1.14 | | | | | 760～780 水淬 | | |
| T12 | 1.15～1.24 | | | | | | | 不受冲击并要求极高硬度的工具和耐磨机件，如钻头、锉刀、刮刀、量具等 |
| T13 | 1.25～1.35 | | | | | | | |

### 4. 铸造碳钢

在冶炼后直接铸造成形的钢材称为铸钢。它广泛用于制造重型机械的某些零件，如轧钢

机架、水压机横梁和锻锤砧座等。

铸钢的牌号用汉语拼音字头"ZG"加短横分隔的两组数字表示，第一组数字代表屈服点，第二组数字代表其抗拉强度，单位都是 MPa。

例如：ZG200—400 表示屈服点为 200MPa、抗拉强度为 400MPa 的铸造碳钢。

不同牌号的铸钢用于不同使用要求的零件。ZG200—400 具有良好的塑性、韧性和焊接性，用于受力不大、要求具有一定韧性的零件，如机座、变速箱体等。ZG230—450 有一定的强度和较好的塑性、韧性，焊接性良好，切削性能一般，用于受力不大、要求具有一定韧性的零件，如砧座、轴承盖、外壳、阀体、底板等。ZG270—500 具有较高强度和较好塑性，铸造性能良好，焊接性能较差，切削性能良好，是用途较广的铸造碳钢，用作轧钢机机架、连杆、箱体、曲轴、轴承座等。ZG310—570 具有良好的强度和切削性能，塑性、韧性较差，用于负荷较高的零件，如大齿轮、制动轮、辊子等。ZG340—640 具有高的强度、硬度和耐磨性，切削性能中等，焊接性差，裂纹敏感性大，用作齿轮、棘轮等。如表 6-6 所示为铸造碳钢的牌号、化学成分和力学性能。

表 6-6  铸造碳钢的牌号、化学成分和力学性能

| 牌号 | 化学成分（质量分数，%） | | | | 室温下力学性能 | | | | |
|---|---|---|---|---|---|---|---|---|---|
| | C | Si | Mn | P、S | $\sigma_s$/MPa | $\sigma_b$/MPa | $\delta_5$/% | $\psi$/% | $\alpha_K$/J/cm² |
| | 不大于 | | | | 不小于 | | | | |
| ZG200—400 | 0.20 | 0.50 | 0.80 | 0.04 | 200 | 400 | 25 | 40 | 60 |
| ZG230—450 | 0.30 | 0.50 | 0.90 | 0.04 | 230 | 450 | 22 | 32 | 45 |
| ZG270—500 | 0.40 | 0.50 | 0.90 | 0.04 | 270 | 500 | 18 | 25 | 35 |
| ZG310—570 | 0.50 | 0.60 | 0.90 | 0.04 | 310 | 570 | 15 | 21 | 30 |
| ZG340—640 | 0.60 | 0.60 | 0.90 | 0.04 | 340 | 640 | 12 | 18 | 20 |

## 任务 5  熟悉铸铁及其热处理

# 任务引入

铸铁是碳质量分数大于 2.11% 的铁碳合金。它以铁、碳、硅为主要组成元素，其中锰、硫、磷等杂质元素的含量比碳钢高。有时会为了提高铸铁的力学性能或物理、化学性能，在普通铸铁中加入一定量的合金元素，这种铸铁称为合金铸铁。

铸铁中的碳可以以化合态的渗碳体的形式存在，也可以以游离态的石墨的形式存在。在机械制造工业用的铸铁中，碳主要以游离态的石墨的形式存在。

铸铁由于其碳质量分数较高，接近于共晶合金成分并具有良好的铸造性能，且易切削加工、生产工艺简单、成本低廉。但其硬度和脆性比钢大得多，且塑性、韧性、抗疲劳性远不及钢。铸铁因其特性被广泛应用于机械制造、冶金、矿山、石油化工、交通运输、建筑和国防等工业部门。在各类机械设备中，铸铁件约占机器总重量的 45%～90%；在重型机械中，铸铁件可占机器总重量的 85%～90%。铸铁之所以在工业生产中应用广泛，高强度铸铁和特殊性能铸铁甚至可以代替部分昂贵的合金钢和非铁金属，是因为人们会根据铸铁内部的不同组织形态采取不同的热处理方法进行调控，从而优化了铸铁性能。

## 6.5.1 铸铁的分类及石墨化

**1. 铸铁的分类和编号**

根据碳在结晶过程中的析出状态以及凝固后的断口颜色的差异，可将铸铁分为三大类：

白口铸铁：碳绝大部分以渗碳体的形式存在，断口呈银白色。

灰铸铁：碳全部或大部分以游离状态的石墨形式析出，断口呈暗灰色。

麻口铸铁：碳既以化合态的渗碳体形式析出，又以游离状态的石墨形式析出，断口呈黑白相间的麻点。

白口铸铁和麻口铸铁脆而硬，故在工业中很少使用。在工业上灰铸铁被大量使用。灰铸铁的性能除与成分、基体组织有关外，还取决于石墨的形状、大小、数量及分布。灰铸铁按石墨的形态可分为四类：

（1）灰铸铁：石墨呈片状分布。牌号用"灰铁"二字汉语拼音的第一个大写字母"HT"和代表抗拉强度的数字表示。例如：HT200 表示$\sigma_b$>200MPa 的灰铸铁。

（2）可锻铸铁：石墨呈团絮状分布。牌号用"KTH"代表黑心可锻铸铁；"KTB"代表白心可锻铸铁；"KTZ"代表珠光体可锻铸铁。上述字母均为相应字汉语拼音的首字母。例如：KTH350—10 表示$\sigma_b$>350MPa、$\delta$>10%的黑心可锻铸铁。

（3）球墨铸铁：石墨呈球状分布。牌号用"QT"和两组数字表示。例如：QT400—17 表示$\sigma_b$>400MPa、$\delta$>17%的球墨铸铁。

（4）蠕墨铸铁：石墨呈蠕虫状和少量球状分布。牌号用"RuT"加一组数字表示。例如：RuT400 表示$\sigma_b$>400MPa 的蠕墨铸铁。

**2. 铸铁的石墨化过程**

铸铁中的石墨可以从液体或奥氏体中直接析出，也可以先结晶出渗碳体，再由渗碳体在一定的条件下分解得到。铸铁中的碳以石墨形态析出的过程称为石墨化。影响石墨化的主要因素是铸铁的成分和冷却速度。

（1）成分的影响。铸铁石墨化程度受到许多因素的影响，但试验证明，铸铁的化学成分和在结晶时的冷却速度是影响石墨化的主要因素。

① 碳和硅。它们都是强烈促进石墨化的元素，铸铁中的碳、硅含量越高，石墨化程度越充分。因为随着碳质量分数的增加，液态铸铁中的石墨晶核数量也增多，从而促进了石墨化；硅与铁原子的结合力较强，硅在铁素体中不仅会削弱铁、碳原子间的结合力，还会降低共晶点的碳质量分数，提高共晶转变温度，以利于石墨的析出。实践证明，铸铁中的$w_{Si}$每增加 1%，共晶点的碳质量分数相应降低 0.3%，为了综合考虑碳和硅的影响，通常把硅含量折合成相应的碳质量分数，再与实际碳质量分数相加，其总和称为碳当量。利用碳当量可近似估计出铸铁在 Fe-Fe$_3$C 相图上的实际位置，因此，调整碳当量是控制组织与性能的基本措施之一。

② 锰。锰是阻碍石墨化的元素，锰溶入铁素体或渗碳体不仅会增加铁、碳原子的结合力，还会使共析转变温度降低，这些都不利于石墨的析出。但是锰与硫能形成 MnS，它能减弱硫对石墨化的阻碍作用，所以它又间接地起着促进石墨化的作用，因此在铸件中锰质量分数要适当。

③ 硫。硫是强烈阻碍石墨化的元素，因为硫不仅能增加铁、碳原子的结合力，还能形成

硫化物后常以共晶体形式分布在晶界上，阻碍碳原子的扩散。此外，硫还会降低铁液的流动性和促使高温铸件开裂。所以，硫是有害元素，其含量越低越好。

④ 磷。磷是微弱促进石墨化的元素。它能提高铁液的流动性，但形成的 $Fe_3P$ 常常以共晶体形式分布于晶界上，从而增加铸铁的脆性，导致铸件在冷却时开裂。所以，应严格控制一般铸铁中的磷含量。

（2）冷却速度的影响。在实际生产中经常发现同一铸件的厚壁处为灰口而薄壁处出现白口的现象。这说明在同一化学成分的情况下，铸铁在结晶时的冷却速度对石墨化程度影响很大。冷却速度越缓慢越有利于石墨化，反之则有利于形成白口铸铁。尤其是共析阶段的石墨化，因为此时温度较低，如果冷却速度增大，原子扩散更加困难，这一阶段的石墨化将难以充分进行。

冷却速度受到多方面的影响，它与浇注温度、铸型材料的导热能力，以及铸件的壁厚等因素有关。对于壁厚不均匀的铸件，在冷却时要得到均匀的组织是比较困难的。通过孕育处理可以防止白口的产生；借助热处理能消除白口，改善铸铁的性能。

### 6.5.2 灰铸铁

**1. 灰铸铁的成分、组织和性能**

（1）化学成分

如前所述，化学成分是影响石墨化的主要因素。铸铁中的碳、硅、锰是调节组织的元素，磷是控制使用的元素，硫是应该限制的元素。目前在生产中灰铸铁的成分为 $w_C$=2.7%～3.6%，$w_{Si}$=1.0%～2.2%，$w_{Mn}$=0.5%～1.3%，$w_P$≤0.3%，$w_S$≤0.15%。

（2）金相组织

灰铸铁的组织是由片状石墨和金属基体所组成的。根据共析阶段石墨化进行的程度不同，基体组织可分为铁素体、铁素体+珠光体和珠光体三种。

在铸铁组织中除基体和石墨外，还经常出现磷共晶和游离碳化物，它们能提高基体的硬度，但对其他性能是有害的。

比较如图 6-27 所示的 3 张图，可以明显看出铁素体基体在灰口铸铁中的石墨片粗大、量多。这是因为在铁素体基体中几乎不含有碳，所有的碳都转变成了石墨；而珠光体是铁素体和渗碳体（$Fe_3C$）的混合物，其中在 $Fe_3C$ 中含有约 6.69% 的碳（珠光体含碳约 0.77%），因此在基体中珠光体的量越多，形成的石墨就会越少。

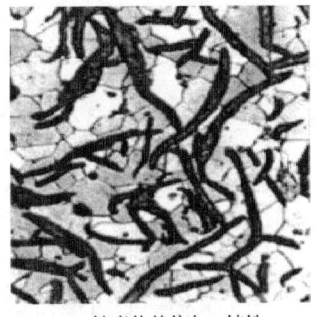 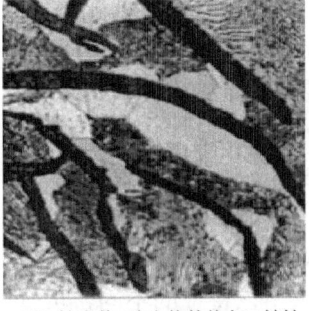 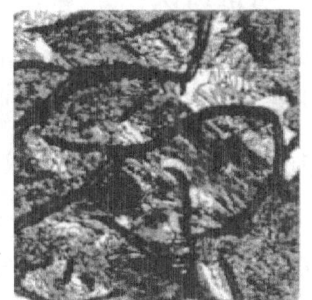

(a) 铁素体基体灰口铸铁　　(b) 铁素体+珠光体基体灰口铸铁　　(c) 珠光体基体灰口铸铁

图 6-27　灰口铸铁

(3) 灰铸铁的性能

① 力学性能。由于 Si、Mn 元素可溶于铁素体使其得到强化,所以,灰铸铁的基体强度和硬度不低于相应钢的强度和硬度。但是片状石墨的强度、塑性和韧性几乎为零,硬度也非常低。石墨不仅割裂基体的连续性,而且尖端处导致应力集中,使材料产生脆性断裂。因此,灰铸铁的抗拉强度、塑性、韧性均比相应的钢低得多,但其抗压强度显著高于抗拉强度。

② 铸造性能好。

③ 减摩性好。石墨本身具有润滑作用,而且脱落的石墨孔隙具有储油功能,可减缓摩擦面油膜的破损,从而起到减摩作用。

④ 减振性好。由于铸铁在受震动时石墨起缓冲作用,它把振动转变为热能,故常用铸铁制作承受振动的机床底座。

⑤ 切削加工性能好。石墨割裂了基体的连续性,铸铁的切屑容易脆性断裂,且石墨对刀具有一定的润滑作用,刀具在使用时磨损较小。

⑥ 缺口敏感性低。因为灰铸铁含有大量的片状石墨,相当于有许多原始的缺口,这使得铸件对后来人为的制作缺口不那么敏感。所以,铸铁的缺口敏感性比钢小得多。

**2. 灰铸铁的孕育处理**

普通灰铸铁的主要缺点是石墨呈粗大片状;壁厚敏感性大,致使铸件不同壁厚部位的组织和力学性能不均匀,为此,通常在浇注前向铁液中加入少量强烈促进石墨化的物质(即孕育剂)进行处理,此过程称为孕育处理。

生产中常用的孕育剂为硅铁和硅钙合金,其中以硅质量分数为 75% 的硅铁最常用。孕育剂的作用是促使石墨非自发形核,使石墨细小,并均匀分布,从而提高灰铸铁的力学性能。

需要进行孕育处理的铸铁的铁液化学成分一般为麻口铸铁成分,孕育后得到珠光体基体的灰铸铁组织。一般孕育铸铁的化学成分为 $w_C=2.7\%\sim3.4\%$,$w_{Si}=1.0\%\sim2.0\%$,$w_{Mn}=0.6\%\sim1.3\%$。

放入孕育剂的铁液不宜停留太长时间,否则结晶核心会逐渐溶化、溶解或上浮,使孕育作用逐渐消失。这种现象称为"孕育衰退"。

孕育铸铁主要用于动载荷较小、静载强度要求较高的重要零件,如气缸、齿轮、凸轮和高压液压筒等。

## 6.5.3 可锻铸铁

可锻铸铁又称玛铁。它是由白口铸铁通过退火获得的具有团絮状石墨的铸铁,它具有较高的强度和塑性。但需要注意的是,可锻铸铁并不能锻造。

**1. 可锻铸铁的成分、组织、性能及应用**

(1) 化学成分。目前在生产中可锻铸铁的成分为 $w_C=2.2\%\sim2.8\%$,$w_{Si}=1.2\%\sim2.0\%$,$w_{Mn}=0.4\%\sim1.2\%$,$w_S$、$w_P<0.2\%$。

(2) 组织。可锻铸铁根据退火工艺特性的不同,可分为石墨化(又称黑心可锻铸铁)和脱碳可锻铸铁(又称白心可锻铸铁)。目前,我国生产的可锻铸铁多数是黑心可锻铸铁,而白心可锻铸铁由于力学性能较差,应用较少。

黑心可锻铸铁在退火后得到铁素体基体加团絮状石墨的组织，称为铁素体可锻铸铁；退火后组织为珠光体加团絮状石墨的组织称为珠光体可锻铸铁。

（3）性能。目前我国以生产铁素体可锻铸铁为主，同时也生产少量的珠光体可锻铸铁。铁素体可锻铸铁具有一定的强度和较高的塑性与韧性。珠光体可锻铸铁具有较高的强度、硬度和耐磨性，但是塑性与韧性较差。在生产中常用可锻铸铁制作一些截面较薄、形状复杂、工作时受震动而强度、韧性要求高的零件。

（4）应用。由于可锻铸铁的力学性能远高于灰口铸铁，不再是脆性材料，所以可以用于承受冲击和振动的零件。如汽车、拖拉机的后桥壳、轮壳、转向机构、曲轴、连杆、凸轮、齿轮、活塞，扳手等，但是中大型零件不宜采用。目前，球墨铸铁已经代替了部分可锻铸铁。

### 2. 可锻铸铁的生产过程

首先铸造出白口铸铁铸件，再将其进行高温、长时间退火，使 $Fe_3C$ 分解成 Fe 和 C 原子，C 原子通过扩散聚集到一起形成团絮状石墨。因此可锻铸铁生产周期长、成本高。

## 6.5.4 球墨铸铁

石墨呈球状分布的灰铸铁称为球墨铸铁。灰铸铁成分的铁液，在浇注前加入少量的球化剂和孕育剂，即可获得球状石墨的铸铁。由于球状石墨对基体的割裂作用减到最小，从而大大提高了铸件的力学性能和加工性能，另外通过热处理和合金化还可进一步提高其性能，因此，铸铁中球墨铸铁具有最高的力学性能。

球墨铸铁的球化处理

### 1. 球墨铸铁的组织和性能

球墨铸铁的基体组织在铸态下变化比较大，一般很难获得单一的基体组织，而往往得到铁素体+渗碳体+球状石墨这样的混合组织。因此，铸造后的球墨铸铁通常要经过不同热处理来获得不同的基体组织。在生产中常见的有铁素体基体球墨铸铁；珠光体+铁素体基体球墨铸铁；珠光体基体球墨铸铁；珠光体+贝氏体基体球墨铸铁。

球墨铸铁的抗拉强度、塑性、韧性高于其他铸铁，疲劳极限接近中碳钢，而小能量多次冲击抗力则高于中碳钢。同时由于石墨的存在，球墨铸铁具有与灰铸铁相似的优良性能，如铸造性能好、减摩性和减振性强，易于切削加工等。但球墨铸铁的过冷倾向大，易产生白口现象。

### 2. 球墨铸铁的热处理

球铁的力学性能主要取决于基体组织，通过热处理可以改变基体组织，达到改善性能的目的。与钢一样，球铁也可以进行各种热处理，如退火、正火、调质、等温淬火以及表面淬火和化学热处理（氮化、渗铝、渗硫、渗硼等）。由于这种铸铁热处理工艺性较好，凡是钢可以进行的热处理，一般都适合于球墨铸铁。

### 3. 球墨铸铁的应用

由于球墨铸铁具有优良的力学性能和铸造性能，所以它们的应用范围十分广泛，主要用来制造载荷较大、受力复杂的机器零件。例如，铁素体球铁多用于制造受压阀门、机器底座、汽车后桥壳、加速器壳等，珠光体球铁多用于制造汽车、拖拉机的曲轴、连杆、齿轮、凸轮轴、缸套、活塞等，贝氏体球铁多用于制造汽车、拖拉机的蜗轮、齿轮等。球铁管已经广泛用作自来水上水管、引水工程的大型水管。

## 实验8　铁碳合金的组织观察

金相试样制备动画

### 一、实验目的

（1）了解金相样品的制备及腐蚀过程。
（2）了解金相显微镜的构造和成像原理，学习金相显微镜的使用方法。
（3）了解铁碳合金在平衡状态下从高温到室温的组织转变过程。
（4）分析铁碳合金在平衡状态室温下的组织形貌。
（5）加深对铁碳合金的成分、组织和性能之间关系的理解。
（6）画出常用铁碳合金的组织形貌。

### 二、实验内容

（1）观察金相试样的制备过程。
（2）观察金相显微镜的成像原理。
（3）观察工业纯铁、亚共析钢、共析钢、过共析钢、亚共晶白口铸铁、共晶白口铸铁和过共晶白口铸铁的平衡结晶过程。
（4）观察铁素体、珠光体、渗碳体、莱氏体组织的相的组成、组织特征、性能特点以及成分范围。

### 三、仪器、设备

金相显微镜、砂轮机、预磨机、抛光机、吹风机、不同号的金相砂纸一套、抛光剂、浸蚀剂、无水酒精及待制备的金相试样。

### 学后测评

**6-1　判断正误**

（1）在三种常见的金属晶格类型中，体心立方晶格是原子排列最紧密的一种类型。
（2）由于大多数固态金属都是晶体，所以它们都具有各向异性。
（3）多晶体是晶体，所以其性能是各向异性的。
（4）溶质原子溶入基体形成固溶体而使其强度、硬度升高的现象称为固溶强化。它是金属强化的重要形式。
（5）晶界处原子排列不规则，因此对金属的塑性变形起着阻碍作用，晶界越多，其作用越明显。显然，晶粒越细，晶界总面积就越小，金属的强度和硬度也就越低。
（6）金属中晶体缺陷的存在会使金属的力学性能降低，所以通常希望金属中的晶体缺陷越少越好。
（7）在钢中随着碳质量分数由少到多，渗碳体量逐渐增多，铁素体量逐渐减少，铁碳合金的硬度越来越高，而塑性、韧性越来越低。

(8) 靠近共晶成分的铁碳合金不仅熔点低，而且凝固温度区间也较小，故具有良好的铸造性，这类合金适宜于铸造。

(9) 硫和磷都是钢中的有害杂质，硫能导致钢的冷脆性，而磷能导致钢的热脆性。

(10) 在同一化学成分的情况下，铸铁在结晶时的冷却速度对石墨化程度影响很大。冷却速度越快，越有利于石墨化。

6-2 单项选择

(1) 晶界是一种常见的晶体缺陷，它是典型的_____缺陷。

　　A. 面　　　　　　B. 线　　　　　　C. 点　　　　　　D. 特殊

(2) 在下列金相结构中，硬度最高的是_____。

　　A. 置换固溶体　　　　　　　　　　B. 间隙固溶体
　　C. 机械混合物　　　　　　　　　　D. 金属化合物

(3) 线缺陷，就是在晶体的某一平面上，沿着某一方向伸展的线状分布的缺陷。_____就是一种典型的线缺陷。

　　A. 间隙原子　　　B. 空位　　　　　C. 位错　　　　　D. 晶界

(4) 金属经某种特殊处理后，在金相显微镜下看到的特征与形貌称为_____。

　　A. 晶胞　　　　　B. 显微组织　　　C. 晶格　　　　　D. 多晶体

(5) 金属在再结晶温度以上进行的塑性变形，称为_____。

　　A. 冷加工　　　　B. 热加工　　　　C. 切削加工　　　D. 铸造

(6) 在冷却时，金属的实际结晶温度总是_____理论结晶温度。

　　A. 高于　　　　　B. 等于　　　　　C. 低于　　　　　D. 略微高于

(7) 碳质量分数为 1.2% 的钢，当加热到 $Ac_1 \sim Ac_{cm}$ 时，其组织应为_____。

　　A. 奥氏体　　　　　　　　　　　　B. 铁素体和奥氏体
　　C. 奥氏体和二次渗碳体　　　　　　D. 珠光体和奥氏体

(8) 钢中的珠光体和莱氏体_____。

　　A. 两者都是固溶体　　　　　　　　B. 两者都是机械混合物
　　C. 前者是固溶体，后者是机械混合物　D. 前者是机械混合物，后者是固溶体

(9) 根据 Fe-Fe$_3$C 相图可以看出钢的熔化与浇注温度都要比铸铁_____。

　　A. 低　　　　　　B. 高　　　　　　C. 差不多　　　　D. 低得多

(10) 钢的质量好坏一般是以在钢中有害杂质_____含量的多少来确定的。通常分为三个级别：普通钢、优质钢和高级优质钢。

　　A. 氧、氢　　　　B. 硅、锰　　　　C. 氮、氧　　　　D. 硫、磷

6-3 解释下列名词的联系与区别：晶格与晶胞、晶面与晶向、各向同性与各向异性、单晶体与多晶体、晶界与亚晶界、纯金属与合金、组元与相、固溶体与金属化合物、结晶与同素异构转变。

6-4 实际金属晶体的缺陷有哪些？它们对金属的性能有何影响？

6-5 简述纯金属的结晶过程。

6-6 常用的细化晶粒方法有哪些？

6-7 分析单晶体与多晶体的塑性变形，说明其联系与区别。

6-8 什么是再结晶？简述如何区分热加工与冷加工。

6-9 画出铁碳合金相图，分析其特性点和特性线，简述铁碳相图的运用。

6-10 简述在碳素钢中常存元素对其性能的影响。

6-11 碳素钢是如何分类的？简述碳素钢的牌号及其应用。

6-12 铸铁是如何分类的？简述其牌号的书写规律。

6-13 什么叫石墨化？影响石墨化的主要因素是什么？

6-14 说明下列金属材料牌号的意义及其在工程上的应用。

Q235·A·F    45    T12A    ZG200—400    QT400—17

# 项目 7　钢的热处理

## 学习目标

1. 了解钢在加热和冷却时的组织转变；
2. 掌握钢的常规热处理方法；
3. 熟悉钢的表面热处理方法；
4. 了解热处理新技术及热处理工常识；
5. 能进行钢的常规热处理操作。

改善材料性能的具体途径有很多，如将合金元素溶入金属晶格中产生固溶强化、细化晶粒从而使材料强韧化、冷加工变形产生加工硬化等。热处理是一种更加有效的方法，前面已提及的再结晶退火就是热处理的一种。热处理的目的就是通过改变材料的组织状态改变材料的性能。具体来说，热处理就是先将零件加热到预定温度并保温一段时间，然后以一定速度冷却下来的一种热加工工艺。原则上只有在加热或冷却时发生溶解度显著变化或者类似纯铁能发生同素异晶转变的材料（即有固态相变发生）才能进行热处理，所以热处理强化在实质上是相变强化。热处理可以强化金属材料的性能，充分挖掘材料潜力，消除铸、锻、焊等热加工工艺带来的各种缺陷，提高机械零件的使用寿命。

## 任务 1　认识钢的组织转变

## 任务引入

为什么制造仪表元件通常使用奥氏体钢？工业上常用"派敦"处理的方式加工绳用钢丝、琴钢丝和某些弹簧钢丝，为什么这样就可以获得很高的强度呢？1969 年 7 月 20 日，美国"阿波罗"11 号登月舱在月球着陆后，为了将月球上的信息发回地球，宇航员在月球上放置了一个半球形的直径 5m 的月面天线，而实际上登月舱只有 4m 宽，那么美国人是如何将这种月面天线带上月球的呢？这是因为钢的不同组织具有不同的性能、特点。

了解钢在加热和冷却时固态相变的基本规律，可以采用适当措施控制相变过程以获得预期的组织，从而获得预期的性能。

### 7.1.1　钢在加热时的组织转变

热处理是由三个基本环节：加热、保温和冷却组成的。在大多数热处理工艺中，钢加热的主要目的是获得奥氏体组织。如图 7-1 所示，我们把钢铁加热到 $Ac_3$ 或 $Ac_1$ 线以上，以获得完全或部分奥氏体组织的操作称为奥氏体化。金属或合金在加热或冷却过程中，发生相变的温度称为相变点（或临界点）。对于钢和铸铁，用 $A_1$、$A_3$ 和 $A_{cm}$ 等表示平衡条件下的固态相变

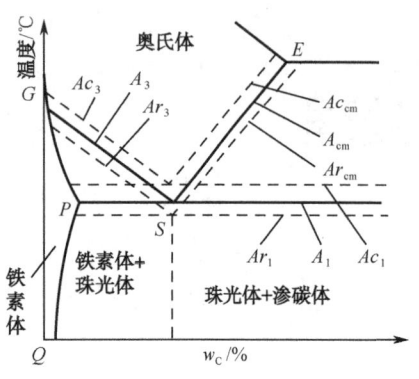

图 7-1 加热（冷却）时的临界点

点，其中：$A_1$ 表示当加热时珠光体向奥氏体转变的温度或当冷却时奥氏体向珠光体转变的温度；$A_3$ 表示当亚共析钢加热时先共析铁素体完全溶入奥氏体的温度或当冷却时先共析铁素体开始从奥氏体中析出的温度；$A_{cm}$ 表示当过共析钢加热时先共析渗碳体完全溶入奥氏体的温度或当冷却时先共析渗碳体开始从奥氏体中析出的温度。一般条件下在固态相变时都有不同程度的过热度或过冷度。因此，为与平衡条件下的相变点相区别，将在加热时实际的 $A_1$ 称为 $Ac_1$，将在冷却时实际的 $A_1$ 称为 $Ar_1$；将在加热时实际的 $A_3$ 称为 $Ac_3$，将在冷却时的 $A_3$ 称为 $Ar_3$；将在加热时实际的 $A_{cm}$ 称为 $Ac_{cm}$，将在冷却时实际的 $A_{cm}$ 称为 $Ar_{cm}$。

**1. 奥氏体的形成机理**

（1）奥氏体形成的热力学条件

人们经过长期实践和总结发现，自然界的一切运动，总是从某种高能量不稳定状态，自发地转变为低能量稳定状态。例如，热量总是从高温物体传向低温物体；重物总是从高处落向低处；电流总是由高电位流向低电位。从热力学的观点来看，一切自发过程都是从高吉布斯自由能状态过渡到低吉布斯自由能状态，也就是说钢在加热时组织转变的推动力是奥氏体和旧相珠光体之间的吉布斯自由能之差。这里吉布斯自由能是表示系统状态的能量，与系统的内能、体积、压力、温度等有关。吉布斯自由能的大小能表示系统的稳定程度。在等压等温的条件下，一切自发转变过程都朝着吉布斯自由能减少的方向进行，一直进行到吉布斯自由能具有最低值为止。这个规律又称为最小自由能原理。如图 7-2 所示，奥氏体吉布斯自由能随温度变化曲线的斜率大于珠光体吉布斯自由能随温度变化曲线的斜率，两曲线的相交点正是 Fe-Fe$_3$C 相图中的 $A_1$ 点。由图可见，在 $A_1$ 点两相吉布斯自由能相等，不能发生相变。只有在高于 $A_1$ 温度，奥氏体吉布斯自由能低于珠光体吉布斯自由能，才会发生珠光体向奥氏体的转变。这也正是钢加热形成奥氏体时必须要有一定过热度的原因。

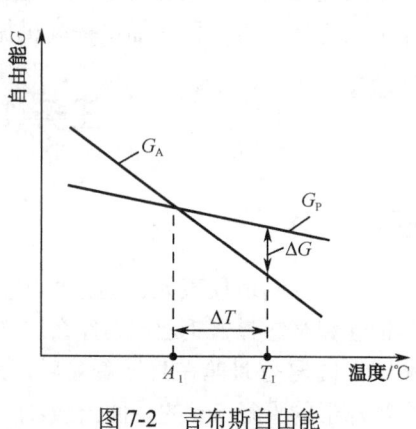

图 7-2 吉布斯自由能随温度变化曲线

（2）奥氏体的形成过程

根据 Fe-Fe$_3$C 相图，由铁素体和渗碳体两相组成的珠光体，在加热温度稍高于 $Ac_1$ 时要转变为单相奥氏体。由于新形成的奥氏体和原来的铁素体及渗碳体的碳质量分数和晶格结构相差很大，所以珠光体转变成奥氏体的整个过程可以看成由四个基本过程组成，如图 7-3 所示，即奥氏体晶核的形成、奥氏体晶核的长大、残余渗碳体的溶解和奥氏体成分的均匀化。

① 奥氏体晶核的形成。奥氏体的晶核通常优先产生于珠光体中的铁素体与渗碳体的相界面上。这是因为两相界面处的原子排列较紊乱，位错和空位的密度较高，处于高能量状态，

新相在此形核，可能会消除部分晶体缺陷，使系统的自由能降低；另外由于在相界面处碳原子浓度相差很大，有利于获得形成奥氏体晶核所需要的碳浓度。

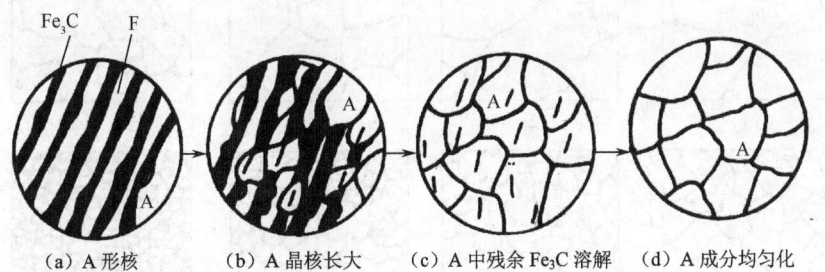

(a) A 形核　　　(b) A 晶核长大　　(c) A 中残余 $Fe_3C$ 溶解　(d) A 成分均匀化

图 7-3　珠光体向奥氏体转变示意图

② 奥氏体晶核的长大。处于旧晶界上的奥氏体晶核，其一侧是铁素体，另一侧则是渗碳体。它的长大，依靠铁素体向奥氏体的转变和渗碳体不断溶入奥氏体。铁素体晶格的改组、渗碳体的分解和溶入以及碳原子的扩散，使奥氏体的晶核得以不断长大，直至铁素体全部转变成奥氏体。

③ 残余渗碳体的溶解。由于渗碳体溶入奥氏体的速度比较慢，因此当铁素体转变成奥氏体后，还有少量渗碳体未溶入奥氏体。随着时间的延长，这部分残余渗碳体持续不断地溶入奥氏体，直至全部消失，变成单一的奥氏体晶粒。

④ 奥氏体成分的均匀化。由于原子的扩散需要一定的时间，所以当残余渗碳体刚刚溶解完时，奥氏体内部的成分是不均匀的，原先铁素体处碳质量分数低，渗碳体处碳质量分数高，因此只有再延长一些时间才能通过碳原子的扩散使奥氏体内部成分均匀。

另外，在先形成的奥氏体晶核长大的同时，总会不断有新奥氏体晶核形成、长大。

**2. 奥氏体的晶粒长大及其控制**

(1) 奥氏体晶粒度的概念

将钢加热到相变点（亚共析钢为 $Ac_3$，过共析钢为 $Ac_1$ 或 $Ac_{cm}$）以上某一温度并保温给定时间所得到的奥氏体晶粒大小称为奥氏体晶粒度。一般分为八个标准等级（如图 7-4 所示），1～4 级为粗晶粒，5～8 级为细晶粒。

根据奥氏体的形成过程和晶粒长大情况，奥氏体晶粒度可分为起始晶粒度、实际晶粒度和本质晶粒度三种。起始晶粒度是指当珠光体刚刚全部转变为奥氏体时的奥氏体晶粒度。它通常比较细小，当继续加热或保温时，它就要长大。实际晶粒度是指钢在实际生产中的具体加热条件下所获得的奥氏体晶粒度。它的大小直接影响工件的性能。而本质晶粒度是钢在规定的加热条件下（加热到 930℃，保温 3 或 8 小时）所测得的奥氏体晶粒度。例如，某钢种在此条件下测得晶粒度为 1～4 级，则称其为本质粗晶粒钢；若测得晶粒度为 5～8 级，则称其为本质细晶粒钢。本质晶粒度并不指具体的晶粒，而仅仅体现某种钢奥氏体晶粒的长大倾向。

(2) 奥氏体晶粒长大及其影响因素

奥氏体的起始晶粒一般都比较细小，小晶粒晶界多，晶界总面积大，界面能高，处于高能量状态。这就必然引起奥氏体小晶粒发展成大晶粒，以减少晶界，降低界面能。尽管奥氏体长大是一个自由能降低的自发过程，但不同的外界因素可以在不同的程度上促进或抑制其长大过程的进行。这些影响因素主要包括：

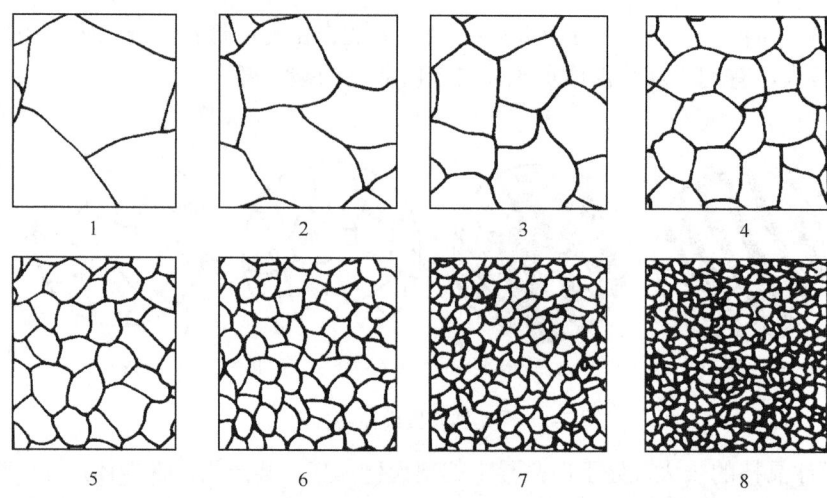

图 7-4　钢的标准晶粒度

① 加热温度的影响。由于奥氏体的晶粒长大是通过原子的扩散实现的,而原子的扩散能力是随温度升高增大的,因此奥氏体的晶粒也将随温度的增高而急剧长大。

② 保温时间的影响。在一定的加热温度下,奥氏体的晶粒将随着保温时间的延长而长大。一开始晶粒随时间的延长长大得较快,然后逐渐减慢,到一定的时间后,即使再延长保温时间,也不会有较大变化。所以时间对晶粒的长大作用不如温度效果明显。

③ 加热速度的影响。加热速度越快,过热度越大,形核率越高,奥氏体起始晶粒越细。也就是说,快速加热至高温,短时保温,亦可获得细晶粒组织。

④ 化学成分的影响。钢中的碳质量分数和合金元素都会对奥氏体晶粒长大有显著影响。

a. 碳质量分数的影响:在一定的加热温度和相同的加热条件下,当钢中的碳质量分数不超过一定的限度时,奥氏体晶粒长大倾向随钢中碳质量分数的增大而增大。这是因为随着碳质量分数的增加,碳及铁原子在奥氏体中的扩散速度增快,从而加速了奥氏体晶粒的长大。碳质量分数一旦超过某一浓度时,就会形成过剩的二次渗碳体,成为晶粒长大的障碍物,阻止晶粒长大。

b. 合金元素的影响:凡是产生稳定碳化物的元素,如钛、钒、钽、铌、锆、钨、钼及铬;产生不溶于奥氏体的氧化物及氮化物的元素,如铝;促进石墨化的元素,如硅、镍、钴;以及在结构上自由存在的元素如铜等,都会在不同程度上阻碍奥氏体晶粒的长大。而锰和磷则有加速奥氏体晶粒长大的倾向。铝是目前在工业生产中广泛用于控制奥氏体晶粒度的元素,用铝脱氧的钢中存在着高熔点的弥散的 AlN(氮化铝)质点,它阻碍奥氏体晶界的移动,从而细化了晶粒。一般在钢中残余铝含量约为 0.02%~0.04% 即可获得本质细晶粒钢。

(3) 控制奥氏体长大的措施

① 合理选择加热温度和保温时间。加热温度高一些,奥氏体形成速度就快一些,其晶粒长大倾向就越大,实际晶粒也就越粗。延长保温时间也会出现奥氏体晶粒的长大。但加热温度对晶粒长大的影响要比保温时间的影响显著得多,因此要合理选择加热温度。

② 合理选择钢的原始组织。原始组织主要影响起始晶粒度。一般来说,原始组织越细,碳化物弥散度越大,所得到的奥氏体起始晶粒就越细小。从晶粒长大原理可知,起始晶粒越细小,钢的晶粒长大倾向越大,钢的过热敏感性增大,在生产中较难控制。因此在生产中对高碳工具钢一般要求其原始组织为碳化物分散度较小的球化退火组织,因为这种粒状珠光体

组织不易过热。

③ 加入一定量的合金元素。晶粒的长大是通过晶界原子的移动来实现的。加入合金元素，使其在晶界上形成十分弥散的化合物，如碳化物、氧化物、氮化物等，这些弥散的化合物都对晶界的迁移起着"钉扎"作用，即机械阻碍作用，阻碍晶粒长大。另外往钢中加入硼及少量稀土元素，可以吸附在晶界上并降低晶界的能量，从而减少晶粒长大的动力，也可限制或推迟晶粒的长大。

细化晶粒的措施，可采用重结晶处理。所谓重结晶，就是将固态金属及合金在加热（或冷却）通过相变点时，从一种晶体结构转变成另一种晶体结构的过程。在这里是指钢件加热到临界点稍上温度，使奥氏体重新形核并长大。在实际生产中，工件经热加工（铸造、锻造、轧制、焊接等）后，往往晶粒粗大，力学性能降低。对此，可用重结晶来细化晶粒，如对于有粗大晶粒的亚共析钢工件，可用完全退火或正火来细化晶粒。

**3. 奥氏体转变的应用**

奥氏体是钢中的高温稳定相，由于奥氏体是面心立方晶格，其滑移系统多，塑性很好，易于变形，所以钢的锻造加工常要求在奥氏体稳定存在的高温区域中进行。

虽然奥氏体是钢中的高温稳定相，但根据相图，若往钢中加入足够多的能够扩大γ相区的元素（如铜、锰、镍等），则完全可以使奥氏体在室温成为稳定相。因此，奥氏体可以是钢在使用时的一种组织状态，以奥氏体状态使用的钢称为奥氏体钢。由于奥氏体的转变产物具有铁磁性，所以奥氏体钢可以作为无磁性钢，另外在钢的组织中奥氏体的比容最小，其线膨胀系数最大，因此奥氏体钢可用作对膨胀灵敏且要求无磁性的仪表元件。

## 7.1.2 钢在冷却时的组织转变

在前面讲相图时，我们已经根据相图分析过不同成分的钢从高温冷却到室温会产生什么样的组织。那么，热处理还会改变材料的组织吗？答案是会。关键在于冷却速度，在用相图讨论组织形成时，是用的最慢的理想化的冷却速度。如果冷却速度变快，得到的组织就会不同。

钢连续冷却组织转变

**1. 过冷奥氏体的等温转变**

钢在冷却时，主要的冷却形式有两种：一种是等温冷却，另一种是连续冷却（如图7-5所示）。

（1）过冷奥氏体等温转变曲线

将高温奥氏体快速冷却到 $A_1$ 以下的某一预定温度等温，停留一段时间并等其完成全部转变后，再以一定的方式冷却，这样的冷却方式称为等温冷却。属于这种冷却方式的有等温退火、等温淬火及分级淬火。由于其等温前的冷却速度很快，奥氏体被过冷到等温温度仍未发生变化，这种在共析温度以下存在的

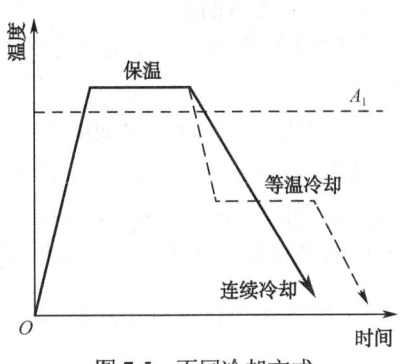

图7-5 不同冷却方式

奥氏体称为过冷奥氏体。钢经奥氏体化后冷却到相变点以下的温度区间内等温保持时过冷奥氏体所发生的相转变称为等温转变。当金属及合金在一定的过冷度或过热度条件下发生等温转变时，等温停留开始至相转变开始之间的时间称为孕育期。

等温转变图，又称奥氏体等温转变图，因其形状像英文字母"C"，故简称"奥氏体等温转变曲线"，是表示过冷奥氏体在不同过冷度下的等温过程中，转变温度、转变时间与转变产物量（转变开始及终了）的关系曲线图。

下面以共析钢为例加以说明。将碳质量分数为 0.77%的共析钢制成若干个一定尺寸的试样，加热到高于 $Ac_1$ 的温度，使其组织成为均匀的奥氏体，分别迅速地放入低于 $Ac_1$ 的不同温度（如 710℃、650℃、550℃、500℃、450℃、350℃…）的熔盐槽中，迫使奥氏体过冷，发生等温转变。再在不同的温度等温过程中，测出过冷奥氏体转变开始和终了时间，把它们按相应的位置标记在时间—温度坐标图上。分别连接各开始转变点（$aa'$上的点）和转变终了点（$bb'$上的点），便得到了如图 7-6 所示的奥氏体等温转变曲线。由图可知，$A_1$ 以上是奥氏体的稳定区域。$aa'$为过冷奥氏体转变开始线，转变开始线的左方是过冷奥氏体区（这一段时间称为孕育期）；$bb'$为过冷奥氏体转变终了线，在转变终了线右方，转变已经完成，是转变产物区；在 $aa'$和 $bb'$之间是过冷奥氏体与转变产物共存的过渡区；在奥氏体等温转变曲线的下方有两根由连续冷却得到的水平线，$M_s$ 为过冷奥氏体转变成马氏体的开始温度线，约为 230℃，$M_f$ 为过冷奥氏体转变成马氏体的终了温度线，约为-50℃。奥氏体等温转变曲线的拐弯处（约为 550℃）俗称"鼻子"，孕育期最短，此时奥氏体最不稳定，最容易分解。

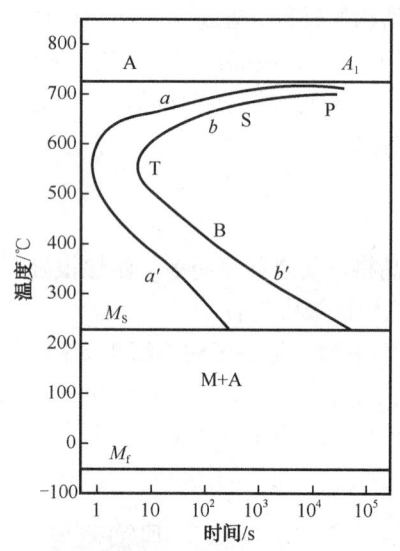

图 7-6 奥氏体等温转变曲线

（2）影响奥氏体等温转变曲线的因素

影响奥氏体等温转变曲线形状位置的因素有很多，主要有以下几个方面：

① 碳含量的影响。

在正常加热条件下，亚共析钢的奥氏体等温转变曲线随着碳质量分数的增加向右移动，过共析钢的奥氏体等温转变曲线随着碳质量分数的增加向左移动。故在碳钢中以共析钢过冷奥氏体最为稳定。

② 合金元素的影响。

除钴以外的所有合金元素溶入奥氏体后，都会增大其稳定性，使奥氏体等温转变曲线右移。

③ 加热温度和保温时间的影响。

随着加热温度的提高和保温时间的延长，奥氏体的成分更加均匀，奥氏体分解的晶核数量减少，奥氏体晶粒长大，晶界面积减少，这些都不利于过冷奥氏体的分解，另外，提高了奥氏体的稳定性，使奥氏体等温转变曲线右移。

**2. 过冷奥氏体连续冷却转变的近似分析**

在热处理生产中，过冷奥氏体大都是在连续冷却过程中进行转变的。如图 7-7 所示，所谓连续冷却，就是将奥氏体化的钢以一定速度连续冷却到室温，即随着时间的延长，温度不断下降的冷却形式。属于这种冷却方式的有普通淬火、退火和正火。钢经奥氏体化后在不同冷速的冷却过程中过冷奥氏体所发生的相转变称为连续冷却转变。

连续冷却转变图,又称奥氏体连续冷却转变图或"CCT 曲线",是指钢经奥氏体化后在不同冷速的连续冷却条件下,过冷奥氏体转变为亚稳态产物时,转变开始及转变终止的时间与转变温度之间关系曲线图。但奥氏体连续转变曲线比较复杂,它的测试也很困难,所以迄今为止有关奥氏体连续转变曲线的资料仍很缺乏。而关于各种钢奥氏体等温转变曲线的资料则较充分,因此我们往往借助于钢的奥氏体等温转变曲线来近似、定性地分析钢在连续冷却时的转变过程及其产物,并以此作为制定热处理工艺及选择有关工艺参数的依据。实践证明这种方法是基本可行的。

在利用奥氏体等温转变曲线近似分析连续冷却转变之前,先大致比较一下这两种曲线。过冷奥氏体连续冷却转变过程可以看作由无数等温转变过程组成,等温转变是连续冷却转变的基础。在连续冷却转变过程中只能出现在等温转变中出现的转变,而不会出现新的转变,而且每一种转变只能出现在自己的转变温度区域内,一旦过冷到自己的转变温度区以下,便立即中止,接着发生下一个温度区的转变。

如图 7-7 所示是共析钢的奥氏体等温转变曲线与奥氏体连续转变曲线的比较。由图可见,奥氏体连续转变曲线与奥氏体等温转变曲线相比,向右下方移动了一些,即转变开始时间推迟,温度降低。另外由于过冷奥氏体连续冷却时抑制了贝氏体的产生,所以曲线的下半部消失了。而马氏体转变本来就是在连续冷却条件下的转变,因此 $M_s$ 线无变化。

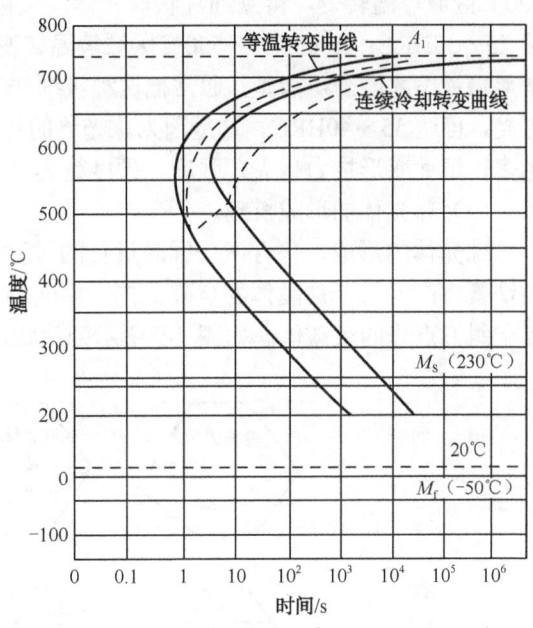

图 7-7 共析钢奥氏体等温与连续转变曲线关系

现在,我们利用共析钢的奥氏体等温转变曲线来分析过冷奥氏体的连续冷却转变。把代表连续冷却的冷却曲线叠画在等温转变图上(如图 7-8 所示),根据它们和奥氏体等温转变曲线相交的位置,便可大致估计其冷却转变情况。例如,在图中冷却速度 $v_1$ 相当于随炉冷却,则奥氏体在 $A_1$ 以下附近的温度进行转变,得到较粗的珠光体组织;$v_2$ 相当于在空气中的冷却速度,可估计出它将转变为索氏体;$v_3$ 相当于在油中的冷却速度,则奥氏体在"鼻子"附近分解一小部分,而其余的奥氏体则转变为马氏体,最后得到托氏体和马氏体的混合组织;$v_4$ 相当于在水中冷却速度,它不与奥氏体等温转变曲线相交,过冷奥氏体来不及分解,便被过冷到 $M_s$ 以下进行马氏体转变。$v_{临}$ 恰好与奥氏体等温转变曲线的开始转变线相切,是奥氏体不发生分解而全部过冷到 $M_s$ 以下向马氏体转变的最小冷却速度,即钢在淬火时为抑制非马氏体转变所需的最小冷却速度,称为马氏体临界冷却速度。它是表示钢材

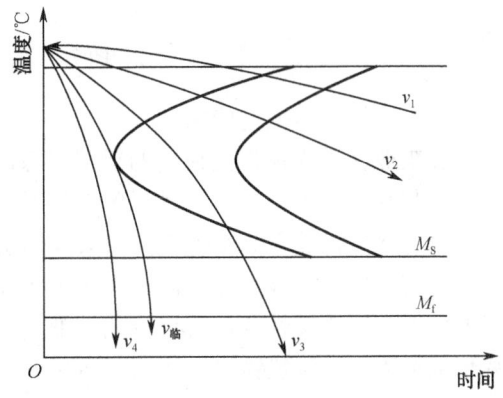

图 7-8 利用等温转变曲线分析连续冷却转变

接受淬火能力大小的标志。影响钢材临界冷却速度的主要因素是钢的化学成分，这一特性对于钢的热处理具有非常重要的意义。

### 7.1.3 过冷奥氏体的组织转变类型

**1. 珠光体型转变**

（1）珠光体的组织形态及力学性能

以共析钢为例，在 $A_1$ 到"鼻子"之间的等温转变，即 $A_1$～550℃范围内，奥氏体等温分解为铁素体和渗碳体的片层状混合物——珠光体。在珠光体转变区域内，转变温度越低（过冷度越大），形成的珠光体片层越薄，组织越细密。一般来说，在 $A_1$～550℃区域等温转变得到粗片状珠光体，又称珠光体，用符号"P"表示，它的硬度较低，HRC<25；在 650℃～600℃区域等温转变，得到细片状珠光体，又称索氏体，用符号"S"表示，它的硬度较高，达 25～35HRC；在 600℃～550℃区域等温转变，得到片层更细的珠光体，它的片层只有在电子显微镜下才能分辨清楚，通常把这种极细珠光体称为托氏体，用符号"T"表示，它的硬度更高，可达 35～40HRC。这是因为珠光体的片层越细，在珠光体中铁素体和渗碳体的相界面越多，塑性变形抗力越大，强度、硬度越高。

（2）珠光体的形成机理

珠光体的形成，包含两个同时进行的过程，一个是碳的扩散，生成高碳的渗碳体和低碳的铁素体；另一个是晶体的点阵重构，由面心立方的奥氏体转变成体心立方点阵的铁素体和复杂斜方点阵的渗碳体。如图7-9所示为片状珠光体形成过程示意图。

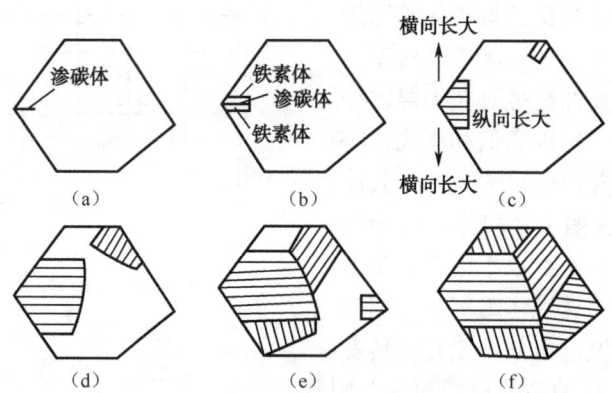

图 7-9 片状珠光体形成过程

（3）珠光体转变的应用

在工业上珠光体作为使用的组织状态，比较重要的是经过"派敦"处理的绳用钢丝、琴钢丝和某些弹簧钢丝。所谓"派敦"处理，就是使高碳钢获得细珠光体（索氏体）组织，再经过深度冷拔而获得高强度钢丝。索氏体组织由于片层间距较小，滑移可沿最短途径进行，因而具有良好的冷拔性能。同时由于渗碳体片很薄，在强烈塑性变形时能够弯曲，故塑性变形能力增强。冷塑性变形可使亚晶粒细化，形成许多由位错钢构成的位错壁，而且随着塑性变形的增大，这种位错壁之间的距离减小，强化程度增强。

## 2. 贝氏体型转变

(1) 贝氏体的组织形态和力学性能

仍以共析钢为例，当其在 550℃～$M_S$ 温度范围内等温时，因转变温度较低，原子的活动能力较差，过冷奥氏体虽然仍分解成渗碳体和铁素体的混合物，但在铁素体中溶解的碳超过了正常的溶解度。转变后得到的组织为碳质量分数具有一定过饱和程度的铁素体和极分散的渗碳体所组成的混合物，称为贝氏体，用符号"B"表示。贝氏体有上贝氏体和下贝氏体之分，通常把 550℃～350℃ 范围内形成的贝氏体称为上贝氏体，其在显微镜下呈羽毛状组织；在 350℃～$M_S$ 范围内形成的贝氏体称为下贝氏体，其在显微镜下呈黑色针状组织。上贝氏体的硬度为 40～45HRC，且强度较低，塑性、韧性也较差；下贝氏体的硬度为 45～55HRC，同时具有较高的强度及较好的塑性和韧性，由于其综合力学性能较好，是一种很有应用价值的组织。

(2) 贝氏体的形成机理

在贝氏体相变区域内，碳原子有一定的扩散能力，而铁和合金元素原子几乎不能扩散。在其形成区的上部和下部，碳原子的扩散速度是不同的。另外碳在贝氏体、铁素体和奥氏体中的扩散速度也是有差异的；这些就决定了上、下贝氏体在形成过程中的不同规律性。下面分述上、下贝氏体的形成机理。

① 上贝氏体：上贝氏体在形成时的领先相是铁素体。由于其形成温度较低，碳原子的扩散系数较小，碳原子由铁素体脱溶通过铁素体-奥氏体相界面向奥氏体中的扩散过程不能充分进行，结果碳化物便在铁素体板条之间析出面上成为上贝氏体。上贝氏体的形成温度越低，过冷度越大，新相和母相之间的体积自由能差值越大，所以形成的铁素体板条的数量就越多。上贝氏体的形成温度越低，碳原子的扩散系数越小，上贝氏体中的渗碳体也就变得越小。

② 下贝氏体：下贝氏体在形成时的领先相也是铁素体。在下贝氏体转变时，温度更低，碳原子扩散系数更小，碳原子在奥氏体中的扩散相当困难，而在铁素体中的短程扩散尚可进行。结果使铁素体中的碳的过饱和程度更大，并使碳原子在铁素体的某些晶面上偏聚，进而沉淀出碳化物。由此可见，在下贝氏体中的碳化物一般只能在铁素体片内部析出，并且排列成行，以一定的角度（一般为 55°～60°）与下贝氏体的长轴相交。

上贝氏体和下贝氏体的转变机理示意图如图 7-10 所示。

(3) 贝氏体转变的应用

综上所述，由于下贝氏体具有较高的强度、硬度及塑性与韧性相配合的综合力学性能，在下贝氏体转变区域进行等温转变，获得下贝氏体组织，在静载下有较低的缺口敏感性和裂纹敏感性；在交变载荷下有较低的疲劳缺口敏感性。所以可以用这种方法提高零件的结构强度。

## 3. 马氏体型转变

(1) 马氏体的组织形态及力学性能

当钢从奥氏体区急剧冷到 $M_S$ 时，γ-Fe 晶格迅速向 α-Fe 晶格转变。但由于温度较

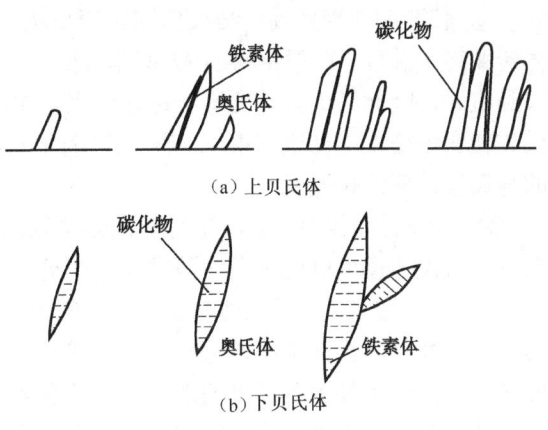

图 7-10 贝氏体转变机理

低，钢中的碳原子完全失去扩散能力，被迫全部留在$\alpha$-Fe晶格中，大大超过了碳在$\alpha$-Fe中的正常溶解度。这种碳溶解在$\alpha$-Fe中的过饱和固溶体称为马氏体。碳质量分数较低（0.2%）的低碳马氏体，其单元立体形状为板条状，故称板条马氏体，由于它的亚结构主要由高密度的位错组成，所以又叫位错马氏体。板条马氏体的性能特点是具有良好的强度及较好的塑性。碳质量分数较高（1.0%）的高碳马氏体，每个马氏体晶体的厚度与径向尺寸相比是很小的，其断面形状呈针状，故称针状马氏体或片状马氏体，由于其亚结构主要为细小孪晶，所以又称孪晶马氏体。针状马氏体的性能特点是硬度高而脆性大。马氏体的硬度主要取决于马氏体中的碳质量分数。在马氏体中由于溶入了过多的碳而使$\alpha$-Fe晶格发生畸变，增加了塑性变形的抗力，故马氏体的硬度随碳质量分数的增加而增加。但当钢中的碳质量分数大于0.6%时，由于$M_f$降到零度以下，当过冷奥氏体快冷到室温时，势必有较多的奥氏体不发生转变而残留在钢中，所以此时钢的硬度不再上升。因此我们把过冷到$M_f$以下温度仍未发生马氏体转变的奥氏体称为残余奥氏体，用$A_R$表示。

（2）马氏体的形成条件

要得到马氏体组织，必须要先把钢加热到奥氏体状态，然后以大于临界冷却速度的冷速冷却到$M_s$点以下温度。所以马氏体的形成条件是大于临界冷却速度和深度过冷（低于$M_s$点的温度）。大于临界冷却速度是为了抑制珠光体型转变（或贝氏体转变）；深度过冷是为了保证系统自由能的降低，以便为马氏体的形成提供足够的相变驱动力。

（3）马氏体的转变特点

在钢中马氏体的转变有着许多不同于珠光体转变的特点：

① 转变的非扩散性。由于马氏体转变的温度很低，铁原子和碳原子都失去了扩散能力，同时该转变的进行也不需要原子的扩散。所以非扩散性是马氏体转变的本质，也是其区别于其他转变的主要特征，因此马氏体转变也被称为非扩散型转变。

② 转变的非等温性。由于马氏体转变是非扩散型转变，因此没有孕育期（实际孕育期极短），也不需要转变时间（实际转变速度极快）。由此可以看出，等温是无助于马氏体转变的。当过冷奥氏体冷却到$M_s$以下后，马氏体的量随温度的下降而增加。若在某一温度上停留，除了瞬间形成一定量的马氏体，不会因为保温时间的延长而使马氏体的量再增加。要想增加马氏体的量就必须继续降低温度。

③ 转变的非彻底性。马氏体的转变是从$M_s$开始，并随温度降低不断进行的。$M_f$是马氏体转变终了温度，一般钢材的$M_f$都非常低（如共析钢为-50℃），在通常冷却条件下，只能冷却到室温，因此马氏体转变不能进行到底。实际上，即使真正冷却到$M_f$，由于种种原因，马氏体转变还是不能彻底结束，总有一定量的残余奥氏体存在。因此可以认为$M_f$是理论意义上的马氏体转变终止温度。

④ 转变的可逆性。在冷却时奥氏体可以通过马氏体相变机制转变为马氏体，同样重新加热时，马氏体也可以通过逆向马氏体相变机制转变成奥氏体，即马氏体转变具有可逆性。

⑤ 比容增大。在马氏体、珠光体和奥氏体三种组织中，以马氏体的比容最大，奥氏体比容最小，并且马氏体碳质量分数越高，其比容越大。因此工件从奥氏体转变成马氏体后体积要增大，由于工件上各部位的形状、尺寸总是不一致的，这就造成各部位间体积变化的不均匀，从而产生内应力，这种因相变而产生的内应力称为组织应力。这是钢在淬火时产生变形甚至开裂的重要原因。

(4）马氏体转变的应用

马氏体转变在工业上的一种应用就是所谓"形状记忆效应"，即将具有热弹性转变的合金在一定条件下施加外力或将其冷却到该合金的 $M_s$（或 $M_f$）以下并使之发生形状改变，如果再将这种合金加热到高温状态使马氏体发生逆转变，则合金又会自动恢复到变形前的状态。美国宇航局放置在月面上的天线就是采用的这种技术（如图 7-11 所示），先用镍钛合金（这种合金非常强硬，刚度很好）在 40℃ 以上制成半球形的月面天线，再让天线冷却到 28℃ 以下。这时，合金内部发生了结晶构造转变，变得非常柔软，所以很容易把天线揉成直径 5cm 以下的小团，放进宇宙飞船的船舱里。到达月球后，宇航员把变软的天线放在月面上，借助于阳光照射或其他热源的烘烤使环境温度超过 40℃，这时天线会像一把折叠伞那样自动张开，迅速投入正常的工作。

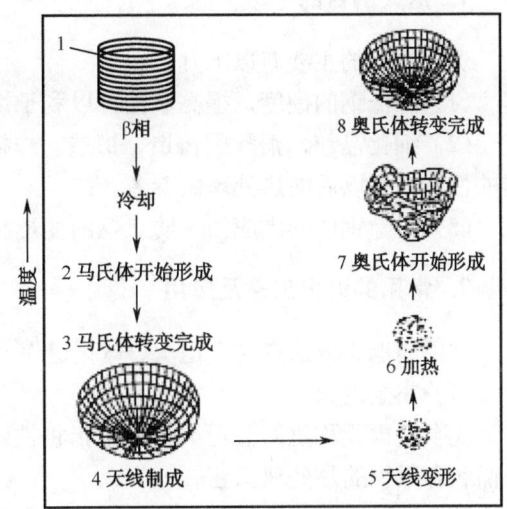

图 7-11　月面天线制作示意图

# 任务 2　掌握钢的常规热处理方法

## 任务引入

机械零件的制造过程一般包括毛坯成形和对毛坯的切削加工。毛坯的生产方法主要有型材、铸造、压力加工、焊接等；对毛坯的切削加工通常有多次，每次加工都有可能产生加工缺陷，有的足以影响下次加工，使之难以进行下去；当零件最终加工完毕后，其力学性能可能还不能满足功能要求。

因此，在零件加工过程中根据需要可能要安排多次热处理。热处理按特点不同可分为：①预备热处理，主要是消除前道工序产生的某些缺陷、改善零件工艺性能以便后续加工顺利进行，如退火或正火；②最终热处理，主要作用是提高零件的力学性能，延长零件的使用寿命，如淬火及回火。

热处理在现代工业中占有重要地位。例如，在机床制造中 60%～70% 的零件以及在汽车与拖拉机制造中 70%～80% 的零件都要经过热处理；而工、量、模具和滚动轴承等则全部需要进行热处理。热处理的方法有很多，常用的有退火、正火、淬火及回火等。

### 7.2.1　退火

所谓退火，就是先将金属或合金加热到适当温度，保温一定时间，然后缓慢冷却的热处理工艺。

退火

退火的实质是将钢加热奥氏体化后进行珠光体转变。退火后的组织对亚共析钢是铁素体加片状珠光体。对共析钢或过共析钢则是粒状珠光体。总之，退火组织是接近平衡状态的组织。

### 1. 退火的目的

退火的目的主要有以下几点：

（1）降低钢的硬度，提高塑性，以利于切削加工及冷变形加工。

（2）细化晶粒，消除因铸造、锻造、焊接引起的组织缺陷，均匀钢的组织及成分，改善钢的性能或为以后的热处理做准备。

（3）消除钢中的内应力，防止钢的变形和开裂。

### 2. 常用的退火工艺及应用

常用的退火方法有完全退火、球化退火、去应力退火、再结晶退火和均匀化退火等几种。

（1）完全退火

完全退火又称重结晶退火，它是指将铁碳合金完全奥氏体化，使其缓慢冷却，获得接近平衡状态组织的热处理工艺。

完全退火主要用于亚共析钢，一般是中碳钢及低、中碳合金结构钢的锻件、铸件及热轧型材，有时也用于它们的焊接构件。完全退火不适用于过共析钢，因为过共析钢完全退火需加热到 $Ac_{cm}$ 以上，在缓慢冷却时，渗碳体会沿奥氏体晶界析出，呈网状分布，导致材料脆性增大，给最终热处理留下隐患。

完全退火的加热温度通常推荐：碳钢 $Ac_3$+（30~50）℃；合金钢 $Ac_3$+（50~70）℃；保温时间则要依据钢材的种类、工件的尺寸、装炉量、选用炉型等多种因素来确定；为了保证过冷奥氏体完全进行珠光体转变，完全退火的冷却必须是缓慢的，也就是说它的冷却曲线（如图 7-8 所示的 $v_1$）应大致在 650℃~700℃温度范围内通过奥氏体等温转变曲线上的转变区域，在实际生产中，为了提高加热炉的使用效率，当工件随炉冷至 500℃左右即可出炉空冷，由奥氏体等温转变曲线可知，此时珠光体转变早已结束。

（2）球化退火

球化退火是使钢中的碳化物球状化而进行的退火工艺。即将钢材加热到 $Ac_1$ 以上 20℃~30℃，先保温一段时间，然后缓慢冷却，得到在铁素体的基体上均匀分布着的球状或颗粒状碳化物的组织。

球化退火主要适用于共析钢和过共析钢，如碳素工具钢、合金工具钢、轴承钢等。这些钢经轧制、锻造后空冷所得组织是片层状珠光体与网状渗碳体，这样的组织硬而脆，不仅难以切削加工，而且在之后的淬火过程中也容易变形和开裂。球化退火得到的是球状珠光体组织，其中的渗碳体呈球形颗粒，弥散分布在铁素体基体上，和片状珠光体相比，不但硬度低，便于切削加工，而且在淬火加热时，奥氏体晶粒不易粗大，在冷却时工件变形和开裂倾向小。另外对于一些需要改善冷塑性变形（如冲压、冷镦等）的亚共析钢有时也可采用球化退火。

由于球化退火只是加热到略高于 $Ac_1$ 的温度，其奥氏体化是"不完全"的，只是片状珠光体转变成奥氏体以及少量过剩碳化物溶解。因此，它不可能消除网状碳化物。如过共析钢有网状碳化物存在，则必须在球化退火前先进行正火，将其消除，这样才能保证球化退火正常进行。

（3）去应力退火

将钢加热到略低于 $A_1$ 的温度（一般取 500℃~600℃），经适当保温后缓冷到 300℃以下出炉空冷。像这样为了去除由于塑性变形、焊接等原因造成的以及铸件内存在的残余应力而进行的退火称为去应力退火。

在工件中存在的内应力十分有害，如不及时消除，会使工件在加工及使用过程中发生变形，影响工件精度。此外，内应力与外加载荷叠加在一起还会使材料发生意外的断裂。因此，经锻造、铸造、焊接及切削加工后的工件应采用去应力退火，以消除加工过程中产生的内应力。

去应力退火的加热温度低于相变温度 $A_1$，因此在整个处理过程中不发生组织转变。内应力主要是通过工件在保温和缓冷过程消除的。为了使工件内应力消除得更加彻底，在加热时应控制加热速度。一般低温进炉，以 100℃/小时左右的加热速度加热到规定温度。焊接件的加热温度应略高于 600℃。保温时间视情况而定，通常为 2~8 小时。铸件去应力退火的保温时间宜取上限，冷却速度控制在 20℃~50℃/小时，冷至 300℃以下才能出炉。

（4）再结晶退火

再结晶退火又称中间退火，是指经冷塑性变形后的金属加热到再结晶温度以上，保持适当时间，使形变晶粒重新结晶成均匀的等轴晶粒，以消除形变强化和残余应力的热处理工艺。

再结晶退火就是利用材料冷塑性变形后加热时的再结晶现象，使被拉长、压扁或破碎的晶粒变为均匀的等轴晶粒，来达到消除加工硬化、恢复塑变的结果，以利于进一步变形加工的目的。

（5）均匀化退火

均匀化退火又称为扩散退火，是为了减少钢锭、铸件或锻件的化学成分和组织的不均匀性，先将其加热到高温，长时间保持，然后进行缓慢冷却，以达到化学成分和组织均匀化目的的退火工艺。

均匀化退火的加热温度一般选在钢的熔点以下 100℃~200℃，通常为 1050℃~1150℃，保温时间一般为 10~15 小时，以保证扩散充分进行，达到消除或减少成分或组织不均匀的目的。由于扩散退火的加热温度高、时间长，晶粒必然粗大。为此，必须再进行完全退火或正火，使组织重新细化。

## 7.2.2 正火

将钢材或钢件加热到 $Ac_3$（或 $Ac_{cm}$）以上 30℃~50℃，保温适当时间后，在静止的空气中冷却的热处理工艺称为正火。由于正火将钢材加热到完全奥氏体化状态，使钢材中的原始组织的缺陷基本消除，再加以适当的冷却速度，能得到以索氏体为主的组织。

正火工艺过程

正火与退火两者的目的基本相同，但正火的冷却速度比退火稍快，故正火组织比较细，它的强度、硬度比退火钢高。

**1. 正火工艺的应用**

（1）低碳钢：由于其退火态的硬度太低，在切削加工时会产生"粘刀"现象，切削性能差。通过正火可以使其硬度适当提高，能有效改善切削性能。

（2）中碳结构钢：由于正火后的材料已具备了一定的力学性能，因此在使用要求不高时可直接作为最终热处理来应用，以代替工艺较复杂的调质处理，起到简化工艺、降低成本的作用。

（3）过共析钢：将正火加热到 $Ac_{cm}$ 以上可使原先呈网状的渗碳体全部溶入奥氏体，然后以较快的速度（空冷）冷却，抑制渗碳体在奥氏体晶界的析出，这样能起到消除网状渗碳体的作用，改善过共析钢的组织。

### 2. 退火与正火的选择

退火和正火在某种程度上有相似之处，在实际选用时可从以下三个方面加以考虑。

（1）从切削加工性考虑：一般来说，硬度在 170~230HBS 范围内的钢材，其切削加工性能最好。硬度过高难以加工，且刀具易被磨损；硬度太低则在切削时容易"粘刀"，使刀具发热而受到磨损，且工件的表面不光。因此作为预备热处理，低碳钢选择正火优于退火，而高碳钢因为正火后硬度太高，所以必须采用退火。

（2）从使用性能上考虑：对于亚共析钢工件来说，正火会产生比退火更好的力学性能。如果对零件的性能要求不高，则可用正火作为最终热处理。但当零件形状复杂时，由于正火冷却速度快，有引起开裂的风险，则以采用退火为宜。

（3）从经济上考虑：正火比退火的生产周期短、成本低，且操作方便，故在可能的情况条件下优先采用正火。

## 7.2.3 淬火

### 1. 钢的淬火工艺及种类

淬火处理　　钢的淬火

钢的淬火就是将钢加热到 $Ac_3$ 或 $Ac_1$ 以上的某一温度，保持一定时间，然后以适当速度冷却获得马氏体和（或）下贝氏体组织的热处理工艺。

淬火的目的是使过冷奥氏体进行马氏体（或下贝氏体）转变，得到马氏体（或下贝氏体）组织，然后配合不同温度的回火，获得所需的力学性能。

（1）淬火加热温度

淬火加热温度是根据钢的成分、组织和不同的性能要求来确定的。其基本原则为：亚共析钢——$Ac_3$+（30~50）℃；共析钢和过共析钢——$Ac_1$+（30~50）℃，如图 7-12 所示。

① 亚共析钢：亚共析钢若选用低于 $Ac_3$ 的温度，则此时钢尚没完全奥氏体化，还存在部分未转变的自由铁素体。在随后的淬火冷却过程中，只有奥氏体转变成马氏体，而那些未转变的铁素体仍然保留在淬火组织中。铁素体的硬度较低，从而使淬火后的硬度达不到要求，同时也会影响其他力学性能。若将亚共析钢加热到远高于 $Ac_3$ 的温度淬火，则奥氏体晶粒会显著粗大，从而破坏淬火后的性能。所以亚共析钢淬火只能选择略高于 $Ac_3$ 的温度，这样既能保证完全充分奥氏体化，又能保持奥氏体晶粒的细小。在生产中保证晶粒不粗大的情况下，可采用比 $Ac_3$+（30~50）℃稍高一些的温度（再提高 20℃左右）。

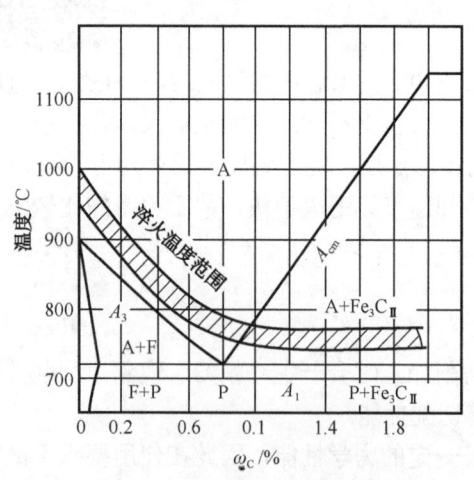

图 7-12　碳钢的淬火加热温度

② 过共析钢：过共析钢的淬火加热温度不能低于 $Ac_1$，因为此时钢材尚未奥氏体化。当过共析钢加热到温度略高于 $Ac_1$ 时，珠光体完全转变成奥氏体，并有少量渗碳体溶入奥氏体。此时奥氏体晶粒还较细小，且其碳质量分数（0.77%）已稍高于共析成分。如果继续升高温度，

则二次渗碳体不断溶入奥氏体,致使奥氏体晶粒不断长大,其碳质量分数不断升高,导致淬火变形倾向增大、淬火组织显微裂纹增多,脆性增大。同时由于奥氏体碳质量分数过高,使淬火后残余奥氏体数量增多,降低工件的硬度和耐磨性。因此过共析钢的淬火加热温度高于$Ac_1$太多是不合适的,加热到完全奥氏体化的$Ac_{cm}$或以上的温度就更不可取了。

过共析钢的淬火加热温度一般推荐为$Ac_1$+(30~50)℃。在实际生产中还可根据情况适当提高20℃左右。在此温度范围内加热,其组织为细小晶粒的奥氏体和部分细小均匀分布的未溶碳化物。淬火后除了极少量残余奥氏体,其组织为片状马氏体基体上均匀分布着细小的碳化物质点。这样的组织硬度高、耐磨性好,并且脆性相对较少。

在具体选择钢的淬火加热温度时,除了遵守上述一般原则,还应考虑工件的化学成分、技术要求、尺寸形状、原始组织以及加热设备、冷却介质等诸多因素的影响,对加热温度予以适当调整,如对合金钢零件而言,通常取推荐温度的上限或更高温度。而对于形状复杂、易变形开裂的碳钢零件,则应取推荐温度的下限以减少淬火应力。

(2)淬火介质

工件进行淬火冷却所使用的介质称为淬火冷却介质。理想的淬火介质应具备的条件是使工件既能淬成马氏体,又不会引起太大的淬火应力。这就要求在奥氏体等温转变曲线的"鼻子"以上温度缓冷,以减小急冷所产生的热应力;在"鼻子"处应大于临界冷却速度,以保证冷奥氏体不发生非马氏体转变;在"鼻子"下方,特别是在$M_s$点以下温度时,冷速应尽量小,以减小组织转变的应力,如图7-13所示。

常用的淬火介质有水、水溶液、矿物油、熔盐、熔炉碱等。

水:水是冷却能力较强的急冷淬火介质。它来源广、价格低、成分稳定、不易变质。缺点是在奥氏体等温转变曲线的"鼻部区"(500℃~650℃)冷速不够快,会形成"软点";而在马氏体转变温度区(300℃~100℃),水处于沸腾阶段,冷速太快,易使马氏体转变速度过快而产生很大的内应力,致使工件变形甚至开裂。另外水温升高、在水中含有较多气体或在水中混入不溶杂质(如油、肥皂、泥浆等)

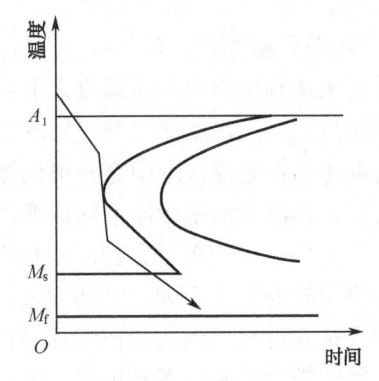

图7-13 钢在理想淬火介质中的冷却速度

等情况均会显著降低其冷却能力。因此水适用于截面尺寸不大、形状简单的碳素钢工件的淬火冷却。

盐水和碱水:在水中加入适量的食盐和碱,使高温工件浸入液体后在其表面上形成蒸汽膜的同时,析出的盐和碱的晶体立即爆裂,将蒸汽膜破坏,工件表面的氧化皮也被炸碎,这样可以提高介质在高温区的冷却能力,其缺点是介质的腐蚀性大。在一般情况下,盐水的浓度为10%,苛性钠水溶液的浓度是30%~50%。它们可用作碳钢及低合金结构钢工件的淬火介质,使用温度应不超过60℃。在淬火后应及时清洗并进行防锈处理。

油:一般采用各种矿物油作为淬火介质,如机油、变压器油和柴油等。作为淬火介质的矿物油,要求具有较高的闪点(指油表面的蒸汽和空气自然混合时,与火接触而出现火苗的温度)和较低的黏度,但两者难以兼得。常用淬火用油通常采用5#、10#、20#、30#、40#机油,油的序号越大,黏度越大,闪点越高。一般说来,油的黏度越大,闪点越高,冷却能力越低,使用温度可相应提高;油的闪点低,冷却速度可以提高,工件上的附着油损耗也小,但在使用时着火的危险较大，故安全性能差。

盐浴和碱浴：盐浴和碱浴属于不发生物态变化的淬火介质，一般用作分级淬火和等温淬火的冷却介质。

(3) 淬火冷却方法

在生产实践中应用最广泛的淬火分类是以冷却方式的不同来划分的，主要有单液淬火、双液淬火、分级淬火和等温淬火等，如图 7-14 所示。

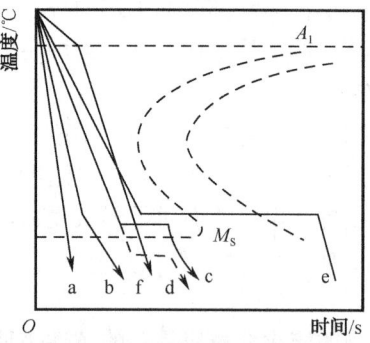

图 7-14 常用淬火方法的冷却曲线

① 单液淬火：单液淬火就是将奥氏体化工件迅速浸入某一种淬火介质中，一直冷到室温的淬火操作方法，如图 7-14 中的曲线 a 所示。当单液淬火选择冷却介质时，必须保证工件在该介质中的冷却速度大于此工件钢种的临界冷却速度，并应保证工件不会淬裂。单液淬火介质有水、盐水、碱水、油及一些专门配制的淬火剂。在一般情况下用碳钢淬水，合金钢淬油。

单液淬火操作简单，有利于实现机械化和自动化。其缺点是冷速受介质冷却特性的限制影响淬火质量。例如，碳钢工件淬油会因为冷速太慢而淬不硬，淬水或盐水则会因为这些介质在 $M_s$ 以下冷速仍很高，容易导致工件的变形和开裂。因此，单液淬火对碳钢而言只适用于形状较简单的工件。

② 双介质淬火：双介质淬火就是将钢件奥氏体化后，先浸入一种冷却能力强的介质，在钢件还未达到该淬火介质温度之前将其取出，马上浸入另一种冷却能力弱的介质中进行冷却，如先水后油、先水后空气等，如图 7-14 中的曲线 b 所示。其典型例子是碳素工具钢的水淬油冷，即将工件先淬入水中避开奥氏体等温转变曲线的"鼻子"，当冷至 300℃ 左右进行马氏体转变时，再浸入油中缓冷，这样就能有效地减少变形、开裂。

双介质淬火的关键是控制好材料在第一种介质中的冷却时间。时间太短，则会发生非马氏体组织转变而淬不硬；时间太长，则马氏体转变已在快冷过程中开始进行，这样双介质淬火将失去其意义。因此，在实际操作中必须结合实际经验严格把握。由于双介质淬火受人为因素影响较大，质量不易控制，所以在应用方面有一定的局限性。

③ 马氏体分级淬火：马氏体分级淬火就是将钢材奥氏体化，随之浸入温度稍高或稍低于钢的上马氏体点的液态介质（盐浴或碱浴）中，保持适当时间，待钢件的内、外层都达到介质温度后取出空冷，以获得马氏体组织的淬火工艺，有时也称为分级淬火，如图 7-14 的曲线 c 所示。

采用马氏体分级淬火，由于钢件在分级温度中的停留，截面温度先均匀再空冷，这大大减少了工件内外冷速的差别，从而使马氏体转变的不同时性明显降低，能有效地减少组织应力；同时，由于分级淬火的介质冷速较慢，且有分级停留，待工件温度均匀后再空冷，其冷速更缓，因此整个淬火过程的热应力也大大减少。综上所述，分级淬火能有效地减少工件淬火的变形、开裂倾向。所以分级淬火适用于对变形要求高的合金钢和高合金钢工件，也可用于截面尺寸不大、形状复杂的碳钢工件。

④ 贝氏体等温淬火：贝氏体等温淬火就是将钢材或钢件奥氏体化，使之快速冷却到贝氏体转变温度区间（260℃～400℃）等温保持，使奥氏体转变为贝氏体的淬火工艺，有时也称为等温淬火，如图 7-14 中的曲线 e 所示。贝氏体等温淬火的特征是过冷奥氏体在下贝氏体转

变温区，经长时间等温而进行组织转变，产生下贝氏体。由于工件截面上温度均匀，转变基本上同时进行，且下贝氏体比容比马氏体小、韧性好，因此在等贝氏体等温淬火过程中产生的组织应力大大低于常规淬火所产生的组织应力，所处理的工件一般变形小，且不会出现淬火裂纹。

等温淬火的组织主要是下贝氏体，它的硬度较高，且强度、韧性、塑性及疲劳强度等均比相同硬度的马氏体高。所以等温淬火一般适用于变形要求严格和要求具有良好强韧性的精密零件和工、模具。等温淬火的缺点是等温盐浴温度较高，冷却能力较差，只能应用于尺寸不大的工件。

⑤ 延迟淬火冷却：延迟淬火冷却是减少淬火冷却残余应力和畸变，将钢件奥氏体化后先较缓慢地（一般在空气中进行该操作）冷却到略高于 $Ar_3$（或 $Ar_1$）点温度，然后进行淬火冷却的热处理工艺，如图 7-14 中的曲线 f 所示。

在工件淬火冷却时，其尖角和薄壁处冷速最快，如果从较高温度直接浸入冷却介质，由于这些部位先于其他部位发生马氏体转变，会产生很大的应力，使这些较薄弱部位极易产生裂纹。因此采取适当的预冷措施，使尖角和薄壁处因散热快而温度降得比其他部位低，减小了在淬火时工件（特别是尖角和薄壁处）与介质之间的温差，使冷速减缓，从而减少了淬火应力，有效地避免了裂纹的产生。这种淬火方法尤其适用于壁厚相差较大的工件。

⑥ 局部淬火：局部淬火就是仅对零件需要硬化的局部进行加热淬火的工艺。局部淬火的主要形式有两种：局部加热局部冷却法和整体加热局部冷却法。前者适用于在盐浴炉中加热的工件，后者在箱式炉、盐浴炉中加热的工件均可采用。

⑦ 深冷处理：深冷处理就是当钢件淬火冷却到室温后，继续在 0℃ 以下的介质中冷却的热处理工艺，也称为冷处理。其目的是最大限度地减少残余奥氏体，以进一步提高工件淬火后的硬度和防止工件在使用过程中因残余奥氏体的分解而引起的变形。深冷处理仅适用于那些精度要求很高、必须保证其尺寸稳定性的工件。

在实际生产中，深冷处理温度一般不超过 -80℃，并且在专门的冷冻设备内进行，也可在放有低温介质的保温桶内进行。常用的低温介质是干冰（即固体 $CO_2$）或干冰加酒精，可以达到 -70℃ ~ -80℃ 的低温。深冷处理应在淬火后立即进行，否则由于奥氏体的稳定化作用，会削弱处理结果。

### 2. 钢的淬硬性和淬透性

淬硬性和淬透性是钢材接受淬火能力大小的两项性能指标。它们是选材、用材的重要依据，也是热处理技师必须了解的材料的重要性能。

（1）淬硬性。淬硬性是钢在理想条件下进行淬火硬化所能达到的最高硬度的能力，表示钢在淬火时获得硬度高低的能力，也称为可硬性。决定钢淬硬性高低的主要因素是钢的碳质量分数，更确切地说是在淬火加热时固溶在奥氏体中的碳质量分数，碳质量分数越高，钢的淬硬性也就越高。而钢中合金元素对淬硬性的影响不大，但对钢的淬透性却有重大影响。

（2）淬透性。淬透性是指在规定条件下，决定钢材淬硬深度和硬度分布的特性。即钢在淬火时得到淬硬层深度大小的能力，表示钢接受淬火的能力，又称可淬性。淬透性实际上反映了钢在淬火时，奥氏体转变为马氏体的容易程度。

在淬火时工件截面上各处的冷却速度是不同的。表面的冷却速度最大，越到中心冷却速度越小。如果工件表面及中心的冷却速度都大于钢的临界冷却速度，则沿工件的整个截面都能获得马氏体组织，即钢被完全淬透了。如果中心部分冷却速度低于临界冷却速度，则表面得到马氏体,心部获得非马氏体组织,这表示钢未被淬透。

临界冷却速度的大小可以用来表示钢淬透性的大小,但因其不便直接用于生产,因此在实际生产中常以一定条件下淬火后所得的马氏体组织层深度来表示其淬透性的大小。从理论上来讲,淬透层深度应是全淬成马氏体的深度,但当非马氏体组织数量不多时,无论用金相或硬度方法都难以区分,而半马氏体区不仅硬度发生陡降,其金相组织的特征也较明显。况且对淬火工件断面进行腐蚀后,会有一条较为明显的白亮淬火层与非硬化区的分界线,该处正是半马氏体区。所以一般规定自工件表面至半马氏体区(马氏体和非马氏体组织各占50%)的深度作为淬硬层深度。

还应指出,必须把钢的淬透性和钢件在具体淬火条件下的淬硬层深度区分开来。钢的淬透性是钢材本身所固有的属性,它只取决于其本身的内部因素,而与外部因素无关;而钢的淬硬层深度除取决于钢材的淬透性外,还与所采用的冷却介质、工件尺寸等外部因素有关。例如,在同样奥氏体化的条件下,同一种钢的淬透性是相同的,但是水淬比油淬的淬硬层深度大,小件比大件的淬硬层深度大。但这绝不能说水淬比油淬的淬透性高,也不能说小件比大件的淬透性高。可见评价钢的淬透性,必须排除工件形状、尺寸大小、冷却介质等外部因素的影响。

另外,由于淬透性和淬硬性也是两个概念,因此淬火后硬度高的钢,不一定淬透性就高;而硬度低的钢也可能具有很高的淬透性。

### 7.2.4 回火

**1. 淬火钢在回火时的组织和性能转变**

回火就是钢件在淬硬后,再加热到低于 $Ac_1$ 以下的某一温度,保温一定的时间,然后冷却到室温的热处理工艺。回火的目的:合理调整力学性能,使工件满足使用要求;稳定组织,使工件在使用过程中不发生组织转变,从而保证工件的形状、尺寸不变;降低或消除内应力,以减少工件的变形并防止开裂。

(1) 回火时的组织转变

钢经淬火后其正常组织为:马氏体+残余奥氏体(亚共析钢和共析钢);马氏体+碳化物(碳素钢中就是渗碳体)+残余奥氏体(过共析钢)。而钢在室温下的平衡组织只有铁素体和渗碳体,因此淬火钢中不稳定的马氏体和残余奥氏体组织会自发地向铁素体和渗碳体变化。研究表明,当回火加热时,淬火钢的组织转变并非一个由马氏体和残余奥氏体直接分解转变成铁素体和渗碳体混合物的简单过程,而是随着温度的升高,经历一系列复杂的中间转变,形成不同的中间组织,最终才转变成铁素体和渗碳体的过程。

淬火钢在回火时的组织转变大致包括以下几个过程。

① 碳原子的偏聚和聚集:在20℃~100℃的范围内,虽然铁和合金元素原子尚难以扩散,但碳原子已能做短距离的扩散,在转变为稳定组织的自发倾向驱使下,马氏体中过饱和的碳原子会自发地进行偏聚。

在低碳板条马氏体中,碳原子多偏聚在位错附近的间隙位置中。在高碳片状马氏体中,碳原子多偏聚在晶体中的一定晶面上。

② 马氏体的分解:所谓马氏体的分解是指在100℃~250℃时,马氏体内过饱和的碳会以极细微的过渡相ε-碳化物析出,并均匀分布在马氏体的基体中,使马氏体的过饱和度下降,形

成回火马氏体。在此温度回火时，钢的淬火内应力减小，马氏体的脆性下降，但硬度并不降低。

③ 残余奥氏体的转变：碳素钢残余奥氏体的转变温度为 200℃～300℃。一般认为残余奥氏体的转变产物与过冷奥氏体在相同温度下的转变产物基本一致，即在较高温度范围内，其转变产物为下贝氏体；在较低温度范围内的转变产物为马氏体，随后分解成回火马氏体。

④ 碳化物的析出、转化和长大：自马氏体分解开始，ε-碳化物就不断地从马氏体中析出。回火温度越高，ε-碳化物的析出量越多。当温度升高到 250℃以上时，ε-碳化物开始逐渐向渗碳体转化。开始阶段转化速度较慢，在 350℃～400℃温度范围内转化最为剧烈，大量的渗碳体都在这时生成。实际上，ε-碳化物并非直接生成渗碳体，而是首先生成其他类型亚稳定碳化物作为中间相（过渡相），再转化成渗碳体。在转化的同时，ε-碳化物仍可继续从马氏体中不断析出，ε-碳化物的最高存在温度可达 350℃～400℃。

低碳马氏体由于没有析出ε-碳化物的过程，因此在回火温度高于 200℃时会直接析出渗碳体。

渗碳体的形成也经历了形核与长大两个过程。随着回火温度的升高，扩散速度加快，渗碳体的形核与长大过程也加快。渗碳体的初始形态呈极薄的片状，当温度超过 400℃时开始显著长大，最终形成粒状渗碳体。温度继续升高，粒状渗碳体不断长大。回火温度越高，渗碳体颗粒的尺寸越大。

⑤ 铁素体的回复与再结晶：随着回火温度升高，碳化物不断析出，致使在α-固溶体中的碳质量分数接近于平衡，这意味着铁素体开始回复。回复后的铁素体仍保持着原马氏体的板条或片状外形。马氏体是在回火时形成的，实际上是铁素体基体内分布着极其细小的碳化物（或渗碳体）球状颗粒，但因其过于细小以致在光学显微镜的高倍放大率下也分辨不出其内部构造，只能看到其总体是一片黑的复相组织，称为回火托氏体。即在 350℃～450℃温度范围内，回火后得到保持马氏体外形，但已经回复的铁素体和弥散分布的极细小渗碳体颗粒的混合物。

当回火温度上升到 500℃以后，回复后的铁素体开始由细小的板条或片状晶粒逐渐长大成细小的等轴晶粒，这一过程称为铁素体的再结晶。在 600℃～700℃时，由于铁原子的扩散能力显著提高，铁素体的再结晶最为剧烈。马氏体是在回火时形成的，在光学显微镜下放大五、六百倍才能分辨出来其为铁素体基体内分布着碳化物（包括渗碳体）球状的复相组织，被称为回火索氏体。即在 500℃～650℃回火，得到细粒状渗碳体和等轴铁素体晶粒所组成的混合物。当回火温度为 650℃～$Ac_1$，渗碳体颗粒和等轴铁素体晶粒都显著长大，得到粗的粒状渗碳体和铁素体所组成的混合物，这种组织被称为回火珠光体，其金相组织基本上和球化退火组织相同。

总之，淬火钢的回火转变是以上五个过程综合作用的结果，难以用明确的温度范围将它们截然分开，它们有时互相交错，有时同时进行。

（2）回火后的力学性能

淬火钢在回火时力学性能的总变化趋势：随着回火温度的上升，硬度、强度降低，塑性、韧性升高。如图 7-15 和图 7-16 所示分别表现了淬火钢回火力学性能的变化规律。

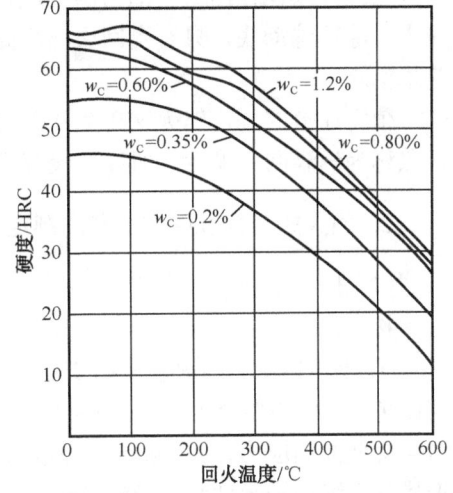

图 7-15　回火温度与硬度的关系

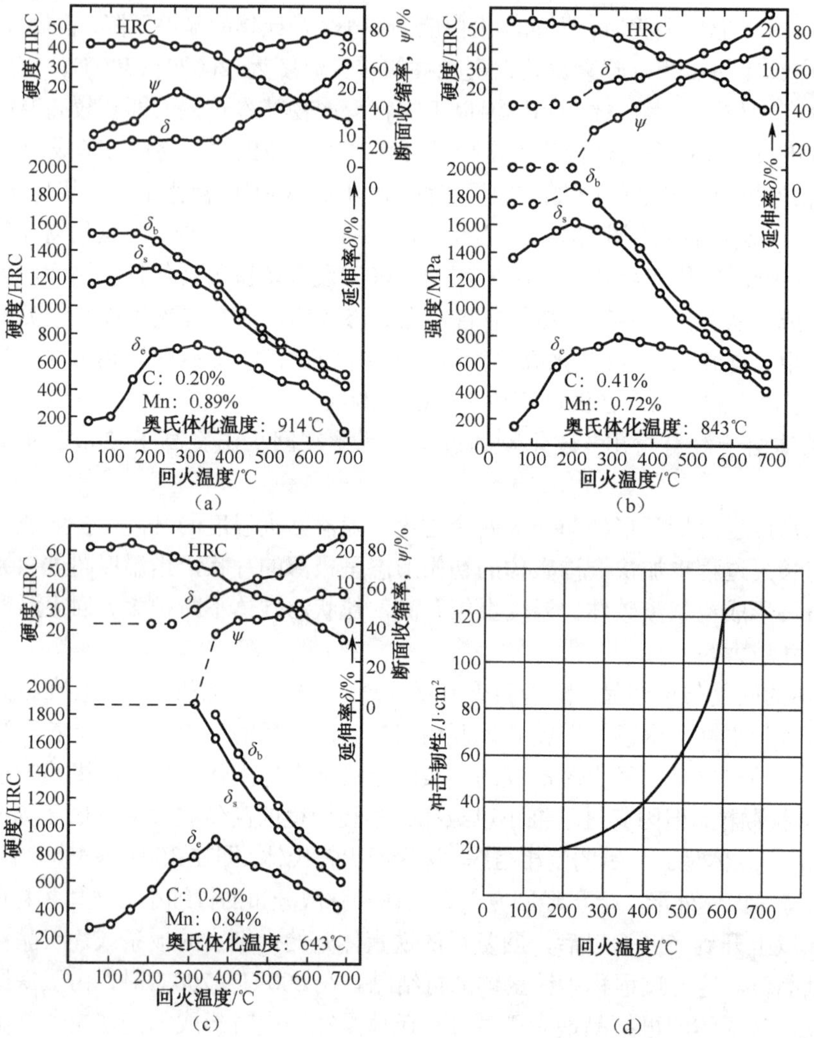

图 7-16 低碳、中碳及高碳钢的力学性能与回火温度的关系

另外淬火钢在回火时的力学性能也与其内应力消除的程度有关，回火温度越高，淬火内应力消除得越彻底，只有当回火温度高于 500℃，并保持足够的回火时间才能使淬火内应力基本消除。

值得注意的是，淬火钢在 250℃～350℃回火时，其冲击韧性明显下降，出现脆性，这种现象称为低温回火脆性，所以一般应避免在此温度段时回火。

## 2. 回火的分类及回火工艺的制定

（1）回火的分类

按加热温度的不同，回火可分为低温回火、中温回火和高温回火三类。

① 低温回火：回火温度在 250℃以下，回火后的组织为回火马氏体，其硬度一般为 55～64HRC（低碳钢除外）。由于回火马氏体具有较高的硬度、耐磨性和强度，同时经低温回火能适当降低淬火应力，减小脆性，因此低温回火主要用于高碳钢制工件（如刀具、量具、冷变形模具、滚动轴承件）以及渗碳件和高频淬火件等。

② 中温回火：回火温度为 300℃～500℃，回火后组织为回火托氏体，其硬度一般为 40～

50HRC。淬火钢经中温回火后除保持较高的硬度、强度和足够的韧性外，其弹性极限也达到了极大值。因此中温回火广泛地应用于各类弹簧件，也可用于某些模具（如塑料模等）以及要求具有较高强度的轴、轴套和刀杆等。

③ 高温回火：回火温度为 500℃～600℃，回火后的组织是回火索氏体，其硬度一般为 25～35HRC。回火索氏体组织既具有一定的硬度、强度，也具有良好的塑性和韧性，即有好的综合力学性能。一般习惯将钢件淬火及高温回火的复合热处理工艺称为调质处理。调质处理广泛应用于各种重要的结构零件，尤其是在交变载荷下工作的零件，如汽车、拖拉机、机床上的连杆、连杆螺钉、齿轮和轴类零件等。

（2）回火工艺的制定

制定回火工艺的主要参数：回火温度、回火时间和回火后的冷却速度。

① 回火温度。工件的力学性能要求（如硬度、强度、塑性、韧性等）是选择回火温度的依据。在实际生产中，由于硬度检查简便易行，且硬度和强度在一定范围内有着对应关系，因此常以硬度要求来确定回火温度。实践证明，只要材料选择正确，工艺合理，回火后达到硬度要求，其他力学性能（如塑性、韧性等）一般均能满足使用要求。

② 回火时间。回火需要保温一定的时间，目的是使工件心部与表面温度均匀一致，保证组织转变的充分进行，以及淬火应力得到充分消除。如回火时间过短，则会导致回火不充分，使一些高碳钢工件在磨削时出现裂纹，刀具及模具等则容易在使用时产生崩刃现象，也会使一些精密零件在使用一段时间后发生形状和尺寸上的变化；但过长的回火时间则会提高成本，降低设备使用率。

因此，回火时间的确定必须考虑工件的有效尺寸、回火温度以及加热介质等因素。

③ 回火后的冷却速度。一般工件的回火，出炉后在空气中冷却；有回火脆性的工具钢，回火后应在油或水中冷却以加快冷却速度，但应防止变形和开裂。快速冷却后形成的残留应力，在必要时可再进行一次低温回火加以消除。

## 任务 3　熟悉钢的表面热处理方法

# 任务引入

有许多机械零件，如发动机曲轴及凸轮轴、传动齿轮等，一般在弯曲、扭转载荷下工作，同时还会受到磨损和冲击，这时零件所受应力沿其断面的分布是不均匀的，越靠近表面应力越大。因此，这种工件要求表面耐磨、耐蚀和抗氧化等，要求内部韧性好、抗冲击。要解决这类问题，靠整体热处理显然不行，必须采取对工件表面进行强化的表面热处理工艺。

表面热处理一般分为两类：一类叫表面淬火，即只改变表层的组织而不改变表层的化学成分，包括火焰加热表面淬火、感应加热表面淬火等；另一类叫化学热处理，它既改变表层化学成分又改变表层组织，包括渗碳、渗氮等。

### 7.3.1　钢的表面淬火

**1. 感应加热表面淬火**

齿轮感应加热表面淬火　　模具表面激光淬火

（1）感应加热的基本原理。所谓感应加热就是利用电磁感应在工件内产生涡流而将工件

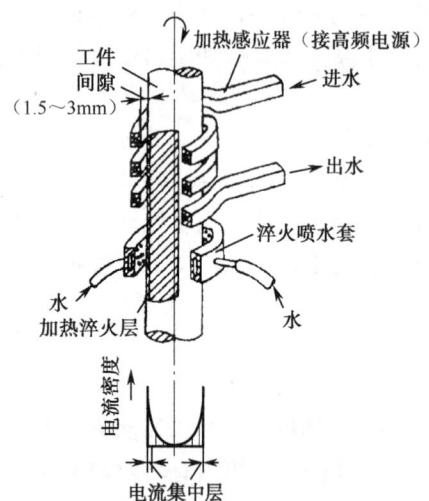

图 7-17 感应加热示意图

加热的方法。如图 7-17 所示为感应加热示意图。将零件放在感应圈中,加热感应器由夹持连接板接在感应加热设备的输出端。当一定频率的交流电通过加热感应器时,由于电磁感应,会在零件表层产生与感应圈中电流相反的感应电流。这种感应电流沿零件表面形成的封闭回路,称为涡流。在涡流及零件本身电阻的作用下,使表层很快加热到淬火温度,将零件立即进行淬火,就达到了表面淬火的目的。

涡流之所以能实现表面加热,与交变电流在导体中的分布特点密不可分。其特点如下。

① 集肤效应:当向导体中通直流电时,导体截面上各处的电流密度是相同的。但当通交流电时,其电流在导体截面上的分布是不均匀的,导体表面的电流密度大,中心的电流密度小,电流密度自表面向中心呈指数规律衰减。这种现象被称为交流电的集肤效应。交流电的频率越高,集肤效应就越显著。感应加热淬火就是利用这一特性而实现表面淬火的。

② 邻近效应:在两个相邻导体中通过电流时,如果电流方向相同,由于它们所产生的交变磁场的相互作用,使两导体相邻一侧的感应反电势最大,电流被驱向于从导体外侧流过;相反,当电流方向相反时,电流被驱向于从两导体相邻一侧,即内侧流过,这种现象称为邻近效应。

在感应加热时,零件上的感应电流总是与感应圈中的电流方向相反,所以感应圈上的电流集中从内侧流过,而位于感应圈内被加热零件上的电流则集中于表面,这就是将邻近效应与集肤效应相叠加的结果。

在邻近效应的作用下,只有当感应圈与零件间的间隙相等时,感应电流在零件表面上的分布才是均匀的。所以零件在感应加热的过程中要不断地旋转,以消除或减少因间隙不等所造成的加热不均的现象,从而获得均匀的加热层。

另外,由于邻近效应的作用,零件上被加热区的形状总是与感应圈的形状相似。因此在制作感应圈时,必须注意到使其形状适合零件加热区的形状,这样才能取得较好的效果。

③ 环流效应:当交变电流通过圆环状或螺旋状导体时,由于交变磁场的作用,使其外表面电流密度因自感反电动势增大而降低,而在圆环内侧表面获得最大电流密度,这种现象称为环流效应。环流效应对于加热零件外表面能提高热效率及加热速度。但对加热内孔不利,因为环流效应使感应器上的电流远离工件表面,导致加热效率显著降低、加热速度减慢。因此要在感应器上安装导磁率很高的导磁体,以提高加热效率。

④ 尖角效应:把外形带有尖角、棱边及曲率半径较小的凸出部分工件,置于感应器中加热时,即使感应器与工件之间的间隙相等,由于在工件的尖角处和凸出部分通过的磁力线密集,感应电流密度大,加热速度快,热量集中,从而会使这些部位产生过热,甚至烧熔,这种现象称为尖角效应。如齿轮在进行高频淬火时,尖角部分往往容易过热而开裂。

为避免尖角效应,在设计时应将感应器与工件尖角和凸出部分的间隙适当增大,以减少该处磁力线的集中,使工件各处的加热速度和温度尽量均匀一致;或将工件尖角及凸出部分改为圆角或倒角,也能达到同样效果。

(2) 感应加热的特点及在热处理中的应用

① 感应加热能够在一定范围内控制加热层深度。既可以只对零件表面进行加热淬火，也可以进行穿透加热。

② 加热速度快，生产效率高。感应加热时的加热速度可高达每秒几百到几千摄氏度，而一般热处理加热炉的加热速度最多不过每秒几到几十摄氏度。

③ 工件的热处理质量高而稳定。由于其加热速度快，工件表面氧化、脱碳极少，因为工件心部未加热，所以变形也小。此外在批量生产中，其热处理质量也比其他热处理更加稳定。

④ 热效率高。由于感应加热是依靠零件本身发出的热量进行加热的，故其热损失少。热效率在 60% 以上，是其他加热方式的两倍。

⑤ 易实现局部加热和连续加热。

⑥ 便于实现机械化和自动化。

感应加热表面淬火的不足之处：设备费用高，并要配备专门的淬火机床；加热温度不易测定和控制；设备维护、调整和使用都要求较高的技术水平等。

机床导轨表面淬火

感应加热表面淬火常用于中碳钢和中碳合金钢结构零件，也可用于高碳工具钢和低合金工具钢零件，以及铸铁件等。如在齿轮、凸轮、曲轴、各种轴类和轧辊等方面得到了广泛的应用。

(3) 感应加热的设备

感应加热设备按输出电流频率不同可分为高频、中频、工频和超音频四类，其特点和应用范围如表 7-1 所示。

表 7-1 感应加热设备的种类及主要特性

| 感应加热设备 | 频率范围/Hz | 功率/kW | 特性及应用 |
| --- | --- | --- | --- |
| 高频设备 | 200～300 | 5～500 | 感应电流透入深度很小（0.5～1mm）。<br>（1）小模数齿轮表面淬火；<br>（2）小轴类工件表面淬火 |
| 中频设备 | 1～8 | 15～1000 | 感应电流透入深度较大（2～10mm）。<br>（1）较大模数齿轮，凸轮轴、曲轴类的表面淬火；<br>（2）中小轴类及轴承圈套的透热淬火 |
| 工频设备 | 0.05 | 100～2000 |  |
| 超音频设备 | 30～60 | — | 感应电流透入深度很大（80～100mm）。<br>大型轧辊和大直径零件的表面淬火 |

## 2. 火焰加热表面淬火

(1) 火焰淬火的基本原理和特点

所谓火焰加热表面淬火（简称火焰淬火），就是将高温火焰喷向工件的表面，使工件表面层迅速加热到淬火温度再快速冷却的一种表面淬火方法。火焰淬火最常用的燃料是氧—乙炔火焰混合气体或其他可燃气体。

火焰淬火的特点是设备简单，成本低，使用方便灵活，适用于各种形状零件特别是大尺寸工件的局部淬火或表面淬火。其最大缺点是工件在淬火加热时容易过热，淬火质量不易控制，影响因素较多。

(2) 火焰淬火方法

根据喷嘴与零件的相对运动情况,火焰淬火的方法基本上可分为以下四种。

① 固定法:淬火零件和喷嘴都不动,用火焰喷嘴直接加热淬火部分,当零件被加热到淬火温度后立即喷水冷却(如图 7-18(a)所示)。这种方法适用于淬硬面积不大的零件,如气阀顶杆、杆件端部、导轨接头等。

② 旋转法:用一个或几个固定火焰喷嘴对旋转(速度为 100~200r/min)工件表面进行加热,使其表面加热到淬火温度,进行冷却(如图 7-18(b)所示)。这种方法适用于小直径的轴和模数小于 5 的齿轮。

③ 前进法:火焰喷嘴和冷却装置沿淬火零件表面做平行移动,一边加热,一边冷却,淬火零件可缓慢移动或不动(如图 7-18(c)所示)。这种方法可对很长的工件进行表面淬火加热,如长轴、机床床身及导轨等,也可用于大模数齿轮的逐齿淬火。

④ 联合法:淬火零件沿其轴线迅速旋转,而喷嘴及喷水装置同时沿零件轴线平行移动(如图 7-18(d)所示)。该方法加热均匀,可用于冷轧辊的表面淬火。

(3) 火焰淬火设备

火焰淬火的主要设备:喷枪、喷嘴、淬火机床、乙炔发生器和氧气瓶。其中喷嘴的形状直接影响着火焰淬火的质量,为了达到均匀加热的目的,要求火焰外形尺寸尽可能与淬火部位的形状尺寸一致。

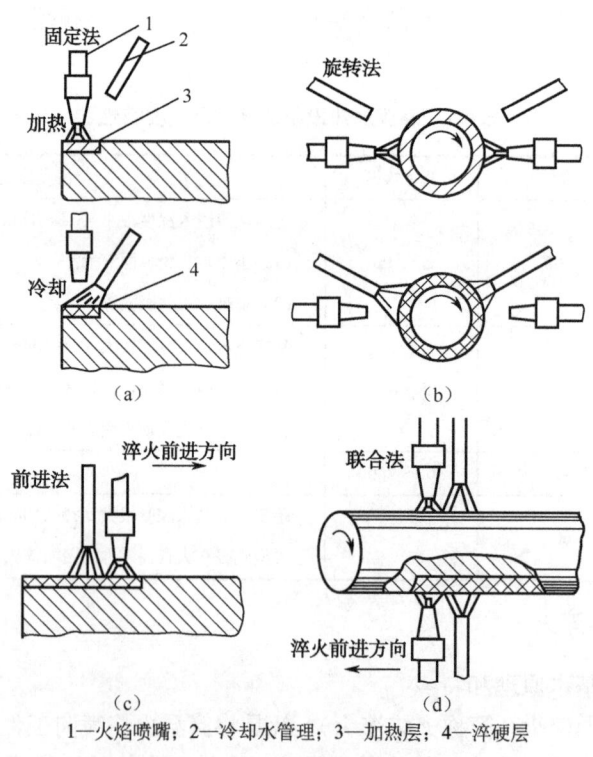

1—火焰喷嘴;2—冷却水管理;3—加热层;4—淬硬层

图 7-18 火焰加热表面淬火

(4) 火焰淬火的注意事项

① 淬火前的准备:为使钢的淬硬层深度与硬度均匀一致并具有强韧的心部组织,在淬火前应进行预备热处理(通常是正火或调质)。此外,在淬火前必须对淬火表面进行认真清理和

检查，淬火部位不允许有脱碳层、氧化皮、砂眼、气孔及裂纹等瑕疵。

② 预热：当合金钢、铸钢件及铸铁件进行火焰表面淬火时，由于材料导热性差，形成裂纹的可能性较大，必须在淬火前进行预热。

③ 加热温度：火焰淬火温度比常规淬火温度要高，一般在 $Ac_3$ 以上 80℃～100℃，为 880℃～950℃。在淬火时加热温度需要凭经验掌握，并通过调整喷嘴移动速度来控制。

④ 回火：淬火后工件应立即回火，以消除应力，防止开裂。回火温度根据硬度要求而定，一般为 180℃～200℃，回火保温时间为 1～2h。

### 7.3.2 钢的化学热处理

**1. 化学热处理的基本原理**

钢的化学热处理

渗碳

将工件置于特定的介质中，通过加热和保温，使介质分解成一定的化学元素渗入其表面，改变表面化学成分，并通过适当的热处理使表面获得与心部不同的组织和性能的热处理工艺的方法称为化学热处理。

不同的渗入元素，赋予工件表面的性能是不一样的。在工业生产中，化学热处理的作用有两方面：一是强化表面，如渗碳、氮化、碳氮共渗、渗硼、硫氮共渗等，可以提高工件表面的疲劳强度、硬度和耐磨性；二是改善表面物理、化学性能，如渗铝、渗铬等，可以提高工件表面的抗腐蚀能力、抗氧化能力。

经过化学热处理的工件，其表面和心部具有不同的化学成分、组织和性能，实际上成了一种复合材料构件。如低碳钢经过表面渗碳、淬火后该种钢制的工件表面具有高硬度、高耐磨性的高碳钢淬火后的性能，而心部却保留了低碳钢淬火后所具有的良好的塑性、韧性的性能。显然，这是单一的低碳钢或高碳钢所不能达到的。

钢的化学热处理，常以渗入的不同元素来命名。如表 7-2 所示是常用的化学热处理方法及其用途。

表 7-2 常用的化学热处理方法及其用途

| 处理方法 | 渗入元素 | 用　途 |
| --- | --- | --- |
| 渗碳 | C | 提高硬度、耐磨性及疲劳强度 |
| 渗氮 | N | 提高硬度、耐磨性、疲劳强度及耐腐蚀性 |
| 碳氮共渗 | C、N | 提高硬度、耐磨性及疲劳强度 |
| 氮碳共渗 | N、C | 提高硬度、抗咬合性及抗疲劳强度 |
| 硫碳共渗 | S、N | 减磨、提高抗咬合性、耐磨性及抗疲劳性 |
| 硫氰共渗 | S、C、N | 减磨、提高抗咬合性、耐磨性及抗疲劳性 |
| 渗硼 | B | 提高硬度、耐磨性及耐腐蚀性 |
| 渗铝 | Al | 提高抗氧化及耐含硫介质的腐蚀性 |
| 渗铬 | Cr | 提高抗氧化、耐腐蚀及耐磨性 |

**2. 渗碳**

（1）渗碳概述

① 渗碳及其目的：钢的渗碳就是为了增加钢件表层的碳质量分数和一定的碳浓度梯度，

将钢件在渗碳介质中加热并保温使碳原子渗入表层的化学热处理工艺。这是在机器制造中应用最广泛的一种化学热处理工艺。

渗碳的目的是使机器零件获得高的表面硬度、耐磨性及高的接触疲劳强度和弯曲疲劳强度。

② 渗碳方法：根据所有渗碳剂在渗碳过程中聚集状态的不同，渗碳方法可以分为固体渗碳法、液体渗碳法和气体渗碳法。在特定的物理条件下进行的渗碳有真空渗碳、辉光离子渗碳及真空离子渗碳等。

③ 渗碳用钢：渗碳用钢可分为碳素渗碳钢和合金渗碳钢，碳质量分数一般为 $w_C=0.1\%\sim0.3\%$，碳素渗碳钢主要是 15、20 钢。这类钢经渗碳及随后的淬火、回火处理，其表面硬度可以达到 58~64HRC，具有较好的耐磨性，但是淬透性较低，只适用于心部强度要求不高、承受负载较小的小尺寸零件，如衬套、链条片以及量、夹具等。合金渗碳钢是在低碳钢的基础上加入了各种不同成分配比的合金元素，如 Cr、Mo、Ni、Mn、Ti、V 等，可抑制奥氏体晶粒的长大，提高淬透性和增加回火稳定性，并改善渗碳钢的工艺性能，用于制作轴类、齿轮类、销杆类、链轮类等重要的承力零件，特别是承受负载大的小尺寸渗碳件。

④ 渗碳前的预备热处理：为了改善切削加工性能和为渗碳提供合理的原始组织，保证渗层和心部的质量要求，渗碳前，应根据不同的材料选择适当的热处理方法（如正火）进行预备处理。

（2）渗碳后的热处理及其性能

① 渗碳后的热处理：工件渗碳后，成为表层高碳、心部低碳的一种工件。为了得到所需的性能，应进行适当的热处理。常见的渗碳后热处理工艺有直接淬火、一次淬火及二次淬火等。

直接淬火就是将工件渗碳后，预冷到 $Ar_{cm}\sim Ar_1$ 的温度，立即进行淬火冷却的工艺方法。该方法适用于气体渗碳或液体渗碳。固体渗碳由于工件装在箱内，出炉开箱比较困难，不宜采用直接淬火。

直接淬火的优点：减少加热、冷却次数，简化操作，减少变形及氧化脱碳。直接淬火的缺点：由于在渗碳时会在较高的渗碳温度停留较长的时间，容易出现奥氏体晶粒长大的现象，只有本质细晶粒钢在渗碳时不出现奥氏体晶粒的显著长大的现象，才能采用直接淬火。

一次淬火就是将渗碳后的工件在空气或缓冷坑中冷至室温，重新加热淬火的工艺方法。重新加热淬火的温度应根据工件性能要求来定。对心部强度要求较高的零件，淬火加热温度应选为稍高于 $Ac_3$ 的温度。可使心部晶粒细化，没有游离的铁素体，淬火后具有较好的强韧性。这时对表层渗碳层来说，先将共析碳化物溶入奥氏体，淬火后残余奥氏体较多，硬度稍低。

当对心部强度要求不高，而又要求表面有较高的硬度和耐磨性时，淬火温度可选稍高于 $Ac_1$ 的温度。这样，渗层先共析碳化物未完全溶解，而心部有大量未溶先共析铁素体，淬火后表面硬度、耐磨性较高，心部的强度、硬度较低。注意，采用这种淬火温度要求淬火前表面渗层无网状碳化物。

为了兼顾表面与心部的组织、性能要求，可选用稍低于 $Ac_3$ 的淬火加热温度，如 820℃~850℃。

一次淬火的优点：工序较简单，便于操作，质量易于控制。一次淬火的缺点：只能侧重提高心部或侧重改善表面性能，难以同时满足两者的要求。

二次淬火就是对渗碳件进行两次加热淬火的工艺方法，简称二次淬火。第一次淬火加热

温度选在 $Ac_3$+（30～50）℃以上，目的是细化心部晶粒，并消除表层网状碳化物。第二次淬火加热温度选在 $Ac_1$～$Ac_{cm}$（760℃～800℃），目的是细化渗碳层中马氏体晶粒，获得隐晶马氏体、残余奥氏体及均匀分布的细粒状碳化物的渗层组织。

二次淬火的优点：表层和心部都能得到比较满意的组织和性能。二次淬火的缺点：加热冷却次数多、周期长、成本高、易产生氧化脱碳和变形的缺陷。

不论采用哪种淬火方法，渗碳件在最终淬火后均需要经180℃～200℃的低温回火。

② 渗碳淬火后的组织：根据表面碳质量分数、钢中的合金元素及淬火温度，渗碳淬火后的组织大致可分为两类。一类从表面到心部组织依次为马氏体+残余奥氏体→马氏体→心部组织；另一类是马氏体+残余奥氏体+碳化物→马氏体+残余奥氏体→马氏体→心部组织。心部组织在完全淬透的情况下为低碳马氏体，当淬火温度较低或淬透性较差时，心部组织为马氏体+游离铁素体或屈氏体+游离铁素体。

渗碳层的性能取决于表面碳质量分数、碳浓度梯度及淬火后的渗层组织。渗碳层的碳浓度是获得一定渗层组织的前提条件。通常要求渗层碳浓度梯度平缓，表面碳质量分数控制在0.9%左右，残余奥氏体控制不大于15%。

在渗碳层中碳化物的数量、大小、形状和分布对渗层的性能影响很大。表层粒状碳化物增多，将提高表面耐磨性及接触疲劳强度。但当碳化物数量过多，并呈网状或条块状分布时，可能使其冲击韧性、疲劳强度等性能变坏。

心部的硬度取决于心部的组织结构。心部硬度过高，会降低渗碳件冲击韧性；心部硬度过低，易出现心部屈服和渗层剥落现象。

### 3. 渗氮

（1）渗氮概述

渗氮就是在一定温度下（一般在 $Ac_1$ 温度下）使活性氮原子渗入工件表面的化学热处理工艺。经渗氮处理的零件具有以下特点。

① 高硬度和高耐磨性：渗氮后零件的表面硬度可以高达950～1200HV，而且到600℃仍可维持相当高的硬度。这显然是渗碳淬火处理达不到的。由于硬度高，其耐磨性也很好。

② 较高的疲劳强度：渗氮后的表面产生了较大的残余压应力，能部分抵消在疲劳载荷下产生的拉应力，延缓疲劳破坏过程，使疲劳强度显著提高。

③ 良好的抗咬合性能及抗蚀性：渗氮后的零件在短时间缺乏润滑或过热的条件下，不容易发生卡死或擦伤损坏，具有良好的抗咬合性能，并且抵抗大气、自来水、弱碱性溶液等腐蚀能力强，具有良好的抗蚀性。

④ 变形小：渗氮温度低，一般为480℃～580℃，升降温速度又很慢，处理过程心部无组织转变，仍保持调质状态的组织，所以渗氮后的零件变形小。

渗氮的缺点首先是工艺过程较长，如需要获得1mm的渗碳层，渗碳处理仅要6～9h，但若想获得0.5mm的渗氮层，渗氮处理需要长达40～50h。其次，渗层较薄，不能承受太大的接触应力。

（2）渗氮前的热处理

渗氮处理是工件制造过程中的最后一道工序，工件渗氮后只进行精磨或研磨加工。为了保证心部有良好的综合机械性能，消除加工应力，减小渗氮变形以及为渗氮做组织准备，在渗氮前工件一般都需进行预备热处理。结构钢在渗氮前常用的预备热处理是调质处理，以获得回火索氏体组织。

对于形状复杂、尺寸稳定性及变形量要求很严的零件,在机加工、粗磨后要酌情进行稳定化处理,以便消除机加工所产生的内应力,保证渗氮处理变形量最小,组织稳定。稳定化处理温度应低于调质回火温度,保温时间一般为4～6h。

38CrMoAlA钢是国内外普遍采用的渗氮钢,该种钢的特点是渗氮后可以得到很高的硬度,具有良好的淬透性,同时由于Mo的加入,抑制了第二类回火脆性。因此,要求表面硬度高、耐磨性好,又要求心部强度高的渗氮零件,普遍选用38CrMoAlA钢。

但38CrMoAlA钢具有下列缺点:在冶炼时易出现柱状断口,易沾污非金属夹杂物,在轧钢中易形成裂纹和发纹,有过热敏感性,在加热时脱碳严重,脱碳层将导致渗氮层脆性增加和硬度降低。所以,工件应留有较大的加工余量,以保证在渗氮前切削掉脱碳层。

### 4. 碳氮共渗及氮碳共渗

(1) 碳氮共渗

在一定温度下同时将碳、氮渗入工件表面奥氏体并以渗碳为主的化学热处理工艺称为碳氮共渗。碳氮共渗可以在气体介质中进行,也可以在液体介质中进行。

① 碳氮共渗同渗碳相比有下列特点。

a. 碳、氮同时渗入,渗层表面具有比渗碳更高的硬度、耐磨性和疲劳强度,同时氮降低了奥氏体形成温度,可以在较高温度下进行共渗,工件不易过热,而且可以直接淬火,淬火变形小。

b. 氮使过冷奥氏体等温转变曲线右移,使共渗层淬透性提高,同时可以在较缓和的淬火介质中淬火。碳氮共渗的渗速较快,可以缩短工艺周期。

c. 碳氮共渗层一般较浅,渗层深度通常为0.2～0.8mm。且在薄层共渗时,渗层深度小于0.2mm,导致工件承载能力较低。

② 碳氮共渗组织和性能。

碳氮共渗后一般采用直接淬火。碳氮共渗层的组织表面是马氏体基体上弥散分布的碳氮化合物;向里是马氏体加残余奥氏体(马氏体为高碳马氏体、残余奥氏体较多);再往里则残余奥氏体量减少,马氏体也逐渐由高碳马氏体过渡到低碳马氏体。渗层中的碳氮含量和组织的不同,会直接影响碳氮共渗层的性能。

碳氮含量增加,则碳氮化合物增加,耐磨性及接触疲劳强度也随之提高。但含氮量过高,会出现黑色组织,将使接触疲劳强度降低。含氮量过低,将使渗层过冷奥氏体稳定性降低,淬火后在渗层中出现托氏体网,共渗件不能获得高的强度和硬度。

碳氮共渗表面的最佳碳氮浓度:$w_C$=0.8%～0.95%;$w_N$=0.25%～0.4%。

(2) 氮碳共渗(软氮化)

氮碳共渗就是在一定温度以下渗入碳和氮,并以渗氮为主的化学热处理工艺。氮碳共渗可以在气体介质中进行,也可以在液体介质中进行。

① 氮碳共渗与渗氮相比有以下特点。

a. 氮碳共渗处理的工艺时间短,一般为1～4h,而气体渗氮长达几十小时。

b. 氮碳共渗处理获得的ε相除含有氮以外还含有少量的碳(一般可达2%～4%),因为含碳的ε相具有一定的韧性,所以氮碳共渗所形成的白亮层一般脆性小。

c．抗磨渗氮只适用于特殊的渗氮钢，而软氮化不受被处理材料的限制，可广泛用于钢铁材料及粉末冶金材料。

d．设备简单，操作方便。

② 氮碳共渗组织和性能。

钢铁工件的氮碳共渗组织由表及里依次为 $Fe_{2-3}N$、$Fe_3N$ 和 $Fe_4N$ 构成的化合物层（如是合金，还有 Cr、W、V、Al、Mo 等合金氮化物）和扩散层（主要是氮在 $\alpha$-Fe 中的固溶体 $\alpha(N)$）。

共渗层硬度：氮碳共渗会显著提高工件表面硬度及耐磨性，与调质、感应加热淬火相比，磨损失重分别减少 1~2 个数量级。

共渗层的抗疲劳性能：氮碳共渗后的疲劳强度高于渗碳或碳氮共渗淬火以及感应加热淬火。低、中碳钢的疲劳强度可提高 40%~80%；合金结构钢的疲劳强度可提高 25%~35%；不锈钢的疲劳强度可提高 30%~40%；灰口铸铁的疲劳强度可提高 20%左右。

共渗层的耐磨性：氮碳共渗后以 ε 相为主的化合物层化学稳定性高，具有良好的耐磨性，与发蓝、镀锌件的耐磨性相当。

需要注意的是，氮碳共渗目前存在的问题是渗层较薄，不宜用于在重载条件下工作的零件。另外在共渗过程中，炉内会产生 HCN 这种剧毒气体，必须注意炉子的密封性，以免泄露污染环境。

## 任务 4 　 了解热处理新技术

## 任务引入

众所周知，可持续发展是世界各国在经济建设中极力追求的目标。可持续发展关系众多因素，首先是环境，其次是资源的有效利用和再生。而热处理和环境、能源密切相关，其生产资料和剩余物资都可能是导致污染的根源。因此发展安全、少或无污染的热处理技术势在必行，对不得已产生的有害物质也必须进行无害化处理；另外，世界各国都受能源问题困扰，而热处理是工业生产中的能耗大户，节能也是发展热处理新技术的重要课题；随着工业生产和科学技术的发展，人类在宇航事业、原子能以及现代兵器领域等，对零件性能提出了更高的要求，如高强度、抗腐蚀、耐高温、抗疲劳及耐磨损等。总之，这些仅靠常规热处理方法是无法解决的，必须发展多种不同特点的热处理新技术。

### 7.4.1　真空热处理

将金属工件在 1 个大气压以下（即负压下）加热的金属热处理工艺称为真空热处理。20 世纪 20 年代末，随着电真空技术的发展，出现了真空热处理工艺，当时还仅用于工件的退火和脱气。由于设备的限制，这种工艺较长时间未能获得大的进展。20 世纪 60~70 年代，科学家陆续研制成功了气冷式真空热处理炉、冷壁真空油淬炉和真空加热高压气淬炉等，使真空热处理工艺得到了新的发展。在真空中进行渗碳，在真空中等离子场的作用下进行渗碳、渗氮或渗其他元素的技术进展，使真空热处理进一步扩大了其应用范围。

真空热处理设备操作

真空热处理可用于退火、脱气、固溶热处理、淬火、回火和沉淀硬化等工艺。在通入适当介质后，也可用于化学热处理。

研究表明，因为工件是在 1.33~0.0133Pa 真空度的真空介质中被加热的，所以工件表面无氧化脱碳现象。另外真空加热主要是辐射传热,加热速度缓慢,工件截面温差小,所以可显著减小工件的变形。

真空热处理特别是真空淬火是随着航天技术的发展而迅速发展起来的新技术,它具有无污染、无氧化脱碳、质量高、节约能源、变形小等一系列优点。由于是在真空中加热,零件中存在的有害物质、气体等均可除去,提高了性能和使用寿命。如 AISI430 不锈钢螺栓,在真空中加热比在氢气保护下加热强度提高了 25%,模具的寿命提高了 40%。真空渗碳温度可达 1000℃,其扩散期只需要一般气体渗碳的 1/5,整个渗碳时间显著缩短,渗层均匀,有效层厚。对于形状复杂、小孔多的工件,渗碳效果更为显著,并可节约大量能源。另外由于真空热处理加热均匀、升温缓慢,加工余量减小,其变形仅为盐浴加热的 1/5～1/10。

20 世纪 70 年代初,自我国研制成大型真空油淬炉以来,真空热处理炉的制造已由仿制发展到适合国情的创新,从品种单一到多样化系列,从简单手动到复杂程控,从数量少到数量多,我国的真空热处理工艺已达到较高水平,具有相当的先进性和可靠性。

### 7.4.2　激光热处理

激光是 20 世纪 60 年代出现的重大科学技术成就之一。激光是用相同频率的光诱发而产生的。由于激光具有高亮度、高方向性和高单色性等很有价值的特殊性能,一经问世就引起了各方面的重视。自 20 世纪 70 年代制造出大功率的激光器以后,相继出现了一些激光处理的表面强化新技术。目前,已有激光淬火、激光合金化、激光涂层以及激光冲击硬化等。这里我们只介绍激光加热表面淬火。

激光加热表面淬火就是用激光束照射工件表面,工件表面吸收红外线而迅速达到极高的温度,超过钢的相变点。随着激光束的离开,工件表面的热量迅速向心部传递而造成极大的冷却速度,靠自激冷却而使表面淬火。

自 20 世纪 60 年代初期激光被发明出来以后,其在热处理领域中的应用迅速发展。在用高能激光束扫射金属零件表面时,被扫射的表面以极快的速度加热,使温度上升到相变点以上,随着激光束离开工件表面,表面的热量迅速向工件本体传递,使表面以极快的速度冷却,从而实现表面淬火。照相机快门上的薄小零件(主动环、推板)要求某一特定微小部位具有高硬度、高耐磨性,现在采用激光进行选择性局部淬火,工艺简单,生产效率极高,45 钢薄小零件淬火硬度值可稳定在 60HRC 左右,无变形,耐磨性比原来采用火焰淬火提高了 1 倍以上。我国在汽车修理行业对发动机缸体普遍采用激光淬火。镗缸经过大修后的发动机,平均行驶里程只有 4 万千米,但经激光淬火后,行驶里程可达 20 万千米以上,提高了 3～5 倍。既大大节省了大修费用,也降低了油耗,减少了对环境的污染。还有好多种零件采用激光淬火,如高速钢盘形铣刀、摆臂钻床外柱内滚道、大功率柴油机活塞环、齿轮、制针机专用传输丝杆、蒸汽机车汽缸边瓣等。

激光淬火的优点:硬化深度、面积可以精确控制,适应的材料种类较广,可解决其他热处理方法不能解决的复杂形状工件的表面淬火,不需要真空设备等。激光淬火的缺点:电光转换效率低,仅有 10%左右,零件表面需要预先黑化处理,以提高光能的吸收率,而黑化处理成本较高。

### 7.4.3　形变热处理

形变热处理是将材料塑性变形与热处理有机地结合起来,同时发挥材料形变强化和相变强化作用的综合热处理工艺。这种方式不仅可以获得比普通热处理更优异的强韧化效果，还能提高材料的综合力学性能，并可以简化工序，利用余热，节约能源及材料消耗，经济效益显著。形变热处理的应用广泛，从结构钢、轴承钢到高速钢都适用。目前在工业上应用最多的是锻造余热淬火和控制轧制。美国采用控制轧制来生产高硬度装甲钢板，可提高抗弹性能。我国兵器工业系统开展了火炮、炮弹零件热模锻余热淬火、炮管旋转精锻形变热处理、枪弹钢芯斜轧余热淬火等试验研究，取得了很好的效果。

### 7.4.4 气相沉积技术

气相沉积技术根据沉积方式的不同可分为化学气相沉积法和物理气相沉积法两种。

#### 1. 化学气相沉积法

化学气相沉积法是在高温下将炉内抽成真空或通入氢气，通入反应气体并在炉内产生化学反应，使工件表面形成覆层的方法，简称 CVD 法。

这种化学气相沉积方法可进行钛、钽、锆、铌等碳化物和氮化物的沉积。沉积后的工、模具具有硬度高、耐磨性好、寿命长等特点。

由于化学气相沉积反应温度高，并需要通入大量氢气，操作不当易产生爆炸，且工件易产生氢脆现象，排出的废气含有危害气体 HCl 等缺点，近年来又发展了物理气相沉积法。

#### 2. 物理气相沉积法

物理气相沉积法是把金属蒸汽离子化后在高压静电场中使离子加速并直接沉积于金属表面形成覆层的方法，简称 PVD 法。它具有沉积温度低、沉积速度快、渗层成分和结构可控制、无公害等特点。

## 任务 5　熟悉热处理工

### 7.5.1 热处理工职业概况

（1）职业名称

金属热处理工。

（2）职业定义

操作金属热处理设备，改变金属工件金相组织或表层化学成分与组织、消除应力以改善金属工件性能的人员。

（3）职业等级

本职业共设五个等级，分别为初级（国家职业资格五级）、中级（国家职业资格四级）、高级（国家职业资格三级）、技师（国家职业资格二级）、高级技师（国家职业资格一级）。

（4）职业能力特征

具有一般的计算能力和空间感、形体知觉及色觉，手指、手臂灵活，动作协调。

## 7.5.2 热处理工基本要求

### 1. 职业道德

职业道德不仅是从业人员在职业活动中的行为标准和要求,还是本行业对社会所承担的道德责任和义务。

社会主义职业道德的核心就是为人民服务,作为一个热处理工的职业道德主要表现在爱岗敬业、诚实守信、办事公道、服务群众和奉献社会这五个方面。

### 2. 文明作业

良好的生产秩序、整洁的工作环境、融洽的人际关系,是保证生产活动顺利进行的前提,也是文明生产的三个重要环节。

（1）定置管理

定置管理是确保生产秩序的重要一环,是对在生产现场中的人、物、场所三者间关系进行科学的分析研究,使之达到最佳结合状态的一门科学管理方法,它以物在场所中的科学定置为前提,以完整的信息系统为媒介,以实现人和物的有效结合为目的,通过对生产现场的整理、整顿,把生产中不需要的物品清除掉,把需要的物品放在规定位置上,使其随手可得,促进生产现场管理文明化、科学化,达到高效生产、优质生产、安全生产。

实行定置管理,必须重视和健全信息媒介物的作用,信息媒介就是在人与物、物与场所合理结合过程中起指导、控制和确认等作用的信息载体。

人与物的结合,需要四个信息媒介物：第一个信息媒介物是位置台账,它表明"该物在何处",通过查看位置台账,可以了解所需物品的存放场所。第二个信息媒介物是平面布置图,它表明"该处在哪里"。在平面布置图上可以看到物品存放场所的具体位置。第三个信息媒介物是场所标志,它表明"这儿就是该处"。它是指物品存放场所的标志,通常用名称、图示、编号等表示。第四个信息媒介物是现货标示,它表明"此物即该物"。它是物品的自我标示,一般用各种标牌表示,在标牌上有货物本身的名称及有关事项。在寻找物品的过程中,人们先通过第一个、第二个媒介物,被引导到目的场所。因此,一般称第一个、第二个媒介物为引导媒介物。再通过第三个、第四个媒介物来确认需要结合的物品。因此,一般称第三个、第四个媒介物为确认媒介物。人与物结合的这四个信息媒介物缺一不可。

总之,定置管理必须做到：有图必有物,有物必有区,有区必挂牌,有牌必分类;按图定置,按类存放,帐（图）物一致。

热处理生产现场的定置管理应设置以下四个区域：待热处理工件存放区、正在进行热处理的工件存放区、工件经热处理后的存放区及热处理不良品存放区。各个区域的设置要充分考虑设备的配置、物流的方向,方便现场操作和管理,尽量减少工件的逆向或往返流动。

（2）"6S"管理

"6S"管理是加强企业基础管理的必要手段,员工自觉严格遵循各项标准是现代文明的标志。"6S"是英文 SEIRI（整理）、SEITION（整顿）、SEISO（清扫）、SEIKETSU（清洁）、SHITSUKE（修养）、SAFETY（安全）这六个单词的简称,因为六个单词前面字母都是"S",所以称之为"6S"。它的具体类型内容和典型的意思就是倒掉垃圾和仓库长期不要的东西,在工作中确保安全。

整理（SEIRI）：随时将现场物品分成有用和无用两类，及时将无用的物品清除掉。

整顿（SEITION）：将有用的物品分类定置摆放，保持数量、质量清晰，井然有序，取放方便。

清扫（SEISO）：自觉地把生产、工作的责任区域、设备、工装、工位器具清扫干净，保持整洁、明快、舒畅的生产、工作环境。

清洁（SEIKETSU）：认真维护生产、工作现场，确保清洁生产，防止环境污染。员工本身也要做到着装、仪表、精神清洁。

修养（SHITSUKE）：爱岗敬业，尽职尽责，循规蹈矩，提高素质，养成自我管理、自我控制的习惯。

安全（SAFETY）：贯彻"安全第一、预防为主"的方针，在生产、工作中，必须确保人身、设备、设施安全，并严守国家机密。

(3) 密切协作的团队精神

只有融洽的人际关系才有可能造就密切协作的团队精神。绝大多数热处理生产工序都是集体作业，工序间的衔接比较紧凑，特别需要人与人默契配合、相互支持、团结帮助，才能将工作干好。

### 3. 安全生产

安全生产是保障工人人身安全和正常生产的重要前提。热处理车间由于其特殊性尤其要做到"五防"：防火、防爆、防电、防污染、防腐蚀。下面就热处理工安全操作与劳动保护进行简要介绍。

(1) 安全操作的一般要求

① 工人在生产操作之前，首先要熟悉热处理工艺规程和所要使用的设备。

② 工人在进入操作岗位时，必须穿戴好个人劳动防护用品。

③ 在加热设备和冷却设备之间不得放置任何妨碍操作的物品。

④ 喷砂等粉尘较严重的工序应在设有强力通风装置的单独的房间内进行。

⑤ 设备危险区（如电炉的电源引线、汇流条、导电杆、传动机构及高压电器设备区等）应用铁丝网、栅栏、挡板等加以防护。

⑥ 使用油浴及各种硝盐炉要经常检查仪表指示和浴炉实际温度是否相符，严防超温起火。使用淬火冷却油槽不得使油超温或因局部过热引起火灾。

⑦ 进入浴炉的零件、工具和添加的盐、盐浴校正剂必须烘干，以防爆炸。

特别需要注意的是，无通气孔的中空件不允许高温加热；有盲孔的工件在盐浴炉内加热时，孔口应向上，以防引起各种爆炸事故；已热处理过的工件不得随意用手去摸，以免造成烫伤。

⑧ 各种高压气瓶、火焰加热设备的使用和搬运应符合有关规定。

⑨ 化学物品应有专人管理，并严格按有关规定存放；在配制化学试剂时，应严格执行化学试验安全操作规程。

⑩ 车间的出入口和车间内的通道应通行无阻。在油炉的喷嘴及煤气炉的烧嘴附近应安放灭火砂箱，车间内应有灭火器。

⑪ 在生产过程中产生的各种废液应按规定分类存放、统一回收和处理，不得随意倒入下水道和垃圾箱；渗碳及碳氮共渗、氮碳共渗废气必须点燃；严禁在盐浴炉上烘烤食物；入炉

抢修煤气必须关闭煤气总阀，戴好防毒面具，并有专人监护，以防各类中毒事故的发生。

⑫ 在打开各种火焰炉和可控气氛炉炉门时，不得站立在炉门正面近距离内；在由窥视孔观察炉膛时要保持一定距离；各种电气设备严禁带负荷拉合总闸，以防因火焰、电弧烧伤。

⑬ 所有电气设备、电气测温仪表必须有可靠的绝缘及接地，高压电气设备（中、高频）工作区的地面应铺耐压绝缘胶板。电阻炉不得带电装卸工件；工件及工具不得与电热元件接触。在高频设备工作时不得打开机门；在接通高压后严禁人员到机后活动；在检修及清洁机内元件前必须先行放电，以防触电。

⑭ 使用砂轮机应站立在砂轮机的侧面。在矫正工件时，应站立于适当的位置，在必要时应安装安全挡板，防止工件折断崩出伤人。

⑮ 起重在吊装工件时应有专人指挥，并按吊装安全规定进行，不允许在人员和重大设备上越过。应经常检查钢丝绳吊具、夹具等结构是否牢固，定期更换。应正确堆放工件，以防砸伤。

（2）劳动保护

在热处理生产过程中，由于操作人员直接接触高温及废气、废液和废渣等有害物质，除严格按章程操作外，按规定穿戴防护用品，对于保护人体健康来说是非常必要的。在生产中常用的防护用品有以下几种。

① 工作服、工作帽、手套：工作服以白色为宜，可以反射周围的热量。对于从事酸洗、电镀及其他有腐蚀性的操作者，应配备耐腐蚀的工作服、工作帽及橡胶手套。而高频发电机操作者还应配备绝缘手套。

② 劳保鞋：劳保鞋一般为皮鞋或帆布鞋。其主要作用是保护操作者的脚部，以免被烫伤、砸伤。高、中频电炉操作者为防触电应配有绝缘胶鞋；对酸洗等腐蚀性较强的工序，操作者还应配备胶鞋。

③ 口罩、防毒面罩、防护面罩、防护眼镜：在喷砂等粉尘较大的环境中操作时，应戴口罩；在进行有毒工序（液体碳氮共渗等）的操作时，应戴防毒面具；在抛丸等易造成飞溅物伤人的地方，要戴用有机玻璃制成的防护面罩；在防护眼镜中无色眼镜是防止飞溅物伤害眼睛用的，有色眼镜主要用于经常观察高温物体和进行高温操作时佩戴。

④ 袖套、胶围裙：根据实际需要还可配备袖套、胶围裙等。

### 4. 环境保护

随着环保意识日益深入人心，为促进经济、社会、环保、节能效益的同步提高与发展，国际标准化组织（ISO）制定了ISO14000环境管理系列标准。其目的在于指导、组织、建立和保持一个符合要求的环境管理体系，通过全方位、全过程的控制，使自然环境得到最大限度的保护，资源得到最充分的利用。通过不断进行环境评价、管理评审和体系审核活动，推动该体系的有效运行，达到节约能源、减少环境污染的目的，使经济和社会得以可持续发展。

因此我们要积极推广绿色热处理，鼓励先进设备、先进工艺的应用，减少热处理生产对环境的影响。

（1）应用少、无污染的能源

电力和燃料是目前我国热处理生产的主要能源，由于我国电力来源主要为火力发电，所以主要能源仍是燃料。因此，我们要大力发展水电和核电，改善我国能源结构，减少对大气的污染。

（2）采用少、无污染的生产工艺、设备及介质

在生产工艺上，随着技术进步，要大力推进和发展少、无污染的工艺，如感应加热工艺、高能束热处理（激光、电子束）和等离子加热、表面改性工艺（如镀膜、离子注入、沉积 TiN 金刚石）、真空热处理等。

在生产设备方面，应采用密闭式热处理炉，发展机械化、自动化及无人操作生产线，使用真空炉和真空清洗机等。

应尽可能采用氮基气氛、粒子流态化介质、无毒化学渗剂、水基有机物淬火介质及高压气淬火介质等少、无污染介质。废除氰盐、铅浴、三氯乙烷清洗液等有毒污染介质。

（3）废弃物综合利用及无害化处理

废弃物主要是指废水、废气、废渣这些在热处理生产过程中产生的三废，它们的综合利用、净化回收及无害化处理是环境保护的重大技术措施。

废气的利用主要是采用高效率的换热器，其无害化处理方法主要有静电除尘，如煤气炉排出废气的除尘；烟气脱硫处理；点燃法（如渗碳炉、可控气氛炉的 CO 燃烧）、经高温裂解后排放法（如含 HCN 和废气高温裂解或在铂、镍触媒作用下裂解）及有害物溶于水后排出法（如 $NH_3$ 溶于水后成氨水）。

废液的利用主要是各种水介质的重复使用，如感应加热装置的冷却水及淬火介质等的循环使用。其无害化处理有：无毒废水应经自然沉淀、过滤后排出；酸洗的废液应中和处理后排放；对采用氰化盐渗碳所用的水基淬火剂和清洗液，需要经硫酸亚铁处理后才可排放。

废渣的利用，主要有废盐液渣的回收利用，如钡钠混合废渣采用热析结晶法，将废渣溶于水后，加热煮沸，结晶出复合盐使用。其无害化处理有焚化法、填埋法、化学法等。其中化学法应用最普遍，也是其最终的处置办法。最主要的化学法有酸碱中和法、氧化还原法等。

做好"三废"治理，不仅是环保法规的强制性要求，也应是我们的自觉行动。

# 实验 9　常规热处理实验

## 一、实验目的

（1）了解常规热处理的操作方式。
（2）掌握常规热处理（退火、正火、淬火、回火）的工艺及热处理后的组织与性能。
（3）认识热处理工艺对钢组织与性能的影响。

## 二、实验内容

（1）掌握热处理的工艺操作。
（2）掌握热处理的工艺曲线。
（3）了解各种热处理工艺处理后的组织。
（4）观察 T12 钢和 45 钢经各种热处理工艺处理后的组织形貌。
（5）测定 T12 钢和 45 钢经各种热处理工艺处理后的硬度值。

## 三、仪器、设备

箱式电阻加热炉、洛氏硬度计、淬火水槽及油槽、夹钳、砂纸、T12 钢及 45 钢试样。

## 学后测评

7-1 判断正误

（1）本质晶粒度并不指具体的晶粒，而仅仅是表现某种钢奥氏体晶粒的长大倾向。

（2）片状珠光体的力学性能主要取决于片间距和珠光体团的直径。因为珠光体的片层越细，在珠光体中铁素体和渗碳体的相界面越多，其塑性变形抗力就越大，因而其强度、硬度越高。

（3）马氏体的硬度随碳质量分数的增加而增加，故碳质量分数为 1.2%的钢在淬火后其硬度一定大于相同淬火条件下碳质量分数为 1.0%的钢。

（4）去应力退火加热温度低于钢的相变温度，所以在退火过程中不会发生组织转变。

（5）退火与正火的目的基本相同，但退火的冷却速度比正火稍快，故退火组织比较细，它的强度、硬度比正火高。

（6）退火比正火的生产周期短、成本低，且操作方便，故在可能的情况下优先采用退火。

（7）淬透性是钢在理想条件下进行淬火所能达到的最高硬度的能力。

（8）淬火钢在回火时力学性能的总变化趋势：随着回火温度的上升，硬度、强度降低，塑性、韧性升高。

（9）淬火后硬度高的钢不一定淬透性就高，硬度低的钢也可能具有很高的淬透性。

（10）热处理废液不应到处乱放，应及时倒入下水道以免造成环境污染。

7-2 单项选择

（1）珠光体向奥氏体的转变需在一定_____的条件下才可实现。

　　A．温度　　　　　　B．过冷度　　　　　　C．过热度　　　　　　D．压力

（2）增加奥氏体中碳质量分数，_____奥氏体向珠光体的转变。

　　A．有利于加速　　　B．阻碍　　　　　　　C．不影响　　　　　　D．不利于

（3）在热处理中属于等温冷却方式的有等温退火、等温淬火及_____淬火。

　　A．分级　　　　　　B．局部　　　　　　　C．双液　　　　　　　D．单液

（4）由高温奥氏体转变成马氏体将造成其体积增大，原因是_____。

　　A．热胀冷缩　　　　　　　　　　　　　　　B．热应力增大

　　C．相变应力增大　　　　　　　　　　　　　D．马氏体比容大于奥氏体比容

（5）完全退火又称重结晶退火，它主要用于_____。

　　A．共析钢　　　　　B．过共析钢　　　　　C．亚共析钢　　　　　D．高合金钢

（6）去应力退火的加热温度_____相变温度 $A_1$，因此在整个处理过程中不发生组织转变。

　　A．低于　　　　　　B．相当于　　　　　　C．高于　　　　　　　D．大大高于

（7）钢的淬火就是将钢加热到 $Ac_3$ 或 $Ac_1$ 以上的某一温度，并保持一定时间，以适当速度冷却获得马氏体和（或）_____组织的热处理工艺。

　　A．上贝氏体　　　　B．下贝氏体　　　　　C．索氏体　　　　　　D．托氏体

（8）习惯上将淬火加_____回火的工艺称为调质处理，由此可获得回火索氏体组织。

　　A．低温　　　　　　B．中温　　　　　　　C．高温　　　　　　　D．中低温

（9）目前在热处理生产中应用最广泛的表面淬火是_____表面淬火。

　　A．火焰加热　　　　B．电接触加热　　　　C．感应加热　　　　　D．激光

（10）在感应加热中交流电的频率增高，集肤效应_____。

　　A．增强　　　　　　B．减弱　　　　　　　C．没变化　　　　　　D．不明显

7-3 什么叫热处理？热处理的目的是什么？
7-4 奥氏体晶粒的大小对钢经热处理后的性能有什么影响？如何才能获得细小、均匀的奥氏体晶粒？
7-5 过冷奥氏体等温转变与连续转变有何区别？
7-6 简述马氏体转变的特点。
7-7 退火常用的工艺有哪些？
7-8 什么是淬火？淬火的目的是什么？
7-9 什么是钢的淬透性？其有何意义？与淬硬性有什么区别？
7-10 钢在淬火后回火的目的是什么？
7-11 什么叫表面热处理？感应淬火有什么特点？
7-12 什么叫化学热处理？
7-13 目前热处理有哪些新工艺、新技术？
7-14 热处理工的职业定位是什么？热处理工有哪些基本素质要求？

# 项目 8 其他常用工程材料

## 学习目标

1. 了解合金元素在合金钢中的作用。
2. 掌握合金钢的分类及牌号。
3. 掌握常用合金结构钢、合金工具钢的成分、性能及用途,了解特殊性能钢的性能特点。
4. 熟悉非铁金属及其合金的牌号、性能及用途。
5. 了解高分子材料、陶瓷和复合材料等非金属材料的性能及用途。

## 任务 1 熟悉合金钢

合金元素对铁素体的影响

## 任务引入

虽然碳钢成本低、应用广,但由于现代工业发展对材料性能的要求越来越高,碳钢往往无法满足其主要要求。主要表现在:淬透性差,不宜做成大截面或形状复杂的工件;回火稳定性差;综合力学性能较低,若提高强度、硬度则韧性下降,反之则强度、硬度下降;在高温下强度、硬度低,不适用于在高温环境中工作的工件;不具备某些场合所要求的特殊物理、化学性能,如耐腐蚀、无磁性等。

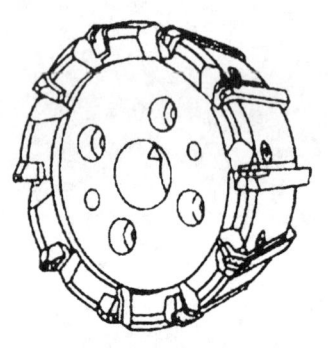

图 8-1 面铣刀

如图 8-1 所示为在数控铣床上使用较多的面铣刀。根据铣削加工的特点,结合数控机床加工的性能优势,数控铣刀应具备刚性好且刀具耐用度高的特点。显然,碳钢已无法满足数控铣刀的要求,因此,人们需要寻找到能够用于数控铣刀的刀具材料。这时,合金钢应运而生。下面介绍各种合金钢材料的牌号、成分、性能及用途。

### 8.1.1 合金元素在钢中的作用

合金钢是为了弥补碳钢的缺点而发展起来的。在碳钢的基础上有目的地加入各种合金元素所冶炼成的钢称为合金钢。

合金元素在钢中的作用

目前,合金钢在钢的总产量中约占 20%。但是要注意,合金钢并不是一切性能都优于碳钢的,还有很多工艺性能不如碳钢,如铸造、焊接以及某些合金钢的热处理、切削加工性能比碳钢差,成本也较高。所以在满足要求的前提下应尽量选用碳钢。

在合金钢中,常加入的合金元素有锰、硅、铬、镍、钒、钨、钼、钛、铝、硼及稀土等。向钢中加入合金元素后不仅改善了钢的热处理性能,而且提高了钢的强度和韧性。

要想发展合金钢,必须根据我国资源特点建立适合自己国情的合金钢体系。我国有色金属资源除少数合金元素（主要是钴）外非常丰富。过去我国普遍缺少镍、铬资源，但近年来发现了丰富的镍矿资源，因此镍钢的使用被适当放宽了。

### 1. 合金元素与铁和碳的作用

大多数合金元素都能溶于铁素体中，由于合金元素与铁的晶格类型和原子半径有所差异，必然会引起铁素体晶格畸变，产生固溶强化，使铁素体的强度、硬度提高，但一般也会降低塑性及韧性。硅、锰元素能显著提高铁素体的强度和硬度，但当含硅量>0.6%、含锰量>1.5%时，将会降低材料韧性。铬与镍元素比较特殊，当含铬量≤2.0%、含镍量≤5%时，在显著强化铁素体的同时，仍能提高其韧性。

铁素体是大多数结构钢（退火、正火、调质状态下）的基本相，只要合金元素含量适当，就能在不降低韧性的情况下使钢得到强化。

合金元素按其与碳的作用情况可以分为两大类：

（1）非碳化物形成元素。如镍、硅、铜、铝、钴等元素，只能固溶于铁素体中，不仅不能与碳形成碳化物，还能促使碳化物分解出石墨，所以又叫石墨化元素。

（2）碳化物形成元素。合金元素与碳结合的能力由强到弱的次序依次是钛、钒、铌、钨、钼、铬、锰和铁。这些元素能形成下列碳化物：

① 与碳亲和力较强的元素（如钛、钒、铌），可与碳形成特殊碳化物（如 TiC、VC、NbC）。

② 当与碳亲和力较强的元素（如钨、钼、铬）含量少时，多形成合金渗碳体（FeMe）$_3$C，Me 在此处代表钨、钼、铬等；当与碳亲和力较强的元素含量较高（>5%）时，可形成特殊合金碳化物（如 $W_2C$、$Mo_2C$、$Cr_7C_3$ 等）。

③ 与碳亲和力较弱的元素（如锰），除少量溶入渗碳体形成合金渗碳体（FeMn）$_3$C 外，大部分仍溶于固溶体中。

各种合金碳化物的特点：熔点高，硬度高，较稳定，不易分解，对钢的工艺性能和力学性能有很大的影响。

碳化物形成元素在含碳量不足的情况下会溶于铁素体，起到强化铁素体的作用。

### 2. 合金元素对 Fe-FeC 相图的影响

研究合金元素对 Fe-FeC 相图的影响具有重要的实际意义。因为在热处理时往往要把钢加热到奥氏体状态，研究与奥氏体转变有关的影响，对于制定热处理工艺有着指导作用。

（1）对γ相区的影响。合金元素加入钢后，情况要复杂得多，为使问题简化，便于研究，以铁-合金元素相图的情况来讨论合金元素对γ相区的影响。合金元素溶解于铁后，与碳的作用相似，将使铁的同素异晶转变（α↔γ）点 $A_3$ 及（γ↔δ）点 $A_4$ 发生改变。根据合金元素对铁同素异晶转变的影响，可分为两大类。

① 扩大γ相区使 $A_4$ 点上升，$A_3$ 点下降，如图 8-2（a）所示。这类元素有铜、锰、镍等，与碳对γ固溶体的作用相同。当锰、镍随着含量增多时，可把γ相区扩大到室温，能够在室温下保持奥氏体。这种以奥氏体为主的钢称为奥氏体钢，如耐磨性很高的高锰钢、镍铬不锈钢等都属于奥氏体钢。

② 缩小γ相区的作用与前者相反，使 $A_4$ 点下降，$A_3$ 点上升，如图 8-2（b）所示。这类元素有铝、铬、钒、钨、钼、硅、钛等，当其含量达到一定数值时，封闭γ相区，在加热和冷却时不发生（α↔γ）转变，从而保持铁素体状态。这种以铁素体为主的钢称为铁素体钢，如

工业用高硅变压器钢、高铬不锈钢等都属于铁素体钢。

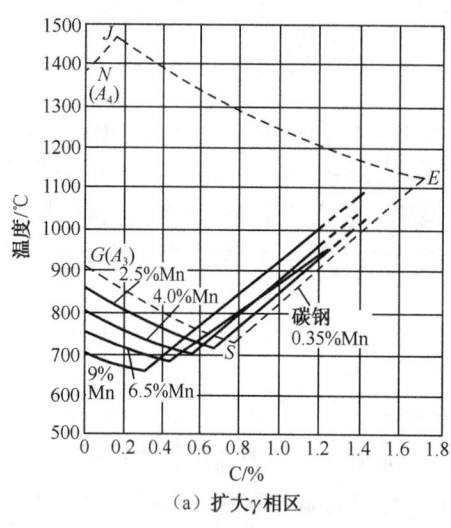
(a) 扩大γ相区

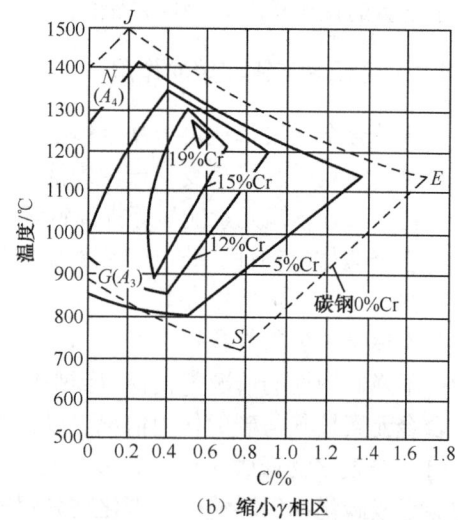
(b) 缩小γ相区

图 8-2 合金元素对γ相区的影响

（2）对 $S$ 点温度的影响。如图 8-3（a）所示，除锰、镍外，其他合金元素均使共析温度上升，这就意味着大多数合金钢的热处理温度要比相同含碳量的碳钢要高一些。

（3）对 $Fe\text{-}Fe_3C$ 相图中 $S$、$E$ 点成分的影响。可以看出，几乎所有元素均使 $S$ 点与 $E$ 点左移，如图 8-3（b）所示。例如，含 0.4%C 的碳钢原属于亚共析钢，但当加入 12%Cr 后，就成了共析钢。$E$ 点左移，则意味着出现莱氏体的含碳量降低。又例如，含 0.7%~0.8%C 的高速钢，由于大量合金元素的加入，在铸态时就出现了莱氏体。

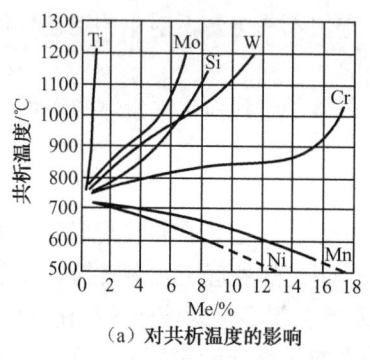
(a) 对共析温度的影响

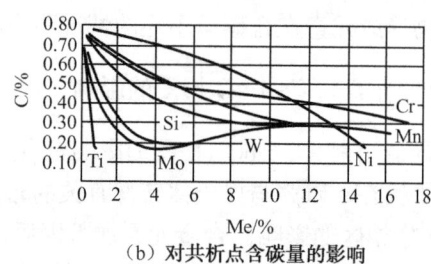
(b) 对共析点含碳量的影响

图 8-3 合金元素对共析温度和共析点含碳量的影响

## 8.1.2 合金钢的分类及牌号

### 1. 合金钢的分类

合金钢常用的分类方法如下。

（1）按在合金钢中合金元素的总含量分：低合金钢（含合金元素总量≤5%），中合金钢（含合金元素总量>5%且<10%），高合金钢（含合金元素总量>10%）。

(2) 按在合金钢中所含主要合金元素的种类分：锰钢、硅钢、铬钢、铬镍钢、铬锰钢、铬钼钢、硼钢等。

(3) 按主要用途分：合金钢可分为合金结构钢、工具钢和特殊性能钢。

① 合金结构钢。主要有建筑及工程用结构钢和机械制造用结构钢。前者主要用于建筑、桥梁、船舶、锅炉等，后者主要用于制造机械设备上的结构零件。它包括低合金结构钢、合金渗碳钢、合金调质钢、合金弹簧钢和滚动轴承钢等。

② 工具钢。主要用于制造各种工具，包括合金工具钢和高速工具钢。

③ 特殊性能钢。指具有特殊物理、化学性能或力学性能的钢，包括不锈钢、耐热钢、耐磨钢和磁钢等。

(4) 按金相组织分：奥氏体钢、马氏体钢和铁素体钢。

**2. 合金钢牌号的表示方法**

我国合金钢的牌号是以钢的含碳量、合金元素的种类和含量来表示的。当钢中合金元素平均含量小于 1.5%时，在牌号中仅标明元素，一般不标含量。当合金元素平均含量大于 1.5%、2.5%、3.5%…时，分别标注为 2、3、4…（滚动轴承钢和低铬合金工具钢除外）。

(1) 合金结构钢。其牌号的表示方法是"两位数字+元素符号+数字"。前面两位数字表示钢中平均含碳量的万分数；元素符号表示钢中所含的合金元素；元素符号后面的数字表示该合金元素平均含量的百分数。例如，60Si2Mn 表示平均含碳量为 0.60%、含 Si 量为 2%、含 Mn 量小于 1.5%的合金弹簧钢。

对于磷、硫含量较少的高级优质钢，一般在其牌号后加字母"A"表示。对在合金结构钢中所含的钼、钒、钛和硼等元素，若是有意加入的，则应在牌号中标出，因为其虽含量较少，但在钢中的作用显著。

(2) 合金工具钢和高速工具钢。合金工具钢的平均合金元素含量表示方法与上述相同，在平均含碳量小于 1.0%时用一位数字表示其平均含碳量的千分数，当平均含碳量大于或等于 1.0%时，为了避免与结构钢混淆，一般不标注含碳量。例如，9SiCr 表示平均含碳量为 0.9%，含硅量、含铬量小于 1.5%的合金工具钢；CrWMn 表示平均含碳量大于或等于 1.0%，铬、钨、锰都小于 1.5%的合金工具钢。对低铬（平均含铬量小于 1.0%时）合金工具钢，含铬量用千分数表示，并在含量数值前加"0"，如 Cr06。对高速工具钢，即使平均含碳量小于 1.0%也不标注，如 W18Cr4V 其含碳量为 0.7%～0.8%。

(3) 特殊性能钢。其牌号中用一位数字表示平均含碳量的千分数，其他表示方法同合金工具钢。但当平均含碳量<0.10%时用"0"表示，当≤0.03%时用"00"表示。例如，2Cr13、0Cr13、00Cr18Ni10 的平均含碳量分别为 0.2%、<0.1%、≤0.03%。

滚动轴承钢的牌号表示方法有其特殊性，若在牌号前加字母"G"，则不标注平均含碳量，合金元素（Cr）后面的数字表示平均含铬量的千分数，如 GCr15 钢表示平均含铬量为 1.5%的滚动轴承钢。

## 8.1.3 合金结构钢

**1. 低合金结构钢**

低合金结构钢是根据我国资源特点发展起来的钢种。它是在含碳量较低（<0.2%）的碳

素结构钢的基础上加入少量（≤3%）的合金元素制成的，通常在正火状态下使用。

(1) 成分特点。低合金结构钢含碳量很低，多数<0.2%。锰为主要元素，并附加钛、钒、铌、铜、磷等合金元素。

(2) 性能特点。低合金结构钢具有良好的综合力学性能。这类钢有较高的强度，比同规格低碳钢的强度要高 20%～150%。其塑性、韧性、焊接性和耐蚀性也比碳钢要好。由于冷脆温度较低，宜制作在严寒地区使用的构件，但其冷冲压性能较差。

(3) 常用的低合金结构钢及用途。常用的低合金结构钢按屈服强度分为 300、350、400、450MPa 四个强度级别。常用的低合金结构钢的牌号是 16Mn。

低合金结构钢广泛应用于桥梁、车辆、船舶、建筑和压力容器等。

### 2. 合金渗碳钢

这类合金渗碳钢主要采用渗碳热处理工艺，所以称为合金渗碳钢。当用碳钢做渗碳钢时，只能用于表层要求高硬度、高耐磨性，且强度要求不高的小型零件。对于心部要求高韧性及较高强度的耐磨零件，除含碳量仍应很低（<0.25%）外，为提高钢的心部强度，还应加入合金元素，采用合金渗碳钢。

在低碳钢基础上加入铬、锰、钛、钒等元素后，可使合金渗碳钢的晶粒得到了细化并提高了淬透性。这类钢的合金元素含量一般≤3%，属于低合金渗碳钢。只有少数合金元素为5%～7%的中合金渗碳钢。

合金渗碳钢的热处理方式一般为渗碳+淬火+低温回火。

常用的低合金渗碳钢有 20Cr、20CrMnTi、20MnVB、20MnTiB 等，一般用于直径为 30mm 以下的较为重要的中小型渗碳件。

常用的中合金渗碳钢有 20Cr2Ni4、18Cr2 Ni4WA 等，主要用于制造截面较大、重载荷和受力复杂的渗碳件。

由于低碳马氏体具有高强度的同时还具有相当高的塑性和韧性。因此可以考虑采用低碳钢和低碳合金钢直接淬火成低碳马氏体，代替钢的渗碳+淬火+低温回火工艺，起到简化工艺的作用。常用直接淬火的钢有 20CrMnTi、20MnTiB 等。

合金渗碳钢主要用于表面要求高硬度、耐磨并能承受冲击性载荷的零件，如凸轮、离合器、活塞销等。

### 3. 合金调质钢

合金调质钢以往多采用调质处理工艺（调质处理），所以又叫合金调质钢。

(1) 成分特点。合金调质钢的含碳量一般为 0.3%～0.5%，主加元素有铬、锰、镍、硅、硼等元素，以提高钢的淬透性。铬、锰、镍、硅等元素除了能提高钢的淬透性，还能溶于铁素体，起到固溶强化作用。加入钒、钛等附加元素，可以起到细化晶粒的作用。加入钨、钼等附加元素，可以防止或减轻回火脆性，并提高回火稳定性。通过加入合金元素，能使大截面零件淬透，改善了热处理工艺性能，提高了热处理后零件的综合力学性能。

(2) 热处理特点。因为合金调质钢经调质处理后，其综合力学性能比正火处理好，所以以往多采用调质处理。随着热处理工艺的不断发展，目前，合金调质钢的热处理已不局限于调质处理。根据不同的性能要求，还可采用等温淬火、淬火+低温回火、淬火+中温回火等热处理工艺。还可对热处理后的零件进行表面强化处理，如表面淬火、软氮化等，以提高疲劳强度和耐磨性。

（3）常用的合金调质钢及用途。常用合金调质钢的牌号有 40Cr 等，主要用来制作负载重而且易受冲击的重要零件、要求有较好综合机械性能的零件以及一些要求表面高硬度和高耐磨的零件，如发动机曲轴、传动齿轮、汽车后桥半轴和连杆等。

### 4. 合金弹簧钢

弹簧是缓和冲击或振动、以弹性变形储存能量的零件。弹簧要求有高的屈服强度、疲劳强度和高的屈强比 $\sigma_s/\sigma_b$，以及足够的韧性、塑性，以防止塑性变形，又不致发生脆断。有些弹簧还要求具有耐热和耐腐蚀等性能。

（1）成分特点。合金弹簧钢的含碳量一般为 0.45%～0.70%，经常加入的合金元素有硅、锰、铬、钒、钨和微量的硼等，以提高钢的淬透性和强化铁素体。其中钒可以细化晶粒；铬、钒可显著提高回火稳定性，使钢具有一定的高温强度；硅能显著提高钢的弹性极限。

（2）热处理特点。合金弹簧钢的热处理方法一般为淬火+中温回火。目前，还可利用形变热处理的方法进一步提高弹簧的强度和弹性，即将钢板或棒料热轧变形后，立即成形并淬火和回火，这样可使弹簧的弹性剧增。为了提高弹簧的疲劳强度，在弹簧热处理后，还要用喷丸处理来进行表面强化，使表层产生残余压应力，以提高弹簧的使用寿命。

（3）常用的合金弹簧钢及用途。在合金弹簧钢中应用最广泛的型号是 55Si2Mn、60Si2Mn。这两种合金弹簧钢广泛应用于制作机车、车辆、汽车、拖拉机的板弹簧或圆弹簧。另外合金弹簧钢 50CrVA 因为在热处理后具有更好的力学性能和耐热作用，所以可用于制作重要弹簧及气阀、安全阀等耐热弹簧。

### 5. 滚动轴承钢

滚动轴承钢是用来制造在滚动轴承中的滚柱、滚珠、滚针和套圈的钢材。滚动轴承钢要求材料有高而均匀的硬度和耐磨性、高的弹性极限、接触疲劳强度和耐压性，还要有足够的韧性和淬透性，同时具有一定的抗腐蚀能力。

（1）成分及性能特点。为了保证滚动轴承钢的高硬度和高耐磨性，一般其含碳量都较高（0.95%～1.1%），并主加铬（0.5%～1.65%）和适量的锰、硅以提高钢的淬透性及耐磨性，但若含碳量或含铬量过高，反而会降低硬度及尺寸稳定性。

（2）热处理特点。滚动轴承钢的锻件要经过球化处理降低硬度、改善切削加工性能。如有网状碳化物，还应先进行正火处理。

淬火加热温度应严格控制，过高或过低均会影响热处理质量。淬火后进行低温回火，回火后材料的硬度为 62～64HRC。但对一些精密轴承和含铬量高的轴承还应进行冷处理（-60℃～-70℃），以稳定尺寸。

（3）常用的滚动轴承钢及用途。在滚动轴承钢中应用最广泛的是 GCr15，主要用来制造滚动轴承的滚柱、滚珠、滚针、套圈以及柴油机的精密零件等。

常用合金结构钢的牌号、性能及用途如表 8-1 所示。

滚动轴承的生产—1

滚动轴承的生产—2

表 8-1 常用合金结构钢的牌号、性能及用途

| 钢号 | 抗拉强度 $\sigma_b$/MPa | 布氏硬度/HB | 工艺性 | 淬火硬度/HRC | 应用举例 |
| --- | --- | --- | --- | --- | --- |
| 20MnB | 980 | 185 | 切削加工性较好 | 56~62（渗碳） | 心部强度高、耐磨、尺寸大的渗碳零件，如齿轮 |
| 20Cr | 833 | 179 | | | |
| 40Cr | 980 | 207 | | 48~55 | 较重要的调质零件，如齿轮、凸轮、轴、曲轴 |
| 20CrMnTi | 1078 | 217 | 切削加工性好，强度、韧性高 | 32~62（渗碳） | 重要齿轮 |
| 38CrMoAlA | 980 | 229 | — | 62~63（渗氮） | 高压阀门、阀门、橡胶压模等 |
| 65Mn | 980 | 229 | 淬透性高，有过热敏感及回火脆性 | 55~60 | 弹性零件 |
| 60Si2MnA | 1568 | 321 | | 40~48 | 大型弹簧 |
| 50CrVA | 1274 | 321 | — | 40~48 | 负荷大、耐疲劳或耐热的大弹簧 |
| 钢丝Ⅱ | 1618~2206 | | | — | 小弹簧 |
| GCr15 | — | 170~207 | 切削加工性和焊接性差 | 58~65 | 滚柱、滚针、套圈及受力大摩擦严重的零件 |

### 8.1.4 合金工具钢

合金工具钢是在碳素工具钢的基础上，为了改善性能，加入适量合金元素而成的。这种钢比碳素工具钢具有更高的硬度、耐磨性和韧性，特别是具有更好的淬透性、淬硬性和热硬性。因此可以制造截面大、形状复杂、性能要求较高的工具。

刃具钢　　硬质合金材料的生产

合金工具钢按用途不同，一般可以分为刃具钢、量具钢和模具钢。

**1. 低合金刃具钢、量具钢**

刃具钢主要要求材料具有高硬度、高耐磨性高热硬性、一定的强度和韧性。在切削速度较低、热硬性要求不太高的材料时，使用低合金刃具钢。

量具钢要求具有高硬度、高耐磨性和尺寸稳定性。

低合金刃具钢、量具钢的含碳量为 0.8%~1.5%，以保证淬硬性及形成碳化物的需要。主加合金元素有钼、铬、钒、钨，能形成合金碳化物、增加淬透性、提高回火稳定性和热硬性，还可进一步提高耐磨性。有的钢中还会加入锰、硅元素，锰元素的主要作用是增加淬透性，硅元素能增加钢的回火稳定性、提高钢的弹性极限。因此，低合金刃具钢比碳素工具钢有更高的淬透性、更小的变形、更高的热硬性（达 290℃）及更高的耐磨性，可制作尺寸较大、形状较复杂、受力较大的低速切削的刃具，但其热硬性、耐磨性还不能满足要求较高的刃具的需要。

常用的低合金刃具钢、量具钢有 9SiCr、8MnSi、Cr06 等。

低合金刃具钢的热处理工艺：球化退火→机加工→淬火+低温回火。当低合金量具钢做精密量具时，为提高尺寸稳定性，淬火后应进行冷处理。

## 2. 高速工具钢

高速工具钢，简称高速钢或锋钢。它的特点：热硬性可达 600℃，具有很高的强度、硬度、耐磨性及淬透性。由于这类钢在切削时长期保持刃口锋利，所以又称为锋钢。常用的高速钢有 W18Cr4V、W6Mo5Cr4V2 等，主要用来制作各类机用高速切削刀具。

高速钢主要组成成分有碳、钨、钼、铬、钒、钴等，各元素主要作用大致如下。

碳：形成足够的合金碳化物及高硬度的马氏体。

钨：提高材料的热硬性及回火稳定性的主要元素。

钼：作用与钨相似。

铬：提高材料的淬透性，也可提高回火稳定性及抗蚀能力，但若含量过高将增加残余奥氏体量，一般为4%左右。

钒：提高材料的热硬性，细化碳化物颗粒，显著提高耐磨性。

钴：显著增加材料的硬度及热硬性。但价格过高，使用受到限制。

高速钢的热处理工艺为淬火+多次高温回火。高速钢的导热性差，在淬火加热时，大型或形状复杂的刃具要经过预热。高速钢的淬火温度很高，目的是使难熔化的合金碳化物尽可能多地溶解到奥氏体中，从而使淬火冷却后的马氏体中的碳和合金元素的含量增加，阻止马氏体的分解，提高热硬性。高速钢的淬火介质一般用油。为了减少淬火变形，可采用分级淬火或等温淬火。

高速钢淬火后组织为马氏体、合金碳化物和大量的残余奥氏体（多达30%~35%）。因此，必须通过多次回火使残余奥氏体析出特殊碳化物（如 $W_2C$、$VC$ 等），产生二次硬化效果。为使残余奥氏体大部分转变，一般需要经过550℃~570℃的2~4次回火（通常为3次），每次回火持续1~2h。回火后，不但消除了内应力，硬度还会有所提高。

高速钢（W18Cr4V）的热处理工艺曲线如图 8-4 所示。在退火和淬火工序中，①、②分别代表两种不同的工艺规范。

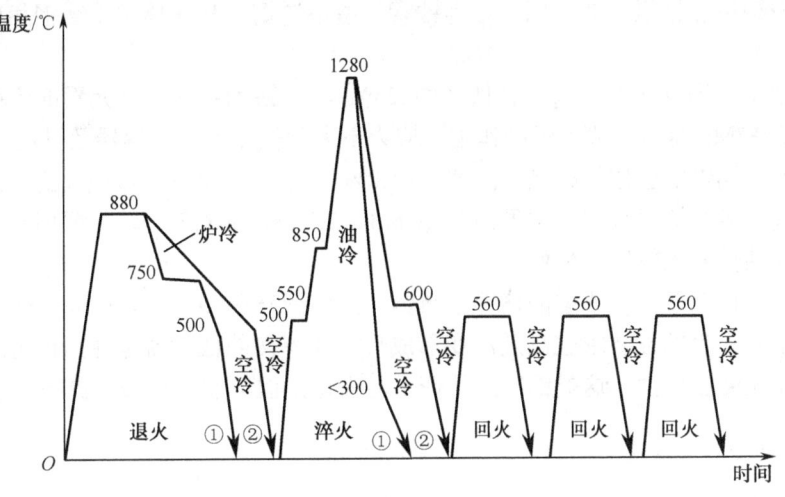

图 8-4　W18Cr4V 钢退火、淬火、回火工艺曲线

### 3. 模具钢

根据工作条件的不同，模具钢常分为冷作模具钢和热作模具钢两种。

（1）冷作模具钢。冷作模具是指在常温环境下工作的模具，要求具有高硬度、高耐磨性、良好的韧性和淬透性，热处理变形小。这类钢的热处理过程为球化退火→淬火→低温回火。常用的冷作模具钢有 Cr12、CrWMn、9Mn2V 等。

（2）热作模具钢。热作模具在工作时，受到冲击性的压应力和交变性的热应力作用，所以要求热作模具钢具有高强度、高耐磨性、良好的韧性和抗热疲劳损坏能力。常用的热作模具钢有 5CrNiMo、5CrMnMo、3Cr2W8V 等。

## 8.1.5 特殊性能钢

特殊性能钢是指具有特殊使用性能的钢。特殊性能钢包括不锈钢、耐热钢、耐磨钢和磁钢等。

### 1. 不锈钢

不锈钢是指能抵抗大气腐蚀或能抵抗酸、碱化学介质腐蚀的钢。

不锈钢拥有抗腐蚀性能主要是因为其中加入了大量的铬（Cr>12%）。在不锈钢中的铬可在氧化性介质中很快形成一层 $Cr_2O_3$ 氧化膜保护层，以保护内部不被进一步的氧化和腐蚀。当含铬量达到 12% 时，钢的电极电位跃增，有效地提高了钢的抗电化学腐蚀性。不锈钢的含铬量越高，其抗腐蚀性越好。

碳是在不锈钢中降低耐蚀性的元素。因为碳在钢中会形成铬的碳化物，降低了基体金属的含铬量。这些碳化物会破坏氧化膜的耐蚀性。因此，从提高钢的抗腐蚀性能的角度来看，一般希望含碳量越低越好。但含碳量关系到钢的力学性能，所以应根据不同情况保留一定的含碳量。

常用不锈钢按金相组织的不同，分为铁素体型不锈钢、马氏体型不锈钢和奥氏体型不锈钢三类。

铁素体型不锈钢是一种含碳量较低（≤0.25%）、以铬为主加合金元素的不锈钢。常见的有 1Cr17、1Cr17Mo 等。一般用于制作工作应力不大的化工设备、容器及管道。

马氏体型不锈钢的含碳量稍高（0.08%～1.0%），是在不锈钢中机械性能最好的钢类，但其耐蚀性稍低、可焊接性较差。常见的有 1Cr13、2Cr13、3Cr13 等，主要用于制造机械性能要求较高且耐蚀性要求较低的零件。

奥氏体型不锈钢是一种典型的铬镍不锈钢，主要钢号有 0Cr19Ni9、0CrNi10NbN 等。这类钢主要用于制作耐蚀性要求较高及冷变形成形需要焊接的低载荷零件，也可用于仪表、发电等行业制作无磁性零件。这类钢经热处理不能强化，但可通过冷加工提高其强度。

### 2. 耐热钢

耐热钢是指在高温条件下仍能保持足够的强度和能抵抗氧化而不起皮的钢。

为了提高抗氧化的能力，耐热钢中主要加入了铬、硅、铝等元素。这些元素的抗氧化能力比铁强，能在表面形成致密的氧化膜，有效地阻止金属元素向外扩散和氧、氮、硫等元素向里扩散，保护金属免受侵蚀。这些抗氧化的元素越多，抗氧化的温度就越高。

为了提高钢的高温强度，耐热钢中还加入了高熔点元素钨、钼，以增加钢的抗蠕变能力。此外，还加入钒和钛，提高钢的高温强度，如常用的耐热钢 1Cr11MoV 等。

### 3. 耐磨钢

耐磨钢中最典型的钢种是高锰钢 ZGMn13。其主要化学成分是 1.0%～1.4%C 及 11.0%～14.0%Mn。这种钢由于含锰量较高，钢的马氏体点 $M_s$ 较低，属于奥氏体钢。

高锰钢不易切削加工，但铸造性能较好，所以高锰钢制品多通过铸造成形。

高锰钢常用来制造铁路道叉、坦克和拖拉机履带板、挖掘机铲齿、推土机挡板等。

## 任务2　熟悉非铁金属及其合金

# 任务引入

如图 8-5 所示为在数控机床上使用的机械夹固式可转位车刀，它是由刀杆、刀片、刀垫和夹紧元件等零件组成的。其中刀片的每个边都有切削刃，当某个切削刃磨钝后，只要松开夹紧元件，将刀片转换一个位置便可继续使用，这样可以增加刀具的使用寿命。刀片是机械夹固式可转位车刀上的重要组成部分之一，根据被加工工件的材料、被加工表面的精度、表面质量要求、切削载荷的大小以及在切削过程中有无冲击和振动等因素，车刀刀片的材料可选择高速钢、硬质合金、涂层硬质合金、陶瓷、立方氮化硼和金刚石等，其中应用最多的是硬质合金和涂层硬质合金刀片。下面我们分别介绍硬质合金等各种非铁金属及其合金材料的牌号、成分、性能及用途。

通常，我们将除钢、铁以外的金属及其合金统称为有色金属，也称为非铁金属。它们具有一些特殊的物理化学性能，如钛、镁、铝及其合金的相对密度小，铜、银的导电性好，钨、钼及其合金耐高温等，是在现代工业产品中不可缺少的材料。但因其成本较高，所以在应用中应注意节约使用。

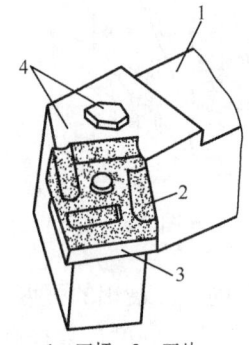

1—刀杆；2—刀片；
3—刀垫；4—夹紧元件

图 8-5　机械夹固式可转位车刀

## 8.2.1　铝及铝合金

### 1. 纯铝

纯铝是银白色的金属，为面心立方晶格，无同素异晶转变，熔点为 657℃。纯铝具有密度小、导电性良好、导热性良好、耐蚀性良好、塑性好等优点，但因纯铝的强度很低，所以一般不作为承受载荷的机械零件。冷变形硬化后，其强度可得到提高，但塑性又会下降。

纯铝分为工业高纯铝和工业纯铝两大类。工业高纯铝的纯度可达 99.99%，主要用于科研及其他特殊用途。工业纯铝通常用于制成管、棒和型材等，还可以用来配置合金。

## 2. 铝合金

因为纯铝的强度很低，不适合制作结构性零件，所以，一般会在纯铝中加入铜、镁、锰、硅等合金元素，形成铝合金。铝合金的相对密度较小，但具有很高的比强度（即强度极限与相对密度的比值）、耐蚀性及导热性。

（1）铝合金的分类：根据其成分和加工成形特点分为形变铝合金和铸造铝合金。

① 形变铝合金。二元铝合金相图如图 8-6 所示。其中 Me 占比在 $D'$ 点左边的合金，具有塑性好和可通过压力加工成形的特点。

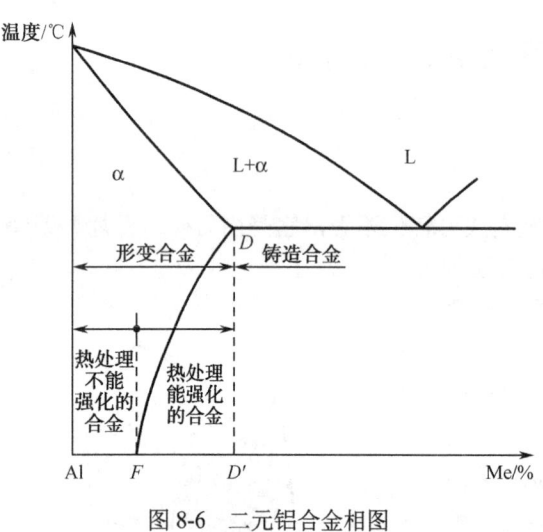

图 8-6 二元铝合金相图

形变铝合金分为两类：Me 占比在 $F$ 点左边的铝合金，其固溶体成分不随加热和冷却而变化，不能用热处理强化，称为热处理不能强化的铝合金；Me 占比在 $F \sim D'$ 点之间的铝合金，称为热处理能强化的铝合金。

将形变铝合金适当地进行热处理可以达到强化合金的目的。形变铝合金又可分为防锈铝、硬铝、超硬铝及锻铝四种。

a. 防锈铝。这类合金的耐蚀性好，故称防锈铝。它属于 Al-Mn 或 Al-Mg 系合金，其塑性和焊接性较好。不能通过热处理强化，只能通过压力加工硬化。主要用于制作负荷不大的压延、焊接或耐蚀结构件，如油箱、各种生活器具等。

b. 硬铝。硬铝的强度、硬度高、耐蚀性较差，又称杜拉铝。硬铝在通过淬火时效处理后，其强度、硬度显著提高。硬铝主要用于航空工业，如飞机上的大梁等。

c. 超硬铝。这类合金是在硬铝的基础上加入锌制成的，在通过淬火时效处理后，其强度、硬度比硬铝要高，故称为超硬铝。多用于制造飞机上的主要受力部件，如大梁桁架等。

d. 锻铝。这类合金的特点是除强度比较高之外，还有良好的锻造性能，故称锻铝。经淬火时效处理可提高其强度。主要用于制造飞机上承受高负载的锻件或模锻件。

常用形变铝合金的主要成分及力学性能如表 8-2 所示。

② 铸造铝合金。Me 占比在 $D'$ 点右边的铝合金，都有共晶组织，流动性好，适宜铸造，故称为铸造铝合金。这类合金具有良好的铸造性能，按其基本元素不同可分为四类，即 Al-Si、Al-Cu、Al-Mg、Al-Zn，应用最广泛的是 Al-Si 合金。它的特点是具有良好的铸造性能，在浇注前经变质处理后，具有较好的机械强度和塑性。Al-Cu 合金由于铸造性不好，已逐步被其他铝合金代替。Al-Mg 合金的特点是密度约为 $2.55 \text{g/cm}^3$，比纯铝轻、强度高、耐蚀性好，但铸造性不好、耐热性差。Al-Zn 合金耐热性差，但铸造性、切削加工性好，价格便宜。铸造铝合金一般用于制作质轻、耐蚀、形状复杂且有一定力学性能的零件，如铝合金活塞、仪表外壳、水冷发动机缸体等。

表 8-2 常用形变铝合金的主要成分及力学性能

| 类别 | | 牌号 | 化学成分/% | | | | | 材料状态 | 力学性能 | | |
|---|---|---|---|---|---|---|---|---|---|---|---|
| | | | Cu | Mg | Mn | Zn（Si） | 其他 | | $\sigma_b$/MPa | $\delta_{10}$/% | HBS |
| 不能热处理强化 | 防锈铝 | LF5 | 0.10 | 4.8~5.5 | 0.3~0.6 | 0.20 | | M | 280 | 20 | 70 |
| | | LF11 | 0.10 | 4.8~5.5 | 0.3~0.6 | 0.20 | Ti 或 V | M | 280 | 20 | 70 |
| | | LF21 | 0.02 | 0.05 | 1.0~1.6 | 0.10 | Ti | M | 130 | 20 | 30 |
| 能热处理强化 | 硬铝 | LY1 | 2.2~3.0 | 0.2~0.5 | 0.20 | 0.10 | Ti | CZ | 300 | 24 | 70 |
| | | LY11 | 3.8~4.8 | 0.4~0.8 | 0.4~0.8 | 0.30 | Ti 和 Ni | CZ | 420 | 15 | 100 |
| | 超硬铝 | LC4 | 1.4~2.0 | 1.8~2.8 | 0.2~0.6 | 5.0~7.0 | Cr | CS | 600 | 12 | 150 |
| | 锻铝 | LD5 | 1.8~2.6 | 0.4~0.8 | 0.4~0.8 | (0.7~1.2) | Ti 和 Ni | CS | 420 | 13 | 105 |
| | | LD6 | 1.8~2.6 | 0.4~0.8 | 0.4~0.8 | (0.7~1.2) | Ti、Cr 和 Ni | CS | 390 | 10 | 100 |
| | | LD7 | 1.9~2.5 | 1.4~1.8 | 0.02 | (0.35) | Ti 和 Ni | CS | 440 | 12 | 120 |

注：M——退火，CZ——淬火+自然时效，CS——淬火+人工时效。

（2）铝合金的热处理特点。铝合金的热处理与钢不同。含碳量较高的钢在淬火后硬度、强度会立即提高，塑性急剧降低；而把热处理可强化的铝合金加热到 α 相区，保温后在水中快速冷却，其强度、硬度不会明显提高，但塑性会得到改善，这种热处理称为固溶处理（固溶淬火）。淬火后的铝合金若在室温下停留一段时间，其强度、硬度会显著提高，同时塑性明显降低。这种淬火后合金的性能随时间而发生显著变化的现象称为时效或时效强化。在室温下发生的时效称为自然时效；在加热条件下发生的时效称为人工时效。淬火时效是铝合金强化的主要途径。

铝合金的时效过程实际上是淬火后获得的过饱和的固溶体组织由于其结构不稳定而分解并形成强化相的过程。铝合金的时效过程必须通过溶质原子的扩散来进行。因此，时效过程与温度和时间有关。时效温度越高，时效过程就越快，强化效果就越差。若人工时效时间过长，加热温度过高，反而会使合金软化，这种现象称为过时效。

铝合金的牌号很多，有的不能进行热处理强化，有的以自然时效强化效果最好，有的只能采用自然时效强化，有的则必须采用人工时效强化。强化方法视具体牌号而定。

## 8.2.2 铜及铜合金

### 1. 纯铜

纯铜因其颜色为紫红色，所以又称为紫铜。它具有良好的导电性、导热性、耐蚀性和塑性，但其机械性能低。纯铜具有面心立方晶格，无同素异构转变现象。主要用于制造电线、电缆、电气零件及配置铜合金。

### 2. 铜合金

由于纯铜的强度很低，不宜制作结构性零件，所以在机械制造中多采用铜合金。铜合金既有纯铜的优点，具有优良的导电性和导热性，又弥补了强度低的缺点。铜合金常分为白铜、黄铜和青铜三类。

（1）白铜。白铜是铜镍合金，呈白色，为了改善性能有目的地加入一些元素，如锰、铁、锌、铝等，按其性能与用途分为结构铜镍合金和电工铜镍合金。

结构铜镍合金力学性能较高，耐蚀性好，能在冷、热状态下压力加工，可用于制造精密机械、仪表的耐蚀零件、化工机械、医疗卫生器械及船用零件等；电工铜镍合金用于制造电工机械等。由于白铜的成本高，一般的机械零件很少使用，工业上最常用的铜合金是黄铜和青铜。

（2）黄铜。铜和锌的合金称为黄铜。黄铜有较好的抗腐蚀性，塑性和强度也较好并随其含 Zn 量而变化。黄铜可分为普通黄铜和特殊黄铜两类。

① 普通黄铜：铜锌二元合金称为普通黄铜。

普通黄铜牌号用"H+数字"表示，其中 H 为"黄"字的汉语拼音首字母，数字表示铜的百分比含量。常用的普通黄铜有 H62、H68 等，它们都具有较高的强度和冷热加工变形的能力。

普通黄铜主要适用于冲压制造形状复杂的零件，如冷凝器、散热片等。

② 特殊黄铜：在普通黄铜的基础上再加入其他合金元素，即可组成特殊黄铜。向普通黄铜中加入铅（铅黄铜）可改善切削加工性能，加入铝（铝黄铜）能提高耐蚀性，加入硅（硅黄铜）能提高强度和耐蚀性。特殊黄铜有压力加工和铸造两类。

压力加工黄铜牌号用"H+主加元素符号+铜的百分含量—主加合金元素的百分含量"表示。如常用的压力加工黄铜牌号 HPb59—1，表示含铜量为 59%、含铅量为 1%、余量为锌的特殊黄铜。HPb59—1 通常用于制作各种结构性零件，如销、螺钉、螺母等。

铸造黄铜牌号用"ZCu+主要添加元素的符号及其百分含量"表示。如常用的铸造黄铜 ZCuZn16Si4，表示含锌量为 16%、含硅量为 4%、余量为铜的特殊黄铜。ZCuZn16Si4 通常用于制作在海水、淡水条件下工作的零件，如支座、法兰盘等。

（3）青铜。青铜是除黄铜和白铜之外的铜合金的统称。青铜按其成分分为普通青铜（锡青铜）与特殊青铜（无锡青铜）两类。

① 锡青铜：即铜锡二元合金。它具有高减磨性、耐腐蚀性及良好的力学性能和铸造性能。锡青铜是在有色金属中收缩率最小的合金，能浇注形状复杂及壁厚较大的零件，但不适宜制造致密性高、密封性好的铸件。

在锡青铜中，当含锡量小于 5%时，适用于冷加工；当含锡量为 5%～10%时，适用于热加工；当含锡量大于 10%时，只适用于铸造。

锡青铜按其成分与性能分为压力加工锡青铜和铸造锡青铜两类。其中压力加工锡青铜牌号用"Q+主加元素符号及其百分含量+其他元素百分含量"表示，如 QSn4－3 表示含锡量为 4%、其他元素含量（含锌量）为 3%、余量为铜的锡青铜；铸造锡青铜的牌号表示方法与铸造黄铜相似。

② 无锡青铜：为了进一步提高青铜的某些性能，常在铜中加入铝、硅、铅、铍等合金元素组成无锡青铜，有铝青铜、硅青铜、铅青铜和铍青铜等。

铝青铜化学稳定性高，与锡青铜相比具有更高的强度、硬度、耐蚀性和塑性，可以进行锻造和铸造，但其收缩率大，常用于制作船舶零件及抗蚀耐磨的重要零件。

硅青铜具有比锡青铜高的力学性能和低的价格，而且铸造和冷、热加工性能良好，主要用于航空工业和制作长距离架空的输电线等。

铅青铜是应用很广的减磨合金，它有良好的导热性，常用于制造高速、高负荷的轴瓦零件。

铍青铜具有很好的抗蚀性、导热性、导电性、耐寒性、抗磁性和受冲击不产生火花等特殊性能。此外，铍青铜在进行固溶处理、时效强化处理后，具有很高的强度、硬度和弹性。

但铍青铜的价格较高、工艺也较为复杂。铍青铜主要用于制作在各种精密仪器仪表中的各种重要弹性元件,如钟表中的齿轮、防爆工具等。

### 8.2.3 滑动轴承合金简介

所谓滑动轴承合金是指在滑动轴承中用于制造轴瓦及其内衬的合金。虽然滚动轴承具有摩擦系数小等优点,但相对于滚动轴承,滑动轴承具有承受面积大、工作平稳无噪声及检修方便等优点,因此滑动轴承在机械工业中仍占有相当重要的地位。轴承是支承轴进行工作的零件,当轴转动时,在轴与轴瓦之间会产生剧烈的摩擦。而轴是一个重要零件,其制造工艺复杂,成本较高,所以在不可避免产生磨损的情况下,首先应确保轴受到的磨损最小。

**1. 对滑动轴承合金性能的要求**

(1) 应有良好的机械性能,尤其是良好的抗压和抗疲劳性能。
(2) 耐磨性要好,但硬度不能太高,避免对轴产生拉伤。
(3) 磨合性要好,使负荷能均匀作用在工作面上,避免局部磨损。磨合性是指在不长的工作时间后,轴承与轴能自动吻合的性能。
(4) 应有微孔储存润滑油,使轴承接触表面形成油膜。
(5) 应有良好的抗蚀性、导热性和较小的膨胀系数。
(6) 加工性能好、材料来源方便、成本低。

为满足上述要求,轴承合金的理想组织应是软基体加硬质点或硬基体加软质点,如图8-7所示。

若轴承采用软基体加硬质点组织的轴承合金,当轴工作后,轴承合金软基体很快被磨凹,使硬质点凸出表面以承受负荷,并抵抗自身的磨损。凹下去的地方可储存润滑油,保证小的摩擦系数。同时,软基体又有较好的磨合性与抗冲击、抗振动的能力。这类组织承受负荷的能力较差,属于这类组织的有锡基及铅基轴承合金。

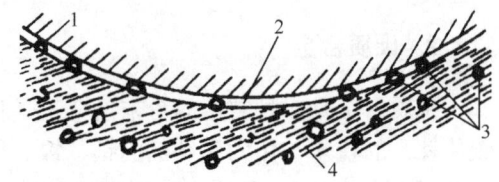

1—轴;2—润滑油空间;3—硬质夹杂物;4—软基体

图8-7 滑动轴承合金理想组织示意图

当材料需要承受较高负荷时,一般应采用硬基体(低于轴颈硬度)和软质点的组织,属于这类组织的有铜基和铝基轴承合金。

**2. 锡基、铅基轴承合金**

轴承合金牌号用"ZCh+基本元素与主加元素的化学符号+主加元素与辅加元素的百分含量"表示。例如,ZChSnSb11—6表示基本元素为锡、主加元素为锑、锑的含量为11%、辅加元素的含量为6%、余量为锡的锡基轴承合金。

锡基轴承合金又称锡基巴氏合金、白合金,具有良好的减摩性、耐蚀性、导热性及韧性,但抗疲劳的能力比铜基及铝基轴承合金低、成本较高。这类合金通常用于制作重要轴承。

铅基轴承合金又称铅基巴氏合金。其硬度、韧性均比锡基轴承合金低,其摩擦系数大,但其成本低、抗压能力较强。这类合金一般用于制作受中等负荷、冲击不大、速度较低的轴承。

### 3. 铜基及铝基轴承合金

铜基轴承合金有锡青铜、铅青铜等，主要用于制作高速、高压工作下的轴承，如航空发动机及其他高速机器的主要轴承。

铝基轴承合金具有导热性好、抗疲劳能力强、高温强度高、抗压能力强等特点，宜于制造高速、重载的发动机轴承。

## 8.2.4 粉末冶金材料简介

粉末冶金就是用金属粉末和其他金属或非金属粉末压制成形后进行烧结制造零件的方法。粉末冶金既是制作特殊性能金属材料的方法，也是一种精密的无切屑或少切屑的加工方法，具有节省材料与工时、减少设备和降低成本等优点。

粉末冶金

粉末冶金的工艺过程一般包括：粉末制备、压制成形、烧结以及后处理等几个工序。

### 1. 粉末冶金减摩材料

在机械零件中，粉末冶金减摩材料应用最多的是粉末冶金含油轴承材料，可用于制造滑动轴承。这种材料不仅耐磨性好，而且由于制品多孔性，在静止时，借毛细管作用可将油吸入轴承；在转动时，轴与轴承摩擦生热，油体积膨胀系数大于轴承膨胀系数，于是油被压到轴承表面，起到很好的润滑作用。含油轴承耗油量少，一次吸油后，不必经常加油，有自动润滑作用。

粉末冶金减摩材料由于有自动润滑作用，并具有改善摩擦条件、减少磨损和减振等优点。近年来已逐步用于其他机械零件，如齿轮、摩擦片、凸轮等。

### 2. 硬质合金

硬质合金是一种常用的粉末冶金工具材料，它是以难熔的高硬度金属碳化物（如碳化钨、碳化钛）的粉末与作为黏结剂的钴、镍、铜等粉末按适当的比例混合后，经加压成形及高温烧结而得到的合金。硬质合金硬度高（可达 86～93HRA，相当于 69～81HRC），热硬性好（900℃～1100℃），耐磨性好。硬质合金刀具切削速度比高速钢刀具提高 4～7 倍，寿命长数倍，用它制造的量具、模具寿命可大大提高，还可以加工硬度达 50HRC 的硬质材料。但硬质合金由于硬度高，脆性大，很难进行机械加工，所以常将其做成刀片安装在活动刀杆或焊在刀体上使用。常用的硬质合金有以下三类：

（1）YG（钨钴）类硬质合金。钨钴类硬质合金是由碳化钨和钴组成的，常用的牌号有 YG3、YG6、YG8，数字表示含钴的百分数。含钴量越高，硬质合金的强度越高、韧性也越好，耐磨性和硬度越低。YG 类硬质合金刀具适宜加工铸铁、有色金属及其合金。其中 YG3 适用于精加工，YG8 适用于粗加工，YG6 适用于半精加工。

（2）YT（钨钛钴）类硬质合金。钨钛钴类硬质合金是由碳化钨、碳化钛和钴组成的。常用的牌号有 YT5、YT15、YT30，数字表示含碳化钛的百分数。因为碳化钛比碳化钨的熔点高，所以其热硬性比 YG 类好，但强度比 YG 类差。YT 类硬质合金刀具适宜加工各类钢件，YT5 适用于粗加工，YT30 适用于精加工，YT15 适用于半精加工。

（3）YW（万能）类硬质合金。万能硬质合金是在 YT 类合金中加入部分碳化钽或碳化铌而制成的。碳化钽或碳化铌的加入，改善了合金的切削性能，提高了抗弯强度，可用于制作加工耐热钢、高锰钢及高合金钢等材料难以加工的刀具。常用牌号为 YW1 和 YW2。

## 任务3　了解非金属材料

## 任务引入

在机械工业中，非金属材料的使用日益增多。这是由于非金属材料来源广泛、成形工艺简单，且具有某些特殊性能。在数控机床上，如齿轮、油管、开关、插头、三角胶带、电线、制动件和玻璃罩等零部件都采用非金属材料制造。下面对机械工业中常用的非金属材料做简单介绍。

常用的非金属材料主要有高分子材料、陶瓷和复合材料。其中高分子材料有工程塑料和合成橡胶两种。

高分子是指相对分子质量（分子量）特别大的分子，由这种分子组成的物质称为高分子化合物，如聚乙烯的相对分子质量达几万至百万以上。而低分子的相对分子质量一般不超过500，如乙烯的相对分子质量只有 28。高分子化合物是通过加聚反应和缩聚反应用人工合成的方法得到的。

高分子材料的命名方法比较复杂，有的以专用名称命名，如纤维素、蛋白质、淀粉等；有的在单体名字前加"聚"字，如聚乙烯、聚氯乙烯等；有的在单体名称后加"树脂"或"橡胶"两字，如酚醛树脂、丁苯橡胶等；有些结构复杂的高分子材料直接称其商品名称，如聚对苯二甲酸乙二醇酯称涤纶，聚二酰己二胺（聚酰胺）称尼龙等；此外，有些高分子材料是根据制品的特征命名的，如有机玻璃、电木等；还有些高分子材料常用英文名称的第一个字母表示，如 PS 代表聚苯乙烯，PVC 代表聚氯乙烯等。

### 8.3.1　高分子材料

#### 1. 工程塑料

（1）塑料的分类。塑料是以合成树脂为主要成分，加入增塑剂、固化剂、稳定剂、润滑剂、着色剂、阻燃剂、发泡剂、填充剂、增强剂、防老剂等材料组成的一种高分子化合物（但也有些塑料本身就是合成树脂，不需要加任何添加剂，如有机玻璃等）。塑料有很多种类，也有不同的分类方法。

① 按合成树脂受热特性，塑料可分为热固性塑料和热塑性塑料两种。

a. 热固性塑料。热固性塑料是指塑料在受热后，先软化并有部分熔融，然后变为不熔性固体的一种塑料。这种塑料在塑制成形后不会因为再度受热而软化，如果温度过高就会分解破坏，所以只能塑制一次，故称热固性塑料。

b. 热塑性塑料。热塑性塑料受热熔融，在冷却后固结成形，再受热又可重新塑制，可以反复重塑，故称热塑性塑料。

② 按塑料的应用情况和性能特点，塑料可分为通用塑料、工程塑料和特殊塑料三种。

a. 通用塑料。通用塑料指产量大、价格低、应用范围广的塑料。这类塑料的产量占全部塑料产量的 3/4 以上，如聚氯乙烯、聚乙烯和聚丙烯等，主要用于制作日常生活用品和一般零件。

b. 工程塑料。工程塑料是指强度高并能作为工程材料，代替金属来制造各种机械设备或零件的塑料，如聚四氟乙烯、ABS 塑料、有机玻璃、尼龙（聚酰胺）、聚碳酸酯、聚甲醛和聚砜等。

c. 特殊塑料。特殊塑料是指具有某些特殊性能的塑料。这类塑料具有高的耐热性或电绝缘性及耐腐蚀性等，如氟塑料、聚酰氯胺塑料、有机硅树脂、环氧树脂等，还包括为某些专门用途制得的塑料、导磁塑料以及导热塑料等。这类塑料虽然产量小、价格贵，但在发展国防工业和尖端技术中有着重要的作用。

（2）塑料的特性。塑料与金属材料相比，具有质量轻、比强度高、耐腐蚀性好、电绝缘性能优异、减摩性能优良、吸振性和消声性良好以及成形工艺简单等特点。

（3）常用工程塑料。塑料的品种有很多，这里只介绍常用于制作机械零件的工程塑料。

① ABS 塑料。ABS 塑料又称塑料合金。它具有较高的强度、硬度和耐腐蚀性，但耐热性不高。ABS 塑料除用于制作电气设备、仪表等外壳外，还广泛用于制作容器、管道、汽车等的某些结构零件。

② 聚酰胺（PA）。聚酰胺通常称为尼龙，具有较高的强度和耐磨性，减摩与自润滑性好，可在干摩擦条件下使用，其不足之处是耐热性低。主要用于制作轴承、齿轮、泵叶轮、导管、衬套等。

③ 聚砜（PSF）。聚砜是在 20 世纪 60 年代出现的一种新型塑料，它具有较高的强度和较好的尺寸稳定性，且耐热、耐寒性很好，可以在 100℃～150℃长期工作。主要用于要求高强度、耐热的零件，如精密齿轮、凸轮、真空泵叶轮等。

④ 聚四氟乙烯（F-4）。聚四氟乙烯最突出的优点有三个：一是几乎不受任何化学品的腐蚀，耐蚀能力很强，故有"塑料王"之美称；二是具有突出的耐高、低温性能；三是摩擦系数小，并有优良的自润滑性。但其强度较低，主要用于要求耐蚀、减摩、自润滑、密封的零件。

⑤ 酚醛塑料（PF）。酚醛塑料是最早用于工业化生产的热固性塑料，因其绝缘性能优良，故又称电木。酚醛塑料的强度较高，不易变形，有良好的耐热性和耐磨性，但较脆。主要用于仪表壳体、开关、插头等。

⑥ 环氧树脂（EP）。以环氧树脂为主，加入增塑剂、填料、固化剂形成的环氧塑料。它质轻、强度高，有良好的绝缘性能，耐腐蚀，所以在电气、化工、石油、机械工业中得到广泛应用。

（4）塑料制件的生产。塑料制件的生产即塑料成形加工，是根据塑料性能，利用各种成形加工手段，使塑料成为一定形状和使用价值的制件。

塑料制件的生产主要包括成形加工、机械加工、修饰和装配这四个生产过程。其中成形加工是最重要的生产过程，其他三个生产过程可视制件要求进行取舍。

塑料成形加工方法有很多，主要有注射成形、压注成形、挤出成形、中空吹塑成形等。

## 2. 橡胶

（1）橡胶的分类。橡胶是一种有机高分子材料。按其来源可分为天然橡胶和合成橡胶两大类。根据应用范围又可分为通用橡胶和特种橡胶。

① 天然橡胶。一般所说的天然橡胶，就是指橡胶树所产的胶。纯的天然橡胶为无色半透明体，它是一种通用橡胶。

② 合成橡胶（或称人造橡胶）。合成橡胶是从石油、乙醇、乙炔、天然气或其他产物中经过加工、提炼而获得的合成产物。由于这种材料的性质与天然橡胶类似，因此称之为合成橡胶。按其应用范围又可分为通用合成橡胶和特种合成橡胶。

常用的通用合成橡胶有丁苯橡胶、氯丁橡胶、顺丁橡胶、异戊橡胶和丁基橡胶等，此外，还有耐油的丁腈橡胶、耐蚀性强的氟橡胶、既耐热又耐寒的硅橡胶等。由于通用合成橡胶的性能与天然橡胶相似，通常用来代替天然橡胶制造工业和日用生活的一般橡胶制品。

常用的特种合成橡胶有聚氨酯橡胶、硅橡胶、氟橡胶、氯醇橡胶等。这类橡胶具有耐寒、耐油、耐酸、耐碱、耐臭氧、耐辐射等特殊性能，用来制造在特定条件下使用的橡胶制品。

（2）橡胶的特点。橡胶最主要的特点是具有高弹性，同时，橡胶也有优良的伸缩性能和可贵的积蓄能量的能力，以及良好的耐磨性、隔音性和阻尼特性。但橡胶的耐臭氧性和耐辐射性较差。

橡胶的最大缺点是易老化，即橡胶制品或生橡胶在使用和储存过程中易出现变色、发黏、发脆及龟裂等现象，使弹性、强度等属性发生变化。它直接影响橡胶制品的性能及使用寿命。为了防止橡胶老化，最有效的方法是加入防老化剂，如抗氧剂、抗臭氧剂、抗疲劳剂、有害金属抑制剂、防霉剂等。

（3）橡胶的用途。在机械工业中，橡胶除用作轮胎外，其用途还有制作动、静态密封件（如旋转轴密封、管道接口密封），减振、防振件（如机座减振垫片），传动件（如三角胶带），运输胶带和管道，电线、电缆和电工绝缘材料和制动件等。

## 8.3.2 陶瓷

### 1. 陶瓷的分类

陶瓷是一种无机非金属固体材料，大体可分成传统陶瓷和特种陶瓷两大类。

传统陶瓷是以粘土、长石和石英等天然原料组成的。属于这一类的陶瓷有日用陶瓷、建筑陶瓷、电气绝缘陶瓷、化工用陶瓷（耐酸碱能力强）、多孔陶瓷（隔热保温用）等。特种陶瓷是以各种人工化合物为原料制成的。属于这一类陶瓷的有氧化铝瓷、氮化硅瓷、氮化硼瓷等。

所有陶瓷的生产都是由原料处理、成形和高温烧结这三个主要过程组成的。

### 2. 陶瓷的特点

陶瓷的共同特点：硬度高（如氧化铝陶瓷硬度可达85～86HRA）、抗压强度大、耐高温、耐磨损、抗氧化和耐腐蚀性好，但陶瓷质脆、缺乏延展性，经不起敲打碰撞、急冷急热。

### 3. 陶瓷的用途

传统陶瓷主要用于日常生活用品、建筑、卫生用品中。

特种陶瓷主要用于化工、冶金、机械、电子等方面，如制作高温器皿、电绝缘及电真空器件、耐磨零件、炉管、热电偶保护管以及发热元件等。

### 8.3.3 复合材料

**1. 复合材料的特点**

复合材料是由两种或两种以上性质不同的原材料通过适当的工艺方法组成的一种新的多相体系的固体材料。这种材料既保持了原材料的某些特点，又拥有比原材料更好的性能，也就是说具有复合效果。它与化合材料和混合材料的区别是既具有多相体系又具有复合效果。

复合材料可以是不同的非金属材料相互复合，也可以是各种不同的金属材料或金属材料与非金属材料相互复合，其特点如下：

（1）比强度和比模量大。比强度指材料的抗拉强度与材料的表现密度之比，比模量指材料单位密度的弹性模量。比强度越大，零件自重越小；比模量越大，零件的刚性越大。

（2）化学稳定性好。选用耐腐蚀性能优良的树脂为基体，选用强度高的纤维做增强材料，能耐酸、碱及油脂等物质的侵蚀。

（3）高温性能好。在400℃时，以碳或硼纤维增强的铝合金的强度和弹性模量基本不变。

（4）成形工艺简单。复合材料构件制造工艺简单，适合整体成形，能用模具制造的复合材料构件可一次成形，减少了零部件、紧固件和接头数目，并可以节省原材料和工时。

此外，复合材料尚有减摩耐磨、疲劳性能好、隔热及减振等性能。

**2. 复合材料的分类**

复合材料按基体可分为非金属基和金属基两类，目前大量研究和使用的是塑料基复合材料。

复合材料按增强剂的种类和形状可分为颗粒、层状和纤维增强等复合材料，发展最快、应用最广的是各种纤维（玻璃纤维、碳纤维等）增强的复合材料。

以塑料为基体，用纤维做增强剂的复合材料应用最多，人们所熟知的玻璃钢，就是以玻璃纤维作为增强塑料。其中纤维起着骨架的作用，在很大程度上决定了纤维增强塑料的强度和刚度。

**3. 复合材料的用途**

在机械工业中，复合材料的用途主要包括：

（1）机械零件，如齿轮。
（2）化工容器和衬里，如储油罐、油罐车、电解槽、压力容器。
（3）船艇、汽车车身、大型发动机罩壳。
（4）耐腐蚀结构件，如泵、阀、管道。
（5）减摩、耐磨及密封材料。
（6）绝缘材料。

8-1 单项选择

（1）工业用的金属材料可分为_____两大类。

A. 铁和铁合金　　　B. 钢和铸铁　　　C. 钢铁材料和非铁金属　　　D. 铁和钢

(2) 铜、铝、镁以及它们的合金等，称为_____。
A. 铁碳合金　　　　B. 钢铁材料　　　　C. 非铁金属　　　　D. 复合材料
(3) 对于长期在高温下工作的机器零件，应采用_____高的材料来制造。
A. 疲劳强度　　　　B. 硬度　　　　　　C. 耐腐蚀性　　　　D. 抗氧化性
(4) 金属材料在常温下对大气、水蒸汽、酸及碱等介质腐蚀的抵抗能力称为_____。
A. 耐腐蚀性　　　　B. 抗氧化性　　　　C. 化学性能　　　　D. 物理性能
(5) 提高零件表面光洁度以及采取各种表面强化的方法，都能提高零件的_____。
A. 强度　　　　　　B. 硬度　　　　　　C. 疲劳强度　　　　D. 韧性
(6) 羊毛、蚕丝、淀粉、纤维素及天然橡胶等应属于_____材料。
A. 天然高分子　　　B. 人工高分子　　　C. 复合　　　　　　D. 陶瓷
(7) _____的显著特点是硬度高、抗压强度高、耐高温、耐磨性及抗氧化性能好。但也存在着脆性大，没有延展性，经不起碰撞和急冷急热的缺点。
A. 高分子材料　　　B. 陶瓷　　　　　　C. 金属材料　　　　D. 复合材料

8-2　试比较碳钢与合金钢的优缺点。

8-3　在合金钢中经常加入的合金元素有哪些？它们在钢中的作用如何？

8-4　什么叫渗碳钢？为什么一般渗碳用钢的含碳量比较低？

8-5　为什么弹簧钢大多是中、高碳钢？

8-6　为什么滚动轴承钢中的含碳量都比较高？在这些钢中常含有哪些合金元素？

8-7　W18Cr4V 钢的成分、热处理和性能各有什么特点？

8-8　说明下列合金钢的牌号类别、性能及用途。
　　　16Mn　　　60Si2Mn　　　40Cr　　　20CrMnTi　　　GCr15
　　　9SiCr　　　W18Cr4V　　　65Mn　　　W6Mo5Cr4V2

8-9　硬质合金的主要特性有哪些？常用硬质合金有哪几类？各有何用途？

8-10　铝合金的热处理机理与钢有何不同？什么叫固溶处理、自然时效和人工时效？

8-11　简述铜合金的分类及应用。

8-12　滚动轴承合金应具有哪些性能？

8-13　简述热固性塑料与热塑性塑料的区别。

8-14　简述橡胶的分类、特点及用途。

8-15　陶瓷材料有哪几类？简述其主要品种及用途。

# 项目 9　工程材料的选用及热处理工艺设计

## 学习目标

1. 了解零件的失效分析方法；
2. 掌握零件的选材原则；
3. 掌握热处理工艺的设计方法；
4. 能进行典型零件的选材及热处理工艺设计。

## 任务 1　认识零件的失效

### 任务引入

随着人类科学技术的发展，产品在设计、生产、使用与维修上技术的进步，使产品的可靠性日益提高。但产品的自动化程度越高，技术越密集，出现失效造成的损失就越严重。如在 1986 年，美国航天飞机"挑战者"号就是因为密封胶圈失效引起燃油泄漏造成了空中爆炸的灾难性事故。

任何产品失效或出现质量问题都可以追溯到某一构件或某些零件的失效，尽管具体零件可能千差万别，但在绝大多数条件下，失效是由于构成零件的材料的损伤和变质引起的。也就是说材料在使用中性能发生了变化，不再能适应使用的要求。因此我们要根据零件失效的形式，分析其失效的原因，找出应对的措施。

### 9.1.1　零件的失效分类

失效主要指某零件因某种原因，导致其尺寸、形状或材料的组织与性能产生变化而不能达到指定的功能。失效可能导致极其严重的事故。如在潮湿地区服役的钢轨，由于疲劳和应力腐蚀共同作用导致的断裂失效，会造成列车颠覆等重大事故。

失效可以按照两种方法分类，如表 9-1 所示。

表 9-1　零件失效的模式及其失效机理

| 零件失效的模式 | | 失 效 机 理 |
| --- | --- | --- |
| 畸变失效 | 弹性变形失效 | 弹性变形 |
| | 塑性变形失效 | 塑性变形 |
| | 翘曲畸变失效 | 弹、塑性变形 |
| 断裂失效 | 韧性断裂失效 | 塑性变形 |
| | 低应力脆断失效 | 断裂韧性 |

续表

| 零件失效的模式 | | 失效机理 |
|---|---|---|
| 断裂失效 | 疲劳断裂失效 | 疲劳 |
| | 蠕变断裂失效 | 蠕变断裂 |
| | 介质加速断裂失效 | 应力腐蚀 |
| 表面损伤失效 | 磨损失效 | 磨粒磨损、粘着磨损 |
| | 表面疲劳失效 | 疲劳机理 |
| | 腐蚀失效 | 氧化、电化学 |

## 9.1.2 零件失效的主要因素

### 1. 设计

设计失效主要指工况条件估计不正确、结构外形不合理及计算错误等。

### 2. 材料

除选材不当外，材质内部缺陷以及在毛坯加工（铸锻焊）工艺或冷热加工（特别是热处理）工艺过程中产生的缺陷是导致零件失效的重要因素。

### 3. 制造

工艺制造条件往往是达不到设计要求而导致零件失效的重要因素之一。如零件在锻造过程中产生的夹层、冷热裂纹，焊接过程中的未焊透、偏析、冷热裂纹，铸造过程中的疏松、夹渣，机加工过程中的尺寸公差和表面粗糙度不合适，热处理工艺中产生的缺陷，如淬裂、硬度不足、回火脆性、硬软层硬度梯度过大，精加工磨削中产生的磨削裂纹等。

### 4. 安装调试

在安装过程中达不到要求的质量标准，如啮合传动件（齿轮、杆、螺旋等）的间隙不合适（过松或过紧，接触状态未调整好），连接零件必要的"防松"不可靠，铆焊结构的必要探伤检验不良，润滑与密封装置不良，未按规定进行逐级加载跑合等，都是导致零件失效的重要因素。

### 5. 运转维护

对运转工况参数（载荷、速度等）的监控的准确性，定期大、中、小检修的制度是否良好执行，润滑条件是否得到保证，加热和过滤系统功能是否正常，都是影响零件失效的重要因素。

最后，在影响失效的因素中，还有一点是人的职业素质对此的影响。

## 9.1.3 失效分析及其重要性

首先，失效伴随产品存在已有几百年的历史。但到了 20 世纪中叶，随着现代材料分析手段的进步，失效分析才变得系统、综合和理论化，成为材料科学与工程中的一个新的学科

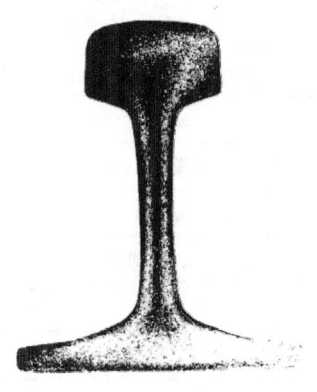

图 9-1　材质引起的钢轨失效

分支，在国民经济和技术进步中发挥着日益重要的作用。如图 9-1 所示是一个材质引起的断轨失效图，可以看到在轨腰断口面上有一条裂纹，其中有许多夹杂物，表明在铁轨制造的最后环节中，轨头切除过少。将此情况反馈至制造厂家后，注意了这个工序的工艺控制，之后再没有此类情况发生。其次，失效分析还是安全工程的重要技术保证，如曾经有一架飞机发生空中解体，经分析发现机翼大梁从下缘起的第一螺栓孔处发生了疲劳折断。通过时效分析，及时、准确地判明了失效模式和失效原因，之后航空公司果断地采取了一系列预防措施，如探伤、表面强化处理等，从而杜绝了同类事故的发生。所以说，失效分析可以找出系统的不安全因素，发现安全隐患，预测由失效引起的危险，优化安全措施，是安全工程强有力的技术保证。第三，失效分析是产品维修的理论指导。为延长产品的使用寿命，要定时对产品进行维修保养。人类正是在长期与失效做斗争并分析其后果的实践中，才逐步形成了科学的维护规程，发展了先进的修理技术。关键是要找准失效的原因，这样才能对症下药。

总之，失效分析是产品设计、制造、使用以及管理人员需要掌握或了解的工程技术知识。

## 任务 2　掌握机械零件选材的原则

# 任务引入

选材问题十分重要。如在 2000 年的三峡水电站大坝工程中，我国从日本进口了一批 50mm 厚的低碳钢板，这批钢板是用来制造坝底输水管的，需要承受很大的压力且应该是无限长寿命的，因此要求材料必须达到一定的强度、塑性指标。但在进口时经检查发现这批钢板的性能不合格，为此我方提出退货、索赔的要求。日方起初拒不承认，后经多次抽样、性能测试，日方不得不承认这批钢板在生产时工艺有所调整，导致性能欠缺，同意退换并赔偿中方所造成的一切经济损失。显然，从事大坝施工的技术人员，与这起对外贸易有关的海关人员、管理人员、律师等都需要对选材原则有所了解。

因此，要保证产品质量，提高产品的使用寿命、安全性、可靠性，正确地选择材料，采用合理的工艺制度保证材料的微观结构能最大限度地满足所需要的使用性能是非常关键的一环。另外，各种产品作为商品，除要求使用安全、可靠外还要考虑价格、使用寿命、美观等因素，这对材料选择又提出了进一步的要求。

### 9.2.1　满足使用性能和工艺性能原则

满足使用性能这点很容易理解，但同时还要注意考虑使用寿命。"假、冒、伪、劣"产品有些就是在材料的选用上以次充好，使其使用寿命缩短，如有的自行车轮胎不耐磨、易老化；车轴硬度低，很快就磨细了等。这样的车骑不了多久就会"除车铃不响，哪儿都响"。

另外还要考虑工艺性能。如果某种材料的性能很理想，但极难加工或加工的成本很高，那选用该材料就变得没有意义了。如当材料的抗拉强度接近 1500MPa 时，机械加工就很困难了，用硬质合金刀具车削、刨削还勉强可行，而钻孔、做内螺纹就几乎不可能了。所以高强度钢必须在加工时使其处于低强度状态，基本达到精度要求后再通过热处理使其达到高强度状态。

一般来说金属材料如果通过铸造成形，最好选用共晶或接近共晶成分的合金。若是锻造成形，最好选用呈固溶体的合金。如果是焊接成形，最适宜的材料是低碳钢或低碳合金钢。为了便于切削加工，一般希望钢铁材料的硬度控制在170~230HBW，以达到改善切削加工的目的。不同材料的热处理是不同的，碳钢的淬透性差，在加热时晶粒容易长大，在淬火时容易产生变形甚至开裂。所以制造高强度、大截面、形状复杂的零件，都需要选用合金钢。

总之，选材不但要满足使用要求，还应尽量使材料与加工方法相适应，应将选材与选择加工方法同时考虑。

## 9.2.2 防止出现失效事故原则

金属强化方式

各种失效类型所造成的后果是不同的，如腐蚀、磨损是日积月累的过程，不会导致产品性能的突然丧失，因此可以提前采取有效措施避免；但脆性断裂在失效前无任何征兆，其结果往往是灾难性的。如第二次世界大战以后，随着技术的发展，特别是焊接结构的广泛使用，焊接船舰、化工容器、油罐相继发生过多起危险的脆断事故，这就提示人们在选择材料时要及时考虑新的因素。

## 9.2.3 经济性原则

经济性是选材的重要原则之一。一般从材料的直接成本、零件的总成本与国家的资源情况三个方面加以考虑。

（1）材料的直接成本

材料的直接成本在产品的总成本中占有较大比重。一般从单位重量成本来看，普通碳钢和铸铁的成本较低。此外，用材的相对稳定性、材料在制造过程中的利用率、材料的工艺性及其回用性等都对零件的总成本有影响。

（2）零件的总成本

零件的总成本与其使用寿命、重量、加工费用、开发研究费用、维修费用及材料成本都有关。上述因素对零件总成本的影响是不同的，如果能准确地知道它们之间的关系，则可对选材的影响进行精确分析。在大多数情况下要利用一切可得资料，对以上因素进行逐项分析，指导选材工作。

（3）国家资源

要考虑地球的资源储备和我国的资源储备。另外，不同国家在不同的时期会以不同的指导性或指令性法规限制材料的使用。如在战争时期，各国对大量使用稀缺元素的合金钢中的成分都有限制性规定。所以在选材时还应立足我国国情，考虑到我国的生产和供应情况，在同等条件下尽量选用国产材料。另外，同一单位所选材料的种类、规格应尽量少而集中，以便采购和管理，减少不必要的附加费用。在选材时还应尽可能选用低能耗材料，降低生产成本。

除以上原则之外，近年来人们更加注重人类社会的可持续发展，因此能源和环保也是在选材时必须考虑的两个重要因素。

综上所述，在选材时应首先在满足使用性能的前提下，考虑材料的成分、生产制造方法和处理工艺；其次，必须注意在手册或数据库中给出的性能是测试各种标准试件所得的性能，随着实际工件的尺寸不同，其性能也会产生变化，这就是所谓的尺寸效应。第三，在实际设计中主要考虑强度、韧性指标，塑性和冲击韧性指标一般凭经验确定要求的数值。

# 任务3 掌握热处理工艺设计方法

# 任务引入

机械零件加工就是将原材料经过各种工艺方法转变成具有一定形状、尺寸和性能的成品的过程,主要指材料的成形加工、内部组织结构的控制以及表面处理等。

所有的冷加工(车削、铣削、刨削、磨削、钻、插、滚、拉、钳作等)及铸造、锻造、焊接等热加工,均是以获得零件的结构外形、尺寸精度为主要目的的加工工艺方法,即成形加工。而热处理工艺是主要改变材料内部组织与性能的加工工艺方法,因此它是提高零件可靠性与使用寿命的重要保证。在机械零件设计阶段就要考虑热处理工艺,在冷、热加工过程中有可能要穿插热处理,它们互相联系、关系密切。我们必须对此充分了解,才能根据热处理工艺设计原则,制定出合理的热处理工艺,从而保证零件的使用功能。

## 9.3.1 热处理工艺与机械零件设计的关系

机械零件设计与热处理工艺的关系,表现在零件所选材料和对热处理技术要求是否合理,以及零件结构设计是否便于热处理工艺的实现上。

**1. 合理选材**

在选材时,应根据零件的服役条件、失效形式找出该零件所选材料的主要力学性能指标。如汽车、拖拉机的连杆螺栓,在工作时整个截面不仅承受均匀分布的拉应力,而且拉应力是周期变动的。因此其失效形式除由于强度不足引起过量的塑性变形外,还有因受周期变动的拉应力而产生疲劳断裂的情况。因此对连杆螺栓材料的力学性能应具有高的屈服强度和高的疲劳强度。

在根据材料手册选材时,应了解材料手册提供的数据一般是以该材料制成的试样进行力学性能试验测得的。由于实际工件尺寸、形状及热处理条件不同,往往在工件截面上不能获得与试样处理状态相同的均一组织,因此在实际选材时还应考虑材料的淬透性以及零件尺寸大小等。如45钢在完全淬透情况下,其表面硬度可达58HRC以上。但在实际淬火时,其表面硬度会随尺寸增大,淬火后的硬度降低。在水淬情况下当试棒直径在25mm以下时可得表面硬度在58HRC以上;当直径增大至50mm时,表面硬度下降至41HRC;当直径增大至125mm时,表面硬度仅为24HRC。

材料的选择是否恰当,关系热处理工艺过程的全局。当工件热处理工艺所达到的性能、成本未能满足预定目标时则需要重新选择材料,而材料的变更又可能使整个热处理工艺改变。如将齿轮材料由渗碳钢改为调质钢,热处理就将从表面渗碳淬火变为感应加热淬火,从而简化了工艺;主轴材料由调质钢改为氮化钢,热处理就要从调质后表面淬火变为调质后实行氮化处理等,因此材料与热处理工艺之间的关系是密不可分的。

**2. 合理地确定热处理技术条件**

合理地确定热处理技术要求是热处理正常生产、保证产品质量、降低生产成本等的前提条件,为此应考虑以下几方面的因素:

(1)根据零件服役条件,恰当地提出性能要求。如传动轴主要承受弯曲应力和扭转应力的复合作用,因此,对淬火只要求能淬透到零件半径的 1/2 或 1/3 即可。

(2) 热处理要求只能定在所选钢号淬透性和淬硬性的允许范围之内。要求大截面零件获得小尺寸试样的性能指标或者要求低碳钢不经化学热处理达到高硬度等都是不合理的。

(3) 热处理要求应允许有一定的热处理变形。由于零件在热处理时受组织应力和热应力作用,因此热处理变形是不可避免的。应根据零件所选的钢号及几何尺寸给予一定的变形量。这些变形量可通过随后的机加工或调整淬火前的加工尺寸等办法进行修正。

(4) 经济性。提出零件的热处理技术要求应综合考虑该零件的制造成本、使用寿命等经济因素。

### 3. 零件的结构设计与热处理工艺性的关系

零件的结构设计直接影响热处理工艺的实现。如果结构不合理,有可能出现热处理变形过大、开裂等现象。因此,从热处理工艺性考虑,在进行零件结构设计时应考虑以下几个问题:

(1) 避免尖角和棱角。零件的尖角、棱角部分是淬火应力最集中的地方,往往是淬火裂纹的起点。因此,在进行零件结构设计时应避免尖角、棱角,如图 9-2 所示。

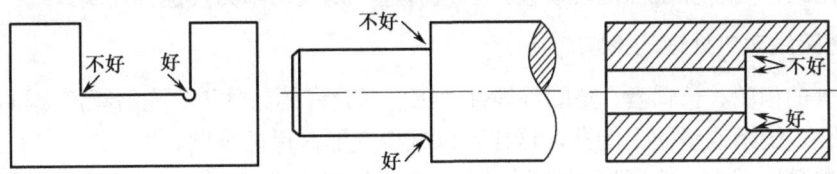

图 9-2 避免尖角、棱角的设计实例

(2) 避免厚薄悬殊。厚薄悬殊的零件在淬火冷却时容易由于冷却不均匀而产生变形、开裂的倾向较大。

(3) 采用封闭、对称结构。当零件形状为开口或不对称结构时,在淬火时淬火应力分布不均,易引起变形。为了减少变形,应尽可能采用封闭、对称结构。

(4) 采用组合结构。对于形状复杂或截面尺寸变化较大的零件,尽可能采用组合结构或镶拼结构。

## 9.3.2 热处理工艺与冷加工的关系

机械零件一般需要通过毛坯制造、切削加工、热处理工艺来完成。因此,热处理工序与其他加工工序的先后次序安排是否合理,将直接影响零件加工及热处理质量。

### 1. 热处理与切削加工性的关系

钢的切削加工性的好坏与其化学成分、金相组织和力学性能有关。不同成分的钢通过采用各种热处理工艺,可以获得不同的组织与性能,从而改善钢的切削加工性能。如表 9-3 所示为常用结构钢采用不同热处理工艺后的硬度、组织与机加工表面粗糙度的关系。

表 9-3 常用结构钢采用不同热处理工艺后的硬度、组织与机加工表面粗糙度的关系

| 钢 号 | 热处理 | 硬度 HBW | 组 织 | 加工表面粗糙度评价 |
| --- | --- | --- | --- | --- |
| 20Cr | 正火 | 156～179 | 铁素体+索氏体 | 车削、拉、插良好 |
| 20Cr | 调质 | 187～207 | 回火索氏体+铁素体 | 车削好,拉、插不良或良好 |

续表

| 钢 号 | 热处理 | 硬度 HBW | 组 织 | 加工表面粗糙度评价 |
|---|---|---|---|---|
| 20CrMnTi | 正火 | 160~207 | 铁素体+索氏体 | 车削好，拉、插不良 |
| 45 | 正火 | 170~230 | 铁素体+索氏体 | 车削好，拉、插良好 |
| 45 | 调质 | 220~250 | 回火索氏体+少量铁素体 | 车削好，拉、插不良 |
| 40Cr | 正火 | 179~229 | 索氏体+少量铁素体 | 车、拉、插均良好 |
| 40Cr | 调质 | 230~250 | 回火索氏体+少量铁素体 | 车削好，拉、插不良或良好 |
| 35SiMn | 正火 | 187~229 | 铁素体+索氏体 | 车、拉、插均良好 |

为了不致发生"粘刀"现象和刀具的严重磨损，当硬度控制在170~230HBS时，钢具有良好的切削加工性能。若想进一步改善表面粗糙度，可将硬度提高到≥250HBS，但刀具将受到严重磨损，使用寿命降低。

切削加工对热处理质量也有很大影响。切削加工进刀量大，将引起工件产生切削应力，导致工件在热处理后变形严重，当切削加工粗糙度值大，特别是有较深的刀痕时，常会产生淬火裂纹。因此，为了保证热处理质量，必须对进刀量及切削刀痕进行控制。

**2. 工艺路线对热处理的影响**

高频淬火的齿轮、长轴套、垫圈等零件，在情况允许的条件下，先高频淬火再加工齿轮、长轴套的内孔、键槽或垫圈上的孔，这样可以减少变形，保证精度。

对于某些精密零件，为了减小切削加工或磨削加工造成应力对尺寸稳定性的影响，一般在工艺路线中可穿插安排去应力处理或时效处理。

### 9.3.3 热处理工艺设计的原则和步骤

热处理工艺的最佳方案应该能保证达到零件服役条件所提出的热处理技术要求。一种零件根据技术条件，可以通过几种热处理工艺达到，因此应进行工艺方案分析及优化。

**1. 热处理最优方案设计的原则**

（1）可靠性。所确定的工艺路线、工艺规程以达到零件技术要求为前提，零件批量生产、质量可靠稳定。

（2）先进性。尽量采用先进技术，特别是应采用行之有效、切合生产实际的新工艺、新设备，力求做到技术先进、可靠。

（3）经济性。在保证产品质量的前提下，工序简单、操作容易、原材料消耗少、生产效率高、生产成本低，并能合理选用设备，充分发挥现有设备的潜力。

（4）安全无公害。优先选用无公害的热处理工艺方法，保证安全生产、改善劳动条件、降低劳动强度，保证操作人员的身体健康。

**2. 热处理工艺设计的步骤**

（1）以零件技术要求为依据，提出可能实施的几种热处理工艺方案，并对工艺操作的繁简及质量的可靠性等方面进行分析比较，根据生产批量的大小、现有设备及国内外热处理技术发展趋势，进行综合分析，从而确定最经济最完善的工艺方案。

（2）对选用新材料零件的热处理方案确定一般分三个步骤：首先，在实验室中对所确定热处理工艺进行试验。考查是否达到所需的力学性能指标以及冷、热加工工艺性能。其次，需要进行必要的台架试验或装车试验，以考核使用性能。第三，进行小批试验及生产试验，以考核在生产条件下的各种工艺性能及质量的可靠性。只有达到上述试验要求，才能正式应用在生产中。

（3）在通过参考有关热处理手册、相关材料标准或工艺试验论证后制定热处理工艺规程时，应按不同工艺方法（淬火、渗碳或碳氮共渗、感应加热淬火等）填写相应工艺表格。该表格称为热处理工艺卡片，是操作工人必须遵守的规定文件，其基本内容如下。

① 零件概况。即零件名称及编号、材料牌号、质量大小、轮廓尺寸及热处理有关尺寸、工艺路线等。

② 热处理技术要求。热处理工序完成后的质量验收指标。热处理工艺卡上的技术要求比图纸上提出的热处理技术要求更详细、更具体，如零件经化学热处理后还要进行切削加工，热处理工艺卡上的硬化层深应加上后削量。

③ 零件简图。在工艺卡上应绘制零件简图，便于识别、核对零件，同时局部热处理、硬度检查部位等一目了然。

④ 装炉方式及装炉量。

⑤ 设备及工装名称、编号。

⑥ 工艺参数。包括：保温时间、冷却方式、冷却介质等。对于化学热处理还涉及碳势、氮势以及活性介质的流量等。

⑦ 质量检查的内容、检查方法及抽查率。

## 任务4　典型零件的选材及热处理工艺分析

# 任务引入

目前各行各业使用的机械种类繁多，其中的零件更是千差万别。下面主要针对应用最广泛的典型零件（齿轮、轴类零件）的工作条件、失效形式、性能要求、选材及热处理工艺进行分析，以汽车变速箱齿轮及磨床主轴为例。

### 9.4.1　齿轮

如图9-3所示为某汽车变速箱齿轮，现以此为例进行分析。

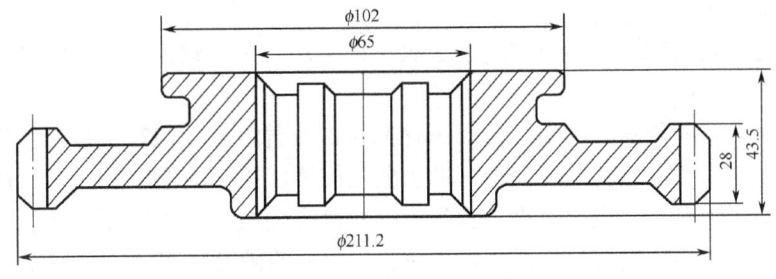

图9-3　汽车变速箱齿轮

**1. 齿轮的工作条件**

（1）齿轮在传递扭矩时，齿根周期性地承受很大的交变弯曲应力。

（2）齿轮在改变运行速度，如换挡、启动或啮合不均时，齿部承受一定的冲击载荷。

（3）齿面相互滚动或滑动接触，承受很大的接触压应力及摩擦力的作用。

### 2. 齿轮的失效形式

由此可见，齿轮的主要失效形式包括以下几点。

（1）齿面磨损：啮合齿面在相对滑动时相互摩擦，使齿厚变小。

（2）疲劳断裂：大多数是在交变弯曲应力作用下从根部开始发生疲劳断裂的。

（3）齿面接触疲劳破坏：在交变接触应力的作用下，齿面产生微裂纹。根据微裂纹的发展，如在表层则引起点状剥落，或在接触表面之下的某一位置产生浅层剥落，或产生于硬化层与心部交界处的深层剥落。

（4）过载断裂：主要是冲击载荷过大造成的断齿，属于超载脆性断裂。

### 3. 对齿轮的性能要求

齿轮的性能要求有以下几点。

（1）高的弯曲疲劳强度。

（2）高的接触疲劳强度和耐磨性。

（3）较高的强度和冲击韧性。

此外，还要求有较好的热处理工艺性能，如热处理变形小等。

### 4. 选材及热处理工艺分析

（1）选材

汽车齿轮主要分装在变速箱和差速器中，受力较大、受冲击频繁，对其耐磨性、疲劳强度、心部强度以及冲击韧性等的要求均比机床齿轮高。因此，要想满足齿轮的正常工作，必须要用渗碳热处理。若选用 20 钢等，则会因为淬透性差而不能满足心部要求；而采用 18Cr2Ti4W 等材料则成本太高。所以目前工厂一般采用合金渗碳钢 20CrMnTi。该钢种具有良好的淬透性及热处理工艺性能，油淬的临界直径可达 30～40mm，在淬火后可保证心部有足够的强度和韧性，同时由于加入了钛元素，使材料在渗碳温度下加热也不易产生过热，因此可以采用渗碳后直接淬火的工艺方法，有效地提高了生产率。同时该钢种的渗碳性能也比较好，具体表现在渗碳速度快，过渡层平稳等。

（2）热处理工艺分析

渗碳齿轮的工艺路线：下料→锻造→正火→切削加工→渗碳、淬火及低温回火→喷丸→磨削加工。

锻造后正火的目的是消除锻造应力、细化晶粒，改善组织，同时也是为了获得良好的机加工性能，从而减少热处理变形及获得好的表面粗糙度。正火的温度为（960±10）℃，并保温足够的时间后出炉空冷。正火温度不宜过低，否则会使机加工的表面粗糙度变差；但也不宜过高，那样会造成晶粒粗大，降低齿轮寿命。正火后的硬度应在 156～207HBW 范围内。如果表面粗糙度较差，还可以通过提高正火的冷却速度加以解决。

渗碳一般在井式气体渗碳炉中进行。渗碳前先用汽油对工件进行清理，并涂防渗剂或预留加工余量，然后用专门的吊挂夹具对工件进行装夹，使工件在渗碳时处于自由垂挂状态。一般经保温 120min 后取样测定渗层深度，达到要求即可转入冷却阶段。

当炉冷至（840±10）℃时保温 30min，该温度即为淬火温度。保温结束后将工件取出淬入 40℃～80℃的油，在油中冷却时应尽量控制工件不要左右、前后摆动，而要进行上下窜动。在油中的冷却时间应大于 15min。

将清洗烘干后的工件装入空气循环电炉回火，在（200±10）℃的温度下保温 120min，随后出炉空冷。

## 9.4.2 轴类零件

如图 9-4 所示为某磨床主轴，现以此为例进行分析。

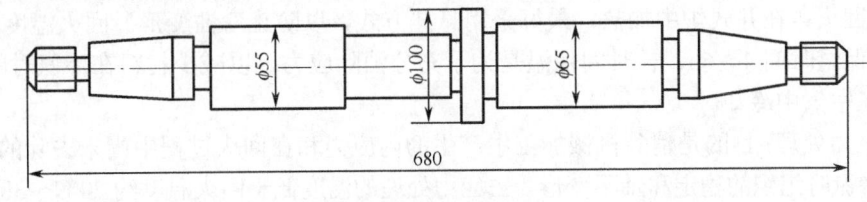

图 9-4 磨床主轴

**1. 轴类零件的工作条件**

（1）在工作时主要受交变弯曲和扭转应力的复合作用。
（2）轴与轴上的零件有相对运动，相互间存在摩擦和磨损。
（3）轴在高速运转过程中会产生振动，使轴承受冲击载荷。
（4）多数轴会承受一定的过载载荷。

**2. 轴类零件的失效方式**

（1）长期交变载荷下的疲劳断裂（包括扭转疲劳和弯曲疲劳断裂）。
（2）大载荷或冲击载荷作用引起的过量变形、断裂。
（3）当与其他零件相对运动时产生的表面过度磨损。

**3. 对轴类零件的性能要求**

（1）综合机械性能：足够强度、塑性和一定韧性，以防过载断裂、冲击断裂。
（2）高疲劳强度：对应力集中敏感性低，以防疲劳断裂。
（3）足够淬透性：经热处理后表面要有高硬度和高耐磨性，以防磨损失效。
（4）良好切削加工性能，价格便宜。

**4. 选材及热处理工艺分析**

（1）选材。综上所述，磨床主轴在工作时除承受扭转、弯曲和一些冲击载荷外，轴颈和拆装部分还受到摩擦作用。其损坏形式主要是磨损、咬痕或因变形造成精度丧失而失效，有时也由于疲劳断裂而损坏。所以要求主轴不仅要有较好的综合力学性能，而且还要具有较高的硬度和耐磨性，此外，由于主轴对精度的要求很高，所以还要有良好的尺寸稳定性。根据上述性能要求，主轴应选用中碳调质钢 38CrMoAlA，并在轴颈和拆装部分进行渗氮表面硬化处理。

（2）热处理工艺分析。机床主轴的加工路线：下料→锻造→退火→粗车→调质→精车→去应力处理→粗车→探伤→渗氮→精磨。

下面结合其加工工艺对其热处理工艺进行分析。

退火：锻造后毛坯退火的目的是降低硬度、改善加工性能、消除锻造应力、细化晶粒，并为调质处理做好组织准备。由于 38CrMoAlA 钢的脱碳倾向较大，退火温度不宜太高，在生产上采用 900℃～920℃，保温时间 3h，随炉冷却至 500℃左右出炉空冷，退火后的硬度为 230～280HBW。

调质处理包括以下步骤。

① 淬火：在井式炉中用夹具吊装加热。加热温度为 930℃，保温 3～5h。温度太低，铁素体不能完全溶入奥氏体，在渗氮时该铁素体处易形成针状氮化物，引起脆性。温度太高，会加剧脱碳倾向，而且奥氏体晶粒粗大，在渗氮后易形成网状氮化物，也会增加脆性。

② 回火：在井式炉中加热，最好采用悬挂方式，以防止弯曲变形。回火温度为 630℃～670℃，保温时间 4～6h，长时间保温是为了充分消除应力，以减少材料在渗氮时的变形。回火后应在空气中冷却。

去应力处理：目的是消除机械加工中产生的内应力和在回火过程中尚未去除的残余应力，保证在渗氮时组织的稳定和轴不变形。去应力处理的温度低于回火温度约 20℃～30℃，在 630℃左右。保温时间为 6～10h，以便充分消除应力，保温后炉冷至 350℃时，出炉空冷。

渗氮：在渗氮前表面进行严格清洗，不允许有任何油污和铁锈。非渗氮部位用镀锡或涂料加以保护。渗氮采用冷炉装料，主轴最好垂直悬挂，以防止变形。装炉后要密封。

采用二段渗氮法，第一阶段，加热至 500℃～520℃，保温 15h，氮气压力 1000～2000Pa，分解率 15%～25%。第二阶段，升温至 560℃～580℃，保温 25h，氮气压力 1000～2000Pa，分解率 50%～60%。二段强烈渗氮后，为减少主轴表面渗氮层脆性，需要进行一段时间的断氮保温，时间为 2h 左右。随后炉冷，当炉温降至 200℃以下时出炉。

## 学后测评

9-1 什么是零件失效？零件失效的形式有哪些？举例说明零件的失效分析的重要意义。

9-2 简述热处理工艺与机械零件的设计有何关系。

9-3 简述热处理工艺设计的原则和步骤。

9-4 如图 9-5 所示为一板锉，板锉是钳工常用的工具，用于锉削其他金属零件。其表面刃部要求有较高的硬度（64～67HRC），柄部要求硬度<35HRC。试确定其制造材料与制造工艺。

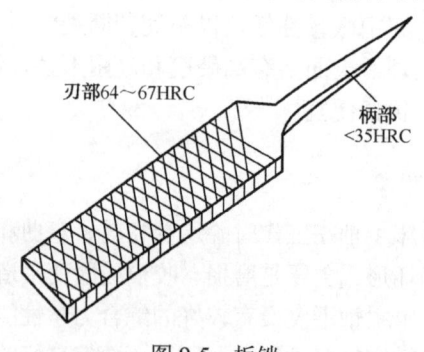

图 9-5　板锉

9-5 车床主轴用 45 钢制造，整体硬度要求为 220～250HB；轴颈和锥孔硬度要求为 52HRC。根据所学的知识设计工艺路线并说明理由（将给出的 8 个步骤按加工的先后次序进行合理的排列）。

步骤：粗加工、精加工、磨削加工、正火、调质、表面淬火、低温回火、锻造。

# 模块三　毛坯成形方法

任何一台机械产品都是由若干个零件装配而成的,而这些零件又是由毛坯通过机械加工等方法获得的,那么毛坯是通过何种方法、怎样制备的?制成的毛坯应该有什么样的形状与尺寸?

如图 0-1 所示的数控立式铣床涉及的零部件数量很大,有的零件虽然形状简单但要求具有良好的力学性能、物理性能和化学性能,有的零件虽然形状复杂但对力学性能、物理性能和化学性能的要求较低,而有的零件既形状复杂又对力学性能、物理性能和化学性能提出了较高的要求,所以它们就需要选用不同的毛坯。同时,毛坯不同,其经济性和工艺性也不一样。本模块将分别介绍各种零件的毛坯制造方法、基本特点、安全操作规程等,并通过实例对毛坯的选择和生产方法进行分析。

# 项目 10　毛坯成形技术及毛坯的选择

## 学习目标

1. 了解铸造的工艺过程、特点和应用范围,掌握常用铸造方法并熟悉其安全操作规程。了解其他特种铸造方法。
2. 了解锻造、冲压的特点及应用范围,掌握自由锻、模锻及冲压的生产过程,熟悉锻造的安全操作规程。
3. 了解焊接工艺、特点及应用范围,掌握常用焊接方法,熟悉焊接的安全操作规程。
4. 了解粉末冶金成形工艺方法及其应用。
5. 熟悉毛坯的种类,并能根据零件具体要求选择合适的毛坯。

### 任务 1　熟悉铸造及铸工

## 任务引入

如图 10-1 所示为某车床主轴箱箱体简图,考虑其形状和经济性等因素,应采用铸造方法获得其毛坯,同时所获得毛坯的一些重要表面又不能产生铸造缺陷。下面分别介绍零件毛坯的铸造工艺和常见的铸造方法等知识,同时,铸造生产的工序繁多、操作技术复杂,其不安全因素较多,对铸造工而言,正确安全的操作方法尤为重要。

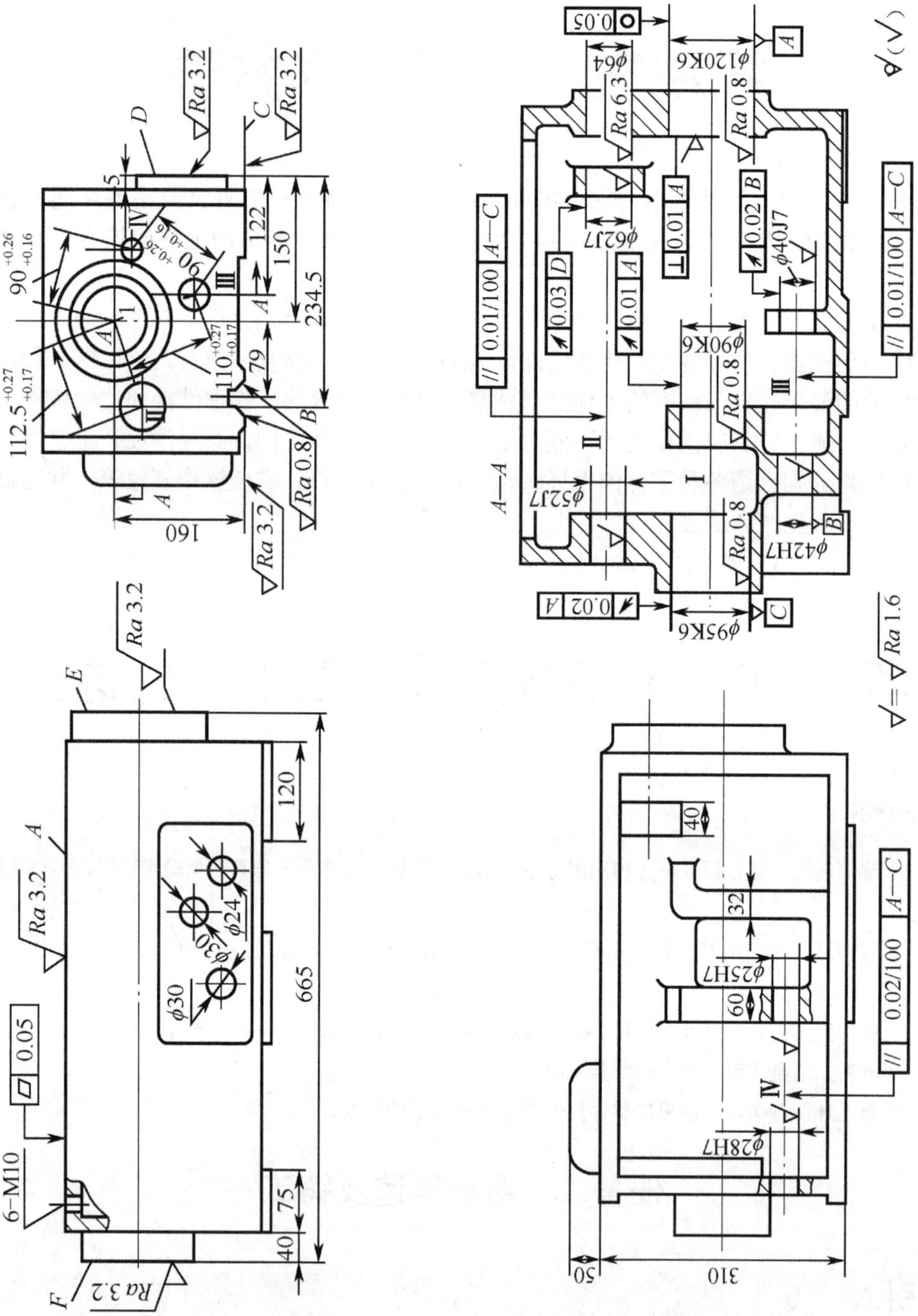

图 10-1 某车床主轴箱箱体简图

## 10.1.1 铸造工艺基础

将熔化的金属或合金浇注到与零件形状相同的铸型空腔中,经过冷却凝固后获得所需要的形状和尺寸的零件或零件毛坯，这种方法称为铸造。

铸造在工业生产中应用十分广泛，在各类机械设备中，铸件质量占设备质量的 40%～90%，成本占 15%～30%。

由于铸造是液态成形，因此具有以下特点。

（1）可生产形状复杂（特别是内腔复杂）的毛坯或零件，如箱体、缸体、机床床身等。

（2）适应性强，铸件尺寸（壁厚 0.5mm～1m）和质量（几克～几百吨）几乎不受限制，在工业中常用的金属材料及部分非金属材料，如铸钢、铸铁、铝合金、铜合金和塑料等都可以铸造成形。

（3）材料来源广，成本低。

（4）可以生产出与零件形状、尺寸很接近的零件毛坯，所以能够节约加工工时，节约材料。对一些要求不高的零件，可以直接铸出，不需要再切削加工。对一些形状复杂的零件，使用精密铸造方法可以直接铸造出合格的零件。

但铸造生产也存在若干不足，如铸造工序繁多，有些工艺过程难以精确控制，使铸件容易产生缺陷，造成铸件质量不够稳定，废品率较高，劳动条件差，生产率低等。因此铸造应用受到了一定的限制。

铸造生产可以根据金属材料和工艺方法分类，有砂型铸造、压力铸造、熔模铸造、离心铸造等。这里着重叙述砂型铸造，对其他铸造方法仅进行简单介绍。

### 1. 砂型铸造

在铸造生产中最基本的方法是砂型铸造，目前，用砂型浇注的铸件约占铸件总产量的 90%以上。所谓砂型铸造，是指将砂、黏结剂、水按一定比例混合后制成的铸型和型芯。铸型和型芯只用一次便会被捣毁。砂型铸造一般需要经过制模、准备型砂、造型、熔炼金属、合箱浇注、清理等步骤。如图 10-2 所示为砂型铸造工艺过程示意图。

1）制模

制模是砂型铸造的第一个工序，用制成的模型来制造砂型，用制成的型芯盒来制造型芯。砂型形成铸件的外表面轮廓，型芯形成铸件的内表面轮廓。制造模型和型芯盒的材料是根据铸件大小、生产规模及手工还是机器造型而定的。一般产量小的铸件采用木制模型，产量大的可用金属或塑料制作模型。

为了保证铸件质量，方便造型和制芯，在设计和制造模型时，必须考虑下列问题。

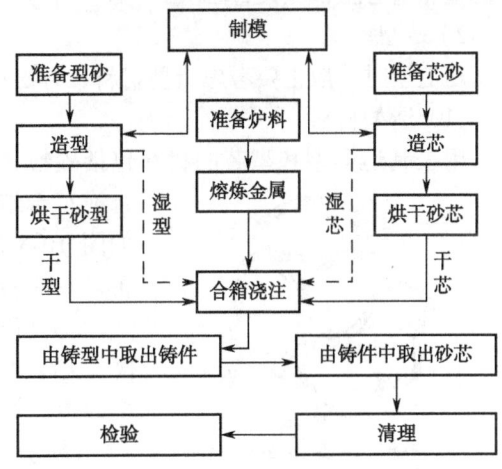

图 10-2　砂型铸造工艺过程示意图

（1）分型面的选择

分型面为上下砂型的分界面，一般也就是模型的分模面。选择分型面的原则：尽量使分型面数量为最少且形状简单，一般尽可能为一个分型面，并且是简单的平面；铸件的主要加工面应朝下或朝侧面；铸件上的大平面，薄壁和形状复杂的部分应尽可能放在下箱；整个铸件或铸件的加工面与加工基准面应尽可能放在同一个砂箱中，这样可避免错箱等缺陷；尽量减少型芯的数量,否则会使造型复杂,不易保证铸件质量。

（2）起模（拔模）斜度

为使模型容易从砂型中取出,在垂直于分型面的模壁上应做出斜度。一般木模为1°～3°,金属模为0.5°～1°。

（3）收缩量

铸件在冷凝后尺寸减小的现象称为收缩。收缩量的大小常用线收缩率（铸件冷却时尺寸缩小的百分率）来表示,即

$$线收缩率 = \frac{线收缩量}{原长度} \times 100\%$$

铸件线收缩率的大小随合金种类及铸件的结构、尺寸、形状而不同,通常灰铸铁约为0.5%～1%,铸钢约为1.5%～2%,有色金属约为1%～1.6%。因此,为了保证铸件的有效尺寸,模型尺寸应比铸件尺寸大一个线收缩量。

（4）机械加工余量

在铸件上凡是需要进行切削加工的部分,都应在模型上增加加工余量。加工余量的大小与加工面的精度、加工面的尺寸、造型方法及加工面在铸型中的位置有关,并且与铸造的金属材料也有关。一般加工精度越高,加工余量也就越大。

（5）铸造圆角

为了防止铸件出现裂纹,防止在浇注时冲砂,同时为了造型和造芯方便,应将模型和型芯盒上的转角处都做成圆角。

（6）芯头

当铸件有型芯时,应考虑型芯的正确定位安放。为保证型芯与铸件外的砂型通气顺畅,在模型和型芯上都应设置芯头。

2）造型

在造型时,应主要考虑造型材料、方法以及浇注系统的安排等问题。

（1）造型材料

用来制造砂型和型芯的材料包括砂粒、黏结剂、水和附加物。它们按一定比例配制混合成符合造型和造芯要求的材料,分别称为型砂和芯砂,如图10-3所示为型砂结构示意图。造型的型砂和芯砂应具备以下性能。

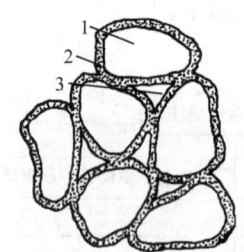

1—砂粒；2—黏土；3—空隙

图10-3　型砂结构示意图

① 可塑性。型砂在外力作用下能够形成清晰的模型轮廓,去除外力后仍能保持原来形状的性能称为可塑性,所以型砂中应加入黏结剂。

② 强度。强度是型（芯）砂抵抗外力破坏的能力。强度随含黏结剂的多少和品种的不同而变化,并与在造型时型砂捣实程度有关。

③ 耐火性。在高温液态金属作用下,型砂不熔化、不软化、不黏结金属的性能称为耐火性。若耐火性差,型砂就可能黏结在铸件表面上,使机加工困难,在严重时会不能进行机加工导致材料报废。

④ 透气性。型砂各粒子之间存在空隙,具有允许气体透过的能力,称为透气性。由于型砂和芯砂在高温液态金属的作用下会产生气体,金属在冷凝时也会析出气体,如果透气性不好,

这些气体不能及时排出，将会使铸件产生气孔。透气性与型砂捣实的程度有关，型砂越松则透气性越好。

⑤ 退让性。在铸件冷却时，型砂可以被压缩的能力称为退让性。型砂退让性差，阻止铸件收缩力大，这会使铸件冷却内应力加大，甚至产生裂纹。

由于芯砂是用于形成铸件内腔的，在浇铸过程中它被高温液态金属所包围，所以除上述各项性能要求较高外，还要求芯砂发气量要少、不吸潮，并具有较好的溃散性（在浇注后型砂易于松散，以便将芯砂从铸件内腔中清理出来的性能）等。

为了得到所要求的型砂或芯砂，就要进行适当的配制。芯砂的材料较多，主要有原砂、黏结剂及一些附加物等。

原砂是型砂和芯砂的主要成分。砂中的 $SiO_2$ 含量越高，耐火性越好。砂粒以圆形、颗粒均匀为佳。

黏结剂的作用是将砂粒黏结起来，使型砂（芯砂）有一定的强度、韧性和可塑性。常用黏结剂为黏土。桐油、树脂、水玻璃也常作为黏结剂。

附加物是为改善型砂和芯砂的某些性能而增加的一些物质。如为了增加透气性和退让性，常在型砂、芯砂中加入一些木屑。

（2）常用造型方法的特点及应用

造型是用型砂、芯砂制成铸型的过程。造型方法分为手工造型和机器造型两类。手工造型操作灵活，适应性强，成本低，生产准备时间短，但生产率低，主要用于单件小批量生产，有时也用于形状复杂和大型铸件的生产。而在大量生产时，通常采用机器造型，以提高劳动生产率，提高铸件的精度和表面质量，改善工人劳动条件，降低铸件成本。

① 手工造型。常用手工造型可分为整模造型、分模造型、挖砂造型、三箱造型等。

如图 10-4 所示为分开模两箱造型过程示意图。在造型时先在造型平板上放好下半模及下砂箱，在模样上撒上一层面砂，再填上型砂并捣实刮平，如图 10-4（c）所示。将造好的下箱翻转过来，在下半模上合上上半模，在砂面上撒上分型面砂，扣上上砂箱，放好浇口棒（若铸件体积较大则还需要安置出气口棒或冒口棒），装填充砂，捣实刮平，如图 10-4（d）所示。最后取出浇口棒、出气口棒或冒口棒，并扎好通气孔，如图 10-4（e）所示。将上砂箱取下翻转放在一边，分别在上、下砂型上用毛笔蘸水润湿模型周围的型砂，轻敲模型，用拔模针取出模型，在上半型上开横浇道，在下半型上开内浇道。检查和修整砂型。将预先制好的砂芯放入砂型中，再将上箱合上扣紧并准备浇注，如图 10-4（f）所示。

② 机器造型。机器造型就是在造型过程中用机器完成填砂、紧实和起模等操作的方法。机器造型紧实砂型常用压振紧实法，即在砂箱填满型砂后，以压缩空气为动力，使砂箱与模板一起振动，并通过压头挤压型砂使其紧实。此外还有抛砂紧实法，即由抛砂机将型砂高速抛入砂箱中使其紧实。

（3）造芯

和造砂型一样，造芯可分为机器造芯和手工造芯，一般情况下手工造芯较多，如图 10-5 所示为芯盒手工造芯示意图。为了提高型芯的强度，在造芯时可往砂芯中加入铸铁或铁丝制成的芯骨。为了提高砂芯的透气性，在砂芯里应做通气孔。可采用通气针扎孔或埋蜡线的方式，当型芯烘干时熔化形成通气孔，大型芯可做成空心的或在骨架上缠草绳。

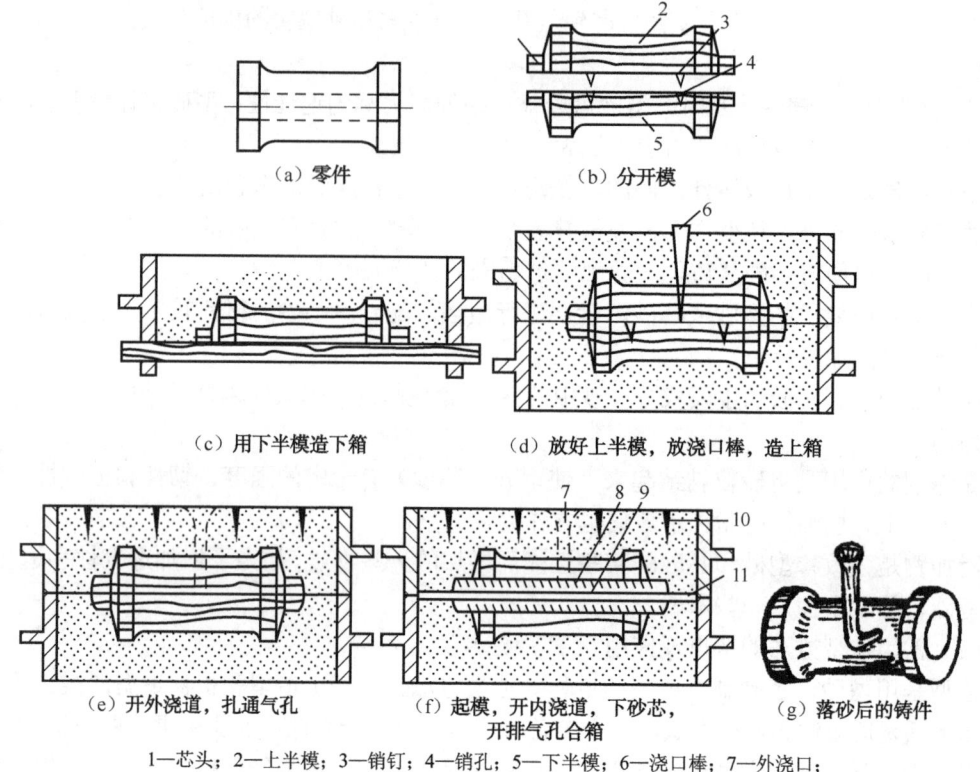

(a) 零件　　(b) 分开模

(c) 用下半模造下箱　　(d) 放好上半模，放浇口棒，造上箱

(e) 开外浇道，扎通气孔　　(f) 起模，开内浇道，下砂芯，开排气孔合箱　　(g) 落砂后的铸件

1—芯头；2—上半模；3—销钉；4—销孔；5—下半模；6—浇口棒；7—外浇口；
8—砂芯；9—砂芯通气孔；10—砂型通气孔；11—排气孔

图 10-4　分开模两箱造型过程示意图

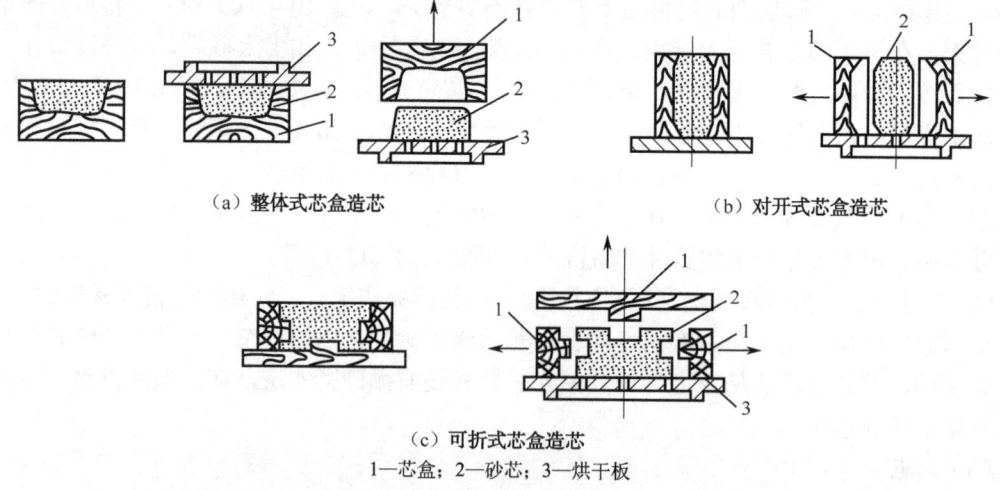

(a) 整体式芯盒造芯　　(b) 对开式芯盒造芯

(c) 可折式芯盒造芯

1—芯盒；2—砂芯；3—烘干板

图 10-5　芯盒手工造芯示意图

（4）浇注系统

在浇注时金属液流入铸型所经过的通道称为浇注系统。它包括外浇口、直浇道、横浇道、内浇道和冒口等，如图 10-6 所示。

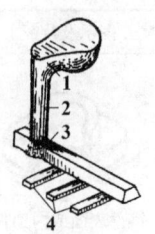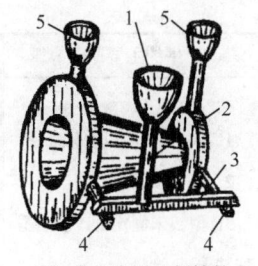

(a) 浇注系统　　　　(b) 带有浇冒口的铸件

1—外浇口；2—直浇道；3—横浇道；4—内浇道；5—冒口

图 10-6　浇注系统的组成

外浇口的作用是承受从浇包中倒出的金属液的冲击，并挡住熔渣及杂质进入型腔。直浇道是一略带圆锥的垂直通道，它可以调节金属流入型腔的速度，并产生一定的填充压力。横浇道是将直浇道与内浇道连接起来的水平通道，其作用是分配金属液。内浇道是金属液流入型腔的入口，其主要作用是控制金属液的流入速度和方向，以调节各部分冷却速度。为了保证在浇注时金属液能平稳、连续地流入型腔，并把熔渣等杂质阻挡在型腔外，在进行浇注系统的工艺设计时，要求内浇道截面积总和小于横浇道截面积，横浇道截面积小于直浇道截面积。一般金属在冷却凝固时体积会收缩，因此在最后凝固的地方易形成缩孔或缩松。为防止这类缺陷出现，常在铸型上开设一定数量、形状的空腔，称为冒口，在浇注时也将冒口注满，冷凝时起补缩作用，同时可起集渣、排气作用。

## 2. 铸件的常见缺陷

铸件浇注冷却凝固后，先经过落砂、清理，然后进行质量检验。依据对产品要求的不同，检验项目主要有外观、尺寸、金相组织、力学性能、化学成分和内部缺陷，其中最基本的是外观检验和外部缺陷检验。常见缺陷的特征及产生原因如表 10-1 所示。

表 10-1　常见缺陷的特征及产生原因

| 名称 | 图示及特征 | 产生的主要原因 | 名称 | 图示及特征 | 产生的主要原因 |
|---|---|---|---|---|---|
| 错箱 | 铸件在分型面处相互错开 | 1. 铸件在合型时上、下型错位；<br>2. 铸件在造型时上、下模有错移；<br>3. 上、下砂箱未夹紧；<br>4. 定位销或记号不准 | 缩孔 | 铸件厚大部位有不规则的孔洞，孔内壁粗糙 | 1. 铸件结构设计不合理，壁厚不均匀；<br>2. 浇、冒口设计不合理，冒口尺寸太小；<br>3. 浇注温度太高 |
| 变形 | 铸件发生弯曲或扭曲变形 | 1. 铸件结构设计不合理，壁厚不均匀；<br>2. 铸件在冷却时收缩不均匀；<br>3. 打型过早 | 气孔 | 铸件内部孔洞圆而亮 | 1. 铸型透气性差，紧实度过高；<br>2. 起模刷水过多，型砂太湿；<br>3. 浇注温度偏低；<br>4. 型芯、浇包未烘干 |

续表

| 名称 | 图示及特征 | 产生的主要原因 | 名称 | 图示及特征 | 产生的主要原因 |
|---|---|---|---|---|---|
| 偏芯 | 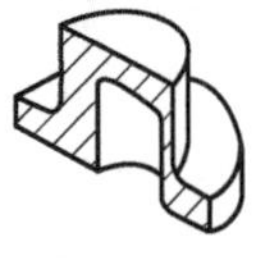 铸件内腔和局部形状偏斜 | 1. 铸件在下芯时偏斜；<br>2. 型芯变形；<br>3. 型芯未固定好，被碰歪或冲偏 | 砂眼 |  铸件表面或内部带有砂粒的孔洞 | 1. 型砂强度不够或局部掉砂、冲砂；<br>2. 型腔、浇注系统内散砂未吹干净；<br>3. 浇注系统不合理，冲坏砂型、砂芯 |
| 浇不足 | 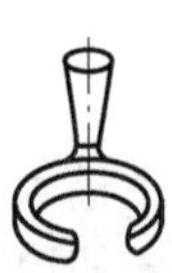 铸件形状不完整，金属液未充满铸型 | 1. 合金流动性差或浇注温度过低；<br>2. 铸件壁过薄；<br>3. 浇注速度过慢或断流；<br>4. 浇注系统尺寸太小，排气不畅 | 黏砂 |  铸件表面黏附着一层砂粒 | 1. 浇注温度太高；<br>2. 型砂选用不当，耐火性差；<br>3. 砂型紧实度太低，型腔表面不致密 |
| 冷隔 | 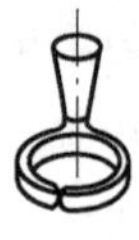 铸件上有未完全融合的接缝 | 1. 铸件设计不合理，壁较薄；<br>2. 合金流动性差；<br>3. 浇注温度低，浇注速度慢 | 裂纹 |  在夹角处或薄厚交接处的表面或内层产生裂纹 | 1. 型（芯）砂退让性差；<br>2. 铸件薄厚不均，收缩不一致；<br>3. 浇注温度太高；<br>4. 合金含磷、硫较高 |

### 3. 铸件结构工艺性

铸件结构设计是否合理，对铸件的质量、生产成本和生产率影响很大。所谓铸件结构工艺性，就是指在设计时不仅要保证铸件能满足使用性能，还必须考虑合金的铸造性能及铸造工艺对铸件结构的要求，力求简化铸造生产工艺过程，减少铸件产生缺陷的可能性。良好的结构是指在满足使用性能的前提下，能高生产率、低成本地生产出来。

（1）合金铸造性能对铸件结构的要求。铸件应有合理的壁厚，铸件壁厚直接影响金属的充型能力和冷却速度，在保证使用和充型能力的条件下，一般应尽量使用薄壁；铸件壁厚力求均匀，以符合同时凝固的原则；铸件壁转弯处应用圆角过渡。

（2）铸造工艺对铸件结构的要求。铸件外形力求简单，尽可能采用平直轮廓；简化铸件内腔并使砂芯稳定。

总之，无论是什么样的外形，都应力求铸件结构能使分型面少而简单，型芯数少以及造型容易。如图10-7所示为铸件的两种结构比较。

上述有关外形设计原则同样适用于铸件内腔。此外，应考虑内腔结构能使型芯装配方便，排气容易，清理方便。在保证铸件刚度足够的情况下，应多用开口式内腔结构。使铸件内腔与外界相通，以便支撑型芯以及型芯的出气和清理。

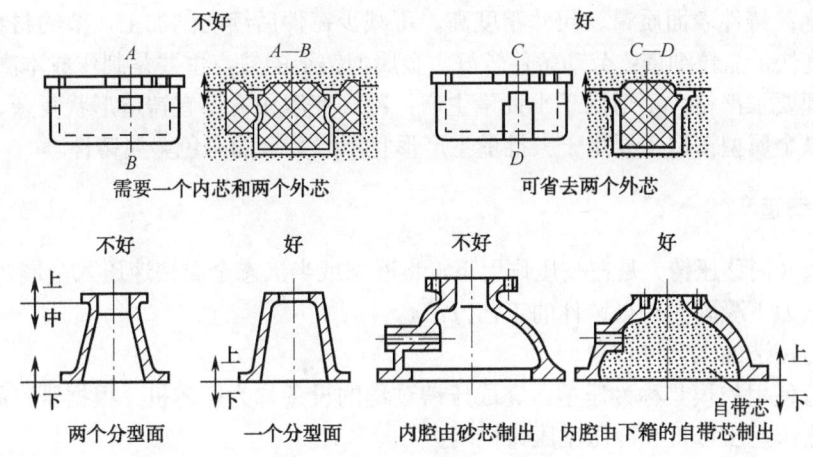

图 10-7 铸件的两种结构比较

## 10.1.2 其他铸造方法简介

随着现代工业的不断发展，对铸件质量要求越来越高，有些要求普通砂型铸造已难以满足。特种铸造方法则能克服普通砂型铸造的一些不足之处，所以在实际生产中得到了广泛的应用。常用的特种铸造方法有金属型铸造、压力铸造、熔模铸造、离心铸造、壳形铸造等。

**1. 金属型铸造**

将液态金属浇入用金属材料制成的铸型而获得铸件的方法称为金属型铸造。由于金属型可以重复使用多次，所以又称为永久型铸造。一个铸型可反复使用的特点，使金属型在铸造过程中避免了重复造型工序，提高了生产率。

（1）金属型的构造

金属型有垂直分型式、水平分型式和复合分型式，如图 10-8 所示。其中垂直分型式便于开设内浇道和取出铸件，也易于实现机械化，所以应用最多。金属型用的型芯有金属芯和砂芯两种，金属芯一般用于有色金属铸件。

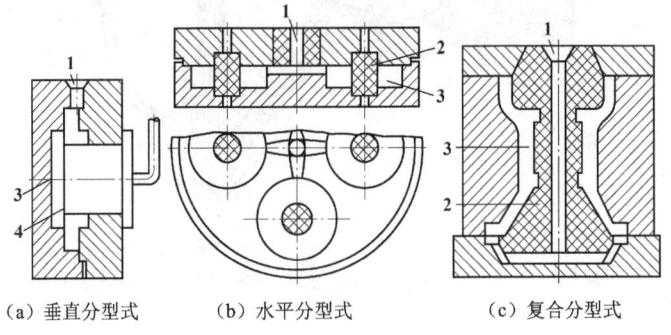

1—浇口；2—砂芯；3—型腔；4—金属芯

图 10-8 金属型的结构种类

（2）金属型铸造的特点和应用范围

与砂型铸造相比，金属型铸造的主要优点包括：一个金属型可多次使用，生产率高，便于实现机械化;铸件表面质量、尺寸精度高,可减少铸件后续切削加工,节约材料和工时;铸件冷却速度快,晶粒细密;劳动条件较好。金属型铸造的缺点主要是制作成本高、周期长、铸造工艺规程要求严格、不适用于小批量生产;冷却速度快,不宜铸造形状复杂、薄壁和大型铸件。所以金属型铸造主要用于大批量生产形状不太复杂的有色金属铸件。

### 2. 压力铸造

压力铸造(简称压铸)是在高压作用下,将液态或半液态金属快速压入金属铸型,并在压力下凝固而获得铸件的工艺方法。

压力铸造

(1) 压力铸造的工艺过程

压力铸造使用的模具称为压型。完成压铸过程的设备称为压铸机,根据压室的工作条件不同,分为热压室压铸机和冷压室压铸机两类。

热压室压铸机的工作原理如图 10-9 所示,其特点是热压室 6 在保温池 7 的里面并且和保温池 7 为一个整体。热压室 6 和压射活塞 5 组成压射机构。如图 10-9(a)所示为准备压注的状态(合型),如图 10-9(b)所示为压注的状态(压注),如图 10-9(c)所示为压注后取出铸件的状态(开型),浸在液态金属中,活塞下压时将压室中的金属液压入铸型。这种压铸机因为其压射活塞长时间与液态金属接触,工作条件恶劣,所以主要用于压铸低熔点金属,如锌、铝、锡等的合金。

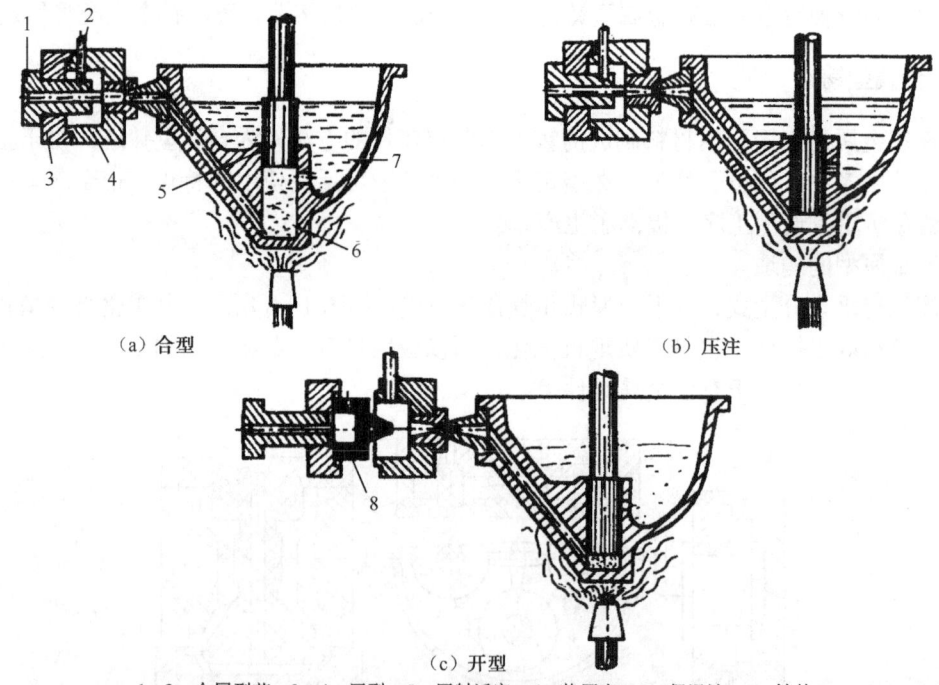

1、2—金属型芯;3、4—压型;5—压射活塞;6—热压室;7—保温池;8—铸件

图 10-9 热压室立式压铸机工作原理图

冷压室立式压铸机的压室和加热池是分开的。压室与液态金属接触时间短,适用于压铸熔点较高的有色金属,如铜、铝、镁等合金,也可用作黑色金属和半液态金属的压铸。

(2) 压力铸造的特点和应用范围

压铸可铸出极为复杂精细的薄壁铸件,也可铸出花纹图案。其生产率高,易实现自动化。

但压铸设备投资大,在压铸高熔点合金时压型的寿命短,压铸件充型快,铸件表层易产生小气孔,所以压铸件不宜经受高温,也不能进行热处理。

目前压铸主要用于低熔点有色金属及其合金材质的小型、薄壁、形状复杂的大批量生产零件,广泛应用于汽车、仪表、电器、纺织等工业部门。

### 3. 离心铸造

将液态金属浇入高速旋转的铸型,使金属液在离心力作用下充满铸型并凝固成形,这种铸造方法称为离心铸造。

(1) 离心铸造的基本类型

根据铸型在离心铸造机上做高速回转的转轴位置,离心铸造机有立式和卧式两种。

立式离心铸造机如图 10-10(a) 所示,其铸型置于离心机转台上,绕垂直轴转动,金属液在离心力的作用下沿周围分布。由于重力的作用,铸件内表面呈抛物面形(自由表面),铸件壁上薄下厚。所以这种铸造方法适用于高度不大的铸件,否则会使铸件上下壁厚相差悬殊。

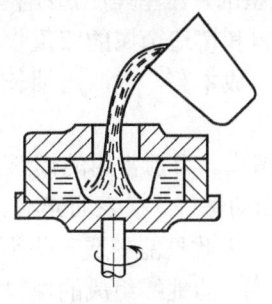 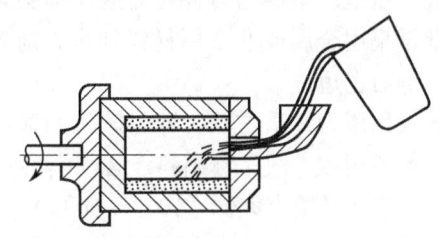

(a) 立式离心铸造机　　　　　　(b) 卧式离心铸造机

图 10-10　离心铸造机示意图

卧式离心铸造机如图 10-10(b) 所示,其铸型绕水平轴转动,金属液通过浇注模引入铸型。当采用卧式离心铸造机铸造中空铸件时,无论在长度还是在圆周方向上的铸件均可获得均匀的壁厚,且对铸件长度及设备没有特别的限制,常用来制造各种铸铁水管、缸套等。

(2) 离心铸造的特点和应用范围

离心铸造的特点包括:在离心力的作用下,铸件组织致密,不易产生缩孔、缩松、气孔、夹渣等缺陷,力学性能高;对于管状铸件可以留有适量加工余量,以便将内表面上可能出现的夹层物等缺陷除去。离心力提高了液态金属的充填能力,适用于流动性较差的铸造合金或薄壁铸件,并可制造双金属铸件,如轴瓦、衬套等。另外离心铸造可以省去大量的冒口和中空铸件的型芯,使设备投资小,生产效率高。

目前,离心铸造被广泛应用于铸造铸铁水管、缸套、轴套、活塞环坯料和输油管等。

### 4. 熔模铸造

熔模铸造是用石蜡等易熔材料制成零件的模样,在模样上涂上若干层耐火涂料制成型壳,然后加热型壳,使型壳内的模样熔化流出,完成造型工序,再经浇注,去除型壳而得到铸件的一种工艺方法。其特点是以熔化模样为起模方式,无分型面。由于模样为石蜡质制品故又称石蜡铸造。

熔模铸造　　熔模铸造动画

(1) 熔模铸造的工艺过程

熔模铸造的工艺过程如图 10-11 所示,整个工艺过程可分为以下几个阶段:

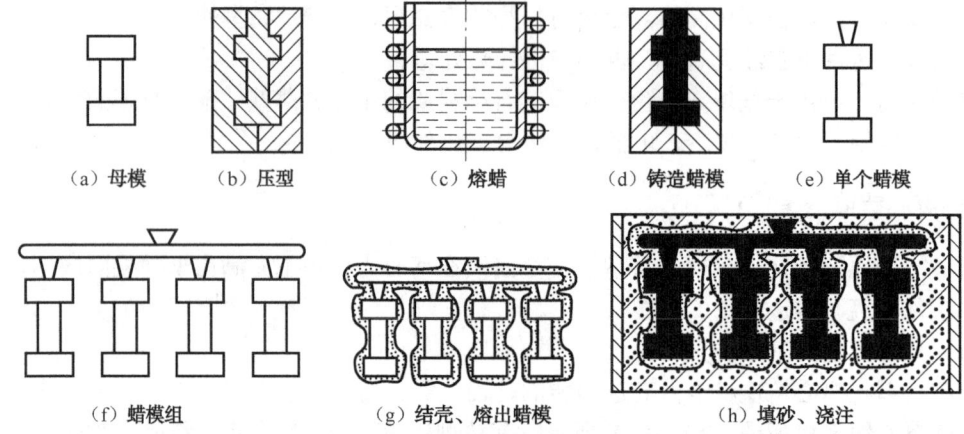

图 10-11 熔模铸造工艺过程图

① 蜡模制造。母模是铸件的基本模样，是用来制造压型的，压型是制造蜡模的铸型，用母模翻制而成。压型的型腔与铸件相对应，但必须包括蜡料和铸造金属的双重收缩量。压型可根据生产批量采用金属或非金属材料制作。前者寿命长、成本高、生产周期长；后者成本低、周期短、寿命也短。

熔模一般采用压力铸造方法，即将熔化的模料压铸成熔模。目前常用的模料由 50%的石蜡和 50%的硬脂酸组成，故又称蜡料。这种模料的优点是流动性好、模表面光滑、可以回用、成本低廉等；其缺点是熔点太低（50℃～60℃）、强度不高，因此只能制造一些小型零件。为了提高强度，可以采用由 50%的松香、30%的聚苯乙烯及 20%的地蜡组成的模料。这种模料的熔点较高，强度也比上述蜡料高，不易变形，但流动性差，价格较高。

② 铸型制造。将制作好的蜡模或蜡模组表面涂上涂料，撒上石英砂，并进行硬化处理，得到一层坚固的耐火型壳。常用涂料为 55%～60%的石英粉和 40%～45%的水玻璃，硬化剂为 20%的氯化铵水溶液。具体工艺过程是先将蜡模或蜡模组浸入涂料，取出后撒上石英粉，再浸入硬化剂中硬化，这种过程要重复 3～5 次。在型壳中的熔模熔化（又称为脱模）得到型壳，进行适当的干燥和焙烧，除去残余模料，提高型壳的强度。将经焙烧后的型壳放入砂箱，在其周围填以干砂，完成整个铸型制作工艺。

③ 浇注。为了提高金属的流动性，常用热型浇注，一般用浇包直接浇注。有时为提高铸件质量，也可用离心浇注或压力浇注等方法进行浇注。

（2）熔模铸造的特点和应用范围

熔模铸造的优点包括：能得到尺寸精确、表面光洁的铸件，铸出形状复杂的薄壁铸件是获得高熔点难加工合金精密铸件的最好方法。熔模铸造的缺点是工艺过程复杂，生产周期长，不能生产大型铸件。

熔模铸造广泛应用于汽车生产、量具、刃具生产等多方面，特别适用于生产高熔点及难加工的合金，铸造较小的零件。随着现代科学技术的发展，这种铸造方法越发重要。

### 10.1.3 典型零件的铸造

以如图 10-12（a）所示的轴承座零件为例。如图 10-12（b）所示为轴承座模样，如图 10-12（c）所示为轴承座铸件。根据零件的形状特点可判断，应该以轴承座底平面为分型面，模样全部安装在下砂箱的砂型中，上砂箱的砂型主要布置浇注系统。轴承座手工整模造型的工艺过程如表10-2所示。

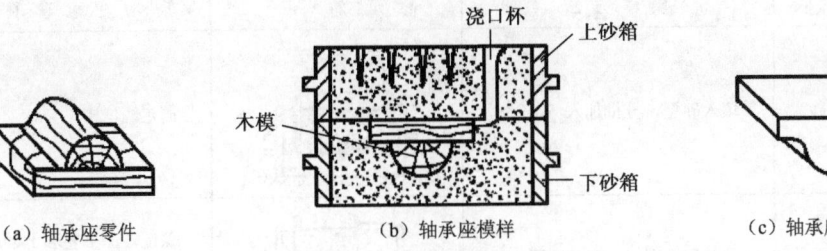

图 10-12 轴承座整模造型

表 10-2 轴承座手工整模造型的工艺过程

| | 操作步骤 | 操作方法 | 示意图 | 注意事项 |
|---|---|---|---|---|
| 1 | 准备工作 | 准备底板、砂箱、型砂、模样 | | 底板放平，中间放置模样 |
| 2 | 确定模样位置 | 底板上放置下砂箱，吃砂量合适 | | 吃砂量：指从砂箱内壁到型腔外壁的型砂厚度、从砂箱上面或下面到铸型型腔的型砂厚度 |
| 3 | 表面撒砂 | 在模样的表面撒上一层面砂，便于起模时模样、砂型分离 | | 撒砂均匀，薄厚适宜 |
| 4 | 逐层填紧 | 填入砂型，分批加入 | | 靠近砂型内壁应压紧，避免塌箱。分层压紧，一次填满 |
| 5 | 刮平平面 | 用砂刮板刮去下砂箱表面 | | 保证砂面平整和下砂箱在翻转时无砂粒掉落 |
| 6 | 翻转下砂箱 | 下砂箱翻转调面，露出模样平面朝上 | | 清理干净砂型平面 |
| 7 | 放置上砂箱 | 放置空的上砂箱，保证上下对齐，并固定好 | | 撒分型砂（无黏结剂、干燥的原砂），安放浇口棒（大口朝上，小口朝下，位置垂直） |

续表

| 操作步骤 | | 操作方法 | 示意图 | 注意事项 |
|---|---|---|---|---|
| 8 | 逐层填砂 | 填入砂型，分批加入 | | 固定浇口棒 |
| 9 | 刮平平面 | 用砂刮板刮去上砂箱表面 | | 保证砂面平整和上砂箱在翻转时无砂粒掉落 |
| 10 | 扎通气孔 | 在木模上方用通气孔针扎出通气孔，取出浇口棒，开外浇道 | | 通气孔分布应均匀，深度不能贯穿 |
| 11 | 划线开箱 | 划合箱线，轻轻移动上砂箱并翻转放置 | | 合箱线清楚、准确，翻转不能碰撞 |
| 12 | 起模 | 从下砂箱中取出模样，用工具轻轻敲击模样，使其与周围的砂型分开 | | 将分型面清理干净，清理时要胆大心细，方向垂直 |
| 13 | 挖内浇道 | 保证熔融金属能通畅平稳充满型腔 | | 内浇道大小合适 |
| 14 | 修正砂型 | 型腔若有损坏，可以用造型修复工具 | | 造型修复工具： |
| 15 | 浇注准备 | 在合箱时，找正定位销或对准两砂箱合箱线，防止错箱 | | 砂型放在合适位置，保证浇注安全 |

## 10.1.4 铸工训练基础

铸造生产的工序繁多，操作技术复杂，其不安全因素较多，如爆炸、烫伤以及由于高温、粉尘和毒气等引起的操作者中毒或产生职业病等。因此，铸造安全生产问题尤为突出，安全操作注意事项如下：

（1）在工作前，必须按规定穿戴好劳动防护用品，才能进入操作现场。

（2）进入车间后，应时刻注意头上吊车、脚下工件与铸型，避免发生碰伤、撞伤及烧伤等事故。

（3）检查工作场地，使场地井然有序、畅通无阻。

（4）检查设备及工具，保管好自己的工具，确保设备操作安全和工具使用安全。

（5）混砂机在转动时，不得用手扒料和清理碾轮，不得伸手到机盆内添加附加物。

（6）砂箱必须堆放整齐、牢固，铸型必须放在指定的场地，不得占据通道。

（7）当多人同时操作时，彼此应注意协调，以免误伤。

（8）在合箱时，禁止用手握砂箱下面的箱边；合箱后，应放上足够重量的压箱铁，同时堵严箱缝。

（9）铸造熔炼现场和浇注现场不得有积水。

（10）注意浇包及所有与铁水接触的物体都必须烘干、烘热后使用，否则会引起爆炸。

（11）当用浇包盛放金属液时，不能盛放太满，在浇注时，要注意安全、确保平稳，防止金属液溢出伤人。

（12）浇注剩余的金属液不能随便乱倒，必须倒入预热的铁模，以便回炉使用。

（13）浇注后待铸件凝固完毕，要及时卸除压铁和箱卡，以减少铸件收缩阻力，避免产生裂纹。

（14）铸件在落砂前应先浇水，落砂机上部应设吸尘罩，防止粉尘飞扬污染周围环境。

（15）在进行清理铸件表面的喷丸等工作时，非工作人员不得靠近，以免喷丸飞出伤人。

（16）工作结束后，要认真清理场地和工具设备。

# 任务 2　熟悉锻压及锻工

# 任务引入

如图 2-6 所示的数控镗铣床主轴，其主要功能是支承齿轮等传动件及传递运动和扭矩，要求具有很高的静刚度，其轴端、锥孔、轴颈以及花键部分还需要较高的硬度及耐磨性，而且主轴精度还是刀具的回转精度的基础。根据其功能要求，该零件应采用锻造方法获得毛坯。下面分别介绍零件毛坯的锻压工艺和常见的锻压方法等知识，同时，锻压生产操作的不安全因素有很多，对锻造工而言，正确、安全的操作方法显得尤为重要。

## 10.2.1　锻压工艺基础

锻造和冲压统称为锻压加工，是机械制造中的重要加工方法之一。它通过对金属坯料施加外力，使其产生塑性变形，改变其形状、尺寸，并改善其组织与性能，从而获得所需要的毛坯或零件。金属材料经过锻压后，其内部组织更为均匀、紧密，强度与韧性也会得到提高。

钢和有色金属都具有一定的塑性，因此都可以进行锻压加工，而铸铁等脆性材料塑性较差，不能进行锻压加工。金属材料的锻压加工主要有以下几种方法，如图10-13所示。

（1）轧制是使金属坯料通过一对旋转轧辊之间的空隙从而产生塑性变形的方法。

（2）拉丝是金属坯料经过拉丝模模孔，把坯料拉长、使截面缩小的加工方法。

（3）挤压是将金属坯料放置在挤压模中，用强大的挤压力，将金属从模孔中挤出形状的方法。

（4）自由锻造是将加热后的金属坯料置于上下铁砧之间，利用锻锤的冲击力或压力机的压力使金属材料充满模膛的方法。

（5）板料冲压是将金属板置于冲模之间，在冲剪压力作用下，使板料产生切离或变形的方法。

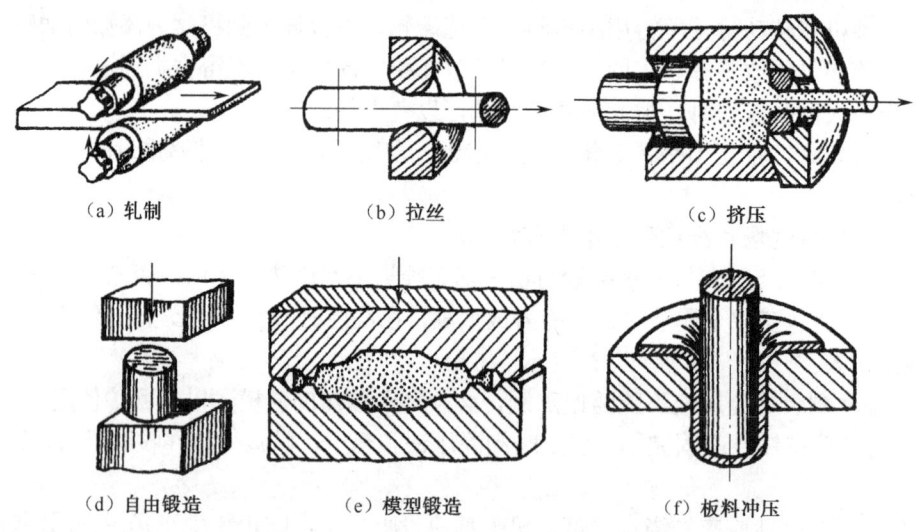

图 10-13 金属材料锻压加工主要方法

### 1. 金属塑性变形的基本定律

在外力作用下，使金属发生塑性变形，这是压力加工的实质。金属的变形分为弹性变形和塑性变形。金属在塑性变形时遵循以下两个基本定律。

（1）体积不变定律。体积不变定律指在锻造时金属变形后的体积等于变形前的体积。实际上金属在塑性变形过程中，体积总有些微小变化。如在锻造钢锭时，由于气孔缩松的锻合，其密度也略有提高，以及在加热过程中氧化生成氧化铁皮等，但这些变化对于整个金属是相当微小的，一般可以忽略不计。因此，在每一工步中，毛坯的长度在一个方向上减少，必然会在其他方向上有所增加，在确定各工序间尺寸变形时就可运用这个定律。

（2）最小阻力定律。最小阻力定律指金属在塑性变形过程中，其质点总是沿着阻力最小的方向移动的。一般来说，金属内某一质点在塑性变形移动时的最小阻力方向就是通过该质点向金属变形部分周边的最短法线方向。因为质点在沿着这个方向移动时的路程最短，阻力最小，所需要的能量最小。因此，当金属有可能做各个方向变形时，最大的变形将向着大多数质点遇到的最小阻力的方向。在锻造过程中，可应用最小阻力定律提高效率。任何形状横截面的毛坯，在镦粗后都有变成圆形截面的趋势。

### 2. 金属的冷变形与热变形

金属的变形按变形后有无加工硬化现象可分为冷变形与热变形两类。

冷变形即在再结晶温度以下的变形，变形后有加工硬化现象出现；热变形即在金属的再结晶温度以上的变形，变形后无加工硬化现象。

值得注意的是，冷、热变形的区分不能简单地以加热温度的高低来决定，而应以变形后的组织为依据。冷拉、冷挤压、冷冲压成形属于冷变形。为了消除冷变形的不利影响，常在变形工序间穿插再结晶退火工序。热锻、热轧和热挤压均属热变形。在热变形时，金属的加工硬化随时为再结晶所消除，变形抗力小，塑性好，能用较小的功获得较大的变形。经过热变形后，铸锭中的微小缺陷压合，金属组织致密，力学性能变好。

在热变形过程中，铸锭中的夹杂物随晶粒一起伸长，在再结晶过程中不像金属晶粒那样变为等轴晶粒，而是呈拉长的条状组织留下来，称为锻造时的纤维组织。

纤维组织对材料性能有一定的影响，纤维组织的明显程度与锻造比（即坯料在锻造前、后的横截面积之比）有关。一般当锻造比大于 3 时，纤维组织随锻造比增加而更加明显，力学性能呈各向异性，沿纤维伸长方向材料的塑性、韧性提高。

纤维组织的稳定性很高，热处理不能消除，只能在锻压过程中改变它的分布和形状。所以在设计和制造零件时应注意：零件在工作时承受最大正应力或切应力的危险截面应与纤维的方向垂直。最好使纤维沿零件轮廓分布而不被切断，如图 10-14 所示。

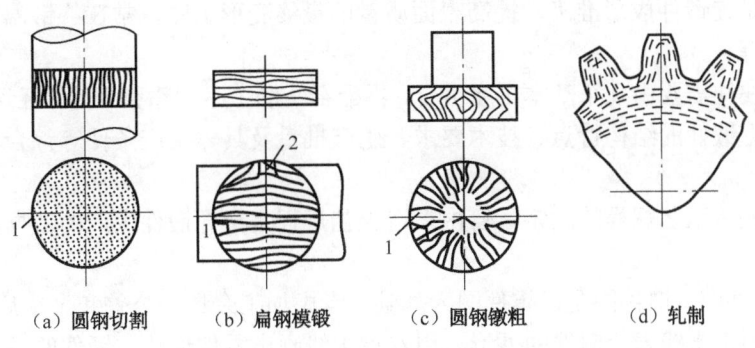

(a) 圆钢切割　　(b) 扁钢模锻　　(c) 圆钢镦粗　　(d) 轧制

图 10-14　不同方法制成的齿轮的纤维方向

### 3. 金属坯料的加热

金属坯料加热的主要目的是提高塑性、降低变形抗力并使其内部组织均匀，从而使金属坯料在锻造、轧制时更容易变形。

在加热过程中，金属表面一般容易产生氧化和脱碳现象，当金属加热到 1100℃～1250℃以上时，晶粒急剧长大，若停留时间过长，晶粒就会过大，产生过热且影响质量。特别是当金属加热到接近周期线时，晶粒边界低熔点物质开始熔化，氧化介质渗入晶粒之间造成晶间氧化，失去了晶粒间的机械联系，在进行压力加工时会发生破裂，这种现象称为过烧。一旦发生过烧，则无法挽回只能报废。

正确的加热应满足的要求：金属在加热时不产生裂纹、过热及过烧；温度均匀；氧化脱碳少；加热时间短和节约燃料。即在保证加热质量的前提下，加热时间越短越好。

通常，始锻温度在 1200℃左右，而终锻温度在 800℃左右。

## 10.2.2　锻压方法简介

### 1. 自由锻造

锻造生产动画　　　曲轴的锻造成形

（1）自由锻造的特点和应用。自由锻造是将加热的金属坯料放在空气锤、蒸汽锤以及水压机的下砧上，由上砧施加冲击力或压力使金属自由地发生塑性变形的锻压加工方法。

自由锻造只使用简单的通用工具，锻件的成形主要取决于工人采用的操作方法。

自由锻造的生产率比模型锻造低得多、劳动强度大、锻件精度低、对工人技术水平要求高。但其所使用的工具简单、设备通用性强、工艺灵活、设备吨位小且精度要求低。所以广泛用于单件、小批量零件的毛坯生产，对于大型、重型锻件，自由锻造是唯一的加工方法。

自由锻造可打碎钢锭中的粗大铸造组织，锻合内部缺陷，改善大型锻件内部质量，在提高力学性能方面具有独特的作用。但自由锻造只能锻造形状简单的锻件。

自由锻造分为手工锻和机器锻两种。手工锻只能生产质量较小的锻件；而机器锻能利用自由锻锤或压力机等设备生产锻件，是自由锻造的基本方法。

(2) 自由锻造的工序。自由锻造的工序分为基本工序、辅助工序和精整工序三大类。

基本工序是使金属坯料产生一定程度的变形并获得预期形状、尺寸的工艺过程。自由锻的基本工序有镦粗、拔长、冲孔、切割、弯曲、扭转和错移等。

辅助工序是使基本工序变形容易而进行的强变形工序，如切肩、压棱、压钳口等。

精整工序是使锻件成形准确，提高表面质量的最终变形工序，常在终锻温度以下进行，如整平、整形等。

一个锻件往往需要由几个基本工序组合，再配合辅助工序和精整工序，经逐步变形而成。因此，必须根据锻件的结构特点、技术要求、生产批量及具体生产条件等综合考虑后确定最佳工序组合。

(3) 自由锻造工艺规程的制定。自由锻造工艺规程是指导锻件生产的依据，其主要内容包括：

① 绘制锻件图。锻件图是以零件图为基础，考虑加工余量、公差和余块后绘制而成的。在锻件图上，用粗实线表示锻件的外形，用双点画线画出零件形状，锻件的基本尺寸和公差注在尺寸线上面，零件的尺寸注在尺寸线下面并外加括号。

② 选择锻造基本工序。根据锻件的形状、尺寸和技术要求，结合各基本工序的变形特点，并参照有关典型工艺来确定锻件成形所需的工序及顺序。

③ 实例。法兰圈的自由锻造工艺过程如表 10-3 所示。

表 10-3 法兰圈的自由锻造工艺过程

| 锻件图 | 锻件图示：$\phi 280\pm 8$ ($\phi 300$)，$\phi 465\pm 6$ ($\phi 450$)，$154\pm 6$ ($140$) |||
|---|---|---|---|
| 工　序 | 简　图 | 工　序 | 简　图 |
| 1. 镦粗至154mm高 | 高度 154 | 3. 芯棒扩孔 | (芯棒扩孔简图) |
| 2. 冲孔 $\phi$250mm | $\phi$250 | 4. 平整端面 | (平整端面简图) |

根据法兰圈的形状和尺寸,其基本工序为

镦粗→冲孔→芯棒扩孔→平整端面

(4)自由锻造零件的结构工艺性。在设计自由锻造零件的结构和形状、绘制锻件图时,除满足使用性能的要求外,还必须具有良好的结构工艺性,同时要考虑锻造工艺的经济性和可行性。所以,设计自由锻件时应注意以下原则:

① 自由锻件最好采用平直、简单、对称的形状,尽可能由平面和圆柱面组成。一些难以锻出的形状,可用留余块(加敷料)的方法简化锻件形状。

② 尽量避免锻件上有锥形、曲线形的表面以及椭圆形或工字形的截面,否则会给锻造带来困难。

③ 在锻件上不允许有加强筋或小凸台,应增加壁厚或设计成沉头孔。

④ 圆柱体与圆柱体交接处的弧形表面锻造起来很困难,应改成截柱体即平面与圆柱体交接。

⑤ 横截面有急剧变化或形状复杂的零件宜分成几部分,使每一部分都能方便地锻出,然后组合成整体。

(5)自由锻造设备简介。自由锻造常用的设备有空气锤、蒸汽—空气锤和水压机三种。

① 空气锤。如图 10-15 所示,空气锤是先由电动机驱动压缩缸压缩空气,再由压缩空气驱动工作缸,使锤头上下高速运动打击工件的。它不需要其他附属设备,所以投资低。空气锤锤击速度高,能适应冷却快且要求在较短的时间内完成锻造工艺的要求,所以广泛应用于小型锻工车间。空气锤的规格(吨位)按落下部分的质量来表示,通常为 65~750kg。

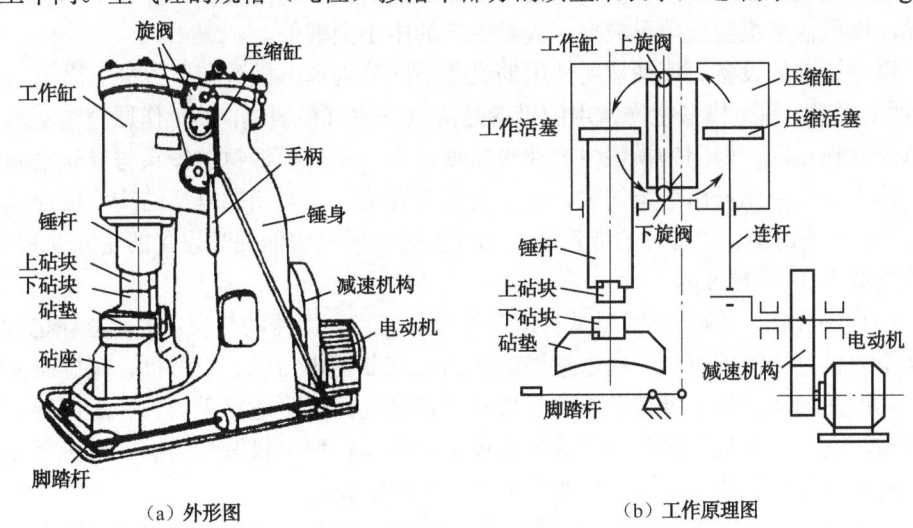

图 10-15 空气锤结构示意图

② 蒸汽—空气锤。蒸汽—空气锤是由锅炉供给蒸汽或压缩机供给压缩空气做动力的。它与空气锤的不同之处:空气锤由电动机驱动,空气是传动介质,只在压缩缸与工作缸之间起弹性连接作用,而蒸汽—空气锤是以蒸汽或压缩空气为动力的。它的规格也是以落下部分的质量计算的,通常为 0.5~5t。蒸汽—空气锤的锤击力比空气锤大,常用于中型或较大型锻件的锻造。它的锤击速度较高,工作噪声大、振动大。

③ 水压机。它是利用高压水(20~40MPa,相当于 200~400 个大气压)推动大活塞产生巨大的静压力使金属变形的。它与空气锤、蒸汽—空气锤相比具有的优点:劳动条件好;

工作无振动，噪声小，工作平稳、安全；容易将锻件锻透，由于水压机作用在锻体上为静压力，时间较长，比锤锻有更充分的时间将压力传至锻件的中心；锻压能量利用率高；可以提高金属的塑性，减少变形抗力，有利于锻造低塑性材料；适用于锻造高度大的大型锻件。

水压机结构复杂而笨重，辅助设备多，造价高。它的工作速度低、生产率低，主要用于大型锻件的锻造，也是锻造大型锻件的唯一设备。

### 2. 模型锻造

模型锻造是使金属坯料在锻模的模膛内，承受冲击力或压力被迫发生塑性变形充满型腔，以获得所需要的形状和尺寸的锻件的方法，简称为模锻。

（1）模型锻造的特点。模锻与自由锻相比，具有如下特点：

① 能锻造形状较复杂的锻件，得到较为理想的金属流线，从而得到有综合性能较好的锻件。

② 锻件的形状和尺寸较精确，表面质量较高，加工余量小、尺寸公差小，节约金属材料，节约机械加工工时。

③ 生产效率高，一般要比自由锻高 10 倍以上，在大批量生产时，锻件成本比较低。

④ 操作简单，对工人的技术要求低，劳动条件好，易于实现自动化。

模型锻造与自由锻相比也有不足之处，主要表现在：模型结构复杂、制造成本高、使用寿命低；变形抗力大，同样重量的锻件所需要设备的吨位比自由锻要大很多，而且精度要求也较高，因而模锻一般比自由锻设备投资大；工艺灵活性不如自由锻。

因此，模型锻造主要适用于成批、大量生产的中小型锻件。

（2）模型锻造的设备。模锻按所使用的设备不同分为锤上模锻和压力机上模锻。

① 锤上模锻。锤上模锻生产常用的设备是蒸汽—空气模锻锤，其工作原理与蒸汽—空气自由锻锤的原理相同。但因为模锻生产要求精度较高，所以模锻锤的锤头与导轨之间的间隙较自由锻锤小，砧座比自由锻锤的大，砧座与锤身连成一个封闭的框架结构，以使锤头精确运动，保证上下模对准，锤击时的能量绝大部分被砧座所吸收而提高设备的稳固性和精密性。模锻件的质量为 0.5～150kg。

② 压力机上模锻。锤上模锻虽具有适应性广的特点，但振动与噪声大，能耗也大，因此已逐步被压力机上模锻所取代。用于模锻的压力机有曲柄压力机、平锻机、螺旋压力机及水压机等。其中曲柄压力机上模锻获得的锻件尺寸精度高，但不适宜于拔长和滚压等工艺，其设备造价高，适合于大批量生产；平锻机上模锻可锻出在锤上模锻和曲柄压力机上无法锻出的锻件，还可进行切飞边、切断、弯曲等工艺，生产率高。

（3）模锻件的结构工艺性。模锻件的形状应使锻件能从模膛中顺利地取出和容易充满模膛。为此，在设计模锻件时，应考虑到分模面、拔锻斜度及圆角等问题。分模面要尽量使模膛深度最小、宽度最大，通常是以锻件最大轮廓相重合的平面作为分模面，还应根据分模面来考虑模锻件的结构。因此模锻件的外形应力应简单、平直和对称，尽量避免薄壁、高的凸起、深的凹陷。注意模锻件高度不能太小或和截面相差太大。有的零件应考虑用锻—焊组合工艺，以减少敷料，简化模锻工艺。

### 3. 板料冲压

板料冲压是利用冲压设备和冲模，使板料发生塑性变形或分离的加工方法。厚度小于

4mm 的薄钢板通常是在常温下进行的,所以又叫冷冲压。厚板则需要先加热再进行冲压。

由于冲压主要是对薄板进行冷变形,所以冲压制品重量较轻,强度、刚度较大,精度较高,具有较好的互换性,冲压工作也易于实现机械化、自动化,有很高的生产率。

冲压主要用于加工金属材料,如低碳钢,塑性好的合金钢、铜、铝、硬铝、镁合金等,也可用于加工非金属材料,如皮革、石棉、胶木、云母、纸板等,应用非常广泛,在航空、汽车拖拉机、电机电器、精密仪器仪表领域中都占有重要地位。

(1) 板料冲压基本工序。各种形状的冲压件都是经一个或几个冲压工序制成的。冲压可分为分离和变形两大基本工序。分离工序是使板料发生剪切破裂的冲压工序,如剪切、落料、冲孔等,在冲压工艺上通常称为冲裁;变形工序是使板料产生塑性变形的冲压工序,如弯曲、拉深、成形等。

① 剪切:把板料切成一定宽度的条料称为剪切,通常用作备料工序。剪切用剪床分为如下三种。

平口剪床,如图 10-16(a) 所示,它的刀口是相互平行的,平口剪床所需要的剪力较大,剪切后板料较平,多用于剪切较窄的板料。

斜口剪床,如图 10-16(b) 所示,它的上刀口是倾斜的,倾斜角 $\alpha$ 一般为 6°～8°。斜口剪床因金属接触面小,所需剪力较小,剪切后板料易弯曲,多用于剪切较宽的板料。

圆盘剪床,如图 10-16(c) 所示,它是利用两片反向转动的刀片而将板料剪开的剪床,圆盘剪床的特点是能剪切很长的带料,剪切后的坯料易弯曲。

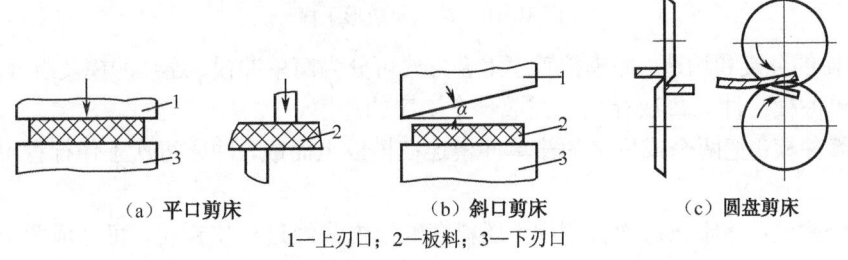

(a) 平口剪床　　　　　(b) 斜口剪床　　　　　(c) 圆盘剪床

1—上刃口;2—板料;3—下刃口

图 10-16　剪床分类

② 落料与冲孔:把板料沿封闭轮廓分离的工序称为落料或冲孔。落料与冲孔是同样的冲压工序,但落料是为了在板料上冲裁出所需形状的工件,即冲下的部分是工件,带孔的周边部分为废料;而冲孔则是在已获得形状的板料上冲出所需的孔,即带孔的周边部分是工件,冲下的部分为废料,如图 10-17 所示。

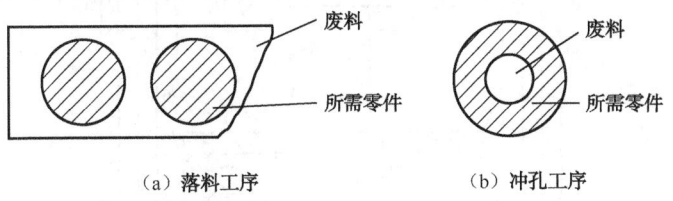

(a) 落料工序　　　　　(b) 冲孔工序

图 10-17　落料与冲孔

③ 弯曲:用模具把金属板料弯成所需形状的工序称为弯曲。在弯曲时,板料外层受拉,内层受压,因此外层易拉裂,内层易引起折皱,为此,规定最小弯曲圆周半径 $r_{min}=(0.25\sim1)\delta$,其中 $\delta$ 为材料厚度。材料的塑性越好,允许的圆角半径 $r_{min}$ 也越小。弯曲后常有回弹现象,回

弹角度范围为 0°～10°，在设计模具时应予考虑。

④ 拉深：把板料拉成中空形状工件的工序称为拉深。拉深所用坯料通常由落料工序获得。如图 10-18（a）所示为拉深工序示意图。从板料变形到最后的成品，一般需要经几次拉深工序，为避免拉裂，除冲头与凹模部分应做成圆角外，每一道工序的拉深系数即拉深前与拉深后板坯的直径之比，一般为 1.5～2，对于塑性较差的金属取小值。

对于壁厚不减薄的拉深，冲头与凹模间应有比板厚稍大的单边间隙。为预防在拉深时板料边缘缩小而引起折皱，板料的边缘常用压边圈压住，再进行拉深。

⑤ 成形：利用局部变形使坯料或半成品改变形状的工序称为成形。成形工序包括翻边、收口等，如图 10-18（b）所示。

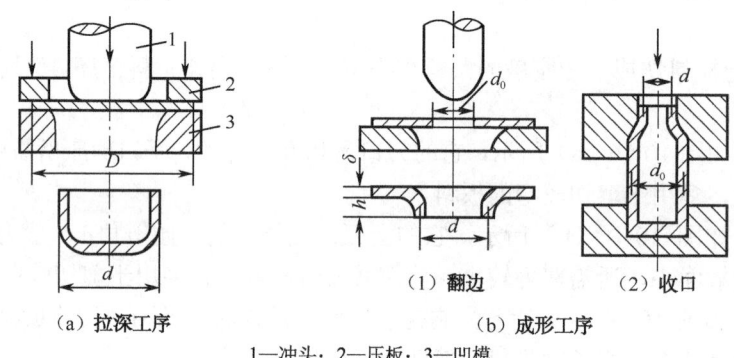

(a) 拉深工序 　　　　　　（b) 成形工序

1—冲头；2—压板；3—凹模

图 10-18　拉深及成形工序

(2) 冲模的分类和构造。冲模按工序组合方式可分为简单冲模、连续冲模及组合冲模三种。

① 简单冲模：冲床每次行程只完成一个工序的冲模。

② 连续冲模：把两个或更多的简单冲模连在模板上而成，冲床每次工作行程可完成两个以上工序。

③ 组合冲模：冲床在每次行程中，坯料在冲模内只经过一次定位，可完成两个或两个以上的基本工序。

典型的简单冲模的结构如图 10-19 所示。冲模一般分上模和下模两部分。上模用模柄固定在冲床滑块上，下模用螺栓紧固在工作台上。

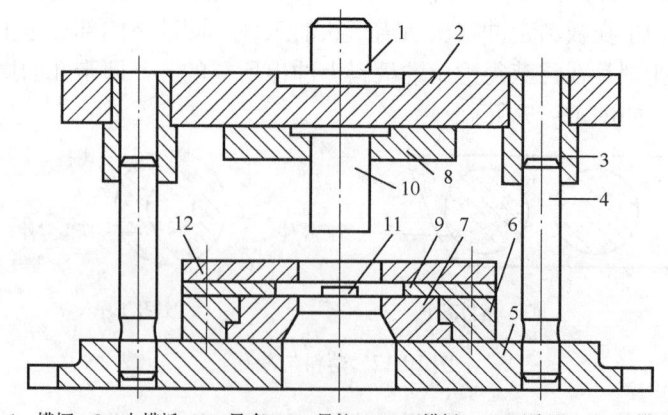

1—模柄；2—上模板；3—导套；4—导柱；5—下模板；6—压边圈；7—凹模；
8—压板；9—导料板；10—凸模；11—定位销；12—卸料板

图 10-19　典型的简单冲模结构

冲模各部分的作用有以下几种。

① 凸模与凹模：凸模又称冲头，它与凹模共同作用，是使板料分离或变形完成冲压过程的零件，也是冲模的主要工作部分。

② 导料板与定位销：用来保证凸模与凹模之间具有准确位置的装置。导料板控制坯料的送进方向；定位销控制坯料的送进量。

③ 卸料板：是在冲压后用来卸除套在凸模上的工件或废料的装置。

④ 模架：由上、下模板，导柱和导套组成。上模板用来固定凸模、模柄等零件，下模板则用来固定凹模、送料和卸料构件等。导套和导柱分别固定在上、下模板上，用来保证上、下模对准。

### 10.2.3 典型零件的自由锻

齿轮在机床、汽车、仪表装置中应用十分广泛，也是典型的重要机械零件。它起着传递动力、改变运动速度或方向的作用。如图 10-20 所示为某一齿轮的零件图，材料为 45 钢，生产数量为 15。齿轮毛坯自由锻的工艺过程如表 10-4 所示。

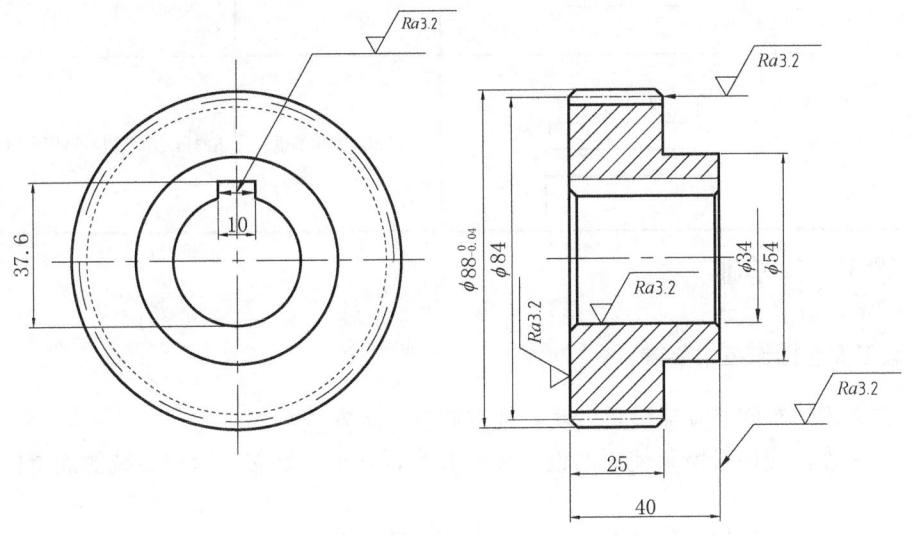

图 10-20 齿轮零件图

表 10-4 齿轮毛坯自由锻工艺规程

| 锻件名称 | 齿轮毛坯 | 工艺类别 | 自由锻 |
|---|---|---|---|
| 材料 | 45 钢 | 设备 | 65kg 空气锤 |
| 加热次数 | 1 | 锻造温度范围 | 800℃~1200℃ |
| 锻件图 | | 坯件图 | |

续表

| 工序 | 工序名称 | 工序简图 | 使用工具 | 操作要点 |
|---|---|---|---|---|
| 1 | 镦粗 | 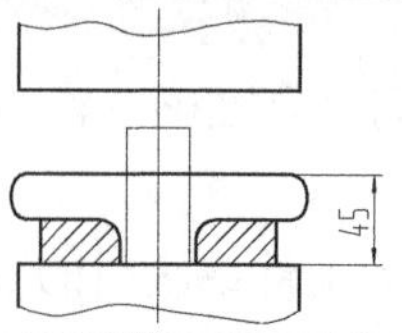 | 火钳、镦粗漏盘 | 控制镦粗后高度为45mm |
| 2 | 冲孔 | 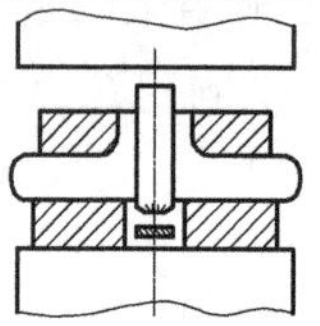 | 火钳、镦粗漏盘 冲头、冲孔漏盘 | 注意冲头对中；采用双面冲孔，左图为工件翻转后将孔冲透后的情况 |
| 3 | 修整外圆 | 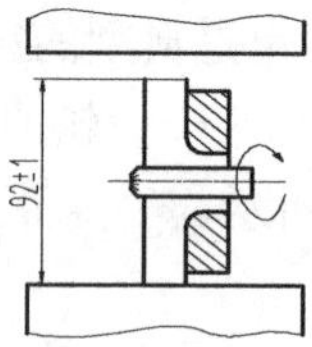 | 火钳、冲头 | 边轻打边转动锻件，使外圆削除鼓形并达到$\phi$（91±1）mm |
| 4 | 修正平面 | 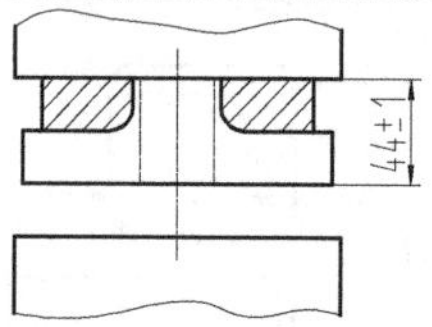 | 火钳、镦粗漏盘 | 轻打，使锻件厚度达到（44±1）mm |

### 10.2.4 锻工训练基础

**1. 锻工安全操作技术要求**

（1）进入锻造车间必须穿隔热胶底鞋或皮底鞋，戴安全帽。

（2）在工作前应检查所需使用的设备和工具是否安全、可靠，运转系统的润滑情况是否良好等。

（3）严禁身体的任何部位进入设备的落下部分的下方，以防发生人身伤害事故。

（4）在锻压操作前应确保其他操作者处于安全区域，并在可能发生危险的区域设置警示标志。

（5）当发现设备运转异常时应立即停车检查，待恢复正常后方可继续操作。

（6）在多人操作时，必须相互配合。

（7）钳口的形状、尺寸必须与坯料的截面相适应，以便夹牢工件。严禁将夹钳对准人体，严禁将手指放在两钳柄之间，以免夹伤。

（8）当锻锤开启后，操作者应集中精力按掌钳者的指挥操作，掌钳者应发出清晰的信号。

（9）在锻造时，不要在易飞出冲头、料头、毛刺、火星等物的危险区停留。严禁将手和头伸入锻锤与砧座之间，砧座上的氧化皮应用夹钳、长柄扫帚等工具清除。

（10）当冲压板料时，严禁将手和头伸入上、下模之间，严禁用手直接取、放冲压件，应采用工具钩取。

（11）在冲床上安装模具时，应将滑块降至下极点，仔细调节闭合高度及模具间隙，使模具紧固后再进行点冲或试冲。

（12）锤头应做到"三不打"，即砧上无锻坯不打、工件未夹牢不打、过烧或过冷的坯料不打。

（13）操作结束后，应使锤头和滑块处于最低位置（此时模具处于闭合状态），同时切断电源，然后进行必要的清理。

（14）应尽量采用电加热装置，减少燃料加热炉产生的废气污染。尽量避免或少用偏心锻造，减少振动和噪声污染。

（15）严禁远距离扔料，近距离扔料应加防护挡板。

（16）工具、模具的放置与收藏要整齐，用后应及时维护。工作完毕要按要求对设备和工具进行清理，工作场地应清扫干净，飞边和废料等应送往指定地点。

### 2. 自由锻造基本工序操作要点

自由锻造基本工序：镦粗、拔长、冲孔、错移、扭转和弯曲等。

（1）镦粗：坯料的端面应平整并力求坯料中心线与锤杆中心线一致；镦粗前坯料的高度与直径之比应不大于 2.5，以防止在镦粗时坯料产生纵向弯曲或折叠。

（2）拔长：坯料应沿砧铁宽度方向送进且送进量适当；在拔长时可用反复左右翻转 90°的方法顺次锻打，也可顺轴线锻完一面后翻转 90°再顺次锻打另一面；在锻制台阶或凹挡时，要先在截面处压出凹槽（称为压肩）。

（3）冲孔：坯料的加热温度应高些且均匀，以免孔冲歪斜或冲裂；在冲孔前坯料应先镦粗，以求端面平整并减小孔的深度；为保证孔位正确应先试冲，即先用冲头轻轻冲出孔位的凹痕，以便当有偏差时加以修正；对于孔径较大的孔，应先冲出一较小的孔，再用冲头或芯轴进行扩孔。

（4）错移：在进行错移操作前应先在错移部位压肩，再进行错移。

（5）扭转：扭转件应表面光洁无缺陷，面与面相交应使用圆角过渡，以免工件被扭裂；扭转部分应加热到较高的温度并保证热透；扭转后应进行缓冷或退火处理。

（6）弯曲：弯曲时只需受弯部位局部加热即可。

## 任务 3　熟悉焊接及焊工

# 任务引入

如图 0-1 所示的数控立式铣床的数控柜和操纵面板等零件，因其形状非常复杂同时一些部位的性能要求不太高，从经济性等方面考虑，类似零件应采用焊接方法获得。下面分别介绍零件毛坯的焊接工艺和常见的焊接方法等知识，同时，正确的焊接操作技术和安全的焊接操作方法也是焊工所必须重视的。

### 10.3.1　焊接工艺基础

焊接是使相互分离的材料借助于原子间的结合力连接起来的一种工艺方法，常用于制造金属构件和零部件，也可用于机械零部件及构件的修复。焊接方法有很多，根据实现的方式不同可分为三大类：

（1）熔化焊（简称熔焊）是将两被焊件的接头处局部加热到熔化状态，并加入填充金属（如焊丝、电焊条等），在冷却凝固后形成一个整体的焊接方法，如电弧焊、气焊、等离子及激光焊等。

（2）压力焊（简称压焊）是利用压力（或同时加热）使两工件的结合面紧密接触在一起并产生一定的塑性变形，使它们的原子形成新的结晶并结合成焊接接头的方法，如锻焊、冷压焊等。

（3）钎焊是将被焊件及做填充金属的低熔点钎料同时加热，被焊件金属不熔化，待低熔点钎料熔化后渗透到工件接头之间的缝隙处与固态的被焊件金属相互溶解、扩散，钎料凝固后将两被焊件焊接在一起的方法。

值得一提的是，前两类焊接的接头是不可拆卸的，而后一类焊接接头可根据需要将钎料重熔、拆开，所以是一种半永久性的连接方式。

焊接与其他加工方法相比，其优点包括：减轻结构重量，节省大量金属材料；生产周期短，节约工时，生产率高；能保证较高的接头气密性；可以以小拼大或切大为小；可以制造双金属结构；便于实现机械化、自动化生产。因此，如车辆、船舶、飞机、锅炉、大型建筑构件、电子元器件的制造等都离不开焊接。

但是，因为焊接是经过局部加热、冷却而成的，其冶金过程很复杂，容易产生焊接应力、变形及其他缺陷，所以必须采取一定的工艺措施才能保证焊接质量。

下面以最常见的手工电弧焊为例介绍焊接的一些工艺知识。

### 1. 焊接电弧的形成

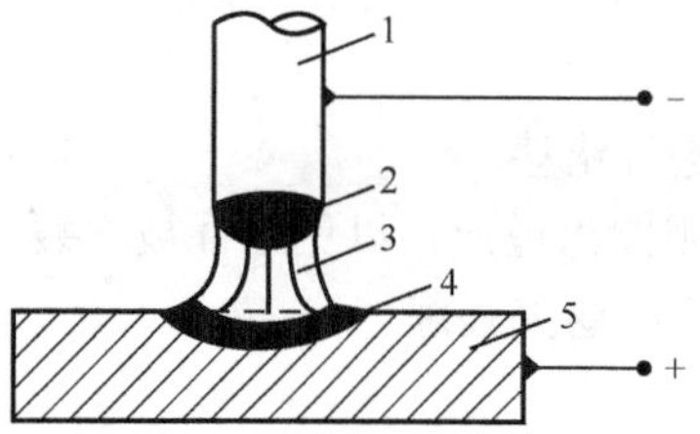

焊接电弧是一种存在于电极（碳棒、钨棒、焊条）与被焊接件之间的气体介质长时间且强烈的放电现象。在用手工电弧焊引弧时首先将焊条与焊件瞬时短路形成高热从而使接触处金属熔化，焊条上的药皮形成蒸汽，当焊条离开焊件2～4mm时，在电场作用下，高热蒸汽电离并持续放电产生电弧，焊接电弧的组成如图10-21所示，与此同时会产生很高的热量将焊件及焊条局部熔化从而达到焊接的目的。

1—焊条；2—阴极区；3—弧柱；
4—阳极区；5—焊件

图10-21 焊接电弧的组成

在通常情况下电弧各部分产生的热量和温度分布是不同的，阳极区因受电子撞击产生热量较多，阴极区因释放电子需要消耗一部分能量所以产生热量较少。电弧中心区虽然占总热量的百分比不高，但因体积小、热量集中，其温度可达5000～8000K。阳极区因电极的材料不同而温度不同，一般为2400～2600K。阳极温度高于阴极，在采用直流电焊时，若把阳极接在被焊件上，阴极接焊条可以提高焊件的熔化深度，适用于焊接厚的焊件，这种接法叫作正接法。阳极接焊条，阴极接焊件叫作反接法。它可加速焊条熔化，适用于焊薄板焊件或有色金属、不锈钢、铸铁等。但若采用交流电弧焊法则不存在正反接法问题。

### 2. 电弧焊的焊接过程

焊条电弧焊是利用焊条与焊件之间产生电弧的原理，将两者同时加热到熔化状态来进行焊接的，如图10-22所示。焊件在电弧作用下形成熔池，焊条金属在熔化后填充至熔池中，同时高热电弧使焊条药皮熔化、燃烧、汽化，分解出大量气体包围在电弧周围。熔化后的药皮与液态金属发生物理、化学作用所形成的熔渣不断从熔池中浮起，覆盖在焊缝上，气体与熔渣防止空气中的氧、氮分子的侵入，起到保护液态金属的作用。当电弧沿焊接方向向前移动时，焊条和焊件不断熔化形成新的熔池，原先形成的熔池则不断冷却凝固形成焊缝，覆盖在焊缝表面的熔渣也逐步凝固成渣壳。熔渣及渣壳对焊缝成形好坏及减缓焊缝金属冷却速度有着重要的作用。

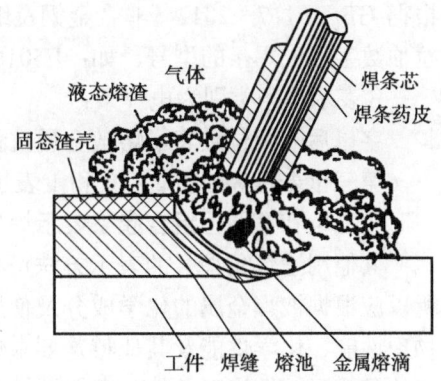

图 10-22　手工电弧焊过程原理图

由此可见，要获得优质的焊缝，必须注意解决以下两个问题：

（1）防止空气对焊接区域的影响。可在焊接区域外围采用气体保护层，如在电焊条药皮中加入适量的造气剂或采用气体保护焊；也可在药皮中加入造渣剂以形成覆盖在液态金属表面的熔渣。

（2）保证焊缝金属有合适的化学成分。可以通过药皮或焊剂，也可以通过焊条芯或焊丝向焊缝金属提供合金元素。如加入脱氧剂进行脱氧或加入合金元素，这样有利于提高焊缝金属的力学性能。

### 3. 焊条电弧焊设备

焊条电弧焊的主要设备为交流电焊机和直流电焊机。交流电焊机实际上为一台特殊的（大多数为漏磁式）降压变压器。这种焊机的电弧稳定性较差，但其结构简单、成本低、维护方便、省电，所以应用广泛。但电弧的稳定性比直流电焊机差，当使用低氢型焊条和进行电弧气刨或等离子弧切割时，必须使用直流电焊机。

直流电焊机是一台由交流电动机或其他动力设备拖动的直流发电机组成的。现在已有交流经整流后的直流电焊机，它效率高、重量轻，将逐步取代发电机式直流电焊机。

### 4. 焊条电弧焊条（简称焊条）

焊条是焊条在电弧焊时熔化电极的焊接材料，它一般由焊条芯及包覆在外面的焊药皮组成。

在焊接时焊条芯熔化后流入熔池并与熔池中的金属一起组成焊缝金属，它的化学成分直接影响焊缝质量，因此，用作焊条芯的钢材都经过精炼，其成分应符合国家标准，并用规定代号表示，如 H08（碳钢焊芯）、H08MnSi（合金结构钢焊芯）、H00Grl9Ni9（不锈钢焊芯）等。

药皮组成较复杂，含有矿物质、有机物、铁合金和化工产品四大类，在焊接过程中起保护（造气、造渣）、合金化（脱氧、脱硫、脱磷、渗合金）及改善焊接工艺条件（稳定电弧、改善成形、减少飞溅）等作用。药皮在熔化后形成熔渣，按熔渣的化学性质可分为酸性焊条和碱性焊条。前者的药皮中含较多酸性氧化物，焊接工艺性好，但焊缝韧性差；后者的药皮中含有较多酸性氧化物，具有较好的脱氧能力，所以焊缝性能好，冲击韧性大大改善，多用于焊接重要结构，但焊接工艺性不好，一般要求使用直流反接法。

焊条按其性能和用途的不同可分成多种规格，由国家标准分别规定其型号的编制方法。

根据 GB/T 5117—2012《非合金钢及细晶粒碳钢焊条》标准的规定：以字母 E 开头和四位阿拉伯数字组成焊条的型号，如：E5016。

E 表示焊条类别为电焊条；

字母后的两位数表示熔敷金属抗拉强度的最小值；

第三位表示焊接位置：0 和 1 表示全位置焊接，2 表示平焊或角焊，4 表示向下立焊；

第三位和第四位组合起来表示焊条的药皮类型及适用电源。

其他用途焊条型号的表示方法可参阅国家标准。焊条的种类多，适用场合也各有不同，所以应根据被焊金属的化学成分及使用要求选定焊条类别，要保证焊接后焊缝的力学性能、物理性能、化学性能及其他特殊要求性能与被焊件材料相同或接近。总之，应在满足焊缝性能的条件下，按施工条件和生产批量及经济性等其他综合因素来选定焊条。

焊条在使用前一般应进行烘干处理，以保证焊接质量。因为药皮易吸水可能会造成焊缝气孔、裂纹等缺陷。一些特殊焊接焊条有时在烘干后还要求保温使用。

**5. 焊条电弧焊焊接工艺**

（1）接头形式与坡口。由于焊接件的结构形状、厚度及使用条件不同，常用的接头形式有对接接头、T 形接头、角接接头及搭接接头，如图 10-23 所示。

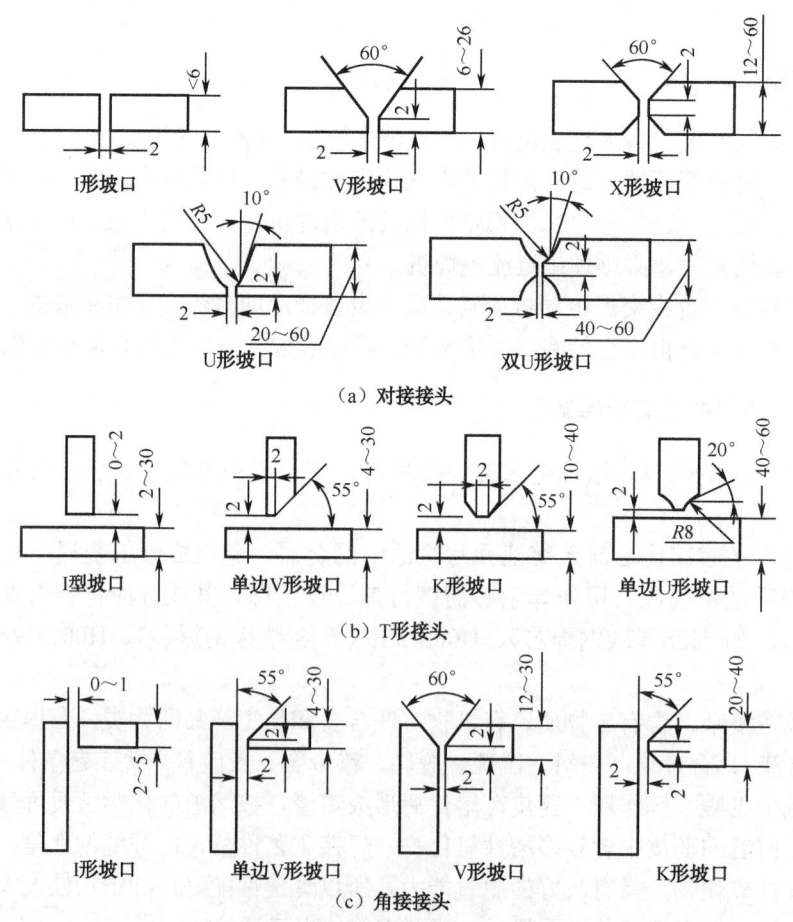

图 10-23 焊条电弧焊接头形式

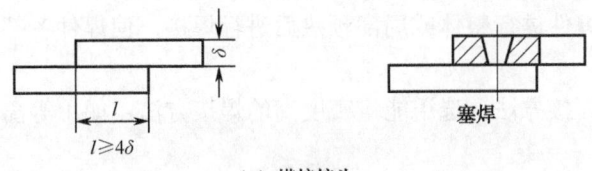

(d) 搭接接头

图 10-23　焊条电弧焊接头形式（续）

为了使焊缝根部能焊透，当焊件板厚大于 6mm 时应开坡口。坡口形式有 X 形、K 形、U 形等。开坡口要留有钝边，以防止被烧穿。在接头间应留一定间隙以保证根部能焊透。坡口形式的选择主要考虑是否能够焊透、坡口是否容易加工、能否节省焊条和焊后变形要尽可能小。

（2）焊缝的空间位置。按焊缝在空间的位置焊接可分为平焊、横焊、立焊、仰焊。由于平焊操作容易、质量易保证、生产率高，所以在条件允许的情况下应尽可能采用平焊。仰焊操作难度最大，应尽可能避免使用该工艺。

（3）焊接规范。焊条电弧焊的焊接规范有焊条直径、焊接电流、电弧长度和焊接速度等。

① 焊条直径的选择：焊条直径主要取决于焊件的板厚。通常当焊件厚度小于 4mm 时，焊条直径不应超过焊件厚度。如焊件厚度大于 4mm 时可选较粗焊条。在平焊时可选较粗焊条，在多层焊时第一层应选用较细焊条，以保证根部能焊透。

② 焊接电流的选择：焊接电流应按焊条的直径来选择。电流过大易造成焊缝咬边、飞溅、烧穿等缺陷，但电流过小又易造成焊缝夹渣、焊不透等缺陷。在横焊、立焊时电流应取较小值，在仰焊时电流值则应更小一些。对于直径 1.6~5.0mm 的焊条，焊接电流应在 20~270A 中选择。

③ 电弧长度和焊接速度：因手工电弧焊完全是由焊工手工操作的，所以没有具体规定。但电弧过长，会使燃烧不稳定、熔量减小、飞溅增加，造成焊缝质量下降，所以一般应使电弧短些为好。焊接速度应以焊缝的外观和内在质量达到要求为宜。

### 6. 焊接变形

受焊接接头的形式、焊缝位置、焊件厚度、焊接顺序等因素的影响，会产生不同形式的焊接变形。焊接变形的基本形式如图 10-24 所示。

为预防或减少焊接变形，可在焊接结构的设计或工艺上采取措施。工艺上采用的方法包括以下几点。

（1）采用合理的焊接顺序和方向：可先焊收缩量较大的焊缝，使焊缝能较自由地收缩。对于那些具有对称焊缝的构件应注意使其变形能相互抵消。

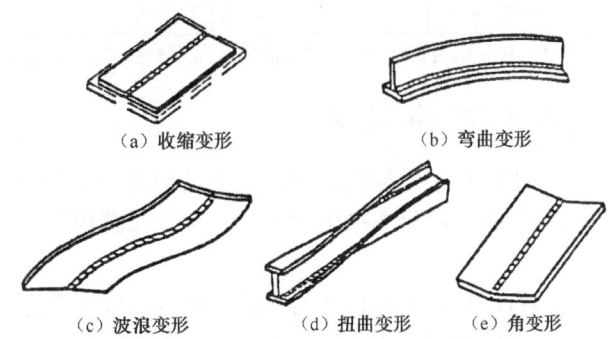

图 10-24　焊条电弧焊接变形的基本形式

（2）选择合理的装配焊接顺序：把焊接结构适当地分成几个部件，待分别焊接后再拼焊成整体。

（3）刚性固定法：在焊前将焊件用简单的夹具固定或用临时点焊固定，再进行焊接，可使焊后的变形明显减小。此法适用于低碳钢结构的焊接。

（4）预热法：对焊件进行整体或局部预热后进行焊接，使焊件各部分温差减小，从而减少变形。

（5）选用合适的焊接方法：选用能量密度高的焊接方法，如用等离子弧焊等焊接方法可严格控制变形。

（6）热处理法：对焊件进行应力退火是消除焊接应力最有效的办法，一般通过退火处理后，可将50%～80%的残余应力消除。

### 7. 焊接性及其评定

（1）金属材料的焊接性概念。金属材料的焊接性，又称可焊性，是在给定的焊接工艺条件下，金属材料获得优质焊接接头的能力。它包括两方面的要求，一是接头结合要良好，没有不允许的缺陷；二是在使用过程中，接头能满足各种性能要求。

（2）常用金属材料的焊接性。常用金属材料的焊接性如表10-5所示。

表10-5 常用金属材料的焊接性

| 焊接方法 | 金属材料 | | | | | | | |
| --- | --- | --- | --- | --- | --- | --- | --- | --- |
| | 低碳钢 | 中碳钢 | 低合金钢 | 不锈钢 | 耐热钢 | 铸铁 | 铜合金 | 铝合金 |
| 气焊 | A | A | B | B | B | A | B | B |
| 手弧焊 | A | A | A | A | A | B | C | C |
| 埋弧焊 | A | A | A | B | C | C | C | C |
| 氩弧焊 | A | B | A | A | A | B | A | A |
| 二氧化碳保护焊 | A | B | A | B | C | C | C | D |
| 等离子弧焊 | A | B | A | A | B | C | B | B |
| 电渣焊 | A | B | A | B | D | B | D | D |
| 对焊 | A | A | A | A | C | D | A | A |
| 点焊、缝焊 | A | A | A | A | B | D | B | A |
| 钎焊 | A | A | A | A | A | B | A | C |

注：A—焊接性良好；B—焊接性较好；C—焊接性较差；D—焊接性很差。

### 8. 焊接结构工艺性

在进行焊接结构设计时，在满足构件使用性能要求的前提下，应充分考虑焊接过程对工艺性的要求，简化焊接生产过程，合理布置焊缝，减少焊件缺陷，有利于提高生产率和降低成本。

焊接结构工艺性设计的一般原则包括以下几点。

（1）应有利于减少焊接工作量。例如，尽量采用型材（如角钢、工字钢等）以减少焊缝数量。

（2）焊缝位置要适当，使施焊方便。例如，手工电弧焊要考虑操作空间，自动焊接头处便于存放焊剂，点（缝）焊构件能使电极伸入焊接部位。

（3）焊缝布置应有利于减少焊接应力及变形。如焊缝要避免过分密集或交叉，尽量对称布置焊缝。

（4）焊缝的布置应尽量避开最大应力处或应力集中处，切忌应力集中。例如，当球形底容器圆筒与球形底连接时,应进行折边,并具有过渡半径,否则易引起应力集中。当厚壁与薄壁焊接时,应缓和平滑过渡,还应按合理的顺序和方向进行装配焊接。

(5) 选择接头应根据结构形状、强度要求、焊件厚度、焊后变形大小、坡口加工难易、焊件消耗量及操作是否有困难等因素综合考虑。例如,采用对接接头的 X 形坡口,受力较均匀、变形较小,还能节省金属,但是如果不能两个人同时施焊,又没有翻转设备,一面先焊、一面后焊,就会产生较大变形。因此选择坡口要慎重。

(6) 要考虑焊接与机械加工表面的关系。当焊接结构某些部分需要机加工时,最好焊后再进行机械加工。当遇到必须加工好后再焊接的结构时,焊缝位置应尽可能离加工面远一些。

### 9. 常见焊接缺陷

在焊接过程中,焊接结构设计、焊接工艺参数选择、焊前准备及焊接操作不当等,都可能产生焊接缺陷。常见的焊接缺陷如表 10-6 所示。

表 10-6  常见焊接缺陷

| 缺陷名称 | 缺陷简图 | 产生原因 |
|---|---|---|
| 咬边 | | 焊缝边缘与母材交界处被电弧熔化后,没有得到液态金属的补充而形成的凹陷 |
| 焊漏与烧穿 | | 由于坡口间隙过大,或电流过大、焊速过小,在焊接时液态金属从焊缝背面漏出形成疙瘩(焊漏)或形成穿孔(烧穿) |
| 夹渣 | | 焊接速度过快,熔渣来不及浮出熔池,会在焊缝中形成夹渣。在多层焊时,各层熔渣未清除干净,容易形成夹渣 |
| 未焊透 | | 焊接速度过快,焊接电流过小或接头间隙过窄,造成接头根部未完全焊透。未焊透会减少焊缝金属的承载面积,并易形成应力集中,引起开裂 |
| 气孔 | | 当熔池凝固时,若熔池中的气体未能逸出,会在焊缝中形成气孔。焊件表面不干净,焊条潮湿,焊接速度过高,焊接材料中碳、硅含量较高,都易产生气孔 |
| 裂纹 | | 焊接裂纹分为热裂纹和冷裂纹。热裂纹形成的主要原因是在焊缝金属中含有较多的硫、磷杂质。冷裂纹产生的主要原因是在焊缝及母材中含有较多的氢、结构刚度大、焊件的淬硬倾向大 |

## 10.3.2 其他焊接方法简介

### 1. 气焊

(1) 气焊的特点和应用。气焊是利用氧气和乙炔气体混合燃烧所产生的热量将焊件和焊丝熔化进行焊接的方法。气焊的火焰温度比电弧焊低且生产效率低,因此应用不如电弧焊广泛。

气焊与手工电弧焊相比,火焰温度较低、热量分散、焊接变形严重、保护效果差、接头质量不高、生产率低。但气焊火焰易于控制,设备操作简单、灵活,不需要电源,适宜于野外作业。气焊主要用于厚度小于 3mm 的薄钢板、低熔点的有色金属及其合金的焊接及铸铁补焊等。

(2) 气焊的主要设备和工具。气焊设备及工具包括氧气瓶、减压器、乙炔瓶或乙炔发生器、回火防止器、焊炬等,如图 10-25 所示。

① 氧气瓶。氧气瓶是涂成天蓝色的无缝钢瓶。一般容积为 40L,在装满时瓶内最大气压为 15MPa,在常压状态下贮气量为 $6m^3$。在使用时不允许沾染油脂、受撞击或受高热,以防爆炸。

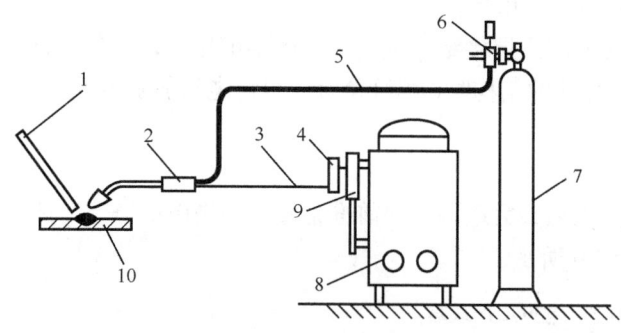

1—焊丝;2—焊炬;3—乙炔管;4—回火防止器;5—氧气管;
6—减压器;7—氧气瓶;8—乙炔发生器;9—过滤器;10—焊件

图 10-25 气焊设备示意图

② 减压器(氧气表)。减压器可以显示氧气瓶内压力,并能将瓶内高压气体降为工作所需要的低压气体,同时保持输出气体的压力不随流量的变化而变化。

③ 乙炔瓶。目前除少数大的厂矿企业因乙炔耗用量大仍使用乙炔发生器外,大多数采用由工厂专门生产的熔解乙炔,这种乙炔用专门的乙炔钢瓶灌装。这样不仅使用方便,而且安全卫生。

乙炔瓶是一种储存、运输乙炔的专用压力钢瓶,其外形与氧气瓶相似,但内部与氧气瓶不同。乙炔瓶内装有浸满丙酮的多孔性填料,因为乙炔能很好地溶解于丙酮,所以当满装时乙炔溶解于丙酮,在使用时乙炔从丙酮中分解出来。在乙炔瓶阀下面的填料中心部分放有石棉,其作用是帮助乙炔从多孔填料中分解出来。

④ 乙炔发生器。在无瓶装乙炔或供应不便的地方,常用乙炔发生器制取乙炔。乙炔发生器是利用电石和水相互作用而制取乙炔的设备,可分为浸离式、注水式和排水式乙炔发生器,如图 10-26 所示。

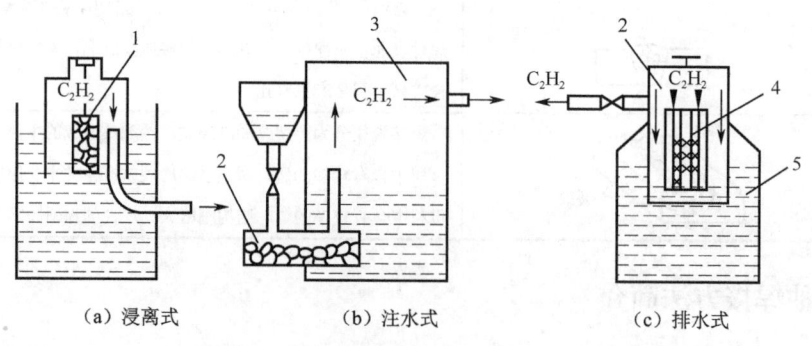

(a) 浸离式　　　(b) 注水式　　　(c) 排水式

1—浮筒;2—储气室;3—气室;4—发气室;5—隔层

图 10-26 乙炔发生器

⑤ 回火防止器。在气焊或气割时，当由于某种原因使混合气体的喷射速度小于其燃烧速度时，火焰逆流进入乙炔管路，这种现象称为回火。回火若进入乙炔瓶或乙炔发生器就会引起爆炸。回火防止器就是用来防止回火后引起爆炸的一种安全装置。其工作原理如图10-27所示。

⑥ 焊炬。焊炬（焊枪）是使氧气和乙炔均匀混合并能通过调节其比例、流量、火焰性质来进行焊接的专用工具，如图10-28所示。焊炬的焊嘴可根据不同的工作要求而调换规格（一般有5种规格）。

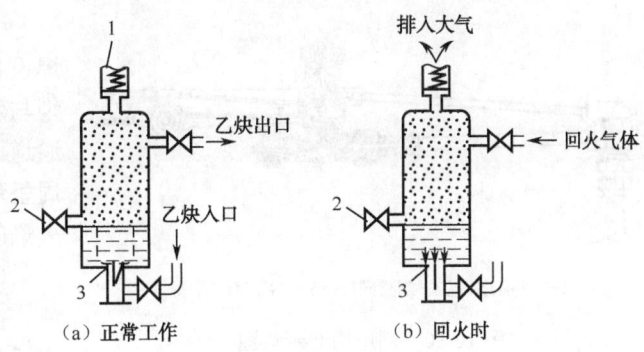

1—安全阀；2—水位阀；3—止回阀

图10-27 回火防止器工作原理图

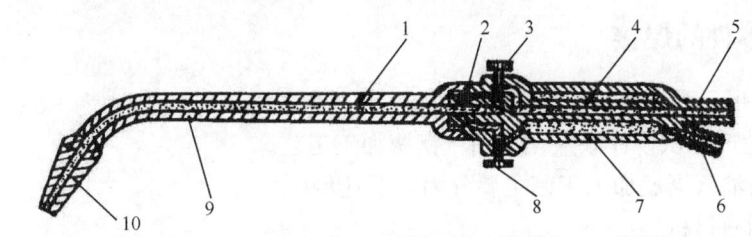

1—混合式；2—喷射式；3、8—调节阀；4、7—管道；5、6—管接头；9—焊嘴弯管；10—焊嘴

图10-28 射吸式焊炬工作示意图

（3）气焊工艺。气焊可进行各种位置焊接。接头形式主要采用对接接头，角接及卷边接头仅用于薄钢板。搭接、丁字接头因焊接变形大而很少被采用。工件越厚，材质的导热性越好，熔点高的焊件在焊接时，应选用较大的焊嘴。焊丝仅作为填充金属使用，通常选用电弧焊焊丝或直接从焊件上取料做焊丝及使用专用焊丝。为了保护金属熔池不受氧化，并改善金属的流动性能，以获得较好的焊缝质量，除低碳钢外，都需要采用不同的熔剂（气焊粉）。

## 2. 气割

（1）气割原理及气割条件。气割（火焰切割）是利用气体火焰先将金属表面加热到金属的燃点，然后打开高压切割氧气阀使金属氧化燃烧放出巨热，同时将燃烧生成的氧化熔渣从切口中吹掉，从而形成切口的工艺，如图10-29所示。

要获得平整优质的割缝，被割金属材料应具备的条件：金属的燃点应低于其熔点，否则会形成熔割，使切口凹凸不平；金属氧化物的熔点应低于其基本金属的熔点，否则高熔点的氧化物会阻碍下层金属与氧气接触，而使切割中断；金属导热性要低。

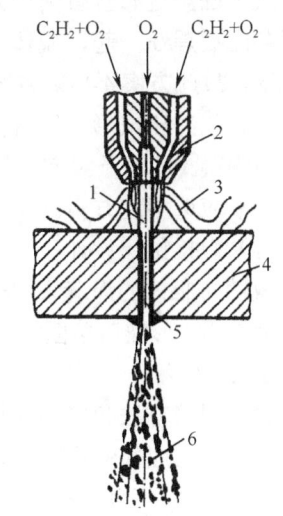

1—切割氧气；2—割炬；3—预热火焰；4—割件；5—割缝；6—氧化渣

图10-29 气割原理示意图

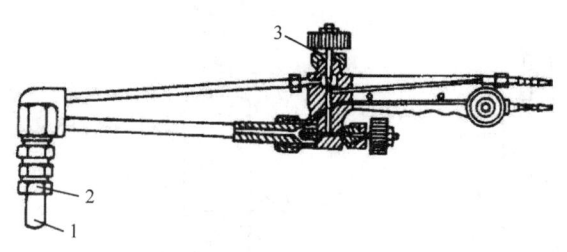

1—割嘴主体；2—割嘴螺母；3—高压氧气开关

图 10-30　割炬构造示意图

(2) 气割设备及工具。气割设备与气焊设备基本相同，但割炬与焊炬不同。割炬与焊炬相比多了一个切割氧气的开关及通道。割嘴的中间部分为氧气通道，其四周呈环状或梅花状孔，并同心布置成预热火焰的喷口，割炬构造如图 10-30 所示。

(3) 气割应用范围。气割具有设备简单、操作方便、切割厚度范围广等优点，广泛应用于碳钢和低合金钢的切割。研究证明，采用天然气或丙烷代替乙炔可以提高切口质量，降低切割成本。

除手工电弧焊、气焊和气割外，还有很多焊接方法，如埋弧焊、气体保护电弧焊（氩弧焊和二氧化碳保护焊）、等离子弧焊、等离子弧切割、电渣焊、电阻焊、钎焊等，本书不再介绍。

### 10.3.3　典型零件的焊接

如图 10-31 所示为 50kg 液化石油气钢瓶，壁厚为 3mm，设计压力为 1.6MPa，充装质量为 50kg，批量生产。试设计该液化石油气钢瓶加工工艺。

设计液化石油气钢瓶加工工艺主要分为以下几步：

(1) 选择钢瓶材料

瓶体用 3mm 厚钢板，冲压成形后焊接成钢瓶形状。瓶嘴用圆钢切削加工后，焊接到瓶体上。根据产品使用要求，考虑到冲压、卷圆、焊接等工艺，应选用塑性和焊接性好的 20 钢为瓶嘴材料，15MnHp 钢（Hp 表示液化气钢瓶专用钢板材料）为瓶体材料。

(2) 确定焊缝的位置

瓶体的焊缝布置有两种方案。方案 I 如图 10-32 (a) 所示。瓶体由上、下两部分经冲压成形装配后焊在一起，瓶体上只有一条环形焊缝，焊接工作量小，但由于瓶体较长，难以冲压成形，故此方案不佳。方案 II 如图 10-32 (b) 所示。瓶体由上、下封头和筒身三部分组成。上、下封头冲压成形，筒身由钢板卷圆后焊好，再将上、下封头与筒身焊在一起。瓶体上共有三条焊缝（即一条纵向焊缝和两条环形焊缝），虽然焊接工作量较大，但上、下封头易冲压成形，故应选用此方案。

(3) 焊接接头设计

瓶嘴与瓶体的焊缝采用不开坡口角焊缝。因为是压力容器，为保证焊缝质量，筒身的纵向焊缝采用 I 形坡口单面焊。上、下封头与筒身的环形焊缝，接头采用衬环对接或缩口对接，如图 10-33 所示。

(4) 焊接方法和焊接材料的选择

因瓶嘴与瓶体的焊缝直径较小，所以采用焊条电弧焊，焊条为 J507。瓶体环形和纵向焊缝的焊接可采用手弧焊、气焊、埋弧焊或 $CO_2$ 焊等方法进行。考虑到此产品为批量生产，又是压力容器，为保证焊接质量，应采用埋弧焊，焊丝为 H08A、H08MnA 或 H10Mn2，焊剂为 HJ430。

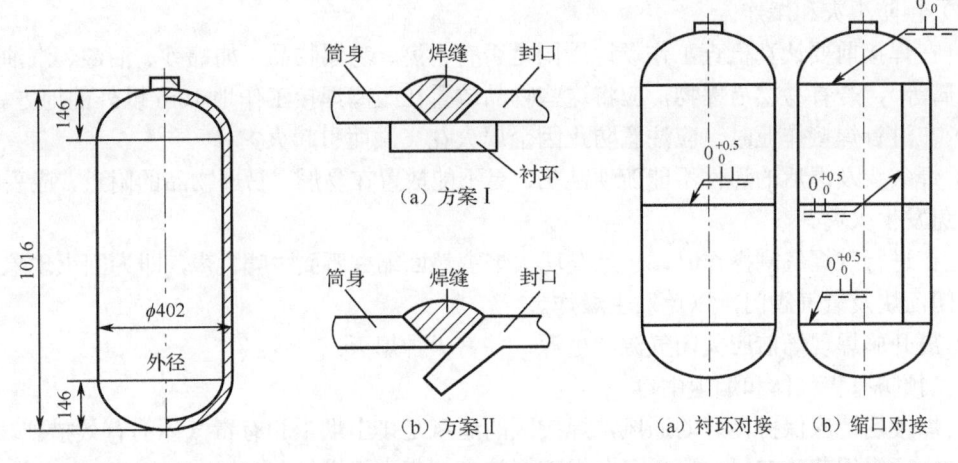

图 10-31 液化石油气钢瓶简图　　图 10-32 焊缝布置方案　　图 10-33 焊接接头设计方案

（5）50kg 液化石油气钢瓶装配焊接简图如图 10-34 所示。

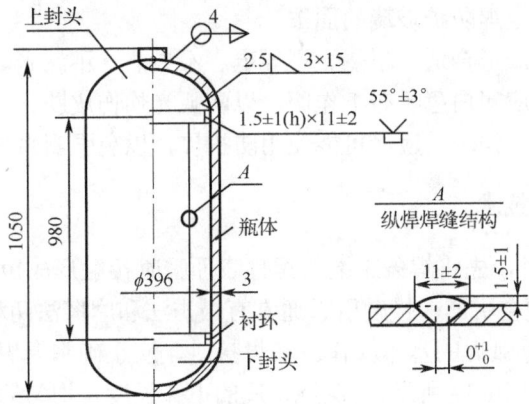

图 10-34　50kg 液化石油气钢瓶装配焊接简图

### 10.3.4　焊工训练基础

在焊接时一般要用电，要与易燃易爆的气体接触，并且在焊接过程中还会产生有害气体、焊接烟尘、弧光辐射等。因此焊工必须熟悉有关焊接的安全技术及劳动保护知识，按安全操作规程作业。

**1. 安全操作技术**

（1）预防触电

① 在进行焊接操作时必须穿戴长袖工作服、手套、绝缘鞋等劳动用品，并确保安全可靠。
② 弧焊设备的接线、故障检修应由电工进行，焊工不得私自拆修。
③ 弧焊电源外壳必须接地或接零，并定期检查，以免因漏电而造成触电事故。
④ 焊工在拉、合电源闸刀或接触带电物体时，必须单手进行。因为双手操作电源闸刀或接触带电物体时，若发生触电，会通过人体心脏形成回路，造成触电死亡。

(2) 预防火灾和爆炸

① 在焊接前要认真检查工作场地周围是否有易燃、易爆物品（如棉纱、油漆、汽油、煤油、木屑等），若有易燃易爆物，应将这些物品放置在距离焊接工作地 10m 以外的地方。

② 在进行焊接作业时，应注意防止因金属火花飞溅而引起火灾。

③ 焊条头及焊后的焊件不能随便乱扔，更不能放置在易燃、易爆物品的附近，应妥善处理，以免发生火灾。

④ 在进行气焊气割操作时，一旦发现火焰突然回缩并听到"嘘"声，即为回火现象，应立即关闭乙炔及氧气阀门，以免发生爆炸。

⑤ 离开施焊现场前应关闭气源、电源，并将火种熄灭。

(3) 预防有害气体和烟尘中毒

① 焊接场地应保持良好的通风，焊接区的通风是排出烟尘和有毒气体的有效措施。

② 合理组织劳动布局，避免多名焊工拥挤在一起进行操作。

③ 做好个人防护工作，减少烟尘等对人体的侵害，如采用静电防尘口罩、防毒面罩等。

(4) 预防弧光辐射

① 焊工必须使用有电焊防护玻璃的面罩。

② 面罩应该轻便、成形合适、耐热、不导电、不导热、不漏光。

③ 焊工在工作时，应穿白色帆布工作服，以防弧光灼伤皮肤。

④ 在进行多人焊接工作时，应尽可能使用防护屏，以免强烈弧光灼伤他人。

**2. 焊条电弧焊操作技术**

(1) 引弧。在引弧时，先将焊条末端与焊件表面瞬时接触形成短路，然后迅速将焊条向上提起 2~4mm，电弧便会引燃。接触引弧通常有敲击法和摩擦法两种，如图 10-35 所示。

(2) 运条。运条是手弧焊的基本操作。在焊接时，应正确掌握焊条的角度（如图 10-36 所示）和运条动作（如图 10-37 所示），保持合适的电弧长度及均匀的焊接速度，同时，焊条还需要横向摆动，以获得所需的焊缝宽度。常用的焊条摆动方式如图 10-38 所示。

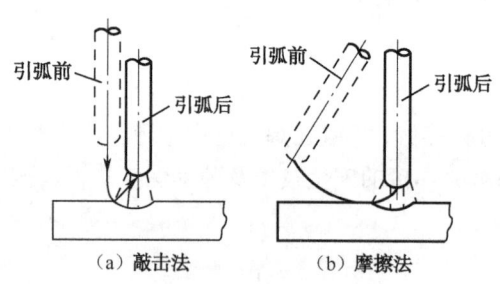

图 10-35 接触引弧方法

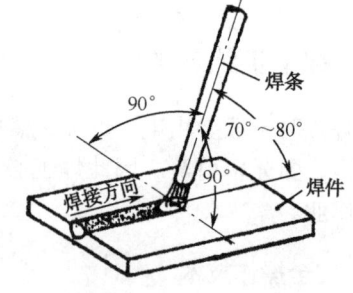

图 10-36 焊条的角度

(3) 收弧。在进行焊缝收尾时，立即断弧会形成低于焊件表面的弧坑，弧坑处易产生裂纹及气孔等缺陷。因此，当焊接结束时，应以合理的方法收弧。常用的收弧方法如图 10-39 所示。

① 划圈收弧法。当焊条移至焊道终点时，做圆圈运动，待弧坑填满后断弧，适用于厚板焊接。

项目 10　毛坯成形技术及毛坯的选择

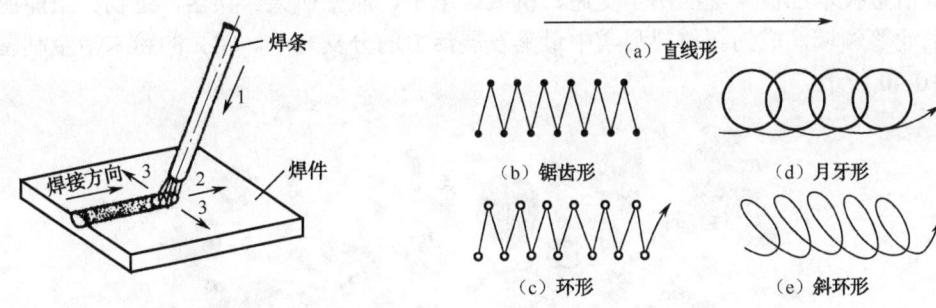

1—向下送进；2—沿焊接方向移动；3—横向移动

图 10-37　运条的基本动作　　　　图 10-38　常用焊条摆动方式

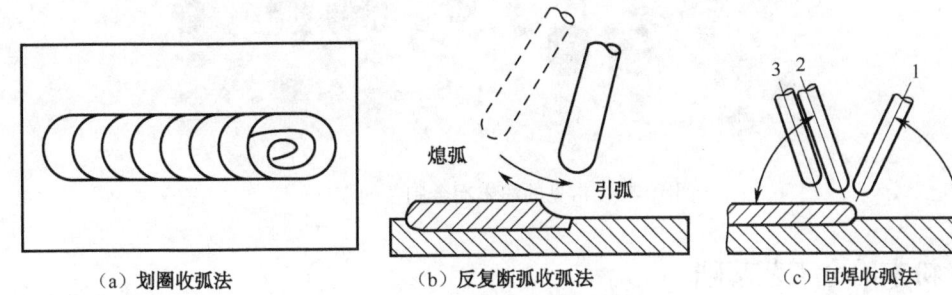

图 10-39　常用的三种收弧方法

② 反复断弧收弧法。当焊条移至焊道终点时，在弧坑处反复熄火和引弧，直至填满弧坑为止，主要适用于薄板焊接。

③ 回焊收弧法。当焊条移至焊道终点时，由图 10-39（c）中位置 1 回到位置 2，待弧坑填满后再回到位置 3，然后缓慢断弧。此方法对碱性焊条比较适宜。

（4）平板（2~4mm）对接焊操作过程。

① 焊前检查。清除焊件坡口表面及两侧 20~30mm 内的铁锈、油污和水分。

② 对接。将待焊钢板对齐，中间留出 1mm 左右的间隙。

③ 定位焊。在焊件两端焊接约 10mm 的焊缝，以使两焊件的相对位置固定，若焊件较长，可每隔 200~300mm 焊上约 10mm。焊后将焊渣清理干净。

④ 焊接。选择合适的工艺进行焊接。

⑤ 焊后清理。清除焊件表面的渣壳及飞溅。

⑥ 焊后检查。目视检查焊缝外形及尺寸是否符合要求及有无焊接缺陷。

## 任务 4　了解粉末冶金

# 任务引入

粉末冶金技术具有显著节能、省材、性能优异、稳定性好等优点，适用于批量坯件和产品制造生产。部分传统铸造方法和机械加工方法无法制备的材料和难以加工的零件也可以通过粉末冶金技术来制备。

粉末冶金是提高材料性能和发展新材料的重要手段，已成为当代材料科学发展的前沿领域。粉末冶金技术已被广泛应用于交通、机械、电子、航空航天、兵器、生物、新能源、信息和核工业等领域，成为新材料科学中最具发展活力的分支之一。常见的粉末冶金制备的零件如图10-40所示。

图10-40 常见的粉末冶金制备的零件

### 10.4.1 粉末冶金工艺基础

粉末冶金是制取金属粉末或用金属粉末（或金属粉末与非金属粉末的混合物）作为原料，经过成形和烧结，制取金属材料、复合材料以及各种类型制品的工业技术。因为部分用传统铸造方法和机械加工方法无法制备的材料和复杂零件也可用粉末冶金技术制造，所以粉末冶金备受工业界的重视。广义的粉末冶金制品业涵括了铁石刀具、硬质合金、磁性材料以及粉末冶金制品等。狭义的粉末冶金制品业仅指粉末冶金制品，包括粉末冶金零件（占绝大部分）、含油轴承和金属射出成形制品等。

粉末是制备粉末冶金材料印制品的原料，粉末的纯度和性能对制品的成形、烧结和产品的性能都有直接的影响。

自然界的物质按物态可以分为固态、液态和气态，而固态物质按分散程度不同分为致密体、粉末体和胶体三类。即直径在1mm以上的称为致密体或常说的固体，直径在0.1μm下的称为胶体，而介于两者之间的称为粉末体。

**1. 粉末体**

粉末体简称粉末，是由大量颗粒及颗粒之间的空隙所构成的集合体。在致密体中没有宏观的间隙，仅靠原子间的键力联结；粉末体内颗粒之间有许多小孔隙而且联结面很少，面上的原子间不能形成强的键力。因此粉末体不像致密体那样具有固定形状，且表现出与液体相似的流动性。但因为在相对移动时有摩擦，所以粉末的流动性是有限的。在气溶胶体和液溶胶体中的颗粒彼此间的距离更大，仅存在类似分子布朗运动引起的粒子间的碰撞，因而联结力极微弱。

粉末形状不同，对烧结的影响也不同。在烧结时，形状比较复杂、表面比较粗糙、在压坯中接触比较紧密的粉末能促进烧结的进行。形状比较简单、表面比较光滑、彼此接触不良的粉末，如球形与片状粉末的烧结性较差。

## 2. 粉末性能

粉末是颗粒与颗粒间的空隙所组成的集合体。因此在研究粉末体时应分别研究单颗粒、粉末体和粉末体中的孔隙等的一切性质。

在粉末中能分开并独立存在的最小实体称为单颗粒。单颗粒如果以某种形式聚集就构成了所谓的二次颗粒。单颗粒的性能与粉末材料类别及其生产方法有关：①由粉末的材料决定的性质，如点阵结构、理论密度、熔点、塑性、弹性、电磁性质、化学成分等。②由粉末的生产方法所决定的性质，如粒度、颗粒形状、密度、表面状态、晶粒结构、点阵缺陷、颗粒内的气体含量、表面吸附的气体与氧化物、活性等。

粉末的性能除单颗粒的性质外，还有平均粒度、粒度组成、比表面积、松装密度、振实密度、流动性、颗粒间的摩擦状态。

粉末的孔隙性能有总孔隙体积、颗粒间的孔隙体积、颗粒内的孔隙体积、平均孔隙大小、孔隙大小的分布及孔隙的形状。

在实践中不可能对上述粉末性能逐一进行测定，通常按化学成分、物理性能和工艺性能进行划分和测定。

化学成分主要是指粉末中金属的含量和杂质含量。金属粉末的化学分析与常规的金属试样分析方法相同。

物理性能包括颗粒形状与结构、粒度和粒度组成、比表面积、颗粒密度、显微硬度，以及光学、电学、磁学和热学等性质。实际上，粉末的熔点、蒸气压、比热容与同成分的致密材料差别很小，一些性质与粉末冶金关系不大。

粉末冶金的工艺性能包括松装密度、振实密度、流动性、压缩性和成形性。

## 3. 工艺流程

粉末冶金制作的基本工艺是：

（1）原料粉末的制取和准备；

（2）将粉末成形为所需形状的生坯；

（3）将生坯在一定温度下烧结，使最终材料或制品具有所需的性能。粉末冶金的发展日趋多样化，粉末冶金材料和制品的工艺流程如图 10-41 所示。

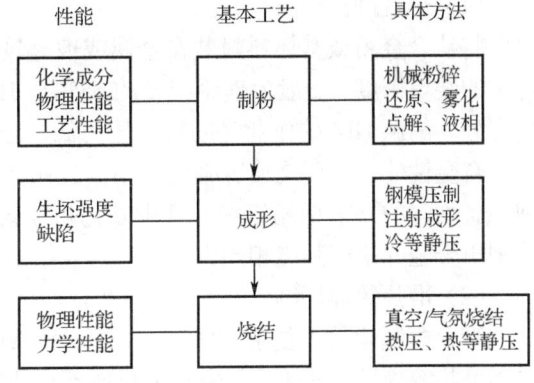

图 10-41　粉末冶金材料和制品的工艺流程

## 10.4.2　钛基粉末冶金致密化工艺

金属钛的原料价格高、加工成本高。故人们重视近净成形（NNSP）工艺的应用，它包括等温锻造、精锻、超塑性成形和粉末冶金加工技术。粉末冶金钛合金成形技术是最理想的一种 NNSP 工艺，它不仅可降低钛零件的制造成本，还可使粉末钛合金在性能上达到甚至超过铸造—锻造加工钛合金。

制造粉末钛合金零件的方法按原料不同可分为元素粉法和预合金粉法两大类。元素粉法主要采用模压、冷等静压成形，真空烧结工艺。由于在产品中仍残留少量孔隙，只能满足力学性能要求不高的产品要求。冷压—烧结的钛材在接近致密时，其拉伸性能、断裂韧性较高，但疲劳强度稍低。预合金粉法是以预合金粉为原料，主要采用致密成形和热加工技术制造零件或型材，其力学性能、疲劳强度大大提高，适用于制造高性能的金属构件。

### 1. 元素粉法

将海绵铁粉与其他元素粉或部分预合金粉机械混合，采用不同的致密化工艺制造合金零件。该法的基本工序包括混料、冷压成形、真空烧结、二次加工和机加工。选用粒度细的海绵钛粉和预合金粉及其他元素粉经球磨混合均匀。球磨钛粉外形为等轴状，颗粒表面不规则，在压制时容易变形并破坏表面膜，利于形成颗粒间的机械结合。为避免杂质含量的增加，在成形时不加润滑剂。在400～500MPa压力下冷压成形，相对密度可达到85%～90%。冷等静压制可成形较复杂的坯件，但尺寸受等静压机限制。

压制件在烧结后相对密度可提高至95%～99.5%（一般为94%～96%），且成分的均匀性得到改善。

温锻和精整也是提高烧结产品致密性和尺寸精度的两种可行工艺。

粉末钛合金在室温时韧性好，可通过弯曲、扭转等步骤加工制成所需形状，在加工后需要进行退火处理。与铸造—锻造加工相比，元素粉法制造零件可大幅降低生产成本，这是由于降低了模具和设备投资费用，提高了材料利用率和减少了机加工的缘故。

### 2. 预合金粉法

REP 或 HDH 预合金粉通常采用热等静压（HIP）或真空烧结这两种热致密化工艺制造零件，也可用流动模、陶瓷模这样的准热等静压制代替 HIP。

（1）热等静压

将钛合金粉或其坯料封装在金属或玻璃包套内进行 HIP 致密化，尺寸收缩取决于包套内粉末的装填密度（一般为理论密度的65%）。HIP 有两种温度，分别在高于和低于钛合金的相变点处。高温 HIP 的作业时间短，压力低，合金组织为粗大的 β 初晶和分布于晶界的 α 相组成，合金性能（主要是疲劳强度）不高。在相变温度区间的 HIP 是常用的工艺，所得合金为细小且均匀的 α+β 两相组织，其中 α 为粗板条状晶粒。此法制出合金的疲劳强度与熔铸加工法制出合金的疲劳强度相当。

（2）准热等静压制

陶瓷模制模技术复杂，费用高，只适于制造批量大的零件，目前小型涡轮发动机转子已采用准热等静压制法生产。陶瓷模材料不与钛发生反应，装模需要在惰性气体的保护下进行。金属容器与陶瓷模之间用陶瓷颗粒隔开。HIP 温度为 870℃～980℃，低于钛合金相变温度，压力为 103MPa，时间为2～8小时。压制零件从模中取出后，经喷砂去掉表面陶瓷残留物。

（3）真空热压（VHP）

热压模用钼合金或高温合金材料制成。装粉后抽真空，热压温度为925℃～955℃，压力约为 70MPa，一直保压至完成。模具在清刷后可反复使用，刚性模有利于精确控制产品尺寸。因为石墨会与钛发生反应，所以很少采用石墨模。VHP 的操作时间较长，适宜单件作业，虽然模具费用较高，但仍比 HIP 经济，而且通过两种方法制造的 Ti-6Al-4V 合金性能相近。使用氢化钛粉 VHP 比使用 REP 粉的热压温度低 110℃～137℃，而且压力小。此方法经 3～4h 热压、脱氢反应即可完成。

(4) 自蔓延高温合成法

此方法的具体过程是利用元素粉末反应引起的放热效应使元素自身相互扩散，生成金属间化合物和陶瓷。

## 任务5　正确选择毛坯

## 任务引入

如图 0-1 的所示数控立式铣床所涉及零部件的毛坯很多，加工制造这些零部件的首要任务就是要分别为其选择毛坯。

选择毛坯的基本任务是选定毛坯的制造方法及其制造精度。毛坯的选择不仅影响毛坯的制造工艺和费用，还影响零件机械加工工艺及其生产率与经济性。如选择高精度的毛坯可以减少机械加工劳动量和材料消耗，提高机械加工生产率，降低加工的成本，但却会提高毛坯的费用。因此，选择毛坯要从机械加工和毛坯制造这两方面综合考虑，以求得到最佳效果。

### 10.5.1　毛坯生产方法的选择原则

#### 1. 毛坯的种类

在机械制造中常用毛坯种类有铸件、锻件、焊件和型材等。

（1）铸件。铸件适用于形状较复杂的零件毛坯。其铸造方法有砂型铸造、精密铸造、金属型铸造、压力铸造等。较常用的是砂型铸造，当毛坯精度要求低、生产批量较小时，采用木模手工造型法；当毛坯精度要求高、生产批量较大时，采用金属型机器造型法。铸件材料有铸铁、铸钢及铜、铝等有色金属。

（2）锻件。锻件适用于强度要求高、形状比较简单的零件毛坯。其锻造方法有自由锻和模锻两种。自由锻的毛坯精度低、加工余量大、生产率低，适用于单件小批生产以及大型零件毛坯。模锻的毛坯精度高、加工余量小、生产率高，但成本也高，适用于中小型零件毛坯的大批量生产。

（3）型材。型材有热轧和冷拉两种。热轧适用于尺寸较大、精度较低的毛坯；冷拉适用于尺寸较小、精度较高的毛坯。

（4）焊件。焊件即将型材或钢板等焊接成的所需零件结构，简单方便、生产周期短，但需经时效处理后才能进行机械加工。

#### 2. 毛坯生产方法的选择原则

在选择毛坯时，应主要从以下几个方面进行全面考虑。

（1）零件的材料及机械性能要求。某些材料由于其工艺特性，决定了其毛坯的制造方法，如铸铁和有色金属只能铸造；对于重要的钢质零件，为获得良好的力学性能，不论其结构复杂或简单，均应选用锻件，不宜直接选用型材。

（2）零件的结构形状与大小。大型零件毛坯多用砂型铸造、自由锻或焊接；结构复杂的毛坯多用铸造；板状钢质零件多用锻造；轴类零件毛坯若直径和台阶相差不大则可用棒料；若各台阶直径相差较大则宜选择锻件。

(3) 生产批量的大小。当零件的生产批量较大时，应选用精度和生产率均较高的毛坯制造方法，如模锻、金属型机器造型铸造和精密铸造等。在单件小批生产时则应选用木模手工造型或自由锻造。

(4) 现有生产条件。在选择毛坯时，要充分考虑现有的生产条件，如毛坯制造的实际水平和能力、外协的可能性等。

(5) 充分考虑利用新技术、新工艺、新材料的可能性。为节约材料和能源，毛坯生产方法的发展趋势是少切屑、无切屑的毛坯制造，如精铸、精锻、冷轧、冷挤压等。这样，可以大大减少机械加工量甚至不需要机械加工，能大大提高经济效益。

### 10.5.2 典型零件的毛坯选择

在对零件进行毛坯选择时，应综合考虑零件的形状与结构特点、技术要求、生产类型、零件材料、性能与使用要求等诸多方面。

(1) 轴类零件。根据其形状和结构特征，一般选择棒料或锻件毛坯。如数控镗铣床主轴因为要求具有比较高的强度和刚度等力学性能，所以应选择锻件。再根据零件的生产类型选择锻造方法：在单件小批生产时，采用自由锻工艺；在批量生产时，采用模锻工艺。

(2) 箱体。根据箱体零件的形状与结构特点，一般选择铸件毛坯，再视生产批量的大小选择铸造方法。如图 10-1 所示的车床主轴箱因为是成批生产且零件体积较大，所以采用砂型铸造毛坯。当然，若主要考虑缩短生产周期和降低生产成本的因素，结构简单的箱体毛坯也可采用钢板焊接。

(3) 齿轮。根据齿轮零件的形状与结构特点，可选择棒料、铸件或锻件毛坯。当齿轮的尺寸较小、结构又比较简单且对强度要求不太高时，应选择棒料；当对齿轮强度要求高并要求耐磨、耐冲击时，多采用锻件毛坯；当齿轮的直径很大时，常采用铸造毛坯件；对于小尺寸、形状复杂的齿轮还可以采用精密铸造、压力铸造等方法制造齿轮，以提高生产效率、节省原材料。

## 学后测评

10-1 铸造的实质是什么？铸造生产有哪些特点？

10-2 砂型铸造的生产过程包括哪些主要工序？

10-3 型砂应具备哪些性能？这些性能对铸件的质量有何影响？

10-4 铸件常见的缺陷有哪些？这些缺陷对铸件的质量有何影响？

10-5 铸铁和铸钢相比，铸造性能哪个好？为什么？

10-6 何谓锻压加工？为什么对某些重要的机械零件要进行锻造？

10-7 自由锻有哪些基本工序？

10-8 模型锻造的特点是什么？常用的模锻方法有哪些？

10-9 板料冲压工序中的剪切和冲裁、冲孔和落料有何相同及不同之处？

10-10 什么是金属的焊接？焊接有哪些特点？

10-11 手工电弧焊机应满足哪些要求？

10-12 电焊条是由哪几部分组成的？各部分都有什么作用？

10-13 焊接接头的坡口、钝边及间隙的作用是什么？焊接接头的形式有几种？

10-14 简述毛坯生产方法的选择原则。

10-15 如图 10-42 所示的铸件结构工艺性有何问题？怎样改进？

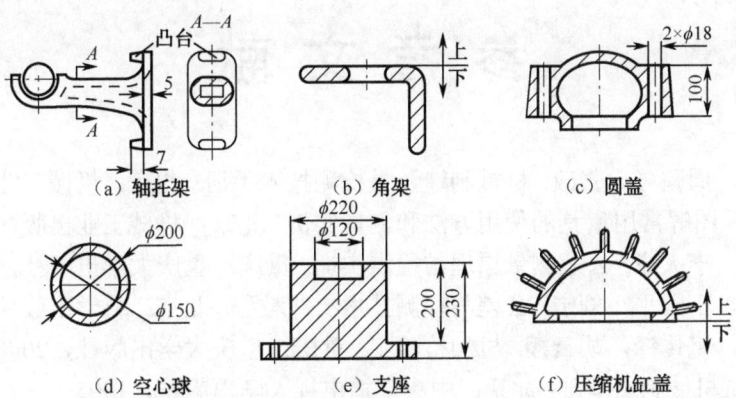

图 10-42 铸件结构工艺性分析

10-17 如图 10-43 所示为齿轮毛坯图，请为其拟定锻造的基本工序。

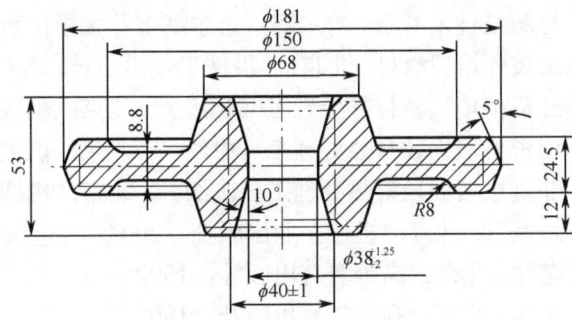

图 10-43 齿轮毛坯图

# 参 考 文 献

1　周富臣，周鹏飞，张改. 机械制造计量检测技术手册. 北京：机械工业出版社，2000
2　才家刚. 图解常用量具的使用方法和测量实例. 北京：机械工业出版社，2007
3　张涛川，李大成. 公差测量原理与检测实训. 重庆：重庆大学出版社，2006
4　付凤岚，丁国平，刘宁. 公差与检测技术实践教程. 北京：科学出版社，2006
5　董代进，饶传锋，胡云翔. 机加检验工. 重庆：重庆大学出版社，2006
6　颜景平. 机械制造基础. 北京：中央广播电视大学出版社，1995
7　倪楚英. 机械制造基础实训教程. 上海：上海交通大学出版社，2000
8　赵玉奇. 机械制造基础与实训. 北京：机械工业出版社，2003
9　修树东，赵清华. 互换性与测量技术基础. 哈尔滨：哈尔滨工程大学出版社，1998
10　田克华. 互换性与测量技术基础. 哈尔滨：哈尔滨工业大学出版社，1996
11　吴元徽. 热处理工技师培训教材. 北京：机械工业出版社，2001
12　吴元徽. 国家职业资格培训教材热处理工（初级）. 北京：机械工业出版社，2006
13　吴元徽. 国家职业资格培训教材热处理工（中级）. 北京：机械工业出版社，2006
14　吴元徽. 国家职业资格培训教材热处理工（高级）. 北京：机械工业出版社，2006
15　肖智清. 机械制造基础. 北京：机械工业出版社，2004
16　邓文英. 金属工艺学. 北京：高等教育出版社，1992
17　黄孟域. 金属工艺学. 北京：高等教育出版社，1993
18　朱江峰等. 金工实训教程. 北京：清华大学出版社，2004
19　张云新. 金工实训. 北京：化学工业出版社，2004
20　黄光烨. 机械制造工程实践. 哈尔滨：哈尔滨工业大学出版社，2002
21　国家职业技能鉴定辅导丛书编审委员会. 职业技能鉴定指南. 北京：机械工业出版社，1996
22　金潇明等. 金工实训与考证. 湖南：湖南大学出版社，2005
23　林建榕等. 工程训练. 北京：航空工业出版社，2004
24　郑金兴. 机械制造装备设计. 哈尔滨：哈尔滨工程大学出版社，2006
25　刘祚时，倪潇娟. 三坐标测量机(CMM)的现状和发展趋势. 机械制造，2004，8：32～34
26　张国雄. 三坐标测量机. 天津：天津大学出版社，1999
27　杨桂珍. 三坐标测量技术实验指导书. 南京：南京航空航天大学机电中心实验室，2002
28　娄琳. 公差配合与测量技术. 北京：人民邮电出版社，2009
29　朱超，段玲. 互换性与零件几何量检测. 北京：清华大学出版社，2009
30　乔元信. 公差配合与技术测量. 北京：中国劳动社会保障出版社，2006
31　曲选辉. 粉末冶金原理与工艺. 北京：冶金工业出版社，2013
32　易建宏. 粉末冶金材料. 湖南：中南大学出版社，2016